Design

プロ並みに使える
飾り・パー

Illustrator ＋ Photo

JN026818

五十嵐華子、anyan、佐々木拓人、mito、高野徹、高橋としゆき 共著

デザインのネタ帳

エムディエヌコーポレーション

©2022 Hanako Igarashi, anyan, Takuto Sasaki (Con-Create Design Inc.), mito, Toru Kono, Toshiyuki Takahashi. All rights reserved.

Adobe、Illustrator、PhotoshopはAdobe Inc.の米国ならびに他の国における商標または登録商標です。その他、本書に掲載した会社名、プログラム名、システム名などは一般に各社の商標または登録商標です。本文中では™、®は明記していません。
本書のプログラムを含むすべての内容は、著作権法上の保護を受けています。著者、出版社の許諾を得ずに、無断で複写、複製することは禁じられています。
本書の学習用サンプルデータの著作権は、すべて著作権者に帰属します。複製・譲渡・配布・公開・販売に該当する行為、著作権を侵害する行為については、固く禁止されていますのでご注意ください。学習用サンプルデータは、学習のために個人で利用する以外は一切利用が認められません。
本書は2021年12月現在の情報を元に執筆されたものです。これ以降の仕様等の変更によっては、記載された内容と事実が異なる場合があります。著者、株式会社エムディエヌコーポレーションは、本書に掲載した内容によって生じたいかなる損害に一切の責任を負いかねます。あらかじめご了承ください。

はじめに

プロ向けのデザインツールとして知られるAdobe IllustratorとAdobe Photoshop。Creative Cloudの提供開始でサブスクリプション化したためユーザー層が広がり、今では専門職ではないユーザーの方も多数増えています。

どちらのアプリケーションもアップデートを重ねるごとに多機能になっており、使い始めの方を意識した便利な機能やUIが搭載される傾向にありますが、それは一方で、操作の選択肢が増えていることを意味しています。これから使い方を学ぶ方、最近使い始めたばかりの方は、自分のイメージを形にするのに、どの機能を使えば良いのか戸惑ってしまうことも多いでしょう。また、増え続けるあらゆる機能を網羅してアプリケーションを使いこなすのは、プロであっても苦労する点です。

本書で解説をしているのは、Illustrator・Photoshopに精通した6人のプロフェッショナルです。ポイントをおさえながら機能を活用し、センス良く訴求力をもたせた作例を収録していますが、いずれも応用が効く「作って終わり」にならない実践的なものばかりです。

これからアプリケーションを学ぶ方も、既にプロとして活動されている方も、ぜひ解説と一緒に手を動かしてみてください。作る楽しさを感じ、運用のためのロジックを理解することは、素材集を単純に利用するだけでは得られない、何にも代え難いデザイン体験となるでしょう。本書があなたの今後のデザインワークを豊かにする一冊になれば、著者一同とてもうれしく思います。

著者を代表して　五十嵐華子

CONTENTS

CHAPTER 1

CHAPTER 2

アイコン、パーツ

CONTENTS

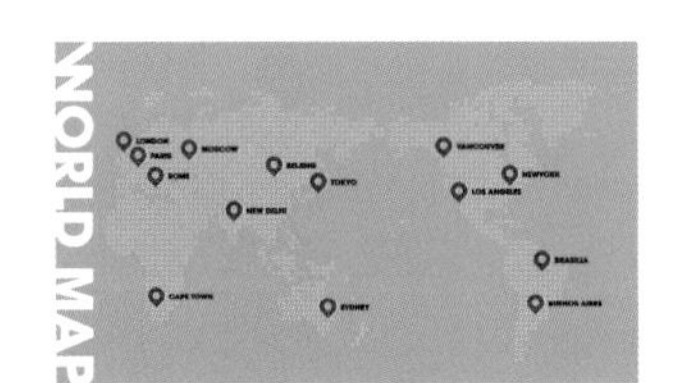

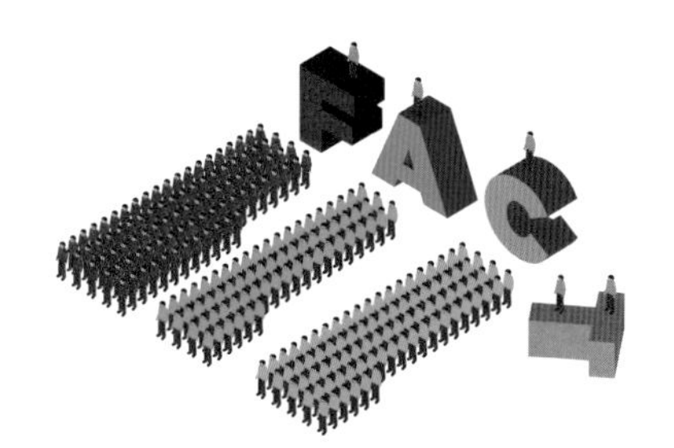

インフォグラフィックス風グラフ

CHAPTER 4

背景、テクスチャ

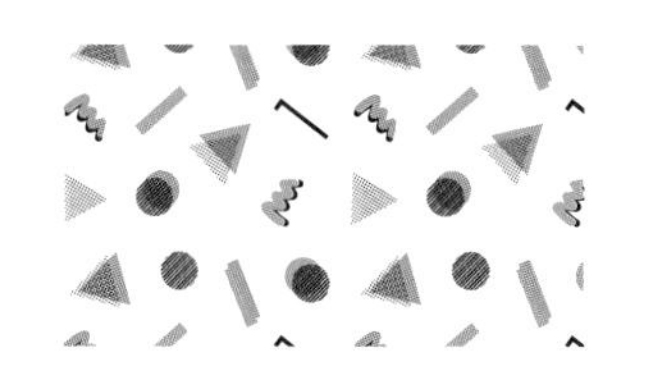

POLYGON
PATTERN

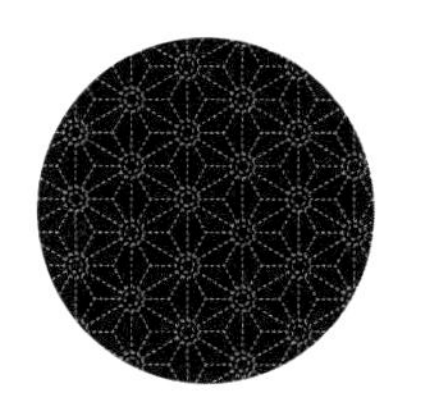

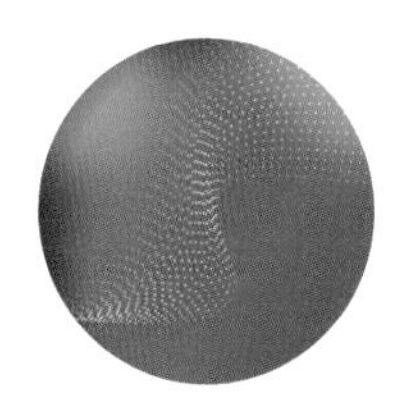

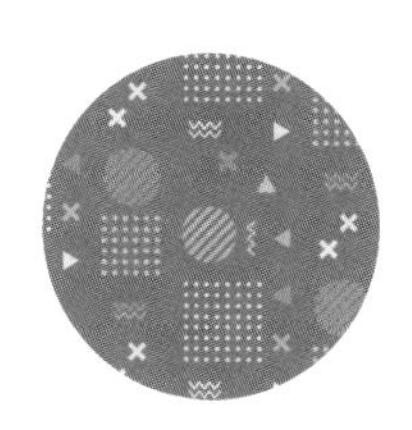

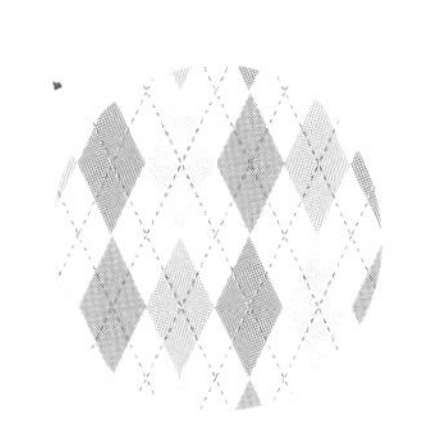

本書の使い方

この本は、デザインの制作現場で役立つデザインパーツ作成のヒントやTipsをまとめたアイデア集です。Adobe Creative CloudのIllustratorをメインに、さらにPhotoshopを使ったプロの技術を紹介しています。

各作例の完成データや制作に必要なデータはダウンロードして、学習の参考としてご使用いただけますので、そちらも合わせてご覧ください。

本書で紹介している操作や効果をお試しになるときは、各アプリケーションが必要となります。あらかじめご了承ください。

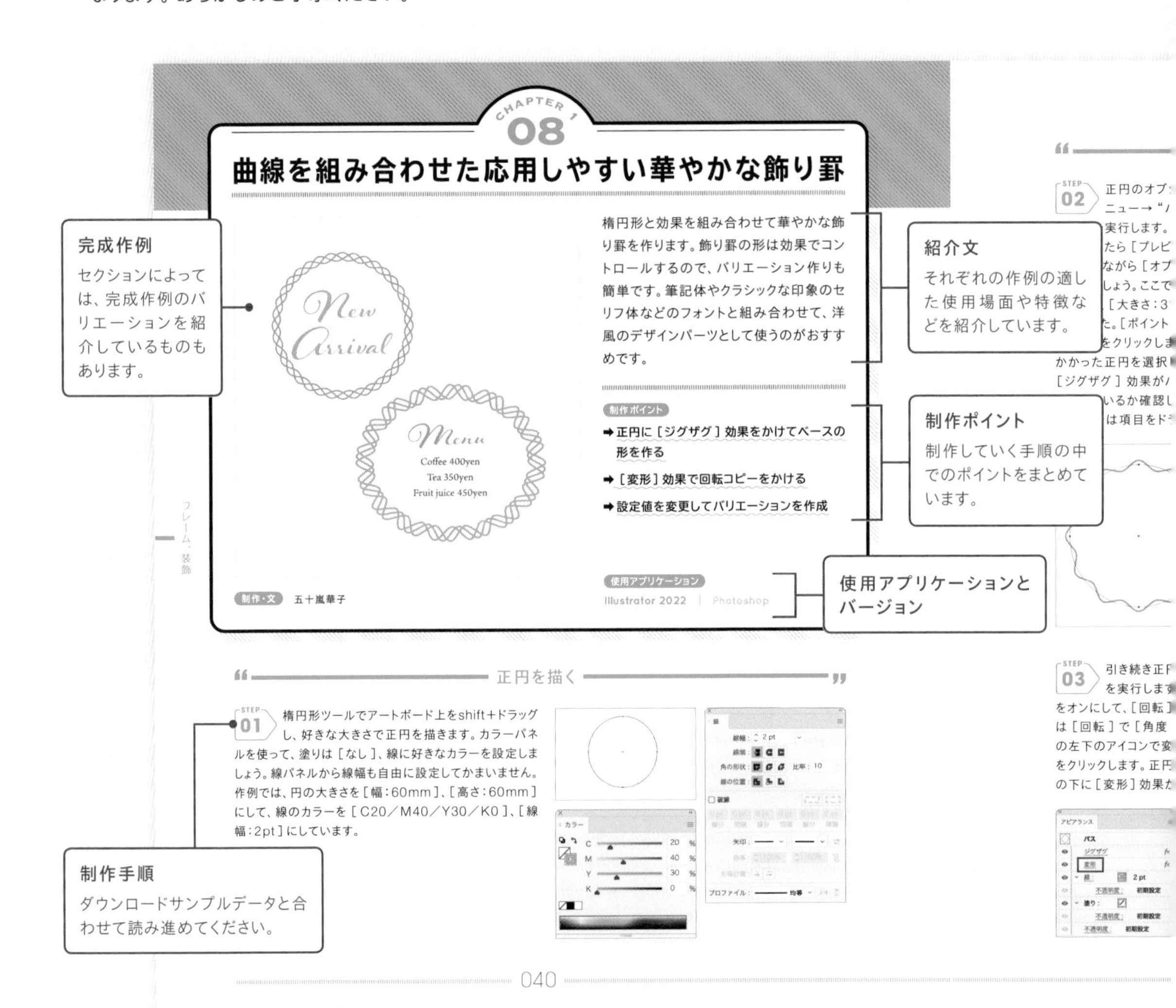

サンプルデータのダウンロードについて

本書に掲載のサンプルデータは、次のURLよりダウンロードできます。

https://books.mdn.co.jp/down/3221303029/

数字

※「1」(数字のイチ)の打ち間違いにご注意ください。
※解凍したフォルダー内には「お読みください.html」が同梱されていますので、ご使用の前に必ずお読みください。
※このサンプルデータは、紙面での解説をお読みいただく際に参照用としてのみ使用することができます。その他の用途での使用、配布は一切禁止します。
※このサンプルデータのファイルを実行した結果については、著者、株式会社エムディエヌコーポレーションは、一切の責任を負いかねます。お客様の責任においてご利用ください。

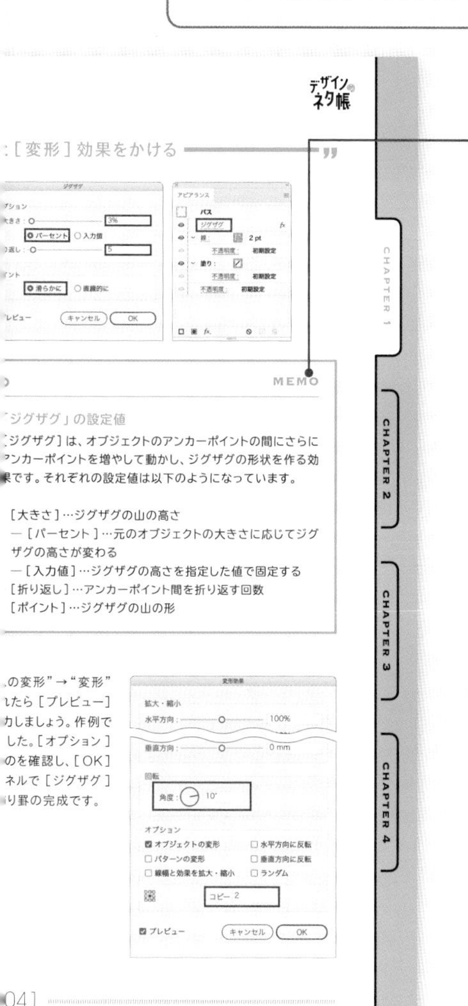

MEMO
制作のTipsや注意点などを掲載しています。

MacとWindowsの違いについて

本書の内容はmacOSとWindowsの両OSに対応しています。本文の表記はMacでの操作を前提にしていますが、Windowsでも問題なく操作できます。Windowsをご使用の場合は、以下の表に従ってキーを読み替えて操作してください。

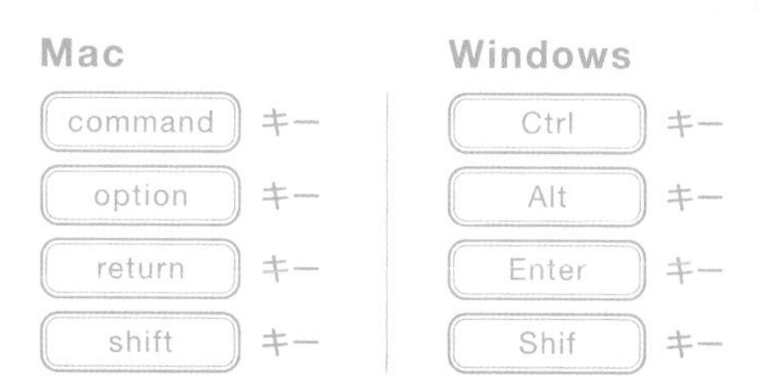

Mac	Windows
command キー	Ctrl キー
option キー	Alt キー
return キー	Enter キー
shift キー	Shif キー

● 本文ではoption〔Alt〕のように、Windowsのキーは〔 〕内に表示しています。

使用フォントについて

テキストを用いている作例では主にAdobe Fonts(Adobe Creative Cloudを使用している方なら誰でも使用できるフォント)を用いています。Adobe Fontsから無くなったフォントなど、同じフォントを使用できない場合は、お持ちの似たフォントをご利用ください。

CHAPTER 1

フレーム
装飾

CHAPTER 1

01

カギカッコ風のカラフルフレーム

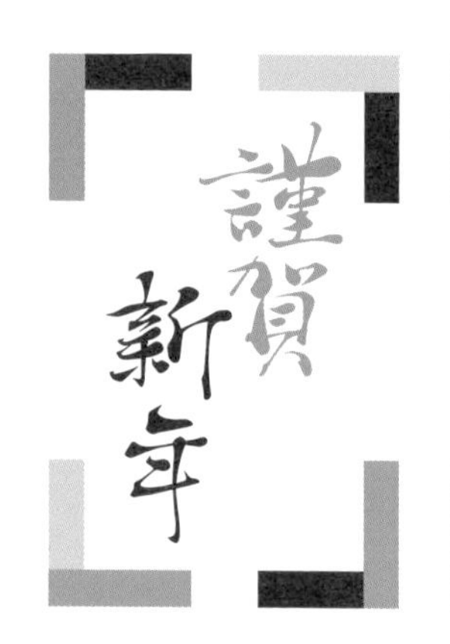

タイトルや段落の囲み罫など、いろいろな用途で使えるカギカッコ風のカラフルなフレームです。「シンボル」機能の「9スライス」のオプションを使って作成しましょう。シンボルインスタンスとして配置すると、内容に合わせて自由に縦横比を変えられる使い勝手のよいフレームになります。

制作・文　五十嵐華子

使用アプリケーション
Illustrator 2022
Photoshop

制作ポイント

➡整列やリフレクトコピーでパーツを配置する

➡シンボル登録時に9スライスを有効にして、伸縮する位置にガイドを設定する

長方形でパーツを作る

STEP 01 長方形ツールでドラッグして、図のように横長な長方形を描画します。ここでは［幅：20mm］、［高さ：5mm］の大きさにしました。カラーパネルを使って長方形の塗りのカラーには［C0／M100／Y80／K0］を設定しましたが、好きな色を使ってかまいません。線のカラーはなしにしておきましょう。

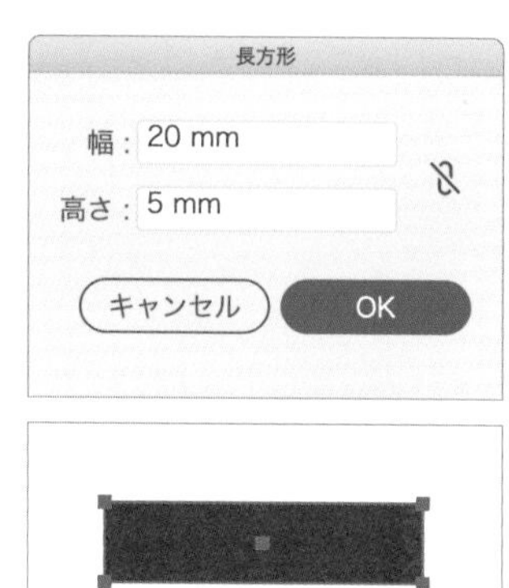

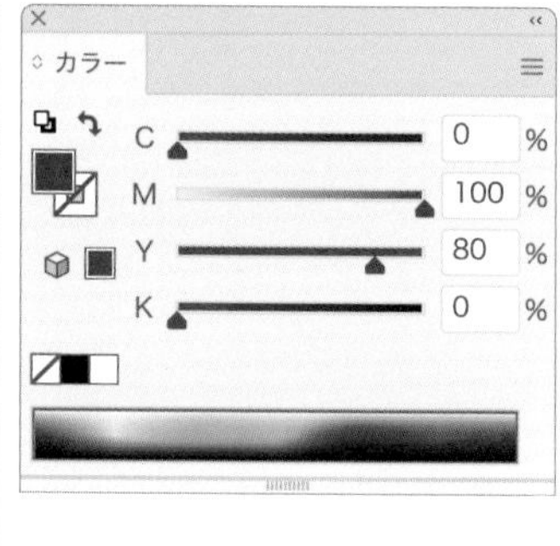

STEP 02 描けた長方形を選択した状態で、command〔Ctrl〕+Cでコピー、command〔Ctrl〕+Fでペーストします。前面の同じ位置に複製された長方形を選択したまま、選択ツールで表示されるバウンディングボックスを使って、shiftキーを押しながら90°回転させましょう。回転させた長方形は、塗りのカラーを変更します。ここでは［C30／M30／Y100／K0］にしました。

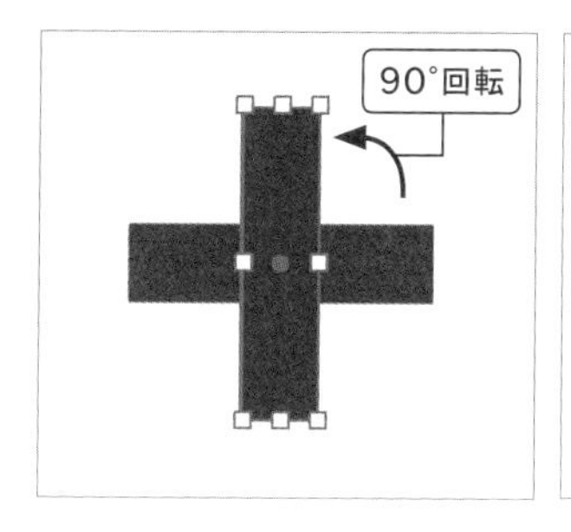

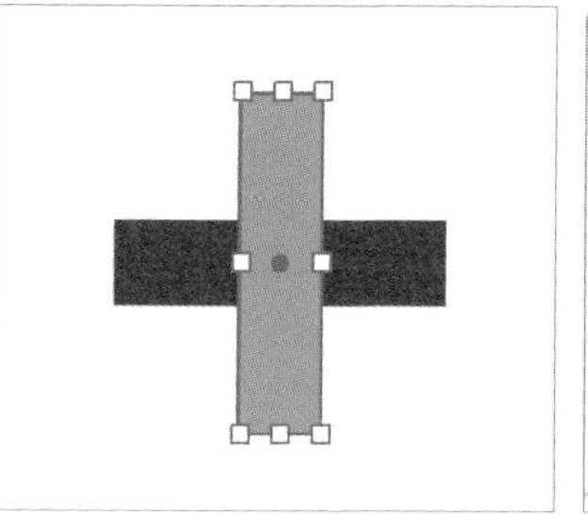

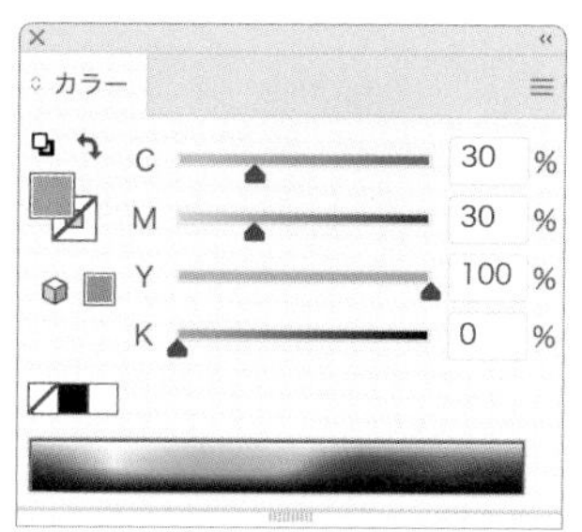

STEP 03 十字に重なった長方形を、選択ツールなどで両方とも選択します。整列パネルで［水平方向左に整列］、［垂直方向上に整列］をクリックして、カギカッコのような形にしましょう。

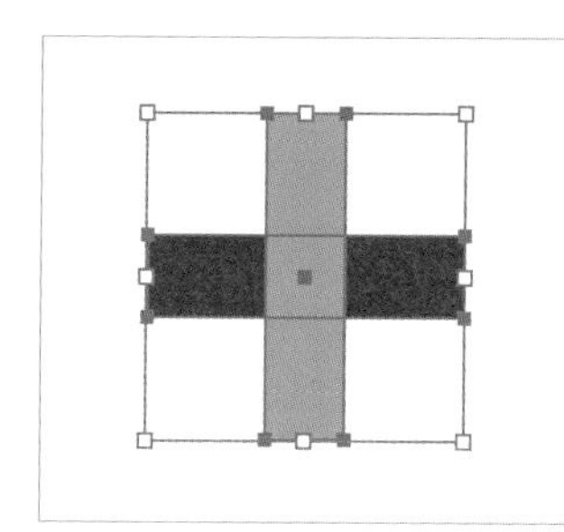

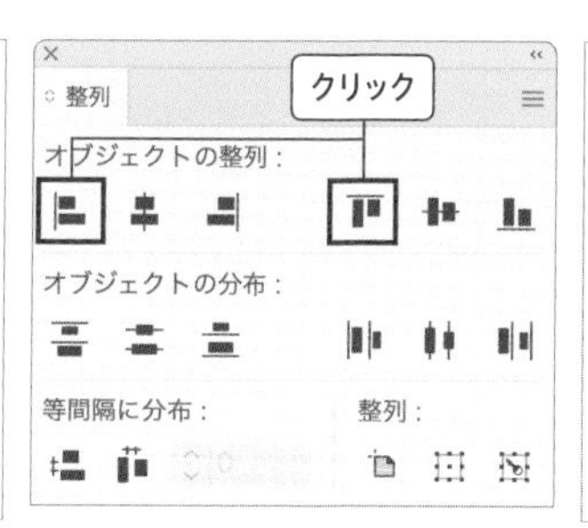

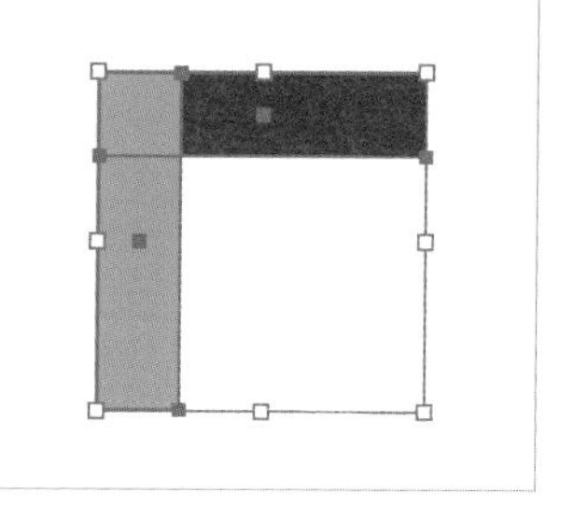

パーツを四隅に配置する

STEP 04 カギカッコのようなパーツ全体を選択してからリフレクトツールに切り替え、パーツの右側の空いているエリアをoption〔Alt〕+クリックしましょう。「リフレクト」ダイアログが表示されたら、［リフレクトの軸］で［垂直］を選び、［コピー］をクリックします。option〔Alt〕+クリックした箇所を基準に、パーツがリフレクトコピーされます。

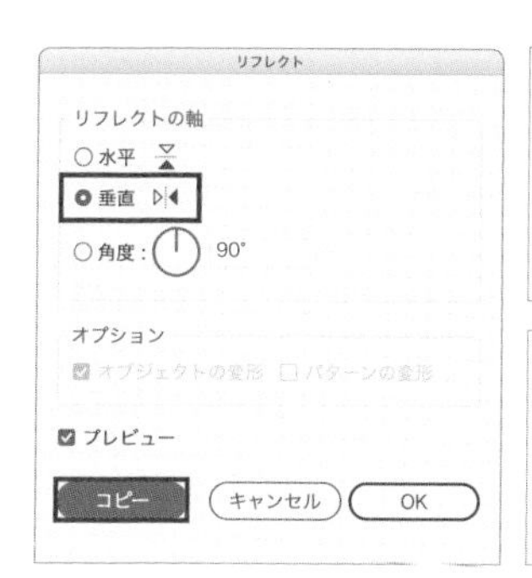

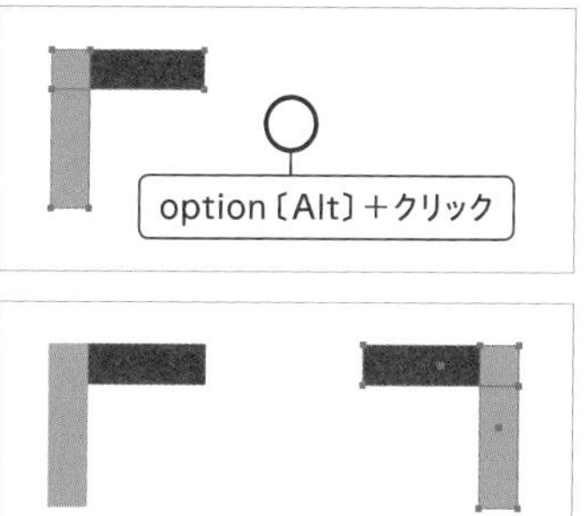

STEP 05 複製されたパーツも含めて全体を選択し、今度は下側の空いているエリアをリフレクトツールでoption〔Alt〕+クリックします。「リフレクト」ダイアログの［リフレクトの軸］で［水平］を選び、［コピー］をクリックします。

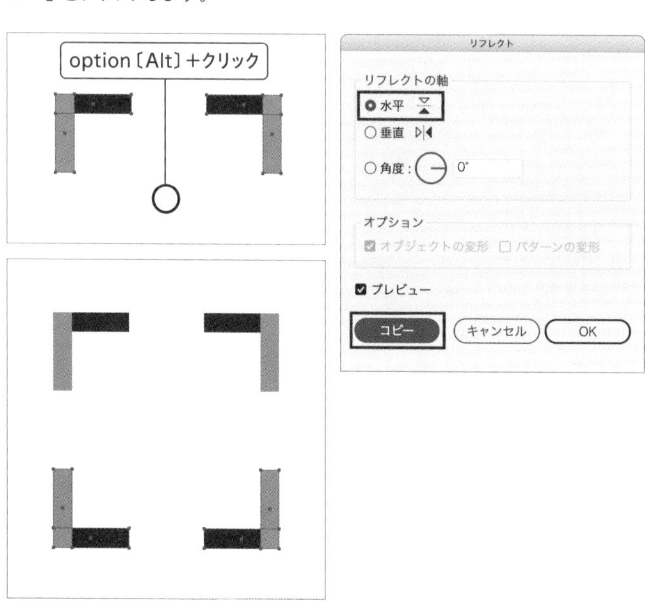

STEP 06 これで上下左右の四隅にパーツが配置されました。パーツに使っている長方形の重ね順や、塗りのカラーなどを変更してカラフルな見た目になるよう調整しましょう。

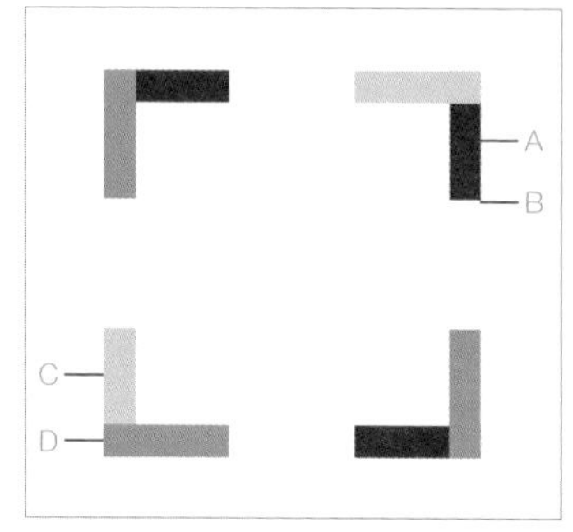

ここではカラーや重ね順を次のように変更しています。
A、C…［C10／M20／Y30／K0］
B…［C0／M100／Y80／K0］
D…［C30／M30／Y100／K0］
A、D…重ね順を最前面に

シンボルに登録する

STEP 07 全体を選択し、シンボルパネルの「新規シンボル」をクリックしましょう。「シンボルオプション」ダイアログで［シンボルの種類］に［スタティックシンボル］を選択し、［9スライスの拡大・縮小用ガイドを有効にする］をオンにしたら［OK］をクリックします。

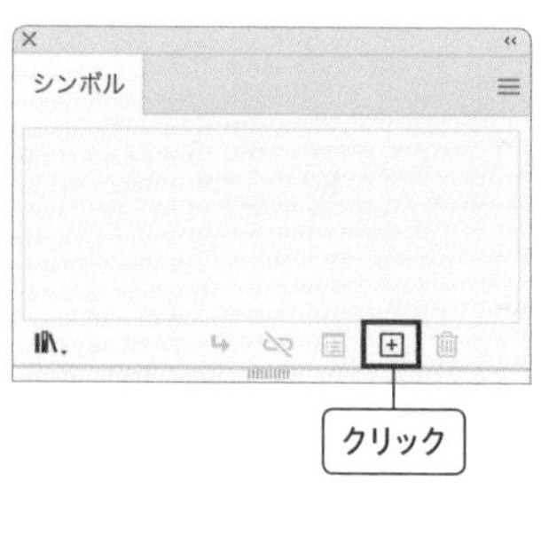

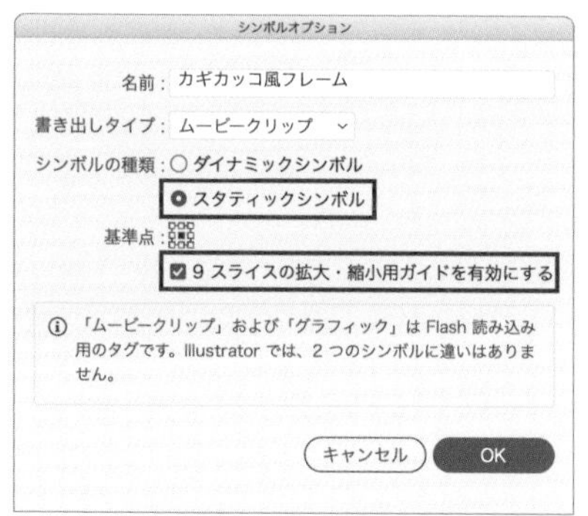

STEP 08

シンボルパネルにパーツ全体がシンボルとして登録されたらサムネイルをダブルクリックし、シンボル編集モードに入りましょう。画面に表示されている4本のガイドをドラッグし、パーツの間の空いているスペースを挟むようにして配置します。アートボード左上の矢印アイコンをクリックするか、escキーを押してシンボル編集モードを終了します。

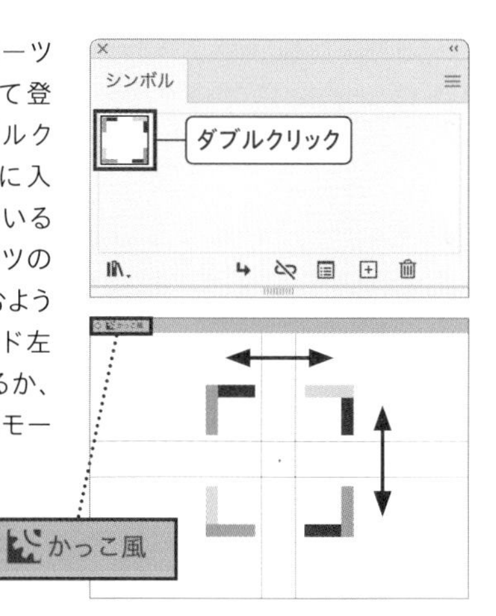

MEMO

スタティックシンボル

［シンボルの種類］を［ダイナミックシンボル］にすると、シンボルインスタンスとして配置したあとにパーツごとアピアランスを変更できるようになります。便利なオプションですが、仕組みを理解せずにマスターやインスタンスを編集するとトラブルの原因になるため、ここでは［スタティックシンボル］を推奨しています。

シンボルインスタンスを配置する

STEP 09

シンボルパネルに登録されているシンボルをアートボードにドラッグし、シンボルインスタンスとして好きな位置に配置します。選択ツールに切り替え、バウンディングボックスを使って自由に幅や高さを変更してみましょう。変形しても角のパーツのバランスは崩れないので、テキストオブジェクトなどと組み合わせて好きな大きさで利用できます。

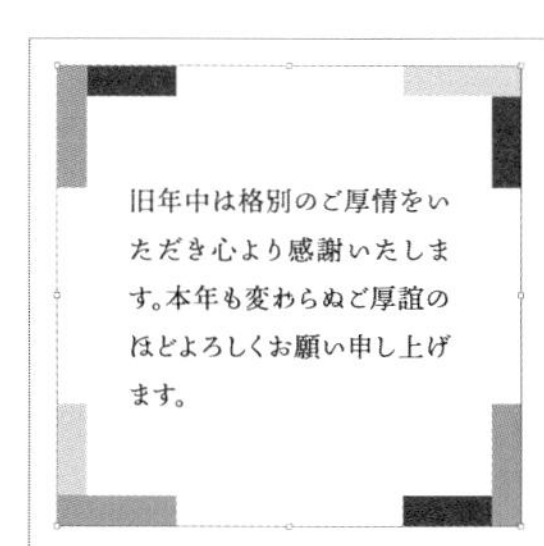

使用フォント：貂明朝 Regular（Adobe Fonts）
文字のカラー：［C0／M0／Y0／K100］

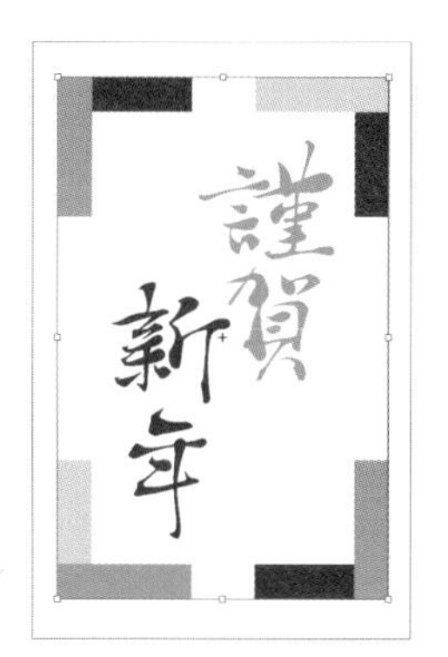

使用フォント：かづらき SP2N L（Adobe Fonts）
文字のカラー：［C30／M30／Y100／K0］、［C0／M100／Y80／K0］

MEMO

高さや幅を元のパーツよりも小さく変形した場合は、図のようにバランスが崩れてしまいます。この場合はシンボル編集モードでパーツの大きさなどを再編集し、デザインが保持されるように調整しましょう。

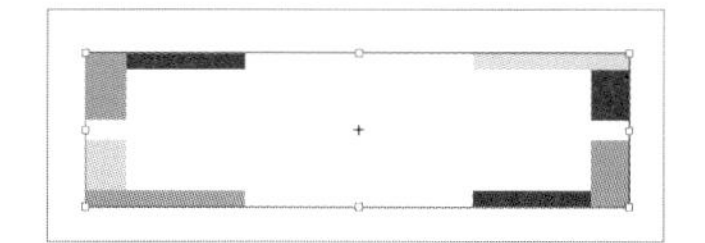

リピートラジアル機能を使った花飾り

愛らしい雰囲気が特徴的な花飾り制作のアイデアです。印刷物や、Web制作でのタイトル飾りから、パッケージデザインの装飾など、多くの活用方法があります。リピートラジアルツールを使用することで、華やかながらまとまりのあるデザインが制作できます（同素材を拡張展開して使用するアイデアをCHAPTER 4の05にも掲載しています）。

制作・文 anyan

使用アプリケーション
Illustrator 2021 | Photoshop

制作ポイント

➡リピートラジアルツールを活用して効率よく花素材を制作

➡同じパーツ素材からでもツールの数値設定の調整により、バリエーション豊かなデザイン展開が可能

カラーとパーツを準備する

STEP 01 配色に使用するカラーをスウォッチに登録しておきます。今回は花用に4色、リーフ用に2色をあらかじめ設定します。プリセットしたスウォッチから配色をしておくと、あとから配色の調整や変更する際にはスウォッチパネルから変更したいカラーを調整するだけでよいので、変更したいオブジェクトをひとつひとつ選択するといった手間も省くことができます。

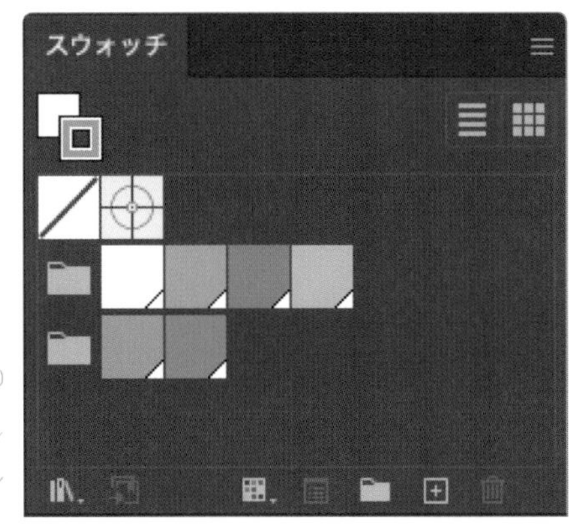

ここでは、上段左から［C0／M0／Y0／K0］、［C10／M40／Y20／K0］、［C45／M40／Y5／K0］、［C5／M20／Y75／K0］、下段左から［C50／M10／Y100／K0］、［C80／M0／Y40／K0］としています。お好みのカラーを設定してもよいでしょう。

楕円ツールを使い、花の素材となる正円、楕円パーツを作成します。

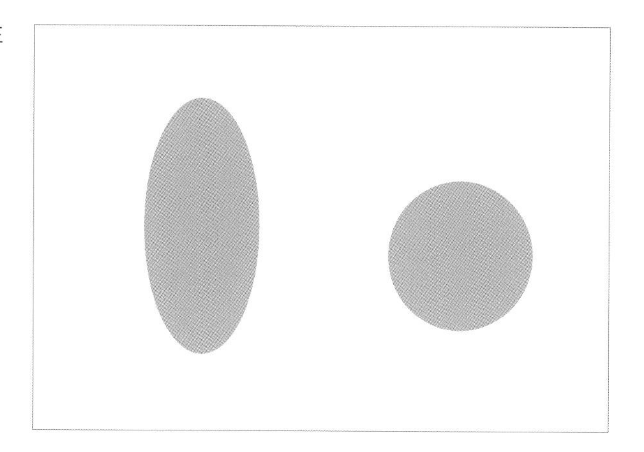

花びらを展開する

STEP 03

パーツを1つ選択し、オブジェクトメニュー→“リピート”→“ラジアル”をクリックします。モチーフが自動的にラジアル（＝放射状）に展開します。該当のオブジェクトを選択している間は画面上部に「リピートラジアル」調整ツールが現れますので、リピート数（左）、中心点からの距離（右）を調整しながら、花の形状を調整します。

円形、楕円形それぞれのパーツを使い、枚数を変えながら花のバリエーションを作成します。

STEP 05

STEP 04で制作したパーツの中央（重ね順は上）に、スマートガイド、または整列ツールを利用しながら円形パーツ（線にホワイトを設定）を重ねて配置します。グループ化をして花部分のパーツは完成です。

ツートンリーフパーツを作成する

STEP 06 楕円パーツを選択し、上下2点（星印）のアンカーポイントを選択します。外面上部のアンカーポイントツールで［コーナーポイントに切り替え］を選択し、そのままアンカーツールから［アンカーポイントでパスをカット］を選択して、左右に2分割します。左右それぞれにスウォッチからリーフ用のカラーを適用します（分割でパスが開いたままになっているので、この際［右クリック－連結］を選択して整えておきます）。

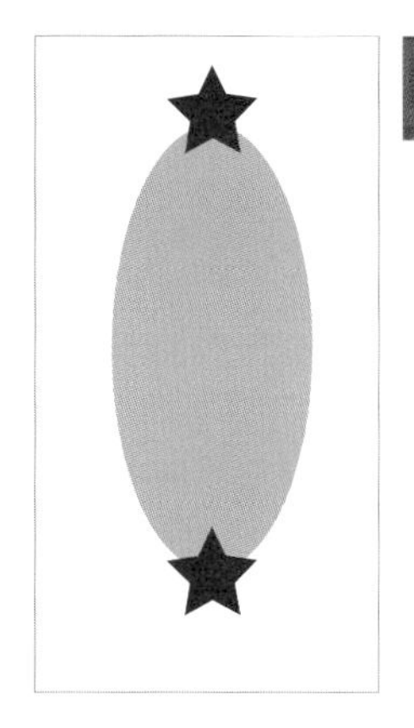

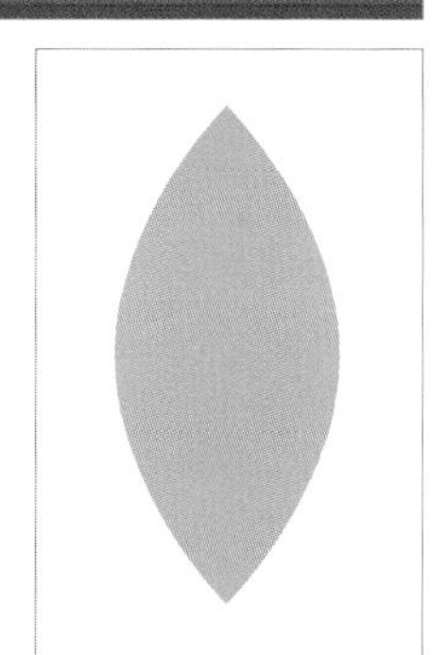

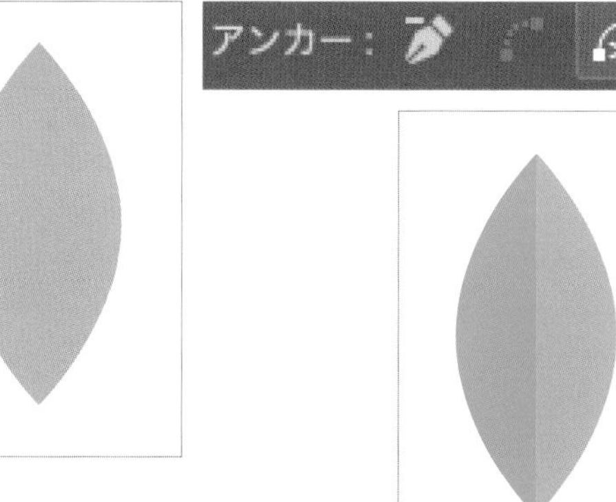

モチーフを組み合わせる

STEP 07 制作したパーツを組み合わせ、配色を追加したりしながらレイアウトを調整すれば、花飾りの完成です。

リピートミラー機能を活用したシンメトリーな花フレーム

上品でクラシカルな雰囲気が特徴的な花飾り制作のアイデアです。ウェディングなど、各種案内状の飾りフレームやエディトリアルでのコーナー装飾にも最適です。リピートミラーツールを使用することで、バランスを確認しながら効率よくシンメトリーなデザインに仕上がります。

制作・文 anyan

制作ポイント

➡リピートラジアルツールで花飾りを作り、リピートミラーツールで展開

➡一度レイアウトを組んでしまうと細かなパーツの調整が難しいシンメトリーデザインだが、ツールの活用で、レイアウトを仮組みした状態から制作を進めたり、全体を確認しながら細部の調整を行うことが可能に

使用アプリケーション

Illustrator 2021 | Photoshop

準備する

STEP 01 使用サイズに合わせたアートボードを作成し（今回はA4縦サイズ）、「ガイド用」（上）、「素材用」（下）の2種類のレイヤーを作成します。使用色はスウォッチに登録しましょう。
バランスを見ながらレイアウトができるようにガイドを設置します。「ガイド用」レイヤーで直線ツール（＋スマートガイド）を使い、アートボードの横幅、高さに合わせた線を引き、アートボード中心点で交差するように整えます。縦横の線を選択し、右クリック→“ガイドを作成”でガイドライン化します。ガイドラインはレイヤーロックまたは「ガイドをロック」で作業時に間違えて移動しないようにしておきます。

素材を制作する

STEP 02 CHAPTER 1の02と同じ要領で楕円形ツールから花と葉の素材を作成します（作例の花びらはオブジェクトメニュー→“リピート”→“ラジアル”から［リピート数］を［9］に設定）。またペンツールを使い、茎となる曲線の素材を作っておきます。

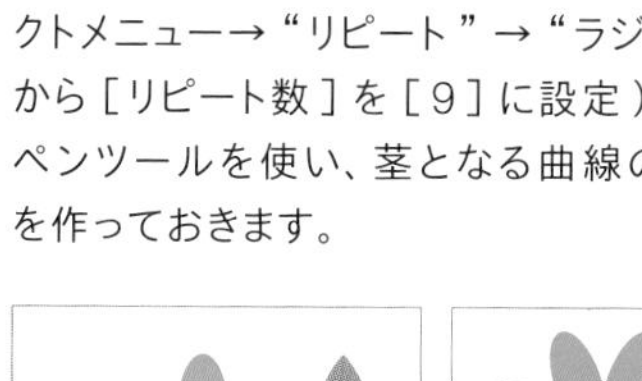

花素材
（9枚で作成）

ここではセクション02と同じカラーを使用しています。

STEP 03 STEP 02で制作したパーツを利用し、茎、葉、花を繋げた素材を作成します。グループ化したら右クリック→“変形”→“リフレクト”→“垂直”→“コピー”と選択し、対称となる素材も制作しておきます。

花のモチーフを並べる

STEP 04 アートボード内に4分割したスペースのうち、左上のスペースでレイアウトの仮組み作業を行います。基本的には2種類の花パーツを順にコピーしながら使用します。大きさ、重ね順、角度を調整し、自然な弧を描いて見えるようレイアウトします（細かな調整は仕上げ段階で行います）。

花のモチーフを並べる

STEP 05 制作した花全体を選択しながらオブジェクトメニュー→“リピート”→“ミラー”を選択します。左上のモチーフが右上に鏡写しに配置されます（別の方向に展開されている場合は、画面上部のリピートミラー項目を［90°］に設定）。次に、左右のリピートの基軸がアートボードの中央となるように整列パネルで［水平方向中央に整列］を選択します（アートボードの水平方向中央に配置されます）。

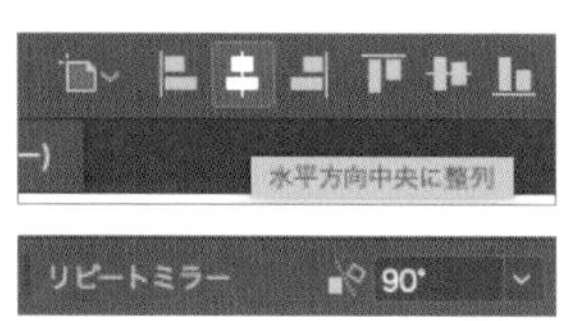

ミラーを展開して調整する

STEP 06 STEP 05同様にモチーフを選択しながらオブジェクトメニュー→“リピート”→“ミラー”を選択します。さらに、画面上部の［リピートミラー］項目を［180°］に設定すると、上下に鏡写しとなったモチーフが現れます。今回のリピートでも上下の基軸がアートボードの中央となるよう“整列ツール”→“垂直方向中央に整列”を選択します。

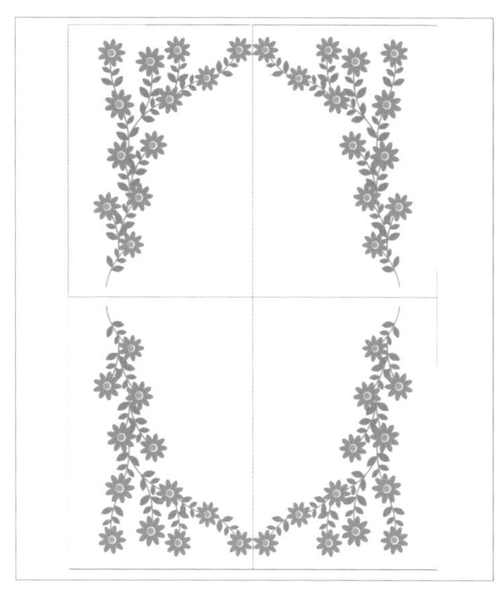

レイアウトを調整して仕上げる

STEP 07 大まかに花フレームができ上がったら、細かなレイアウトの調整を行い仕上げていきます。アートボードの左上を2回ダブルクリックすると、最初にモチーフを配置したグループのレイアウト編集が可能となります。この左上スペースでのレイアウト変更は、そのまま全体へと連動し反映されますので、全体のバランスを見ながら効率よくレイアウト修正、仕上げをすることが可能（この機能の最大のメリット）です。全体のバランスが整ったら完成です。

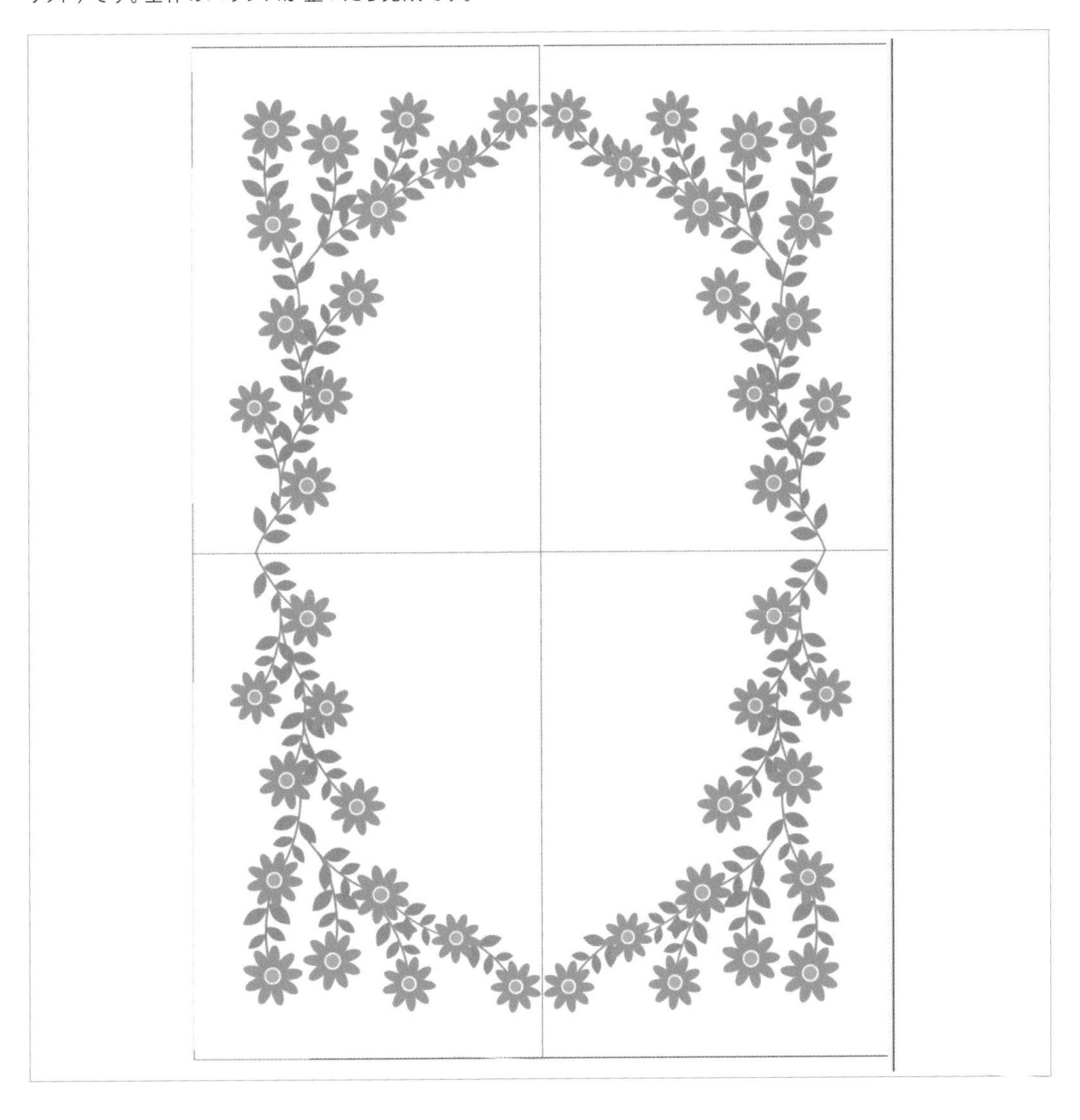

ランダムな模様のカラフルなフレーム

子どもから大人まで広く愛されるような素材にこだわったドーナツ屋さん。クラウドファンディングの詳細内容へ誘導するアイキャッチを想定したデザインです。カラフルな色味を面積違いで切り替えることで面白みのある、いきいきとしたデザインになります。

制作・文 mito

使用アプリケーション
Illustrator 2021
Photoshop

制作ポイント
➡ナイフツールを使い、ランダムに色の切り替えを行う
➡パスファインダーを使い、不規則な面白みのある形を作る

新規アートボードを作る

STEP 01 ファイルメニュー→“新規...”から新規ドキュメントを作成します。[Web] を選択し、[幅:760]、[高さ:428]、[ラスタライズ効果:スクリーン(72ppi)]、単位は[ピクセル]を設定して、[作成]をクリックします。

使用するカラーをスウォッチに登録する

STEP 02 長方形ツールを選択し、アートボード外に正方形を4つ作成します。作例では［線：なし］、［塗り］は［R167／G186／B95］（#a7ba5f）、［R240／G138／B152］（#f08a98）、［R120／G154／B183］（#789ab7）、［R243／G193／B106］（#f3c16a）としています。

アートボード外に正方形を作成する。

STEP 03 作成した正方形を選択ツールで選択し、スウォッチパネルから右下の新規スウォッチをクリックしウィンドウを開きます。［グローバル］にチェックを入れ、［OK］をクリックします。

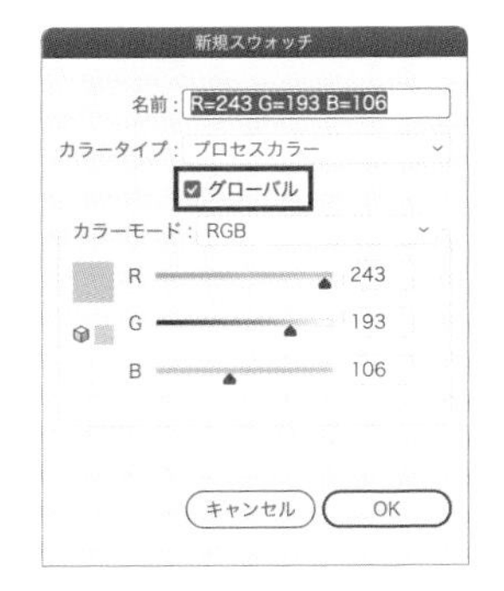

STEP 04 同じ操作を残り3回繰り返し、4色をグローバルカラーとして登録します。

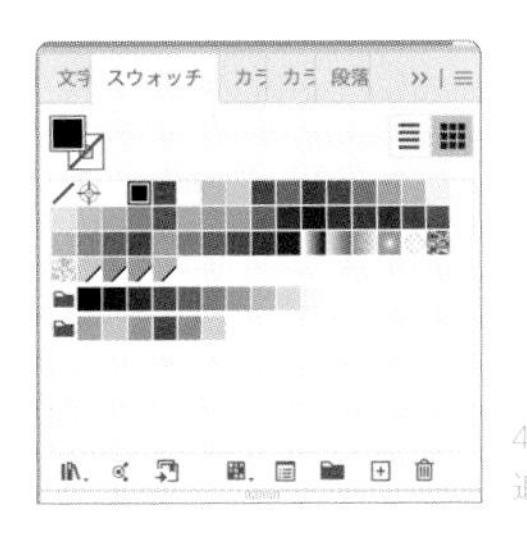

4色のグローバルカラーが追加されました。

長方形からフレームを作成する

STEP 05 長方形ツールを選択し、アートボードと同じ大きさの長方形を作成します。

STEP 06 さらに作成した長方形がフレームとなるように、内側に先ほど作成した長方形よりも小さな長方形を作成します。作成した2つの長方形を選択ツールで選択し、［パスファインダー］の前面オブジェクトで［型抜き］をクリックし、フレームにします。

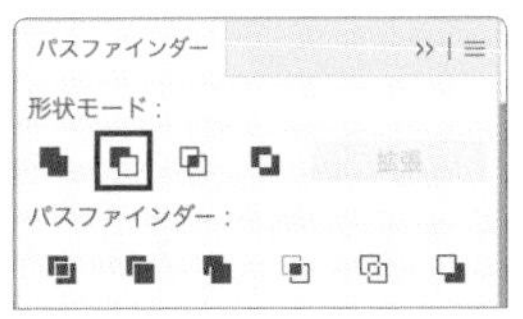

ナイフツールで切り込みを入れる

STEP 07 先ほど作成したフレームを選択した状態で、ナイフツールに持ち替え、フレームに対してランダムに切り込みを入れていきます。

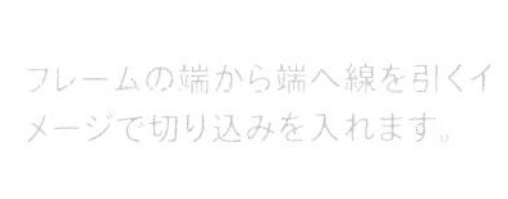
フレームの端から端へ線を引くイメージで切り込みを入れます。

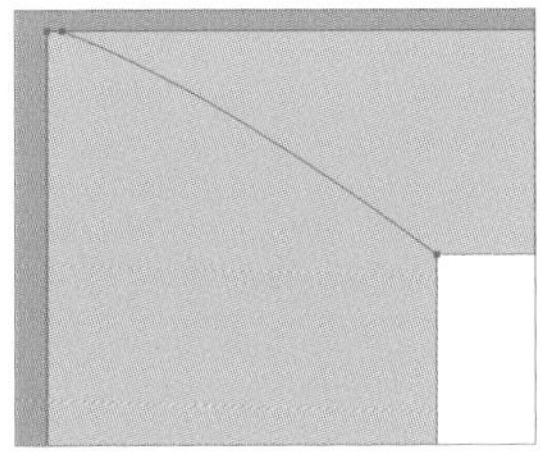

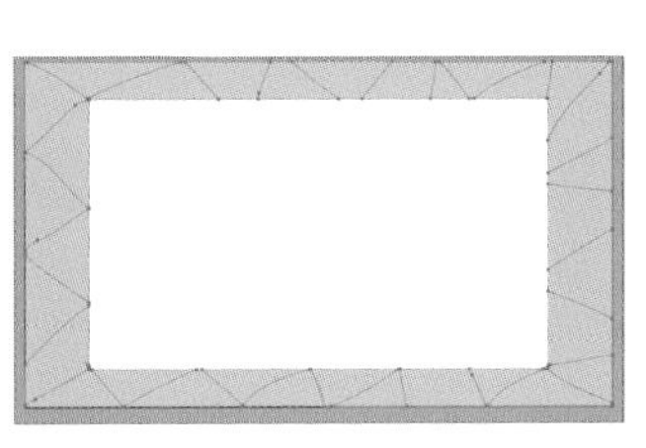
フレーム1周分の切り込みを入れます。

切り込みに沿ってひとつひとつ色を変えていく

STEP 08　先ほど入れた切り込みに沿って、切り込みを入れた分を選択ツールで個別に選択します。

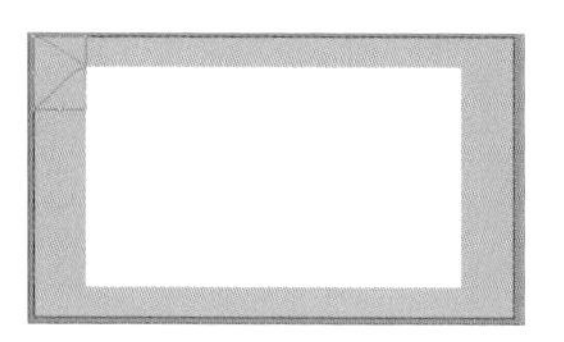

切り込みを入れたあたりをクリックすると、1つのオブジェクトとして選択できます。

STEP 09　スウォッチパネルを開き、先ほど登録したカラーをクリックして選択することで色を変えます。

STEP 10　同じ操作を繰り返し、ランダムに色を変えていきます。

文字を記入するエリアをアレンジする

STEP 11　楕円形ツールを選択し、長方形を隠すようなイメージで正円をいくつか描きます。作例では正円の色は［線：なし］、［塗り：R244／G236／B216］（#f4ecd8）としています。

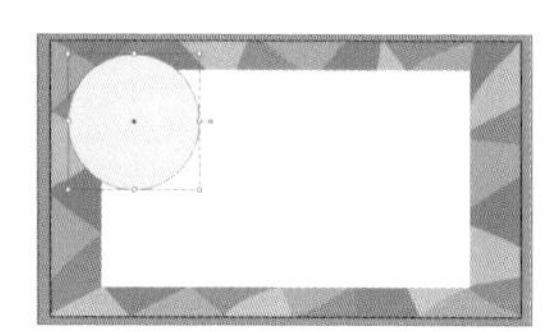

STEP 12　作成した円をすべて選択し、パスファインダーパネルより合体をクリックしパスを繋ぎます。

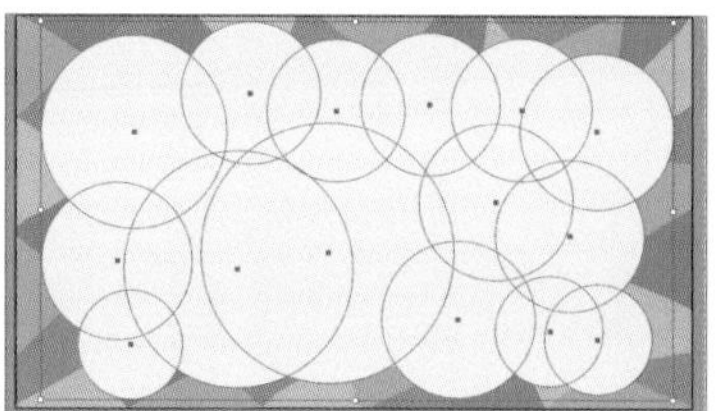

背景が見えないようにサイズの違う正円を重ねます。

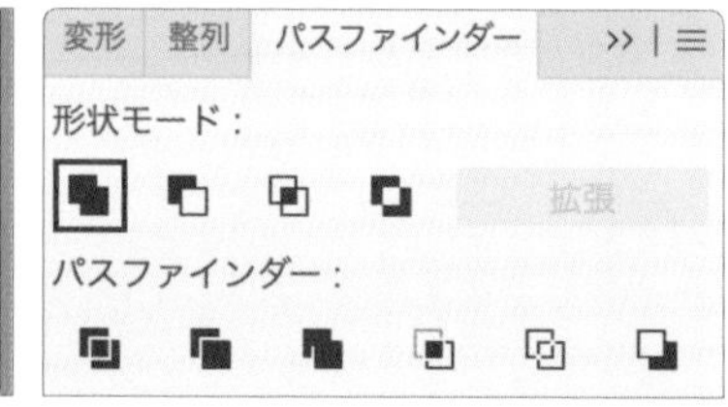

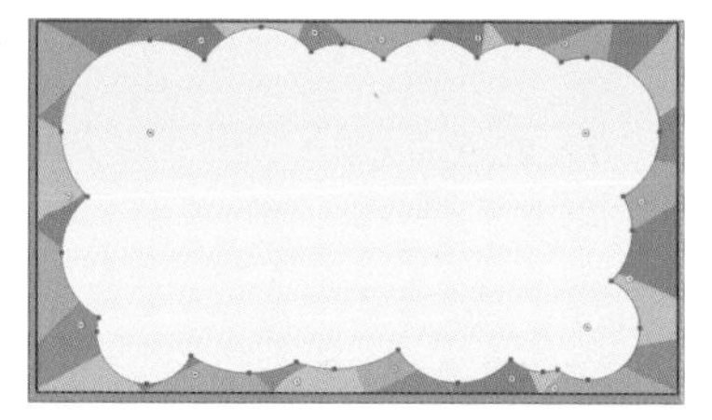

文字を配置して完成させる

STEP 13

先ほど作成した雲のようなオブジェクトの中に文字を配置します。作例では「3 DAYS LEFT」は「Industry Inc Bevel」、「Click!」は「Caflisch Script Semibold」、それ以外は「平成丸ゴシック Std W8」を使用しています。文字の色はグローバルカラーに登録した色を使用しています。

STEP 14

「logo.png」をアートボード上にドラッグし、ロゴを配置します。

STEP 15

塗りはなし、線を設定しておきます。ペンツールを選択し、shiftキーを押しながら直線を作成します。そのままshiftキーを押した状態で、直線に対して45度の線と90度の線を描き、矢印にします。

VARIATION

ナイフツールについて

ナイフツールはクローズドパスにしか使えません。ナイフツールを使用したい場合は、最初にクローズドパスになるように図形を作成しておく必要があります。
ナイフツールを使うことで、ハートや星などにもランダムに色を変えて、アイコンを作ることができます。

クラシックな面取りフレーム

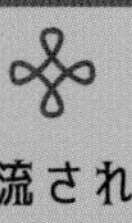

情に棹させば流される。智に働けば角が立つ。どこへ越しても住みにくいと悟った時、詩が生れて、画が出来る。とかくに人の世は住みにくい。意地を通せば窮屈だ。
とかくに人の世は住みにくい。
どこへ越しても住みにくいと悟った時、詩が生れて、画が出来る。

角の部分が面取りされた四角いフレームです。クラシックな印象でまとめたい段落の囲み罫やラベル風のベースとして使うと便利です。形を作ったあとは、シンプルな罫線や破線を追加してフチの部分を装飾します。縦横比を変えても角や罫線のバランスが崩れないのがポイントです。

制作ポイント

- ➡［角を丸くする］と［ジグザグ］効果で角の部分を加工する
- ➡新規線を追加して［パスのオフセット］効果で子持ち罫を作る
- ➡丸い破線を追加して装飾する

使用アプリケーション

Illustrator 2022 | Photoshop

制作・文　五十嵐華子

長方形のベースを作る

STEP 01 長方形ツールでアートボード上をドラッグして、好きな大きさで長方形を描画します。線と塗りのカラー、線幅は自由に設定してかまいません。ここでは［幅：60mm］、［高さ：60mm］の正方形を描き、塗りのカラーに［C40／M15／Y20／K0］、線のカラーを［C5／M30／Y50／K70］に設定しました。さらに、線パネルで［線幅］を［4pt］にしています。

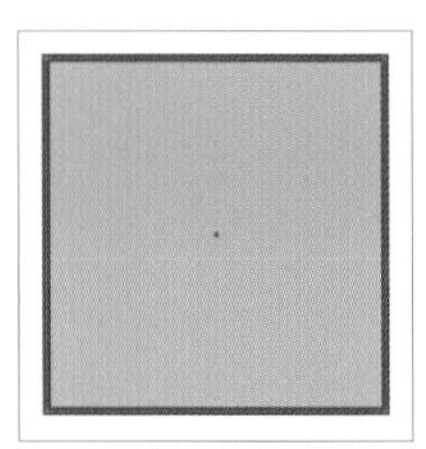

長方形
幅：60 mm
高さ：60 mm
キャンセル　OK

アピアランス
パス
線：4 pt
不透明度：初期設定
塗り：
不透明度：初期設定
不透明度：初期設定

STEP 02

［選択ツール］などでクリックして長方形のオブジェクトを選び、効果メニュー→“スタイライズ”→“角を丸くする...”を実行します。「角を丸くする」ダイアログが表示されたら、［半径］に適当な数値を設定しましょう。ここでは［10mm］に設定しました。
［OK］をクリックしたら、アピアランスパネルで［角を丸くする］効果が項目の一番上になっているか確認します。違う場所に効果がかかっていた場合は、項目をドラッグして一番上にしましょう。

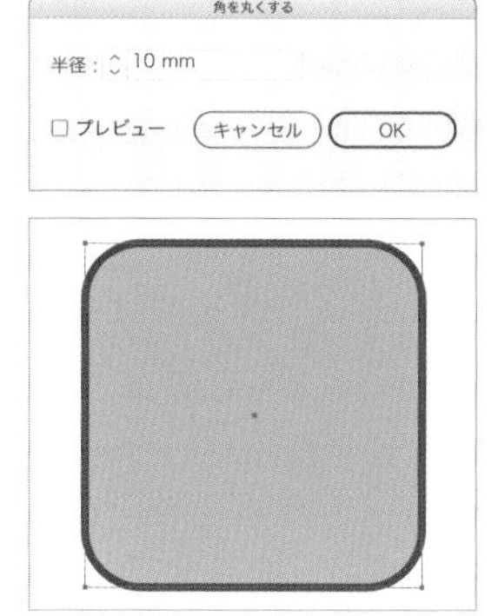

STEP 03

引き続き長方形のオブジェクトを選択し、効果メニュー→“パスの変形”→“ジグザグ...”を適用します。「ジグザグ」ダイアログが表示されたら、［大きさ］、［折り返し］をどちらも［0］にしましょう。ここでは［入力値］を選んでいますが、［パーセント］でも結果は変わりません。［ポイント］は［直線的に］を選び、［OK］をクリックします。
アピアランスパネルで［角を丸くする］の下に［ジグザグ］効果が並んでいれば、長方形の四隅の部分が面取りされて図のような状態になります。これでフレームのベースができました。

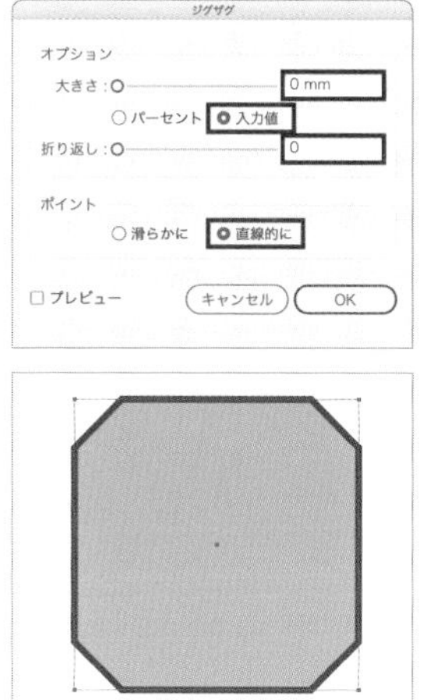

罫線を追加する

STEP 04

フレームを装飾する罫線を追加します。長方形のオブジェクトを選択してアピアランスパネルで線の項目をクリックしたら、パネル下部のボタンから［選択した項目を複製］を実行します。線の項目が2つになったら、どちらか片方の線幅を少し細くしましょう。ここでは上側の線の項目を［線幅：2pt］に変更しました。オブジェクトの見た目は変わりませんが、異なる線幅の線が2つ重なった状態になります。

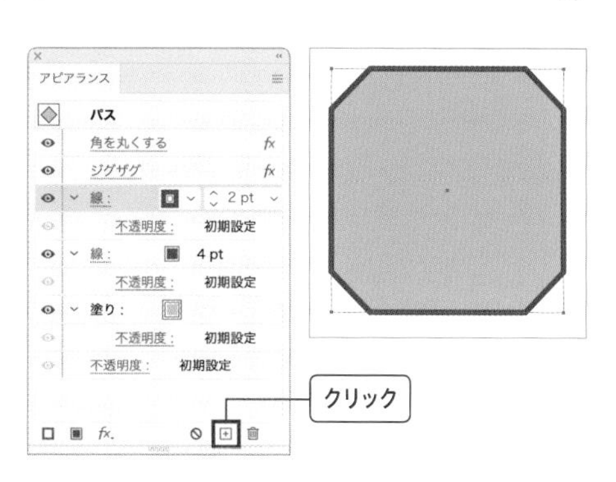

STEP 05

アピアランスパネルで細くした線の項目をクリックして選び、効果メニュー→“パス”→“パスのオフセット…”を適用します。［プレビュー］をオンにして確認しながら、［オフセット］に適当なマイナスの値を入力しましょう。ここでは［-3.5mm］に設定しました。［OK］をクリックしてダイアログを閉じると、オブジェクトの内側に細い線が入って子持ち罫になります。異なる見た目になっている場合は［パスのオフセット］効果が違う項目にかかっている可能性があります。効果の位置を移動して、細い線の項目の中に効果が入るよう調整しましょう。

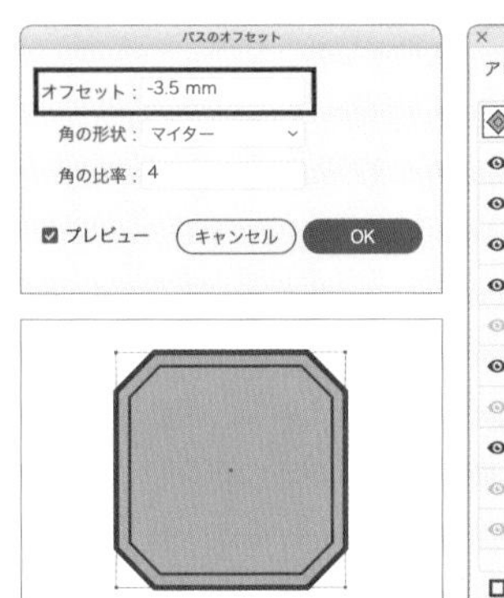

STEP 06

さらに破線の罫線も足してみましょう。長方形のオブジェクトを選択して、アピアランスパネルの［新規線を追加］をクリックします。追加された線の項目は、線のカラーを変えましょう。ここでは［C0／M90／Y80／K30］にしました。

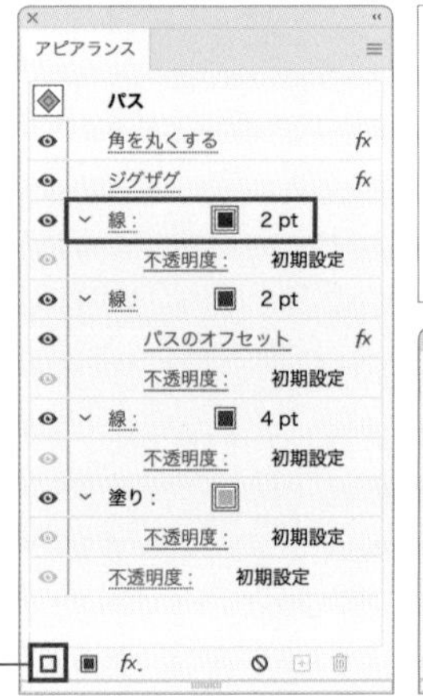

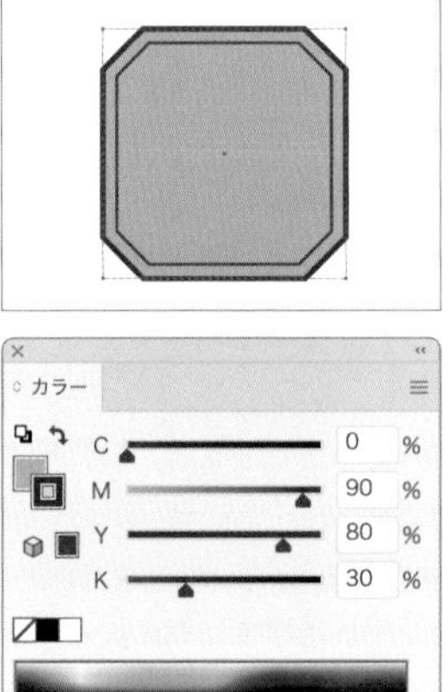

STEP 07

先ほどと同様の手順で、色を変えた線の項目に対して［パスのオフセット］効果を適用します。ダイアログで［プレビュー］をオンにして、色を変えた線が子持ち罫の中間に入るように数値を調整しましょう。ここではわかりやすく［オフセット：-2mm］に変更しました。設定できたら［OK］をクリックしてダイアログを閉じます。効果を適用できたら、全体のバランスを見ながら線幅も調整しましょう。ここでは［線幅：2pt］にしています。

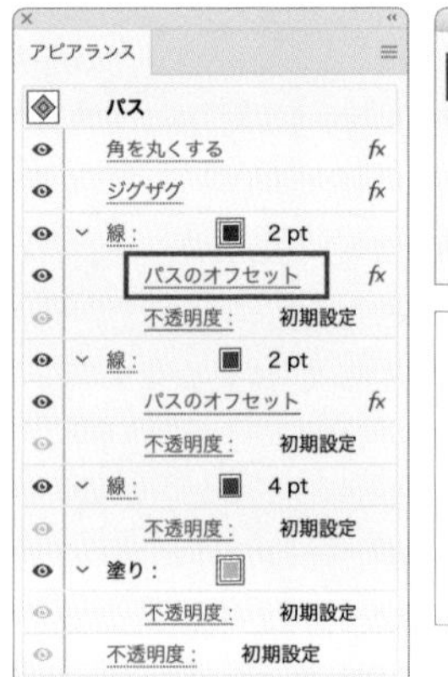

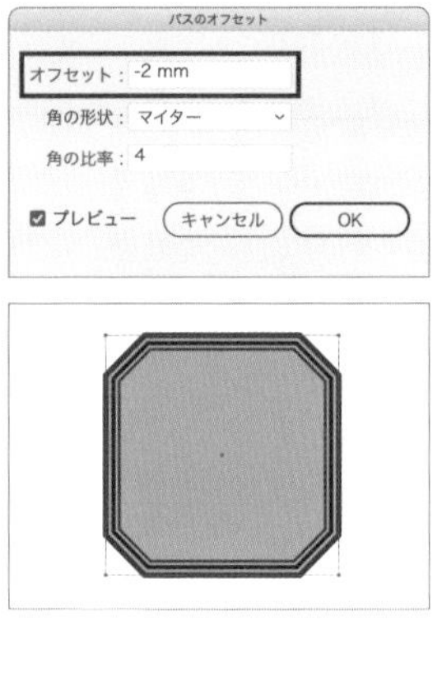

STEP 08 色を変えた線の項目をアピアランスパネルでクリックして選択してから、線パネルで丸い破線に設定しましょう。[線端]を[丸型線端]にして[破線]をオンにしたら、[線分]を[0pt]にします。[間隔]には[線幅]の2倍程度の数値を設定し、[コーナーやパス先端に破線の先端を整列]を有効にしましょう。

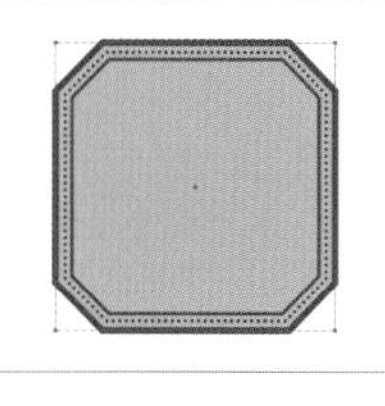
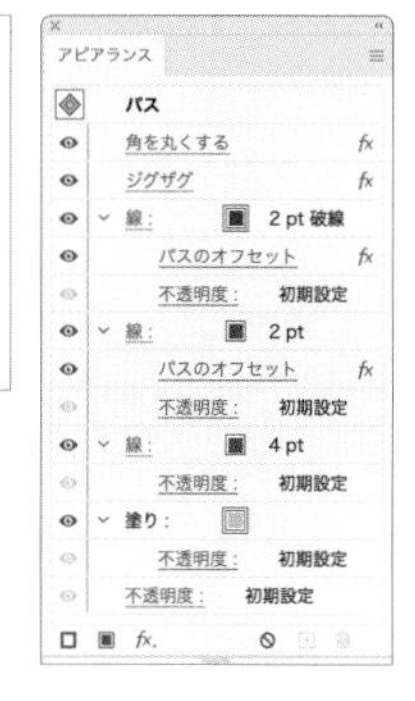

STEP 09 完成したフレームは、テキストオブジェクトや、その他の装飾パーツと組み合わせて使いましょう。縦横比を変えても角の部分が崩れないので、自由にフレームの大きさを調整できます。
装飾パーツは、shift+ドラッグで描いた正円で簡単に作成できます。ダイレクト選択ツールで正円のセグメントのみを選び、拡大・縮小ツールで斜めにshift+ドラッグすると、セグメントがねじれて図のような形になります。ここでは[幅:5mm]、[高さ:5mm]ほどの正円を使い、線のカラーを[C0/M90/Y80/K30]、[線幅:1pt]に設定しています。

使用フォント:黒薔薇ゴシック medium(Adobe Fonts)、文字のカラーは[C0/M0/Y0/K100]。

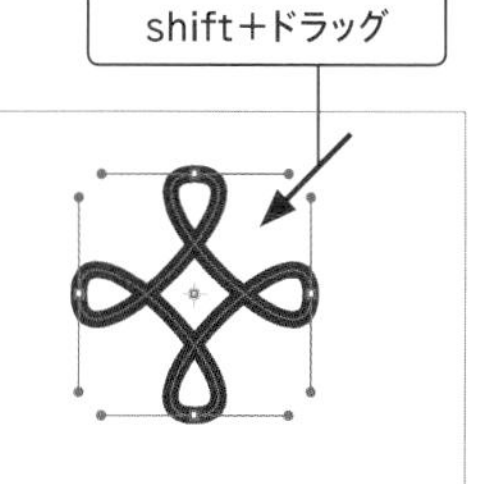

VARIATION

角の大きさを変える

角の部分の大きさは、最初にかけた[角を丸くする]効果の数値でコントロールできます。あとから何度でも変更できますので、レイアウトのバランスなどに合わせて調整しましょう。

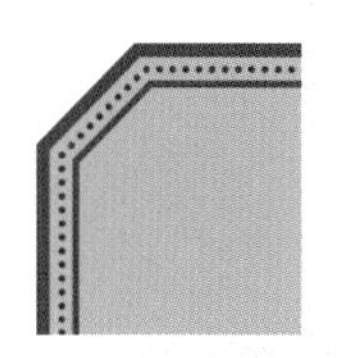
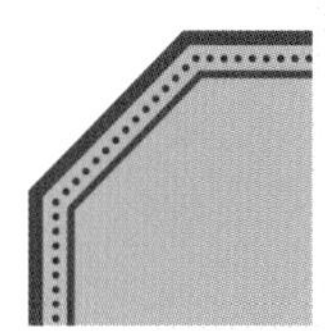

[角を丸くする]効果の設定値を変えた例。(左)半径:10mm、(中央)半径:15mm、(右)半径:5mm。

アラベスク形式の円形フレーム

オリエンタルな雰囲気が特徴的な円形フレームのアイデアです。ポスターなどのタイトル飾りや、案内状などの番号飾り、パッケージ制作などにをおすすめです。リピート機能（ラジアルミラーツール）の組み合わせで、一見複雑そうな幾何学図形も簡単に効率よくデザイン展開ができます。

制作ポイント

➡リピート機能（ラジアルミラーツール）を組み合わせ、一度作業フォーマットを組み上げてから制作していく点がポイント

➡基本フォーマットを一度保存しておけば、次回からはデザイン作業のみとなるので、より効率よく制作作業を進められる

制作・文 anyan

使用アプリケーション

Illustrator 2021 | Photoshop

準備する

STEP 01 線に適用するカラーを（あとからでも簡単に変更できるように）スウォッチに登録します。「ガイド用」（上）、「素材用」（下）レイヤーを設置します。

ガイドを設置する

STEP 02 「ガイド用」レイヤーに、直線ツールで90°方向に200mmの線を引き、アートボードの中央に配置します。右クリック→“変形”→“回転”の設定で[30°]と入力し、[コピー]をクリックします。そのままキーボードショートカットでcommand〔Ctrl〕+Dを4回選択します。時計状のガイドができたら全体を選択し、右クリック→“ガイドを作成”でガイドライン化します。ガイドラインは「レイヤーロック」または「ガイドをロック」で作業時に間違えて移動させないようにしておきます。

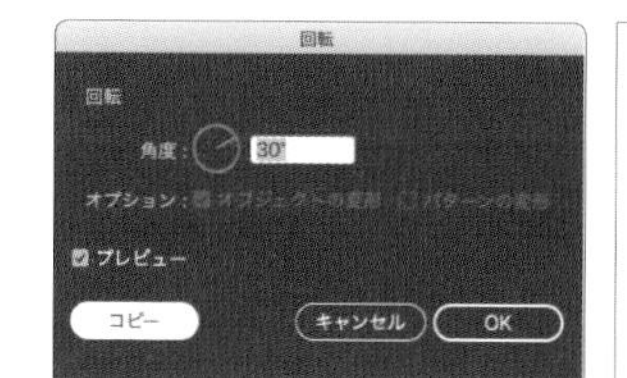

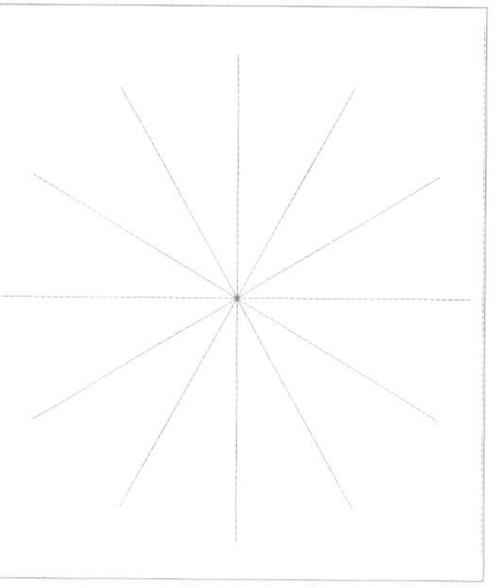

シンボルに登録する

STEP 03 作業の基準となるスペースの設定を行っていきます（このスペースで描いた図形がリピートミラー／ラジアル機能により、円全体に反映されるようになります）。ペンツール（+スマートガイド）を使い、ガイドの“a”→“b”→“c”→“a”とアンカーポイントを繋いで三角形を作ります（塗りにスウォッチ色を設定／線には色設定は行いません）。またこの際、あとの作業で使用するため三角形の横幅（上部情報パネルで確認／見本は50mm）を記憶しておきます。

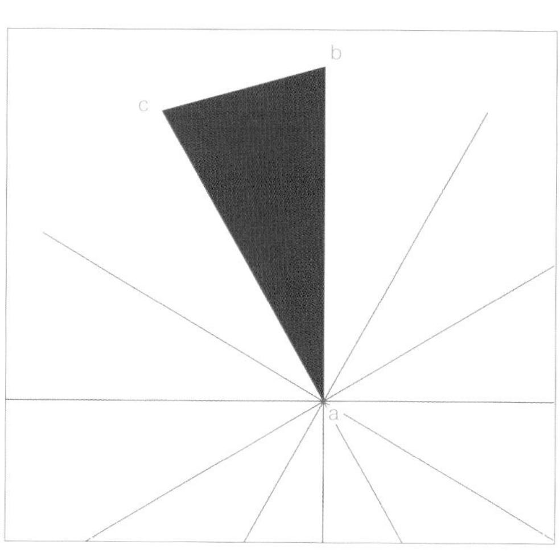

STEP 04 三角形を選択しながらオブジェクトメニュー→“リピート”→“ミラー”を選択すると、右隣に鏡写しに配置されます（別の方向に展開されている場合は、画面上部のリピートミラー項目を[90°]に設定します）。

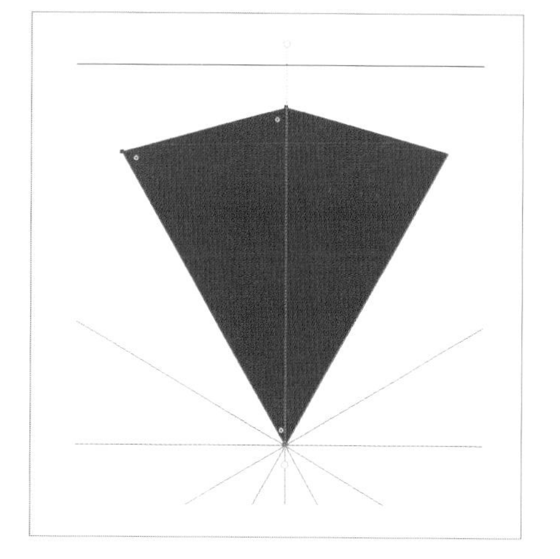

STEP 05

再び三角形を選択しながら今回はオブジェクトメニュー→"リピート"→"ラジアル"を選択します。三角形が回転して表示されるので、上部の設定パネルで回転数を［6］(60°×6回転=360°)、半径を［50mm］(=2で記憶した三角形の横幅)と設定します。図形の中心がガイドの中心から逸れてしまった場合は、改めてガイドの中心点まで移動させて合わせます。ガイドのサイズに沿った12角形ができ上がれば、ラジアル設定は完了です。

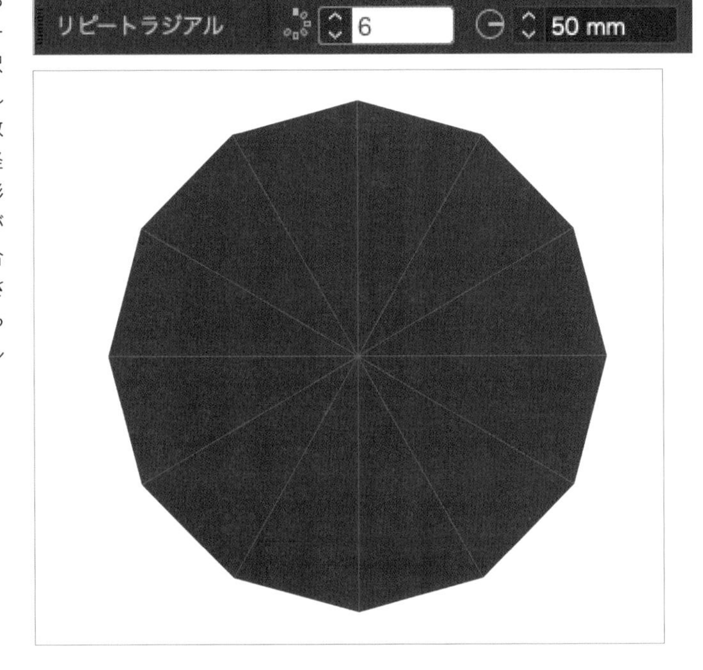

STEP 06

最初に作った三角形の上にカーソルを合わせ、編集モードの階層が三角形の「パス」になるようダブルクリックをしていきます。三角形パスの編集モードとなったら、一度パスの外側をクリック(選択を外す)して、鉛筆ツール(線にスウォッチ色を設定)を使い、三角形の左右を横断する線を引き、右クリックから重ね順を「最背面」に設定します。さらに線と三角形の両方を選択し「クリッピングマスクを作成」を実行します。編集モードを解除すると、元の三角形の範囲でトリミングされた線が12角形全体に反映されて見えます。

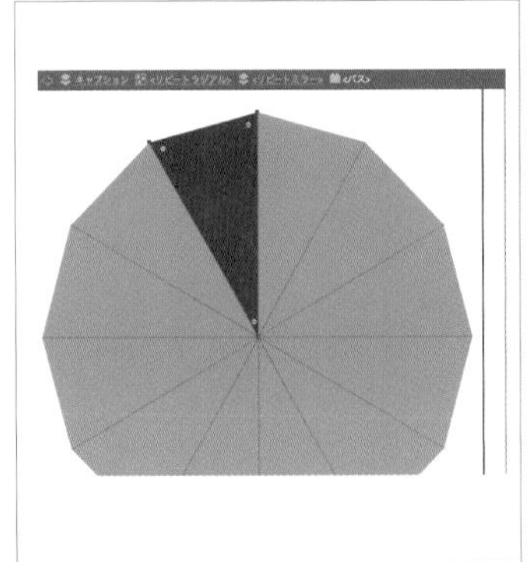

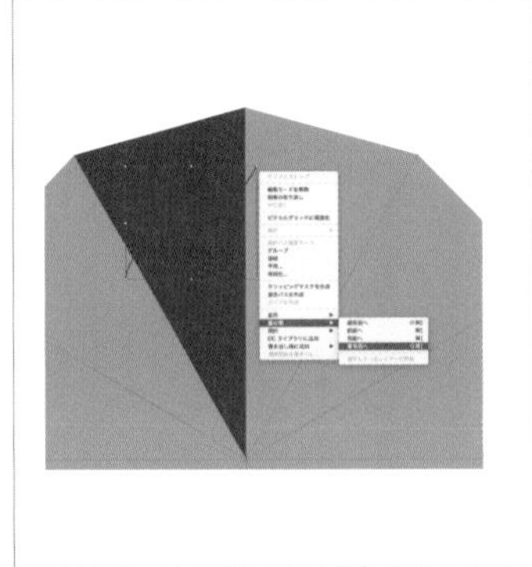

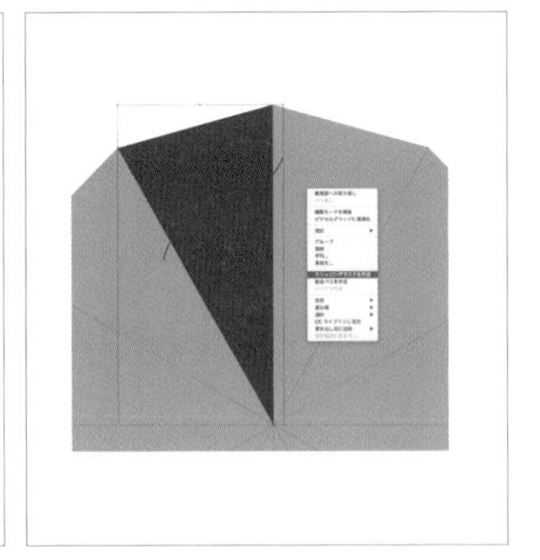

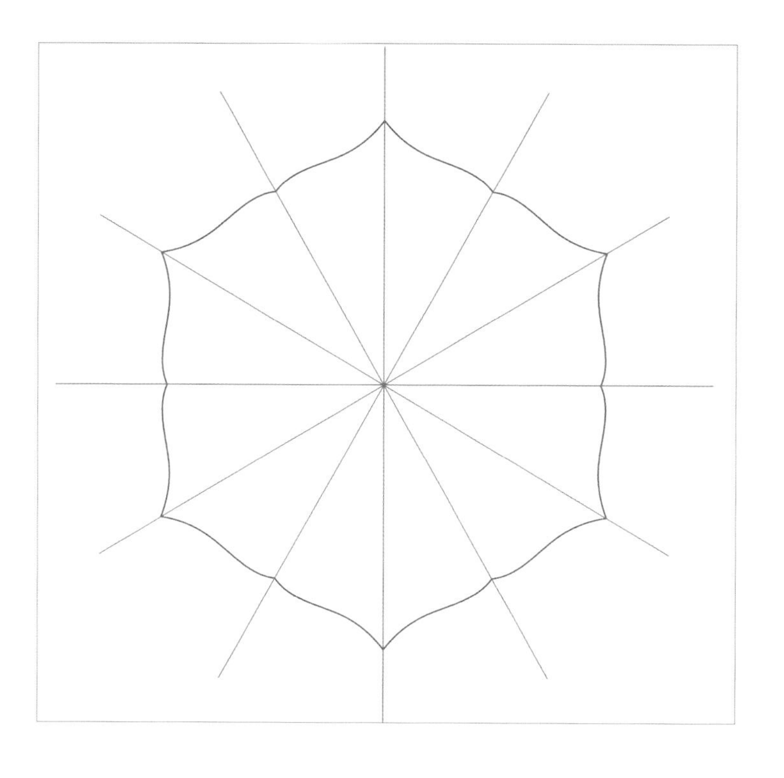

デザイン作業を行う

STEP 07 以降は編集モードで[クリッピンググループ]を選択し、同クリッピングマスクの中で、デザイン作業を行います。全体に反映された様子も確認しつつ、鉛筆ツールやブラシツールで自由に線を描き、ポイントを細かく調整しながら仕上げていきます。

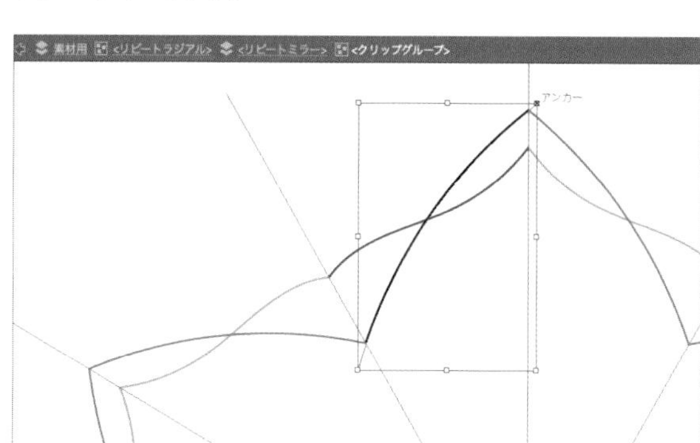

CHAPTER 1 07

クロスステッチ風の幾何学飾り

素朴ながら暖かみを感じさせるクロスステッチ風幾何学飾りのデザインです。印刷物、Web制作において、タイトルや見出しのお洒落な演出に有効です。グリット分割やライブペイントツールを活用してデザインを行います（同素材を拡張展開して使用するアイデアをCHAPTER 4の02にも掲載しています）。

制作・文 anyan

使用アプリケーション
Illustrator 2021
Photoshop

制作ポイント

➡ グリット分割でフォーマットを作ってから、分割された正方形をライブペイントツールを利用し、（塗り絵感覚で）色付けをしていく

➡ 使用色をあらかじめスウォッチ登録しておけば、完成デザインからカラーバリエーションを増やすことも可能

準備する

STEP 01 配色用のスウォッチを必要数用意します（見本は5色設定）。長方形ツールを使用し、線［0.5pt］、［K70］の色設定で素材となる正方形（見本は55mm正方）を作成します。

グリット分割でフォーマットを作成する

STEP 02 ［オブジェクトーパスーグリットに分割］を選択します。設定パネルが現れるので、行と列の数値を設定します（見本ではそれぞれ［11］で設定。奇数での設定すると中心にも行と列ができるのでバランスよくデザイン作業ができます）。［OK］をクリックすると、設定値で分割されたグリットが現れます。

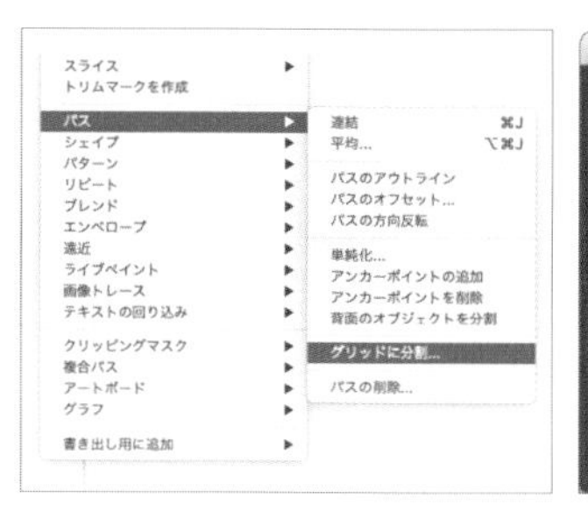

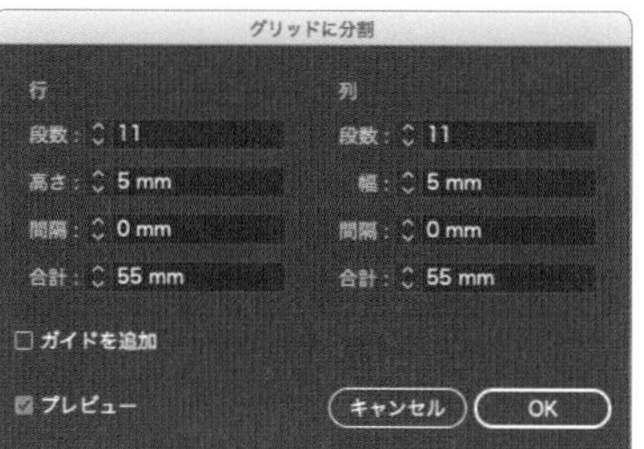

ライブペイントに変換する

STEP 03 グリット全体を選択し、オブジェクトメニュー→“ライブペイント”→“作成”を選択します。「ライブペイント」を適用しておくと、グリットに（“選択”→“色適用”の作業を省略し）直接的に着色することが可能になります。

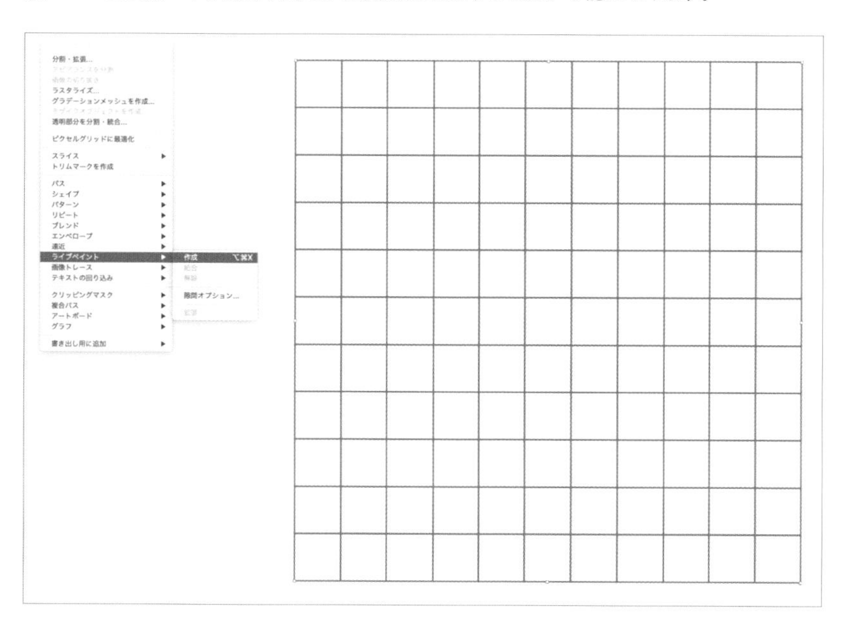

ライブペイントツールで着彩する

STEP 04 スマートオブジェクト上でKキーを打つと、ライブペイントツール（ツールバーからも選択可能 ）に切り替わります。使用したい色のスウォッチを選択し、適用させたいコマの上でクリックすると、着彩を行うことができます。また、使用スウォッチの切り替えはキーボードの◀、▶キーで行えるので、マウスの移動とキーボードの切り替えだけで素早くカラーリングをしていくことが可能です。

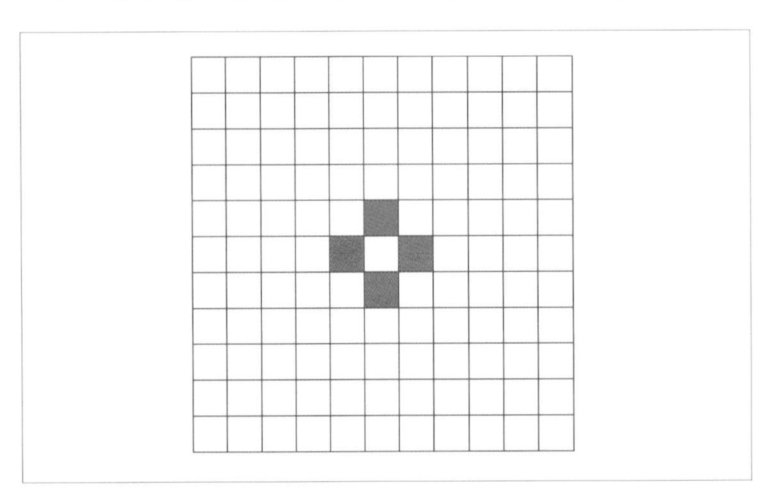

STEP 05 シンメトリーなデザインにしたい場合は、中心付近から順に着彩をしていくとバランスがとりやすいです。今回は横長のデザインにしたいので、上下2段は無彩色のまま着彩を行いました。

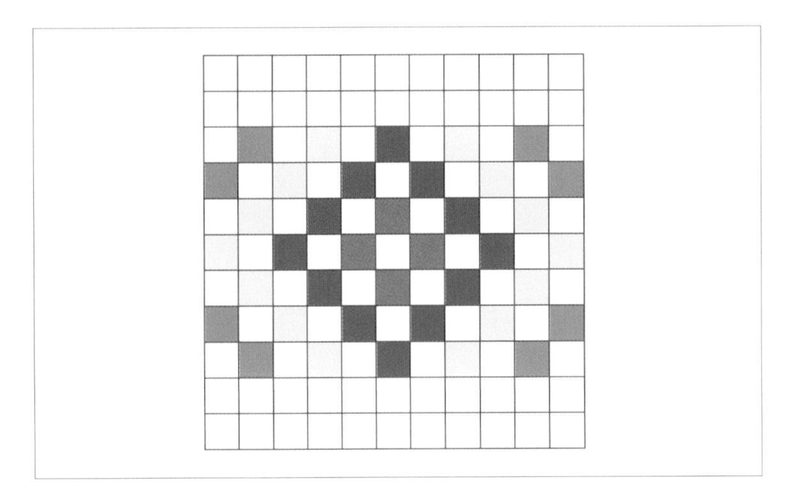

整列して仕上げる

STEP 06 不要な部分を削除し、スマートガイドを利用しながらshift+option〔Alt〕で水平方向隣に並べます。一度コピー配置をしたら、あとはcommand〔Ctrl〕+D（直前の作業の繰り返し）で、必要数を並べることができます。スウォッチでの配色調整、線の色設定の変更／解除など、必要に応じた調整を終えれば完成です。

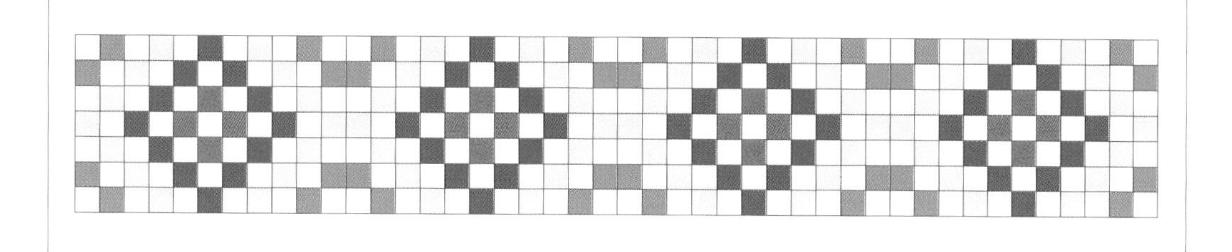

線の塗りを解除した状態です。

VARIATION

コマ数や並べ方を変えたバリエーション

彩色の仕方やコマ数の調整、リフレクトツールなどを活用した並べ方の変更などにより、多種多様な幾何学文様を作り出すことができます。

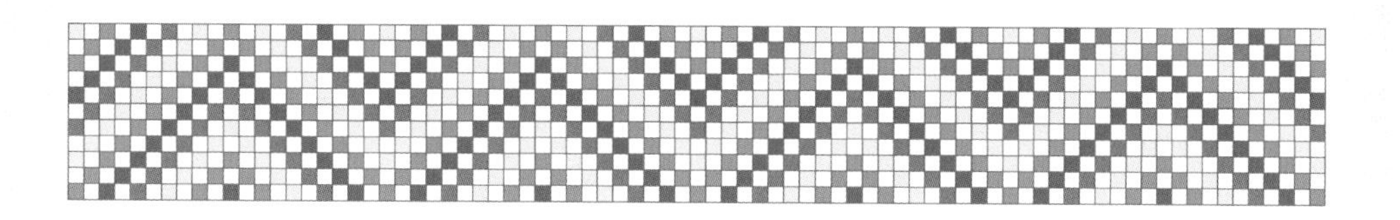

CHAPTER 1
08

曲線を組み合わせた応用しやすい華やかな飾り罫

楕円形と効果を組み合わせて華やかな飾り罫を作ります。飾り罫の形は効果でコントロールするので、バリエーション作りも簡単です。筆記体やクラシックな印象のセリフ体などのフォントと組み合わせて、洋風のデザインパーツとして使うのがおすすめです。

制作ポイント

- ➡正円に［ジグザグ］効果をかけてベースの形を作る
- ➡［変形］効果で回転コピーをかける
- ➡設定値を変更してバリエーションを作成

使用アプリケーション

Illustrator 2022 | Photoshop

制作・文　五十嵐華子

正円を描く

STEP 01 楕円形ツールでアートボード上をshift＋ドラッグし、好きな大きさで正円を描きます。カラーパネルを使って、塗りは［なし］、線に好きなカラーを設定しましょう。線パネルから線幅も自由に設定してかまいません。作例では、円の大きさを［幅：60mm］、［高さ：60mm］にして、線のカラーを［C20／M40／Y30／K0］、［線幅：2pt］にしています。

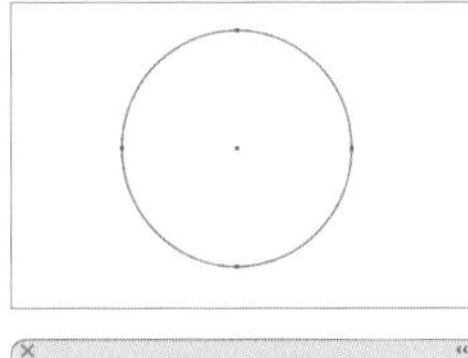

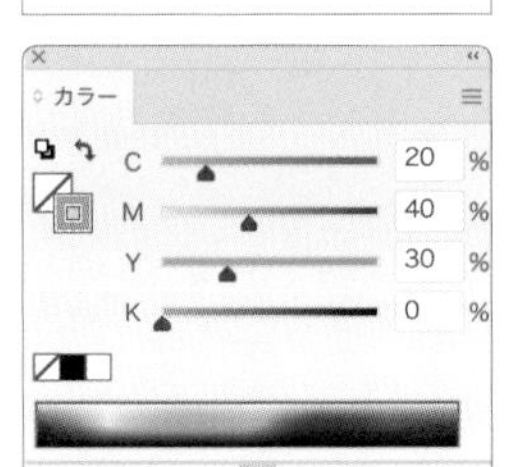

[ジグザグ]効果と[変形]効果をかける

STEP 02 正円のオブジェクトを選択し、効果メニュー→"パスの変形"→"ジグザグ..."を実行します。「ジグザグ」ダイアログが表示されたら[プレビュー]をオンにして、結果を確認しながら[オプション]で適当な数値を設定しましょう。ここでは[パーセント]に設定してから、[大きさ:3%]、[折り返し:5]に設定しました。[ポイント]を[滑らかに]にしたら[OK]をクリックします。[ジグザグ]効果のかかった正円を選択し、アピアランスパネルで[ジグザグ]効果がパネル上の項目で一番上になっているか確認します。違う状態になっている場合は項目をドラッグして動かし、図のように一番上へ移動させましょう。

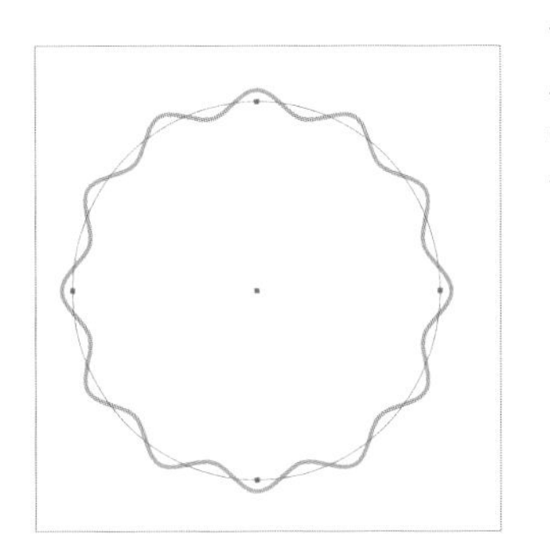

> **MEMO**
>
> ### 「ジグザグ」の設定値
>
> [ジグザグ]は、オブジェクトのアンカーポイントの間にさらにアンカーポイントを増やして動かし、ジグザグの形状を作る効果です。それぞれの設定値は以下のようになっています。
>
> ・[大きさ]…ジグザグの山の高さ
> 　―[パーセント]…元のオブジェクトの大きさに応じてジグザグの高さが変わる
> 　―[入力値]…ジグザグの高さを指定した値で固定する
> ・[折り返し]…アンカーポイント間を折り返す回数
> ・[ポイント]…ジグザグの山の形

STEP 03 引き続き正円を選択し、効果メニュー→"パスの変形"→"変形"を実行します。「変形」ダイアログが表示されたら[プレビュー]をオンにして、[回転]と[コピー]に適当な数値を入力しましょう。作例では[回転]で[角度:10°]、[コピー:2]に設定しました。[オプション]の左下のアイコンで変形の基準点が中心になっているのを確認し、[OK]をクリックします。正円を選択したとき、アピアランスパネルで[ジグザグ]の下に[変形]効果が並ぶよう項目の順番を整えて飾り罫の完成です。

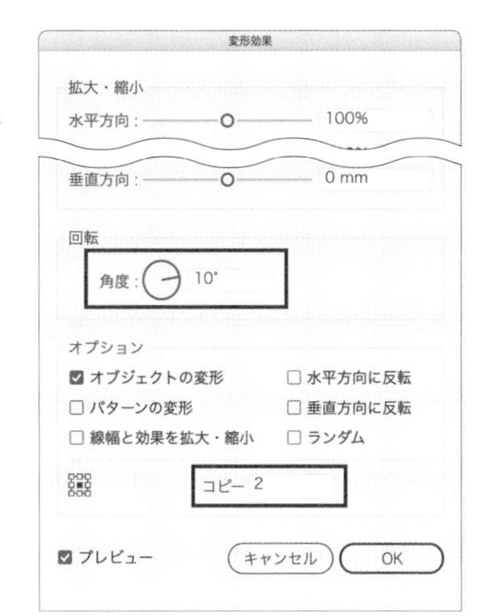

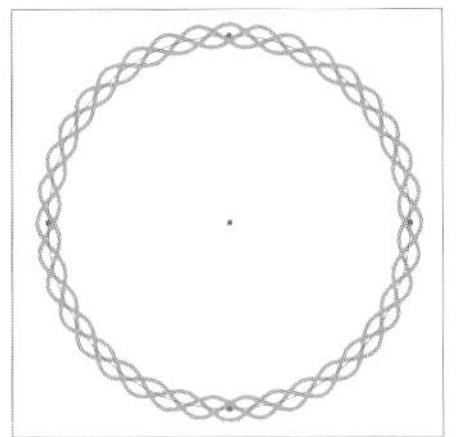

縦横比を変えるには

STEP 04 完成後にフレームの縦・横の比率を変えたい場合、オブジェクトをそのまま変形するときれいな結果になりません。このようなケースでは、[変形]効果をもう1つ追加して縦横比を変更しましょう。
正円のパーツを選択し、効果メニュー→"パスの変形"→"変形"をもう一度実行します。アラートダイアログが表示される場合は、[新規効果を適用]をクリックしましょう。「変形」ダイアログで[水平方向]や[垂直方向]に自由に数値を設定して[OK]をクリックします。ここでは[水平方向:100%]のまま、[垂直方向:80%]に設定しました。オブジェクトを選択したまま、アピアランスパネルで効果の項目の位置を確認します。先にかけた[ジグザグ]と[変形]効果の下に新しく追加した[変形]効果が並ぶように整えてできあがりです。

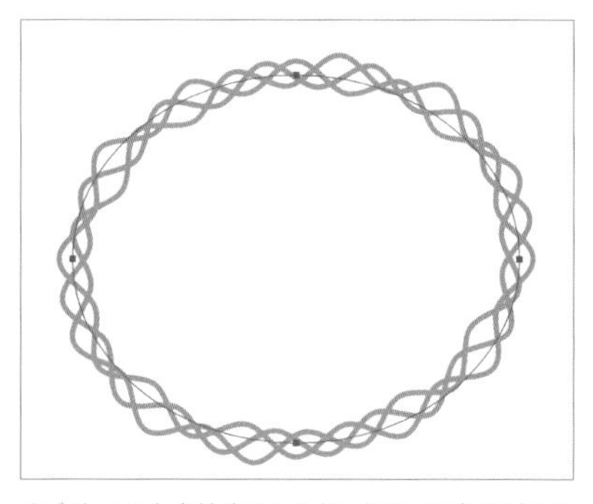

オブジェクトを直接変形した例。きれいに変形がかかりません。

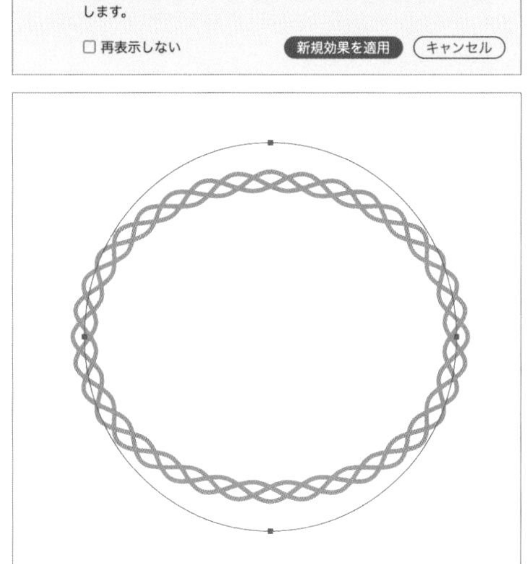

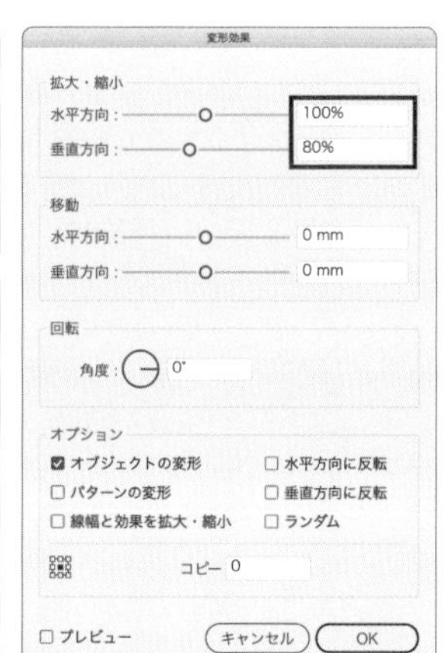

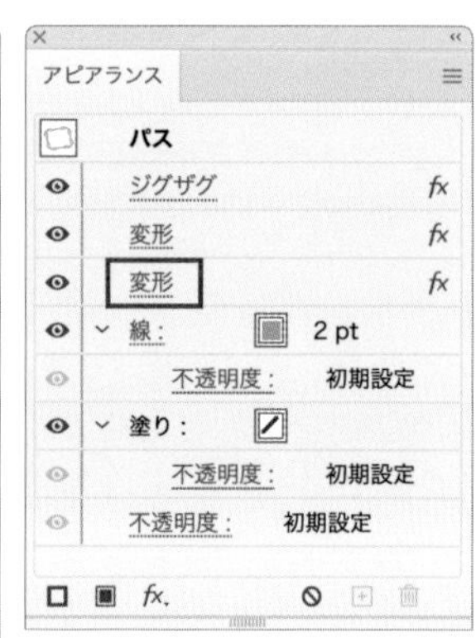

MEMO

[変形]効果を追加せず、正円のパーツに対してオブジェクトメニュー→"アピアランスを分割"を実行し、効果を分割してから直接オブジェクトの縦横比を変えることもできます。ただし、アピアランス分割後は効果の設定値を再編集することができませんので注意しましょう。

VARIATION

効果の設定値を変えてアレンジする

このフレームは効果で形を作っているため、設定によってフレームの見た目が変わります。簡単にバリエーションを作成できますので、ここではその一例を紹介します。適用した効果の設定値を変更したいときは、フレームのオブジェクトを選択してからアピアランスパネルの効果の項目をクリックします。オブジェクトメニュー→“アピアランスを分割”を実行しない限り何度でも再編集できますので、いろいろな設定値の組み合わせを試してみましょう。

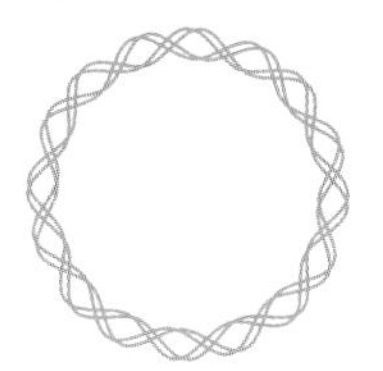

［ジグザグ］効果を［大きさ：5%］、［折り返し：3］に変更／［変形］効果を［回転：20°］、［コピー：3］に変更。

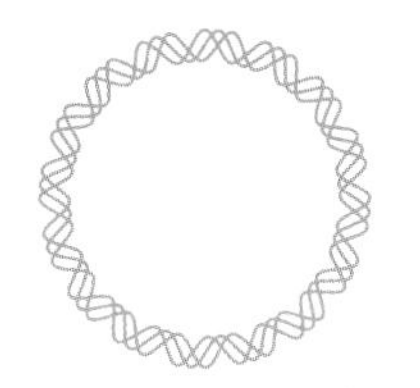

［ジグザグ］効果を［大きさ：5%］、［折り返し：7］に変更／［変形］効果を［回転：40°］、［コピー：2］に変更。

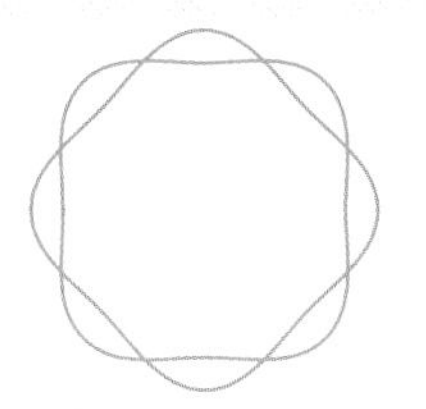

［ジグザグ］効果を［大きさ：5%］、［折り返し：1］に変更／［変形］効果を［回転：45°］、［コピー：1］に変更。

できあがったフレームはテキストオブジェクトと組み合わせて、アイコンやメニューのレイアウトなどの装飾に使ってみましょう。エレガントな印象のフレームなので、欧文ならカリグラフィやセリフ体のフォント、和文なら明朝体のフォントと組み合わせるのがおすすめです。

テキスト「New Arrival」の設定
・使用フォント：Hummingbird Bold（Adobe Fonts）
・文字のカラー：［C20／M30／Y60／K0］

飾り罫の設定
・［ジグザグ］効果を［大きさ：5%］、［折り返し：7］に変更
・［変形］効果を［回転：40°］、［コピー：2］に変更
・［変形］効果を追加して［垂直方向：80%］に設定
・線のカラーを［C20／M30／Y60／K0］に変更
文字「Menu」の設定
・使用フォント：Hummingbird Bold（Adobe Fonts）
・文字のカラー：［C20／M40／Y30／K0］
文字「Coffee 400yen～」の設定
・使用フォント：Ten Oldstyle（Adobe Fonts）
・文字のカラー：［C35／M60／Y80／K25］

CHAPTER 1
09

アールデコ風のシンメトリーな飾りフレーム

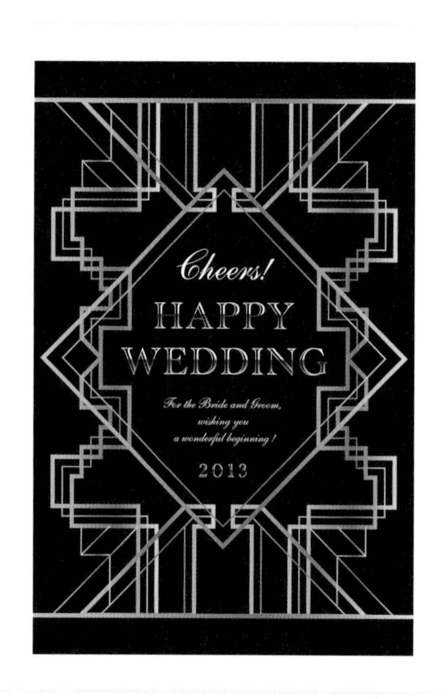

直線的で記号的な表現の装飾美術であるアール・デコの雰囲気をもったフレームを作成しましょう。グリッドを利用してラインを描き、シンメトリーになるように複製することで作成します。

制作・文　高野 徹

制作ポイント

- ➡直線を描画するためのガイドラインを設定する
- ➡ペンツールでパスを描画することでコーナーフレームを作成する
- ➡コーナーフレームをリクレクトツールで複製する

使用アプリケーション

Illustrator 2021 | Photoshop

準備する

STEP 01 グリッドに描画する準備を行います。ファイルメニュー→"新規..."で［幅：100mm］、［高さ：150mm］と設定し、［OK］をクリックして新規書類を作成します。メニューバーからIllustrator〔編集〕メニュー→"環境設定"→"ガイド・グリッド..."で［グリッド：10mm］、［分割数：4］と設定し、［OK］をクリックします。

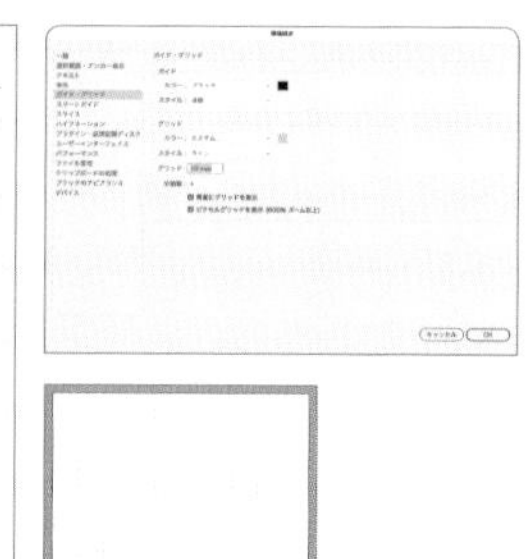

MEMO

メニューバーの表示→"グリッドを表示"と表示→"グリッドにスナップ"を選択することで、パスを描画する際にアンカーポイントがグリッドに吸着するので、きれいに線を描画できます。

ラインを描く

STEP 02 直線ツールで、ガイドの上から1行目の太枠の位置に水平にラインを描画します。コントロールバーで［線：3pt］に設定します。次にペンツールでグリッドを基準にクリックをして図のようにパスを描画し、コントロールバーで［線：1pt］に設定します。

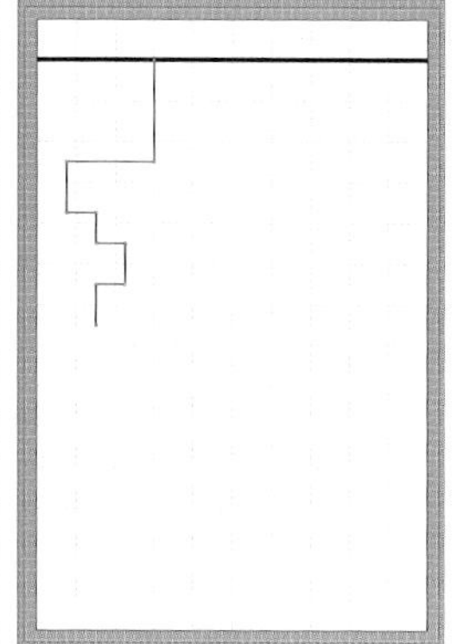

STEP 03 オブジェクトメニュー→"パス"→"パスのオフセット..."を選択し、「パスのオフセット」ダイアログを開き、［オフセット：2.5mm］で［OK］をクリックします。コントロールバーで［線：3pt］に設定します。

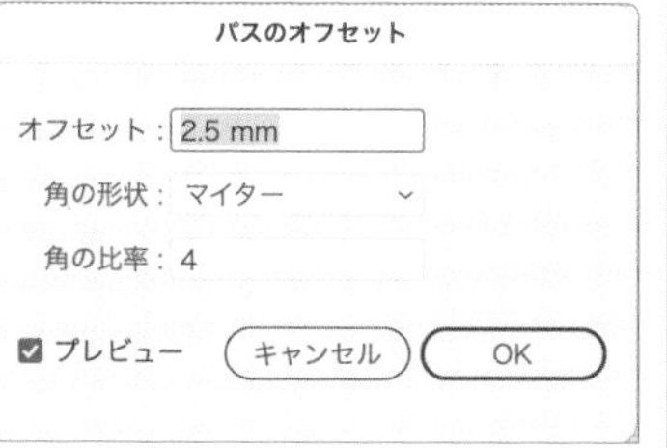

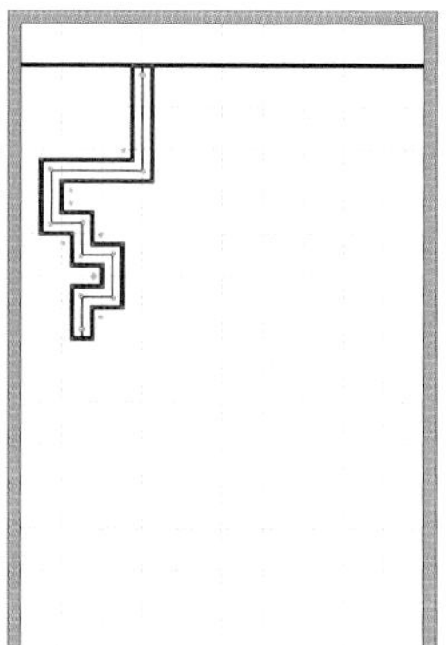

STEP 04 ダイレクト選択ツールで、作成した3ptのパスをshiftキーを押しながらドラッグして、パスが交差するように図の形にします（水平のパスは垂直方向、垂直のパスは水平方向）。さらに下の部分のアンカーポイントをダイレクト選択ツールでグリッドに合わせドラッグし、図のような尖った形になるように移動します。

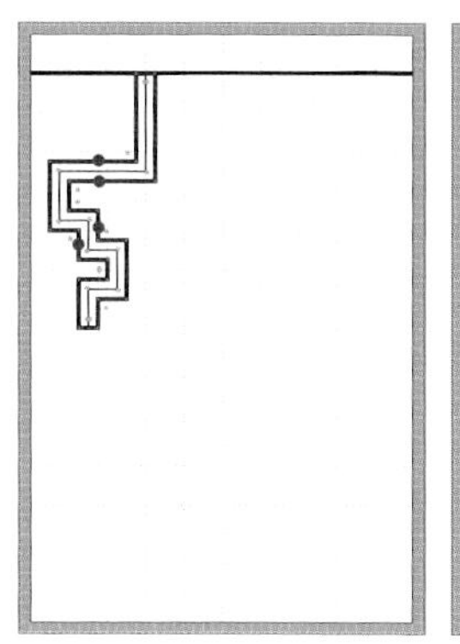

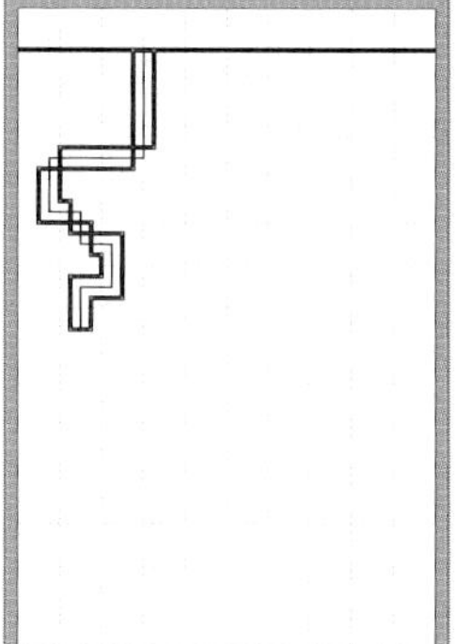

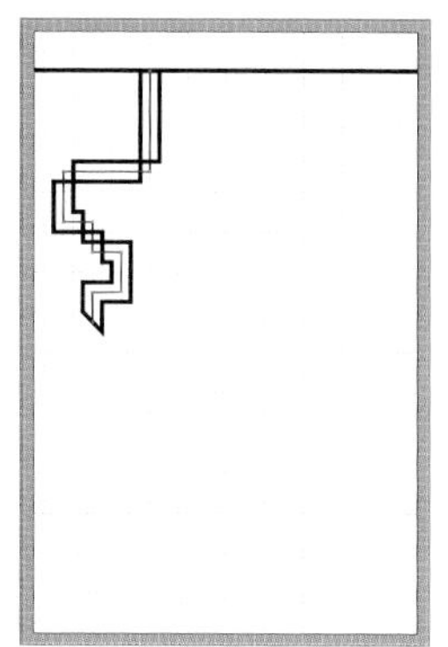

STEP 05 ペンツールで［線：1pt］のパスを図のように描画し、前の工程と同様に［パスのオフセット］を適用して［線：3pt］に設定します。ダイレクト選択ツールで、作成した3ptのパスのアンカーポイントをドラッグして図の形にします。さらにペンツールで［線：1pt］のパスを図のように追加して描画することで、コーナーフレームができました。

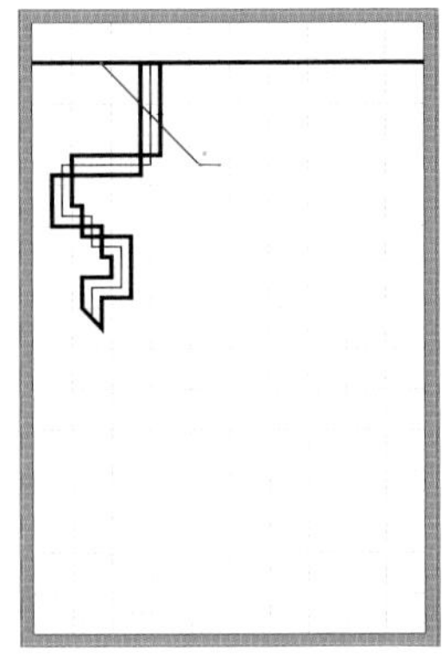
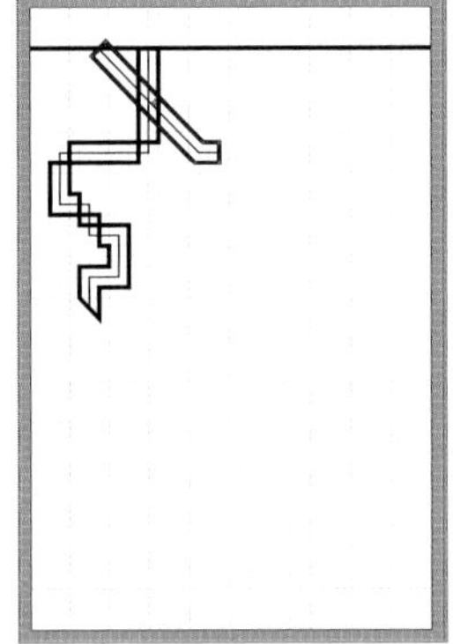
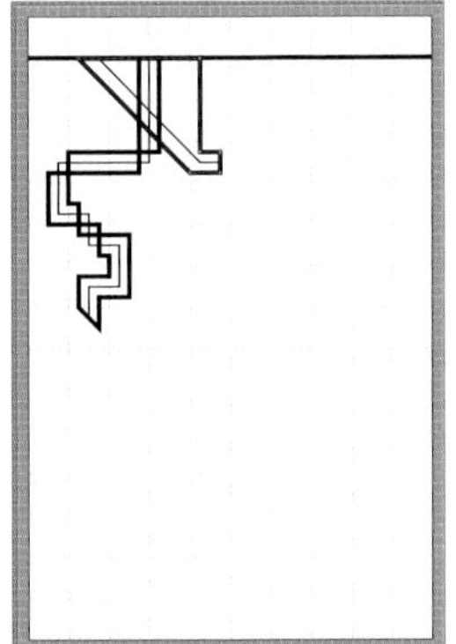
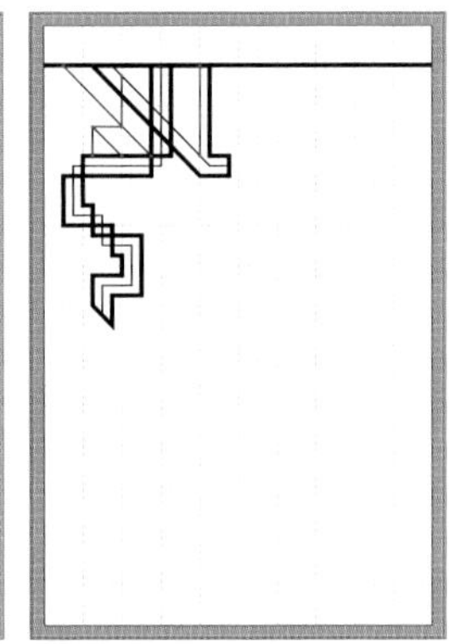

STEP 06 上の水平線以外のパスをまとめて選択します。リフレクトツールでアートボードの水平軸のセンターでoption〔Alt〕キーを押しながらクリックし、「リフレクト」ダイアログを開き［リフレクトの軸：垂直］で［コピー］をクリックしてパスを複製します。

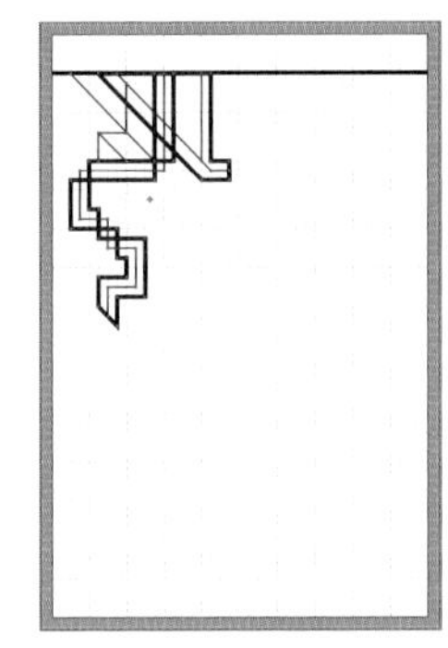
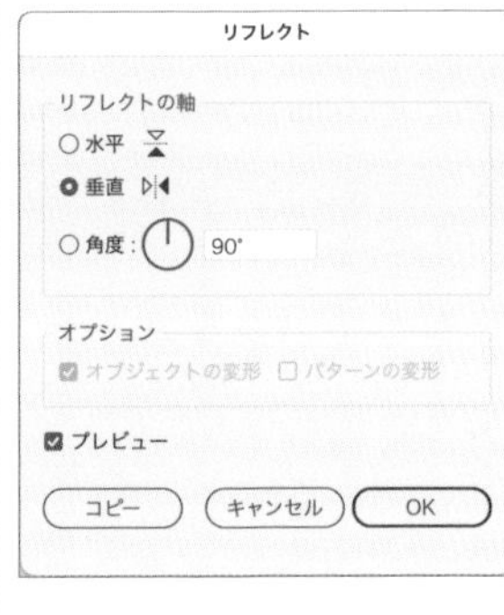

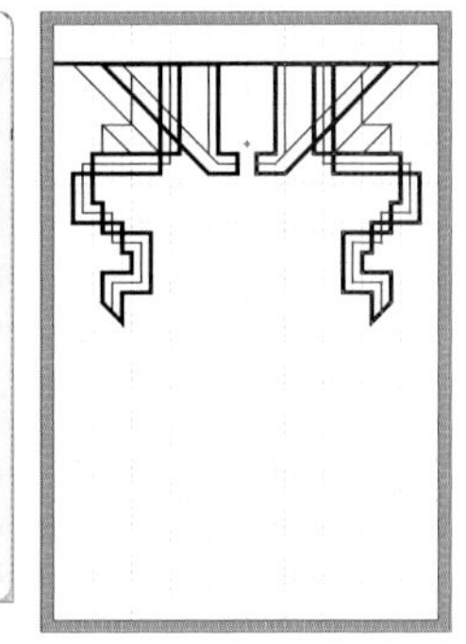

STEP 07 作成したパスをすべて選択し、リフレクトツールでアートボードの垂直軸のセンターでoption〔Alt〕キーを押しながらクリックします。「リフレクト」ダイアログを開き、［リフレクトの軸：水平］で［コピー］をクリックしてパスを複製します。

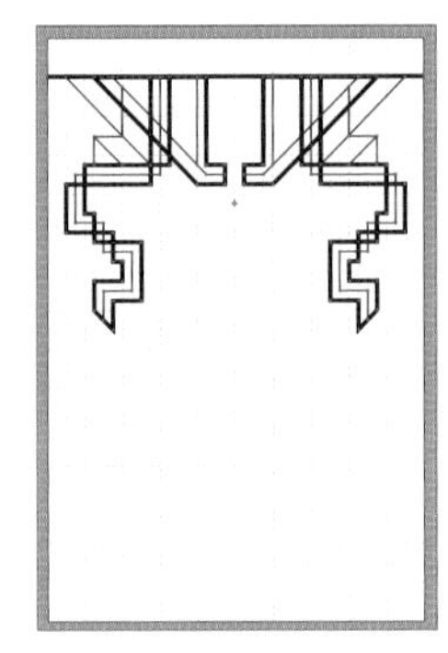

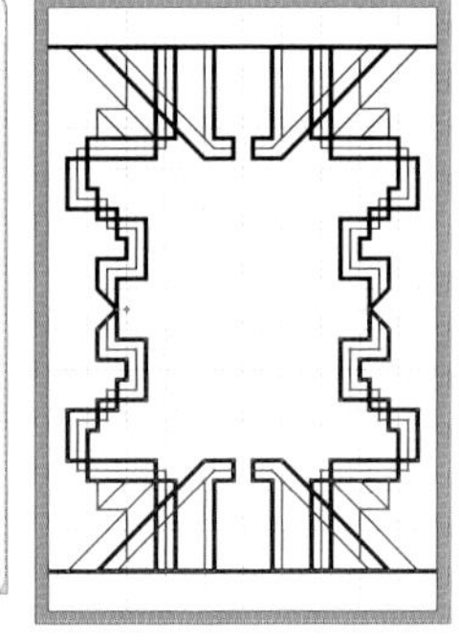

MEMO

アートボードの水平軸や垂直軸のセンターはグリッドを参考にしてください。リクレクトツールは、軸となるポイントをクリックして、option〔Alt〕+shiftを押しながらドラッグすることでも水平もしくは垂直方向に複製できます。

STEP 08 ペンツールで、垂直軸のセンターでグリッドの左から1マス目でクリックし、shiftキーを押しながらクリックを重ね、ダイヤ型の正方形を描画し［線：3pt］に設定します。さらに内側にダイヤ型の正方形を描画し、［線：1pt］に設定します。

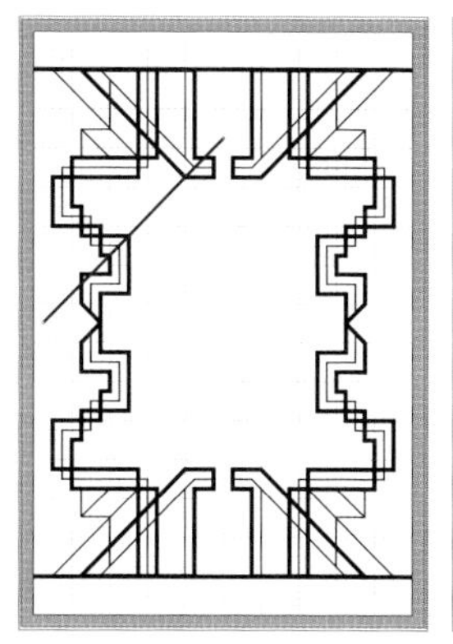
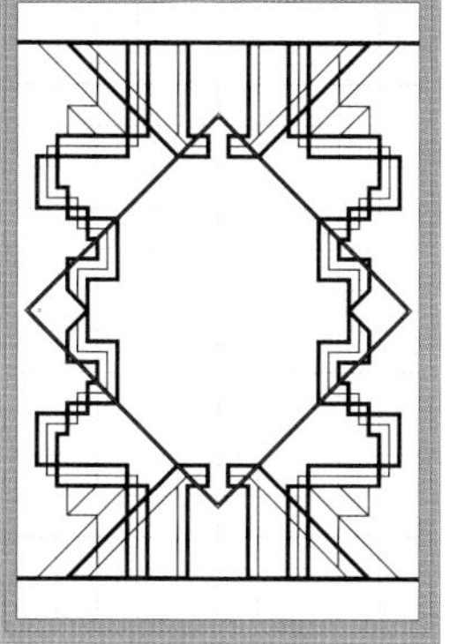

背景を描く

STEP 09 パスをすべて選択し、スウォッチパネルの"スウォッチライブラリメニュー"→"グラデーション"→"メタル"を選択して、［真ちゅう（艶消し）］をクリックすることでパスにグラデーションを設定します。上下の水平線を選択し、メニューバーの"オブジェクト"→"重ね順"→"最前面へ"でパスの重なりを修正します。背面に黒の長方形を描画すれば完成です。

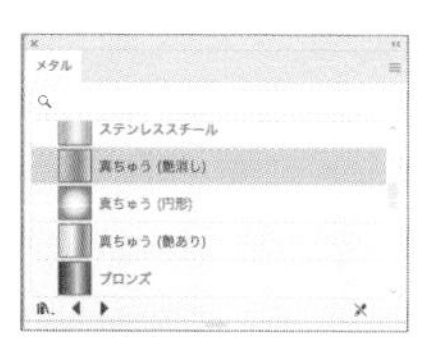

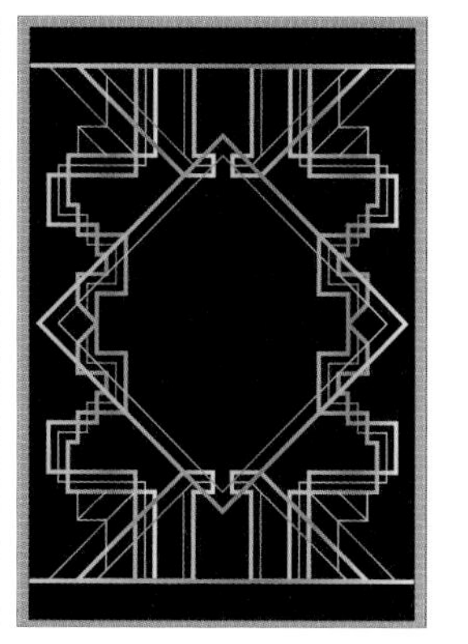

唐草風のおしゃれなフレーム

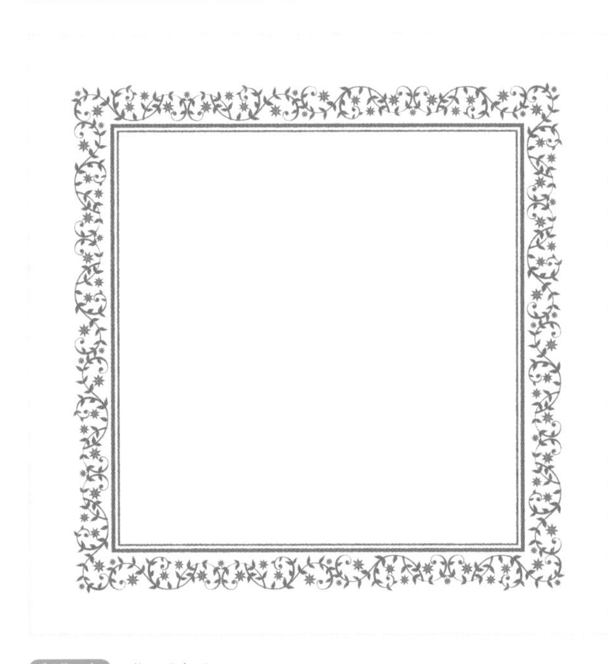

資料の扉ページや中扉に文字だけではなく、こんなあしらいがあればグッとクオリティも上がります。

制作ポイント

- ➡線幅ツールの直感的な使い方
- ➡円を簡単に加工し葉の形状を作成
- ➡ラフの適用による無機質さの回避
- ➡回転・反転による反復で一気に罫を作成

使用アプリケーション

Illustrator CC 2019 ｜ Photoshop

制作・文 佐々木拓人

スパイラルを作成する

STEP 01 スパイラルツールを使用し、❶の値で❷を、❸の値で❹のスパイラルを作成します。

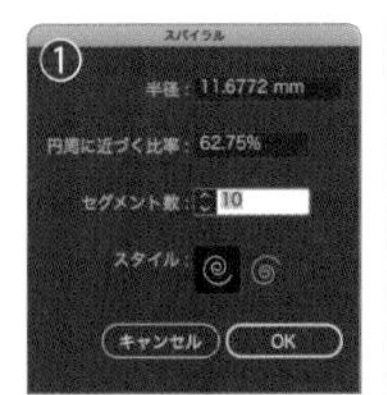

STEP 02 両方の［線幅］を［0.353mm］に設定し、［線：スミ］、［塗り：なし］に変更します。

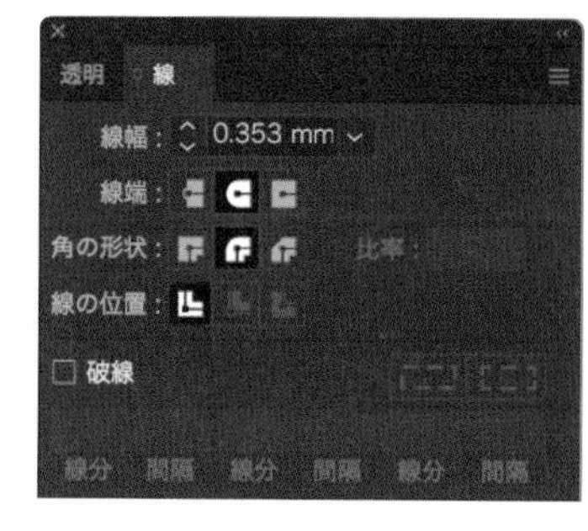

STEP 03 ❹のスパイラルを回転して移動させます。

STEP 04 ❹のスパイラルをリフレクトツールで反転させ（❺）、移動します。

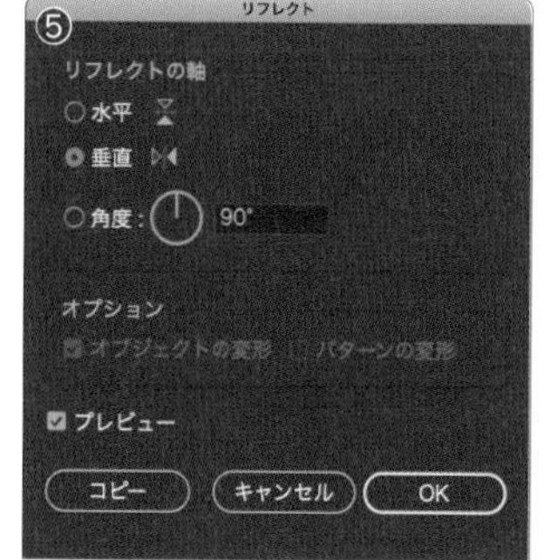

STEP 05 いらないパスを削除します（❻）。そこにペンツールでパスを追加していきましょう（❼）。

STEP 06 楕円形ツールで［幅：1.5mm］、［高さ：1.5mm］の円を3つ作成します。それぞれ❽のように配置しましょう。

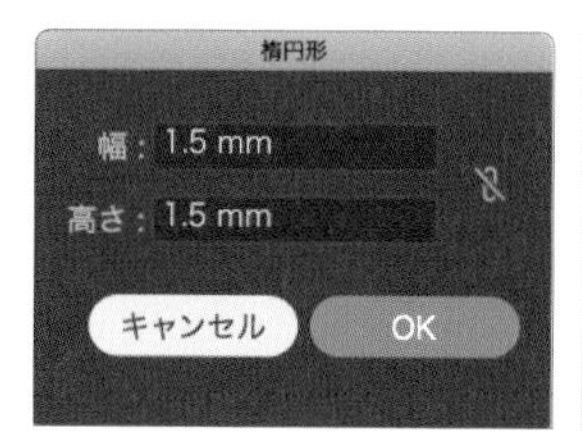

STEP 07 線幅ツールを使用して、線を変更します。あまり神経質にならず、自由で構いませんが、パスの垂直方向は太く、水平方向は細くする、というのは念頭に置きながら作業しましょう。基本的にはアンカーポイント部分の線幅を調整します（❾）。線幅を変更することでパスの端の線太も変化するので、正円がずれた箇所は微調整します（❿）。

パーツを作成する

STEP 08 続いてパーツの作成です。任意のサイズで正円を作成し、上下のアンカーポイントをアンカーポイントツールでクリックして変型させます（⓫）。選択ツールで縦に伸ばします（⓬）。次に右のアンカーポイントをダイレクト選択ツールで選択し、下に移動してハンドルを変更しましょう（⓭）。

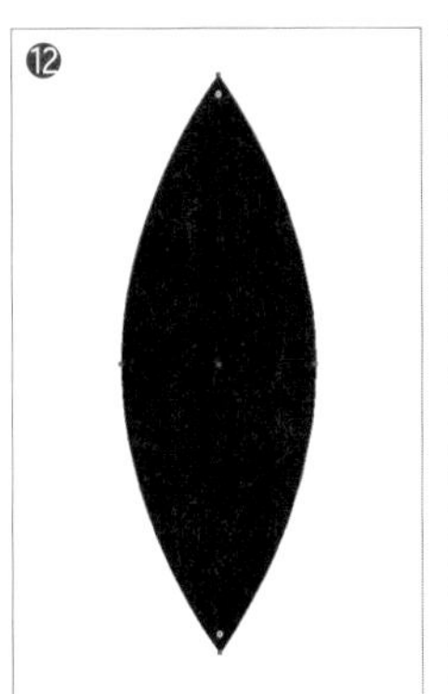

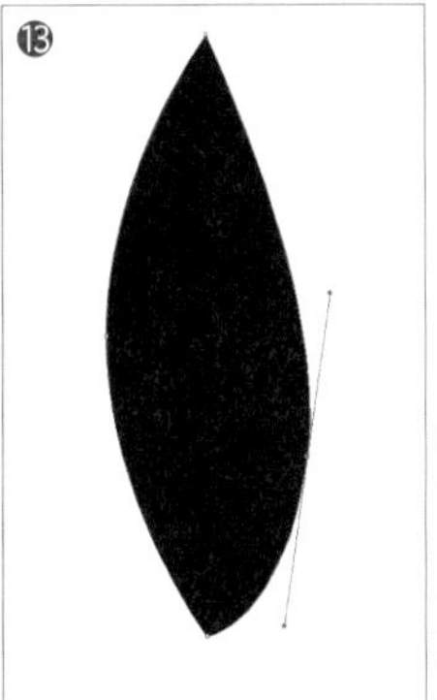

STEP 09 右上のパスを削除し、（⓮）、ペンツールで繋ぎ直します（⓯）。上下の尖った部分を角丸にしましょう（⓰）。

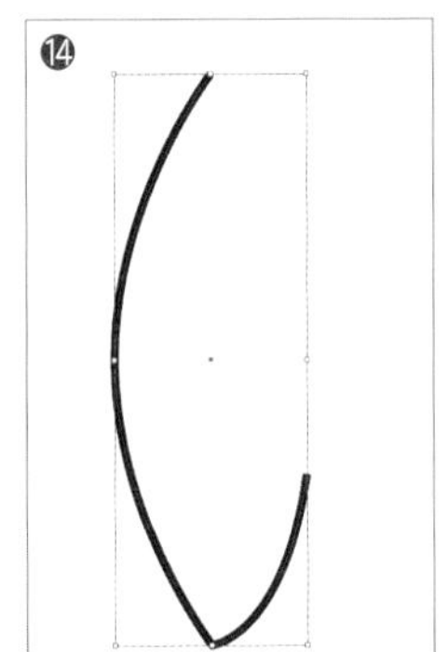

STEP 10

⑯をコピー＆ペーストし、回転、リフレクト、変型させながらSTEP 07で作成した蔦に絡めていきます。こちらもあまり神経質にならず、バランスを見ながら少しずつ進めるとよいでしょう。

STEP 11

楕円形ツールで［幅：3mm］、［高さ：3mm］の値で円を作成します（［塗り］は［スミ］）。⑰、⑱の値でコピーして⑲にします。

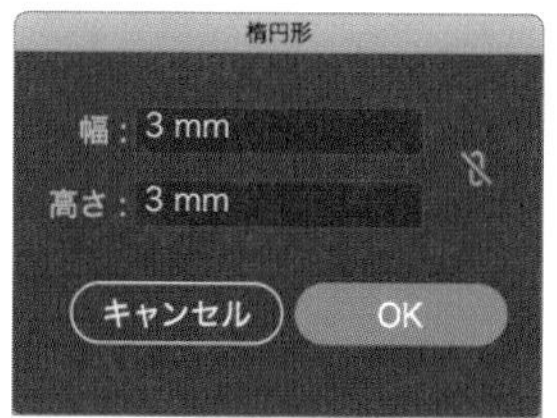

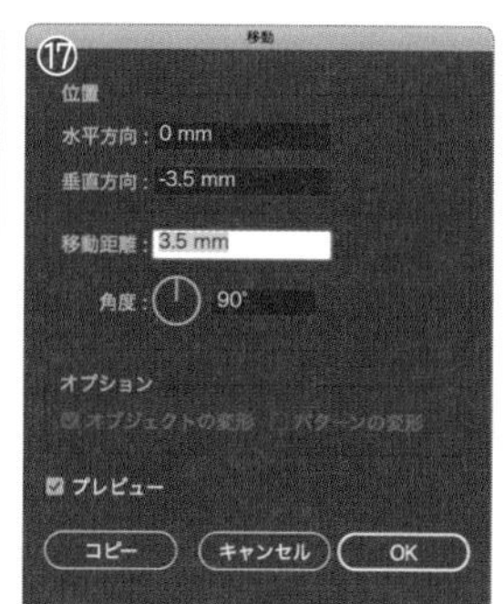

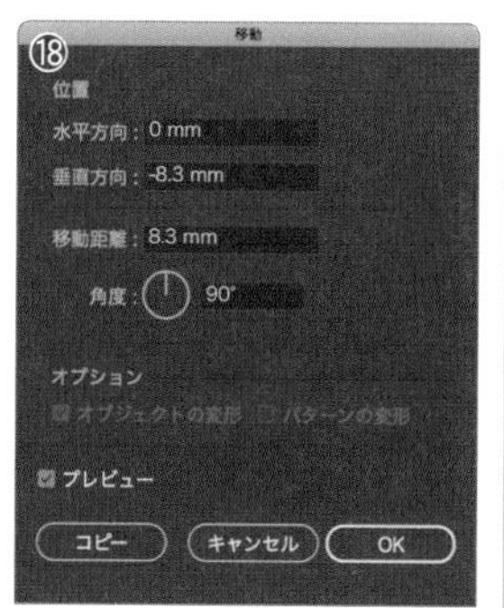

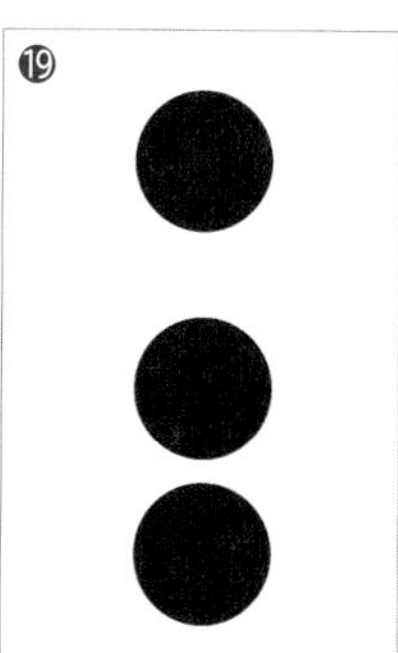

STEP 12

一番上の円を⑳の値に変型し、㉑にします。上のアンカーポイントをアンカーポイントツールでクリックし変型させ上に移動し（㉒）、角丸にします（㉓）。

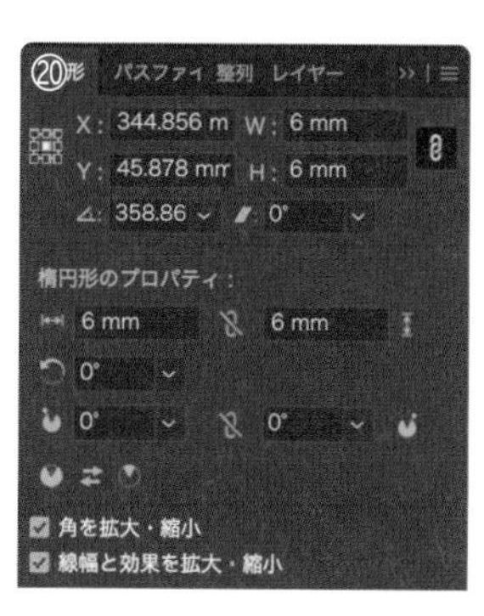

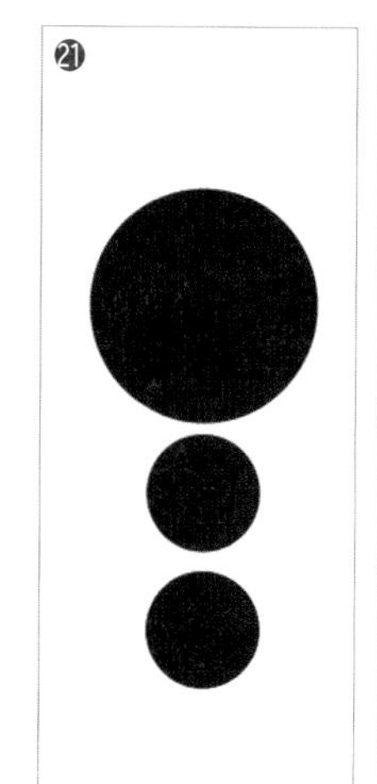

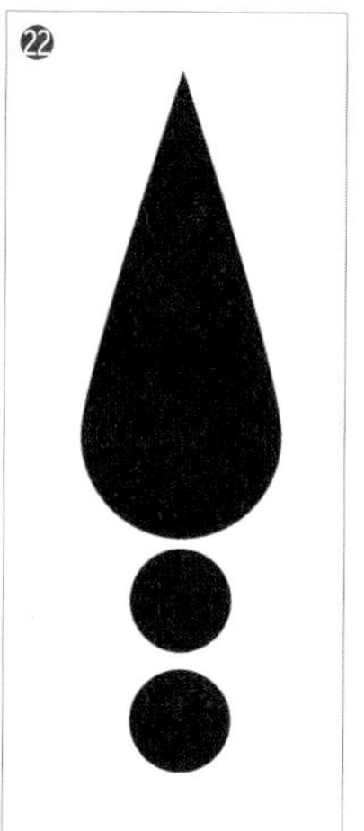

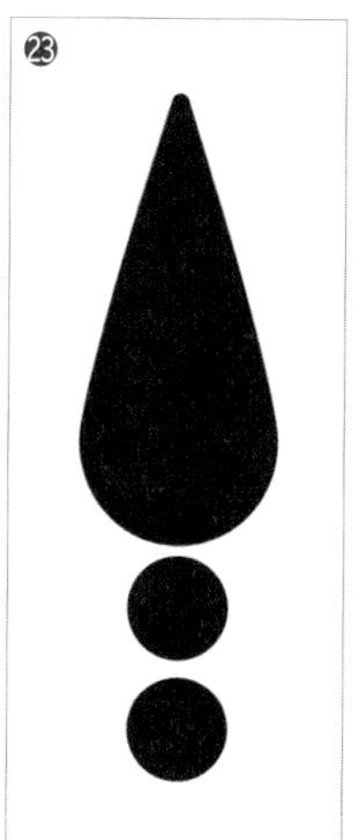

STEP 13　真ん中の円と、STEP 12で変型した円を選択し、回転ツールで一番下の円の中心を基準に㉔の値で回転コピーして㉕にします。command〔Ctrl〕+Dを押して繰り返し一周させ、最終的に㉖にします。すべて選択して合体しておきましょう。

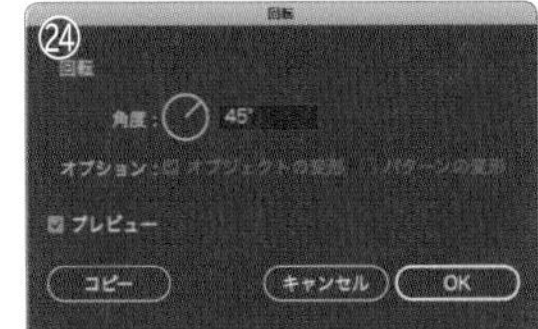

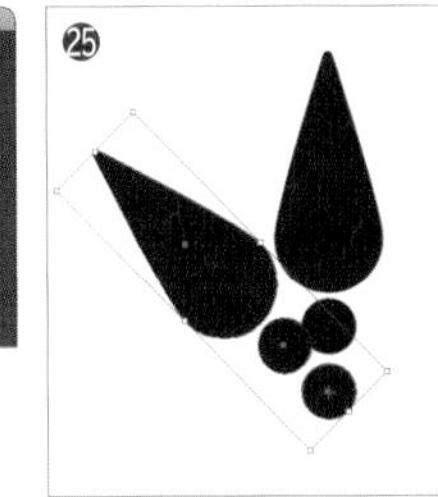

スパイラルにパーツを絡める

STEP 14　STEP 10と同様にコピー＆ペースト、回転、サイズ縮小をしながら蔦に絡めて配置します。

STEP 15　STEP 14で作成したものをリフレクトし、移動させます（㉗）。それらをすべて選択し、今度は180度回転コピーさせ移動して㉘にします。すべてを選択し、「アピアランスを分割」を実行して、すべてをパスファインダーパネルで［合体］します。

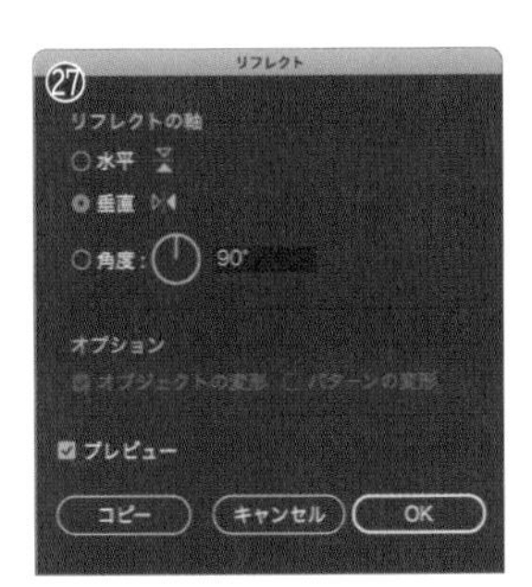

STEP 16　すべて選択したままで、拡大ツールで［200%］拡大します。それに㉙の値でラフを適用しましょう。再び「アピアランスを分割」を実行し、その後拡大ツールで［50%］縮小して、サイズを元に戻しておきます（小さいサイズにラフを適用すると、アンカーポイントの間隔が狭いなどの理由で効果がうまくかからないので一度拡大したものにラフを適用、アピアランス分割、その後縮小して元に戻すという手間をかけます）。

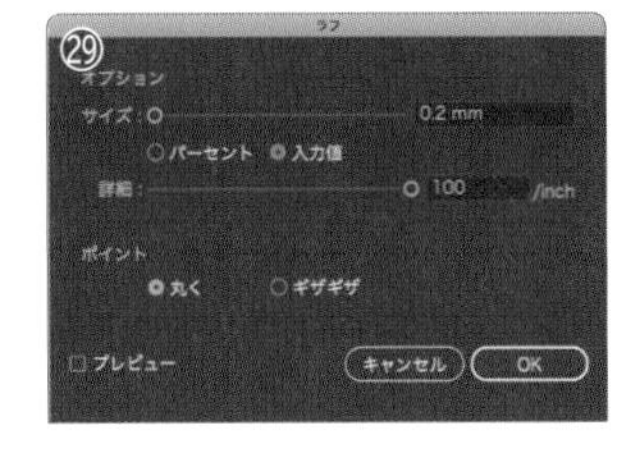

STEP 17 すべてを選択し、90度回転コピーさせ（㉚）、さらにそれらすべてを選択して180度回転させ㉛にしてグループ化します。

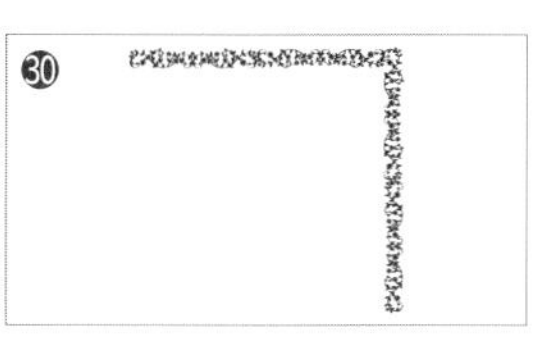

STEP 18 ㉛の内側に正方形を2種作成して（それぞれ［線幅］は［1.5mm］と［1mm］。［線］は［スミ］）すべてを選択し、［整列：垂直方向中央：水平方向中央］で揃えて㉜にします。

STEP 19 STEP 18で作成した正方形2つを［パス：パス］のアウトラインを実行し、㉝の値でラフを適用します。

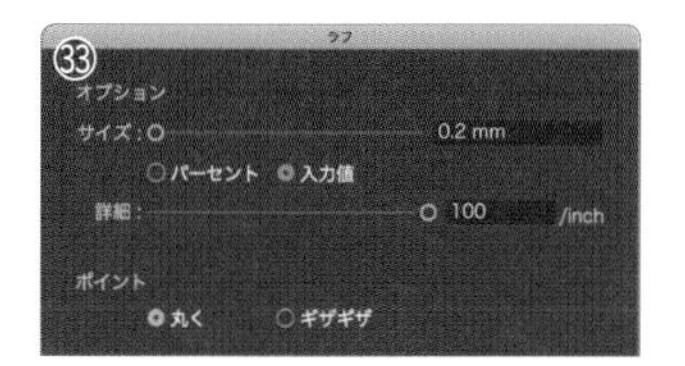

STEP 20 すべてを選択し、［塗り］を［スミ］から㉞に変更して完成です。

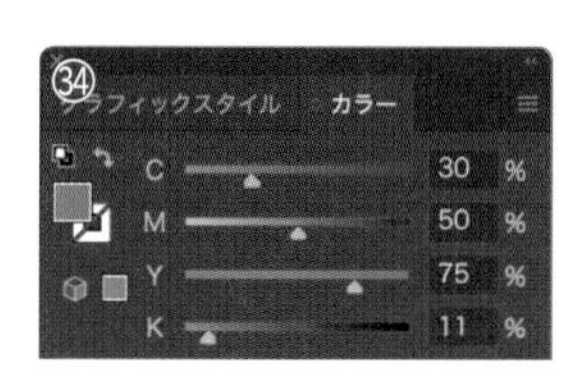

MEMO

今回は正方形での罫囲みですが、縦横の反復比率を変えることで縦長や横長を作成することも可能です。

VARIATION

階調を反転させたデザインもOK

完成した罫より少し大きい四角形と少し小さい四角形を作成し、整列パネルの［垂直方向中央］と［水平方向中央］で揃えたのち、複合パス化して最背面に配置します。それを、完成した罫と［垂直方向中央］と［水平方向中央］で揃えて塗りを［34］の値にし、罫の塗りを白に変更すれば完成です。

CHAPTER 1

11

切手風のかわいいワンポイントフレーム

Adobe Illustrator is a vector graphics editor that is loved by many users around the world. From version 1 to version 10, graphics based on Botticelli's "The Birth of Venus" were used on the packaging and startup screen.

オブジェクトの端がミシン目のように加工された切手風のフレームです。いろいろな形にそのまま流用できるので、色を変えたり、文字やイラストと組み合わせたりして使いましょう。アイコンや段落の囲み罫などとして使うと楽しい見た目に仕上がります。

制作ポイント

- ➡線パネルで丸い破線を設定する
- ➡アピアランスパネルで［グループの抜き］を設定する
- ➡［パスのオフセット］効果で内側に罫線を付ける

制作・文　五十嵐華子

使用アプリケーション

Illustrator 2022 ｜ Photoshop

フレーム、装飾

切手のベースを準備する

STEP 01 長方形ツールでドラッグして、自由な大きさで長方形を描画します。作例では［幅：60mm］、［高さ：60mm］の正方形を使って解説します。塗りのカラーには切手のベースになる色を設定しましょう。ここでは、カラーパネルを使って［C0／M40／Y10／K0］にしました。

長方形

幅：60 mm

高さ：60 mm

キャンセル　OK

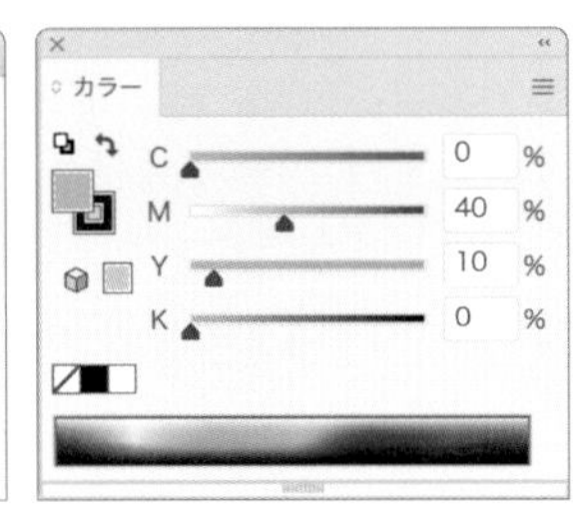

STEP 02

先ほど描いた長方形を選択したまま、カラーパネルで線にカラーを設定しましょう。線の状態を確認するため、はっきりとした見やすいカラーがおすすめです。カラーを設定したら、長方形とのバランスを見ながら線パネルで適当な線幅を設定します。ここでは［線幅：6pt］にしました。［線端：丸形線端］に設定して［破線］をオンにしたら、角の部分がきれいに仕上がるように［コーナーやパス先端に破線の先端を整列］が有効になっているか確認します。破線の設定で［線分］を［0pt］に、［間隔］には［線幅］の2倍の数値を設定しましょう。

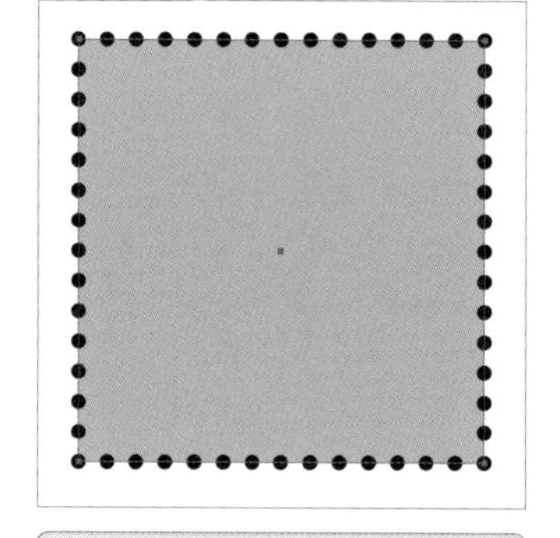

MEMO

線パネルで［破線］をオンにしたとき［線分と間隔の正確な長さを保持］を選ぶと、見た目のバランスよりも破線の設定の正確さが優先されます。この設定では角の部分に破線が揃わず、きれいな仕上がりにならない可能性がありますので注意しましょう。

STEP 03

長方形のオブジェクトを選択し、アピアランスパネルで破線を設定した線の項目の［不透明度］をクリックします。不透明度の項目が表示されていない場合は、線の項目の左側にあるアイコンをクリックして項目を展開しましょう。表示されたパネルで［不透明度：0%］にします。不透明度が変わることで破線が見えなくなりますが、そのまま作業を進めてかまいません。

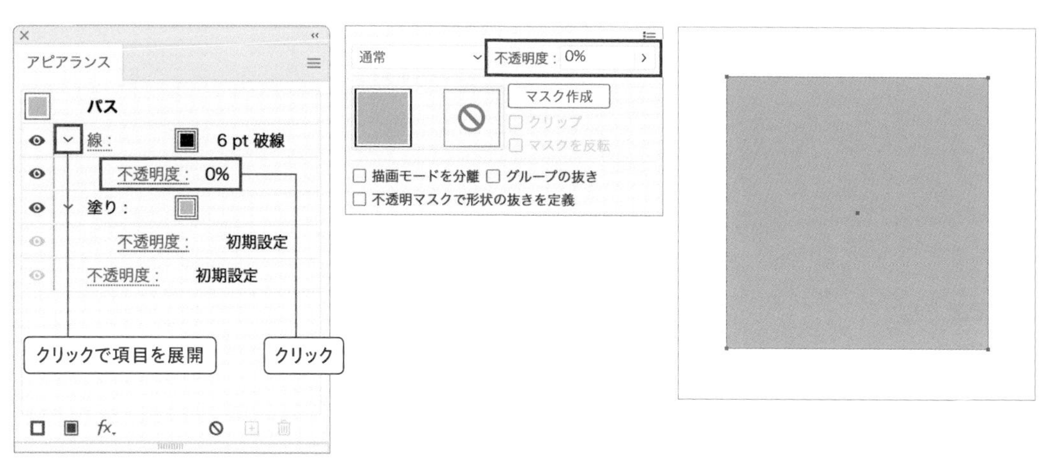

STEP 04 オブジェクトを選択したまま、アピアランスパネルの一番下の行の［不透明度］をクリックし、表示されたパネルで［グループの抜き］をオンにすると、長方形の端に目打ち風の加工が施されます。これで切手のベースができました。

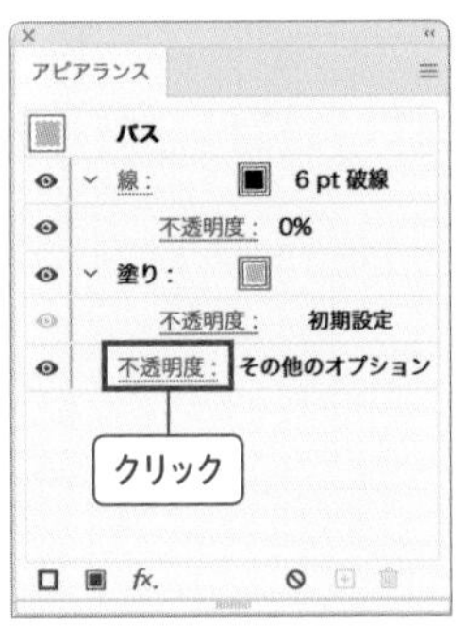

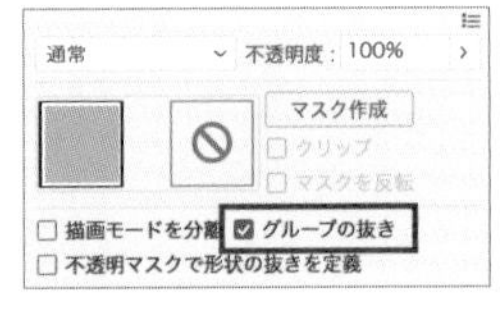

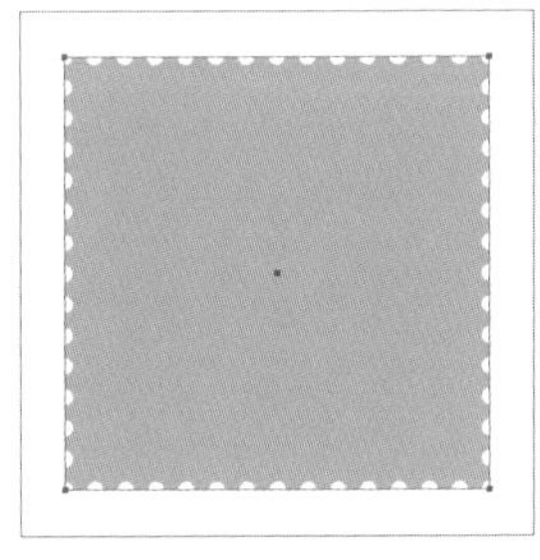

MEMO

「グループの抜き」での注意点

本来の［グループの抜き］は異なる不透明度のオブジェクトをグループにしたとき、要素同士が透け合うのを予防するための機能です。特性を活かすと、この作例のように上に重なっている［不透明度：0％］の形状でマスク風の処理が行えます。ここでうまく処理ができない場合は、アピアランスパネル上で破線の項目が塗りよりも下になっていないか、設定した［グループの抜き］のチェックボックスがハイフンになっていないかを確認しましょう。

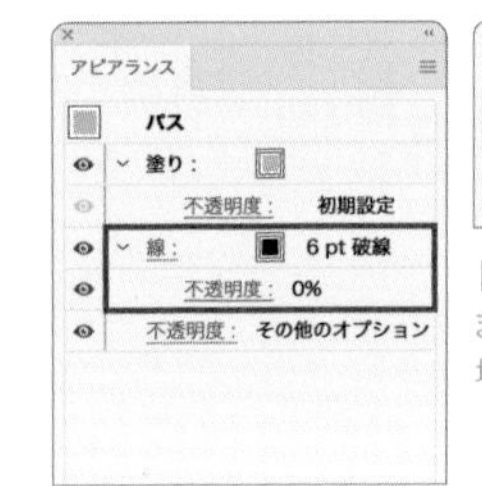

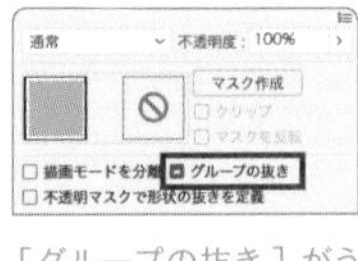

［グループの抜き］がうまく設定できていない場合の例。

内側に罫線を付ける

STEP 05 長方形のオブジェクトを選択し、アピアランスパネルで［新規線を追加］をクリックします。追加された線の項目を一番上にして、線のカラーや線幅を自由に設定しましょう。ここではカラーを［C20／M0／Y40／K0］に、線幅は［2pt］にしました。

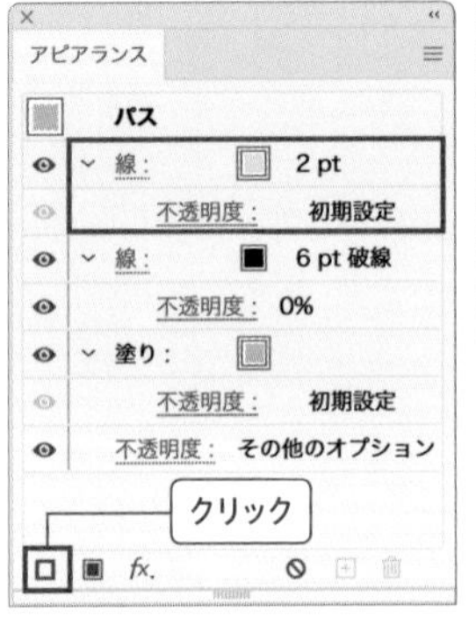

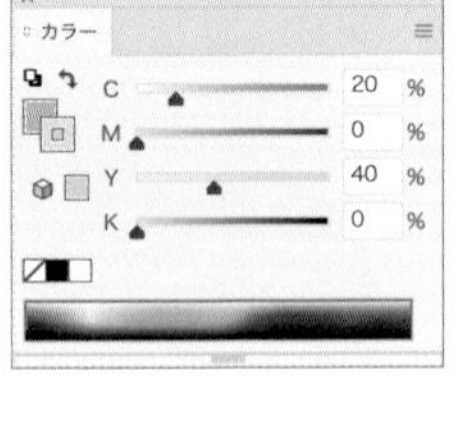

STEP 06 追加した線の項目をアピアランスパネルでクリックしてから、効果メニュー→"パス"→"パスのオフセット..."を選択します。「パスのオフセット」ダイアログが表示されたら［プレビュー］をオンにして、結果を確認しながら［オフセット］にマイナスの値を設定して［OK］をクリックしましょう。ここでは［オフセット：-4mm］にしました。追加された線の項目に［パスのオフセット］効果がかかっていれば、図のように罫線が内側に入ります。

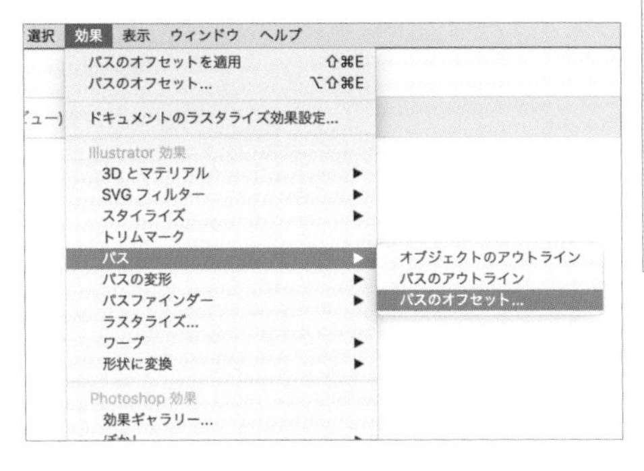

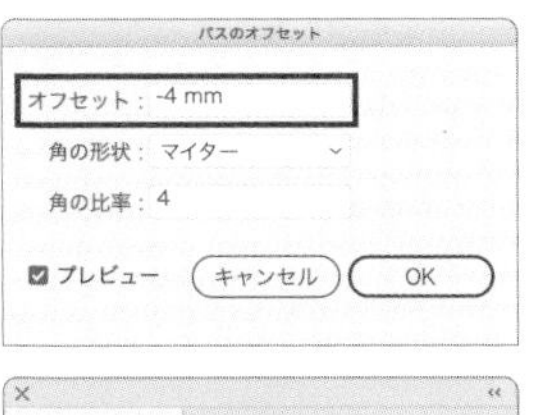

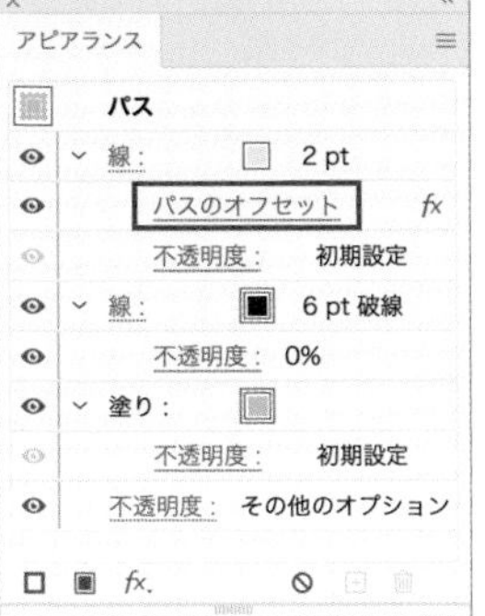

MEMO

罫線が内側に入らなかった場合は、［パスのオフセット］効果がほかの項目にかかっている可能性があります。アピアランスパネル上の項目はドラッグで動かせますので、正しい位置に効果の項目を動かしましょう。

STEP 07 アピアランスパネルで内側へオフセットさせた罫線の項目をクリックし、線パネルで［線端：丸形線端］、［角の形状：ラウンド結合］にします。さらに［破線］をオンにしたら、［線分と間隔の正確な長さを保持］に設定し、破線の間隔を2種類入力しましょう。作例では、［線分］と［間隔］をそれぞれ［80pt］、［10pt］、［100pt］、［5pt］の順で設定しました。図のような状態になれば切手風フレームの完成です。テキストオブジェクトなどと組み合わせて利用しましょう。

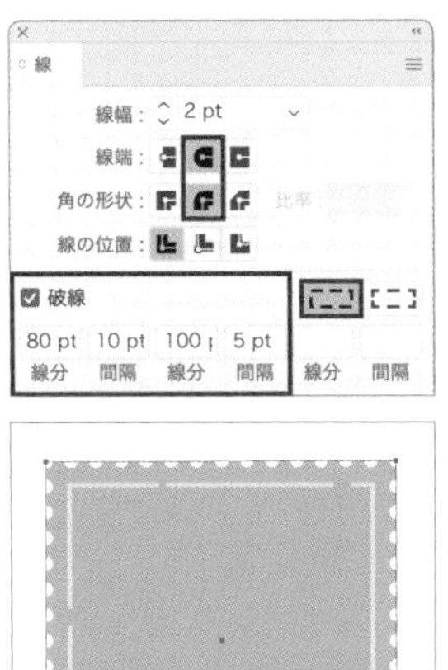

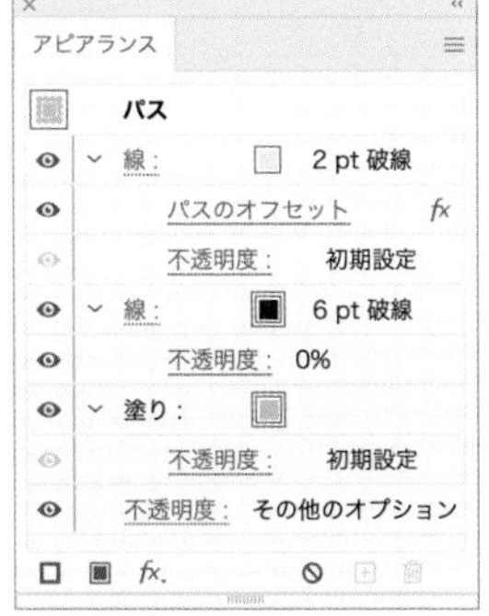

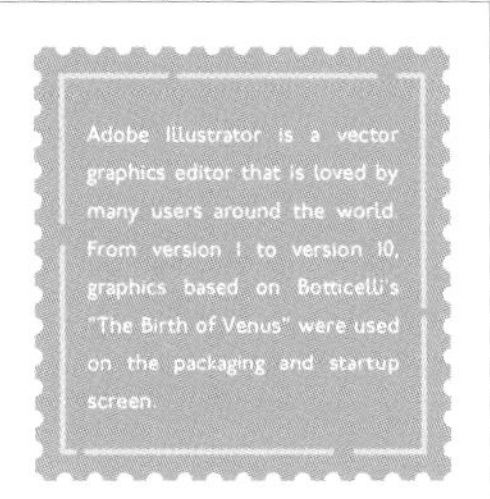

使用フォント：P22 Underground Medium（Adobe Fonts）。

MEMO

［線分と間隔の正確な長さを保持］を使って破線の設定の正確さを優先することで、図のようなランダムに途切れた印象の罫線に仕上がります。

VARIATION

違う形に流用する

違う形の切手風フレームを作成する場合は、完成したものから流用すると素早くバリエーションを作成できます。でき上がった切手風フレームを選択した状態で、アピアランスパネルのサムネイルを別のオブジェクトの上にドラッグ＆ドロップしましょう。同じアピアランスが適用されて、簡単に同じ見た目にすることができます。作例では、アピアランスの流用後に色を変えて、文字やイラストなどを組み合わせて使用しました。

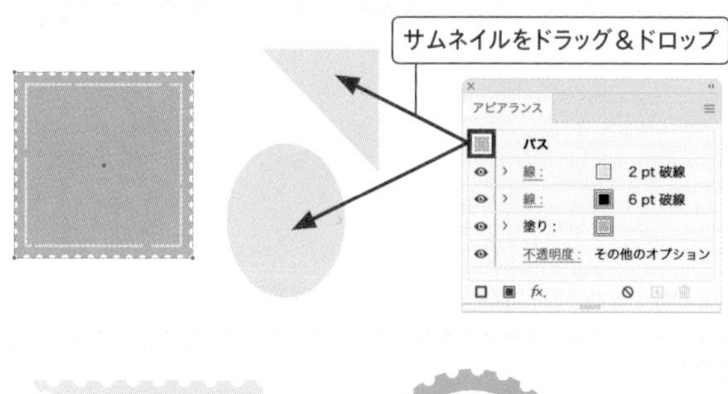

【左（三角形）】線を［C30／M40／Y0／K0］に変更、塗りを［C0／M10／Y40／K0］に変更、使用フォント：P22 Underground Heavy（Adobe Fonts）
【右（楕円形）】線を［C0／M0／Y0／K0］に変更、塗り［C50／M0／Y20／K0］に変更、使用フォント：P22 Underground Heavy（Adobe Fonts）。

MEMO

書き出したPDFの確認はAcrobatで

この作例のように［グループの抜き］を使ったデータをPDFとして書き出すと、Macで利用できるQuick Lookやプレビュー.appなどで正しく体裁を確認できないことがあります。これは印刷データの校正・出力用途でよく使われるPDF X-4に準拠したPDFであっても同様です。PDFの書き出しで使用したプリセットの種類に関わらず、PDFでの確認にはAcrobat ProやAcrobat Readerなどのアプリケーションを利用しましょう。

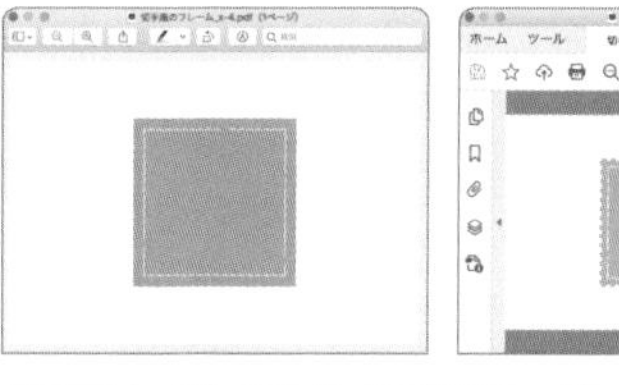

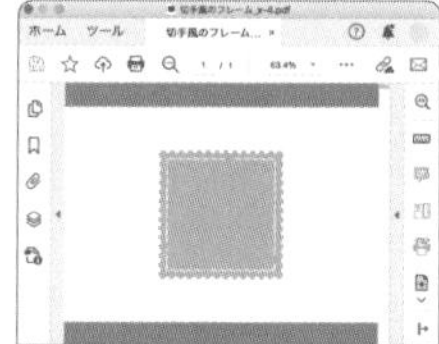

作例のデータをPDF X-4で書き出し、プレビュー.app（左）とAcrobat Pro（右）で開いて確認したもの。

CHAPTER

2

アイコンパーツ

01　ワンポイントに使えるカード型タグデザインパーツ
02　立体タイトルのための直方体パーツ
03　アウトドアブランド風のシンボルアイコン
04　アナログハンコ風アイコン
05　エ霞文（えがすみもん）の和風パーツ
06　アレンジしやすいおしゃれな多角形アイコン
07　文字強調に使いたい月桂樹モチーフのパーツ
08　レトロな縄巻き飾りパーツ
09　いろんな用途に使える立体的なリボン
10　レース風の華やかなアイコン
11　アレンジしやすいふきだしパーツ

ワンポイントに使えるカード型タグデザインパーツ

期間限定セールを行うアパレルブランドの広告に使用するカード型タグデザインを作ります。「30%OFF」や「1,000円OFF」など数字で目を引くバナーや広告において、タグなどを使うことで、数値以外の目立たせたい情報もパッと認識してもらえるデザインになります。

制作・文 mito

使用アプリケーション
Illustrator 2021
Photoshop

制作ポイント
➡アンカーポイントの追加、削除を行い図形の形を変える
➡パスファインダーとマスク作成で図形と線の前後の重なりを変える

新規アートボードを作る

STEP 01 ファイルメニュー→"新規..."から新規ドキュメントを作成します。[Web]を選択し、[幅：350]、[高さ：138]、[ラスタライズ効果：スクリーン（72ppi）]、単位は[ピクセル]を設定して、[作成]をクリックします。

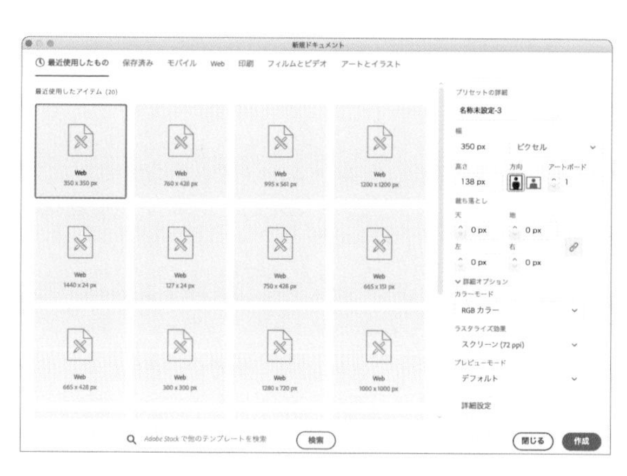

長方形を作成する

STEP 02 長方形ツールで長方形を作成します。作例では、[横幅：162px]、[高さ：56px]、[塗り]、[線]ともに色は[R244／G224／B181](#F4E0B5)としています。線幅は[1px]です。

長方形の一部を二等辺三角形を作成する

STEP 03 定規を表示させ、長方形の水平方向のセンターと右から[30px]のところにガイド線を引きます。

STEP 04 アンカーポイント追加ツールに持ち替えてガイド線上の3点のアンカーポイントを追加します。

3つのアンカーポイントを追加します。

STEP 05 アンカーポイント削除ツールで右の頂点2箇所を選択し、二等辺三角形を作成します。

二等辺三角形ができました。

STEP 06 メニューバーの"効果"→"スタイライズ"→"角を丸くする"から角丸に設定します。

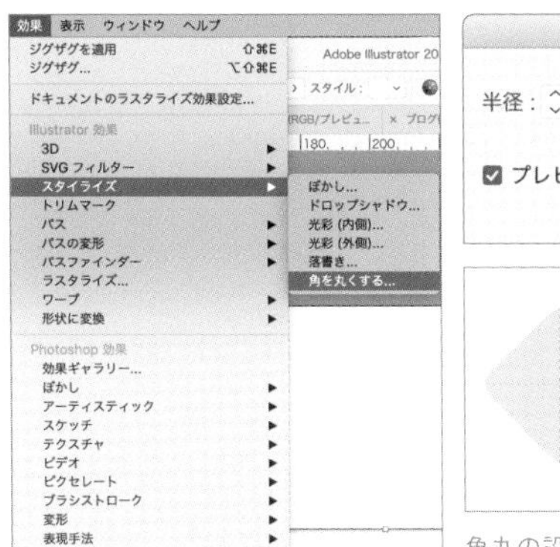

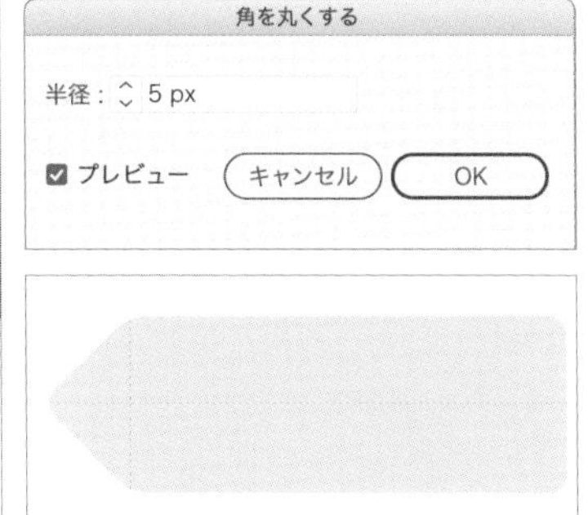

角丸の設定ができました。

カード型タグの穴を作成する

STEP 07 ガイド線の中心に円の中心がくるように楕円形ツールで円を描きます。

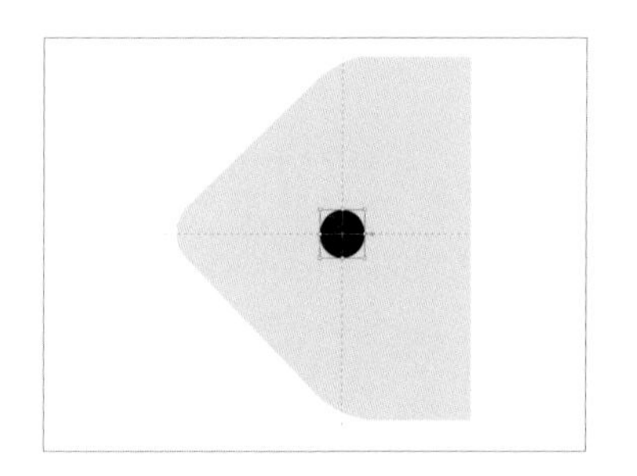

STEP 08 カード型タグと楕円を選択し、パスファインダーより前面オブジェクトで型抜きを行います。

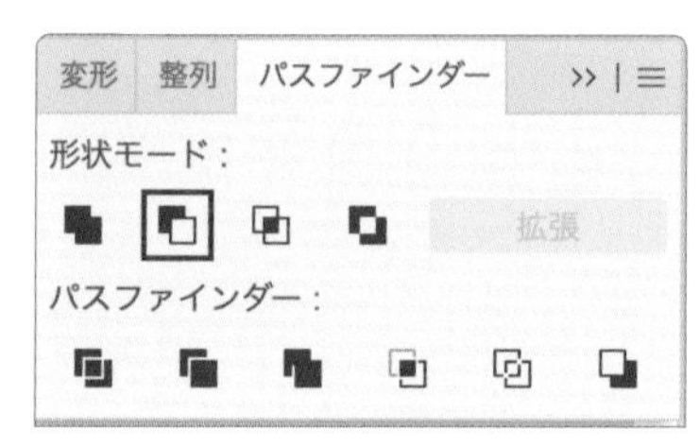

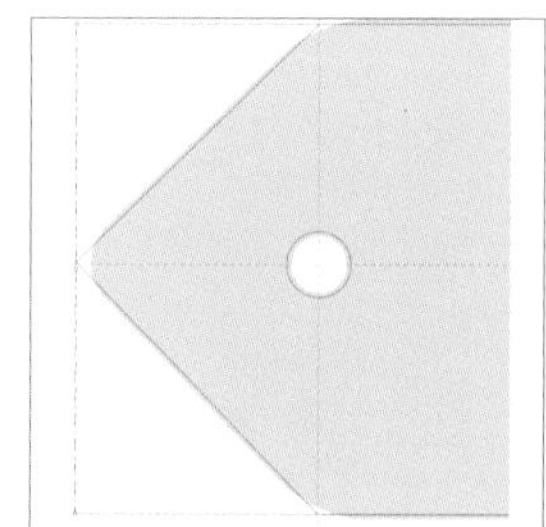

紐を作成する

STEP 09 曲線ツールを選択し、穴からカード型タグの外側へ紐状の輪を作成します。

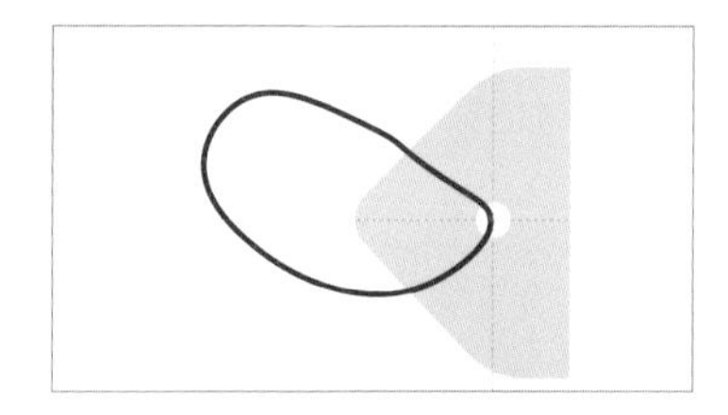

STEP 10 ［塗り：なし］、［線：R99／G52／B44］（#63342C）、線の太さは［1px］としています。カード型タグを選択し、comannd〔Ctrl〕＋Cのあとcommand〔Ctrl〕＋Fを押して同じ場所に複製します。ペンツールを選択し、紐の半分が見えなくなるような図形を作成します。

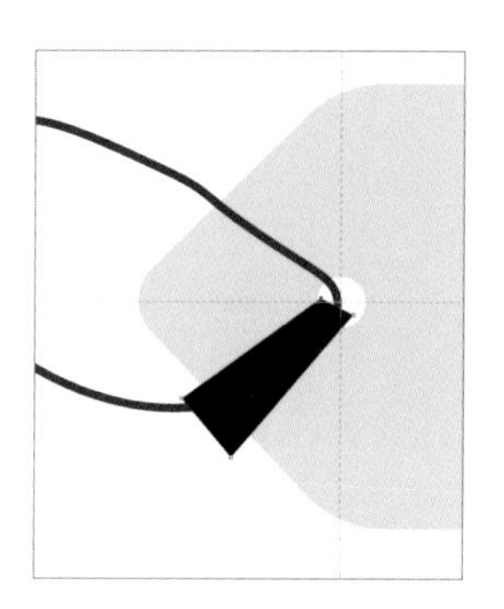

STEP 11 作成した図形と複製したカード型タグを選択し、パスファインダーより［交差］をクリックします。

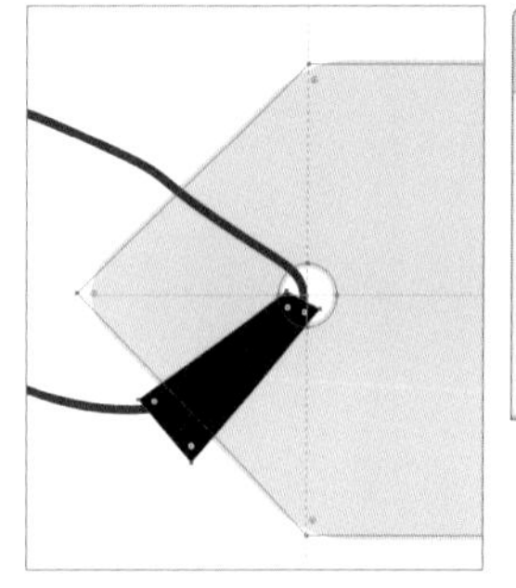

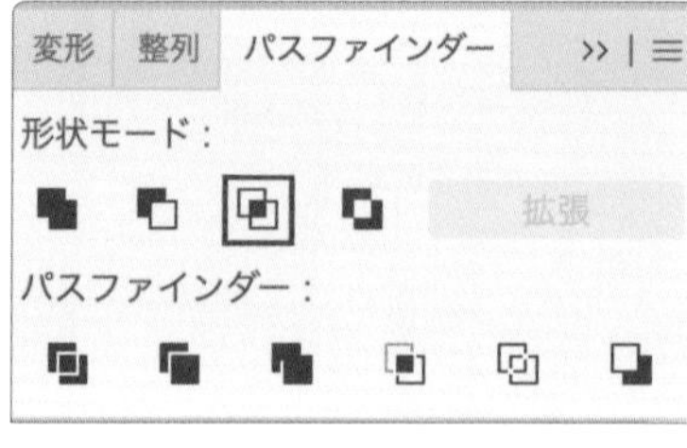

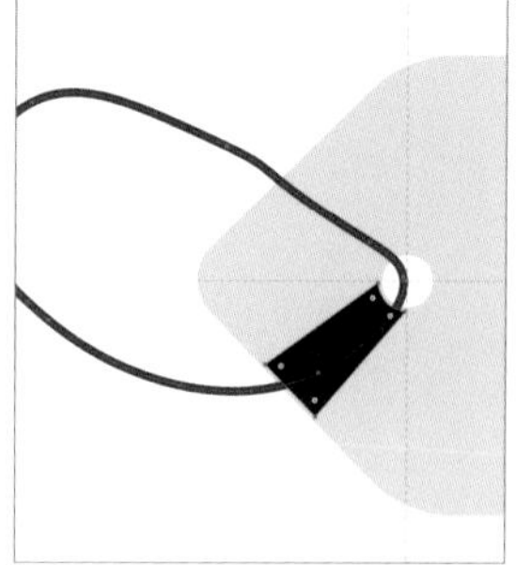

図形がくり抜かれました。

STEP 12 続いて、作成したパスファインダーを適用させた図形と紐を選択し、[透明]よりマスクの作成をクリックします。

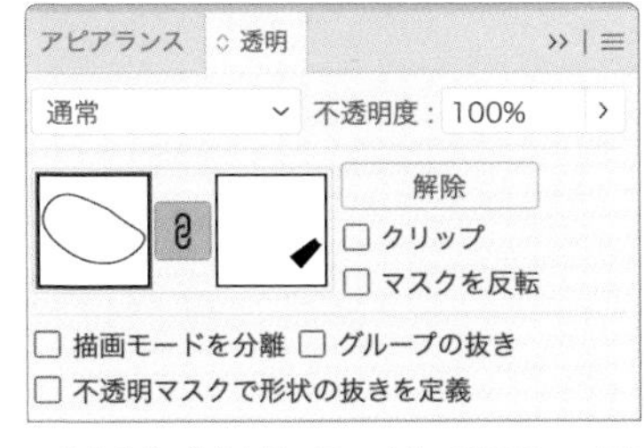

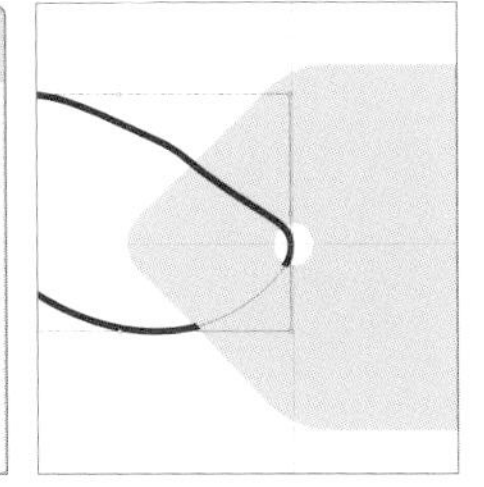

マスクの作成をクリックし、クリップのチェックを外します。

文字を配置する

STEP 13 「30%OFF」と「期間限定セール」の文字を配置します。フォントはそれぞれ「DIN 2014 Demi」と「平成丸ゴシック Std W8」としています。色はそれぞれ、[線：なし]・[塗り：R0／G62／B114]（#003e72）、[線：なし]・[塗り：R198／G30／B35]（#c61e23）としています。

適宜ガイドを引いて、揃える場所を意識します。文字は紐よりも下に来るようにレイヤーを動かします。

カード型タグの塗りにパターンを適用させる

STEP 14 カード型タグを選択し、ツールバーのカラーパネルの塗りを前面にした状態でスウォッチパネルを開き、左下の[スウォッチライブラリ]から“パターン”→“ベーシック”→“ベーシック_ライン”を選択します。

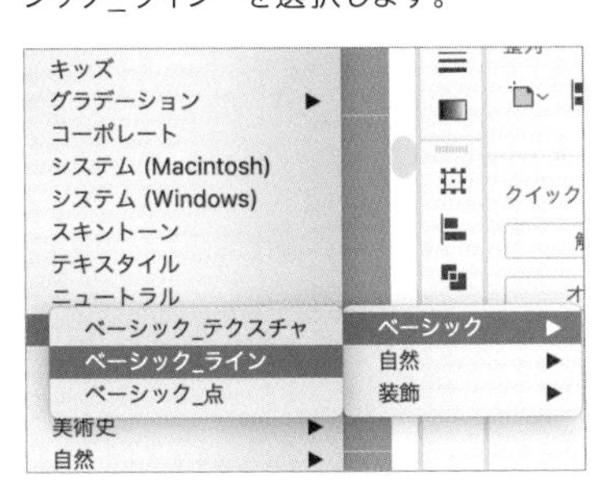

STEP 15 [グリッド1パイカ（線）]を選択し、塗りに適用させます。

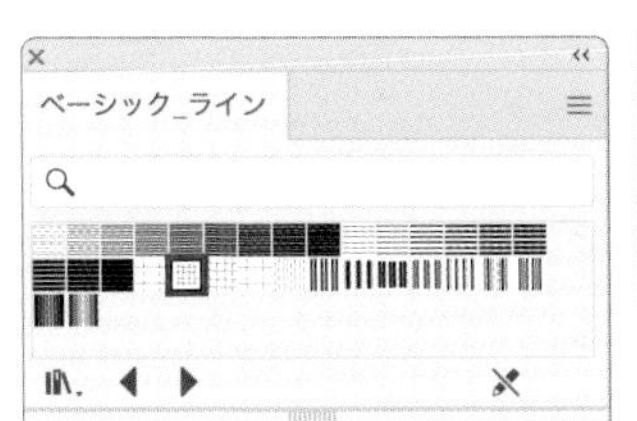

パターンが適用されました。

STEP 16 パターンの色を変更していきます。ツールバーのカラーパネルの[線]を一時的に[なし]にした状態で、[塗り]を前面にし、オプションバーより[オブジェクトの再配色]をクリックします。

STEP 17 オブジェクトを再配色ウィンドウを開き、配色オプションの［保持］の［ホワイト］と［ブラック］のチェックを外します。

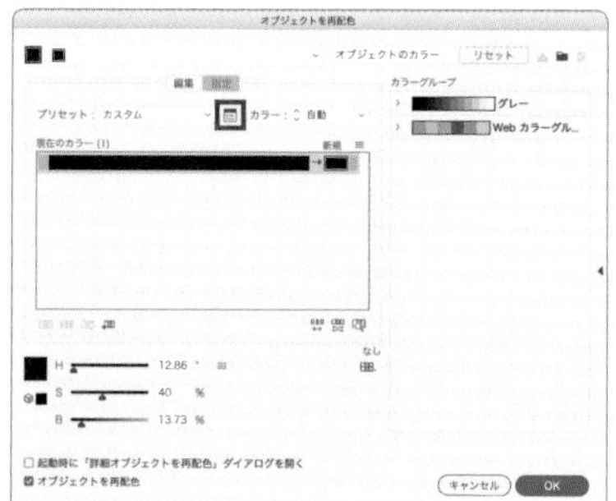

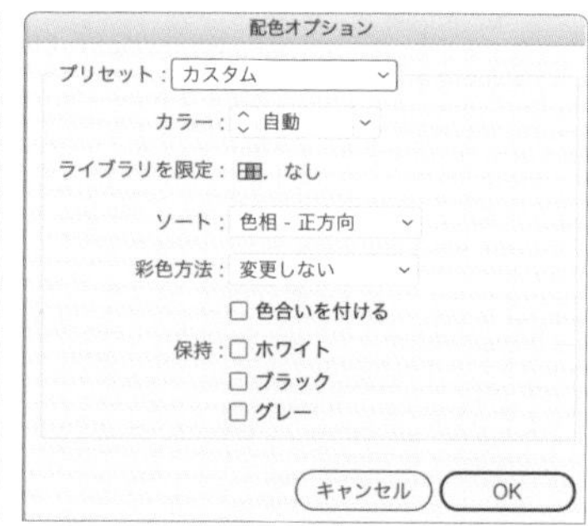

STEP 18 カラーパネルの色を［R244／G224／B181］（#F4E0B5）に変更します。

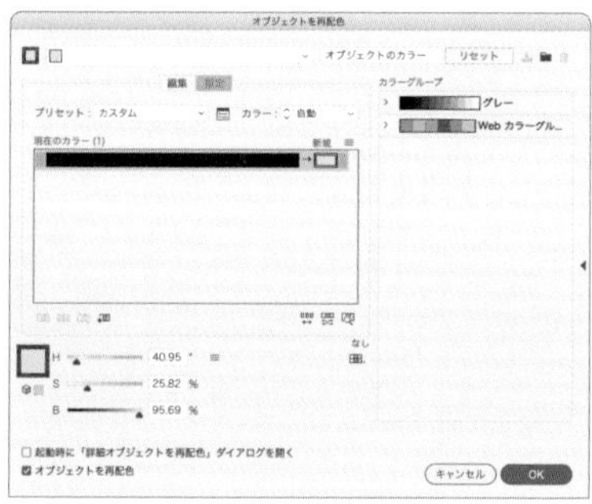

ツールバーのカラーパネルの線を元に戻します。

“文字に紐を通す”

STEP 19 30%の文字をcomannd〔Ctrl〕+Cのあと、command〔Ctrl〕+Fを押して同じ場所に複製します。複製した文字を選択し、メニューウィンドウの“書式”→“アウトラインを作成”でアウトライン化します。

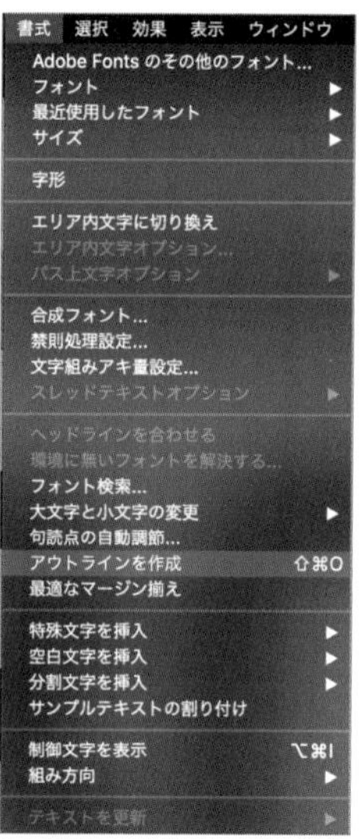

STEP 20 ペンツールを選択し、下部の文字に重なっている紐が見えなくなるような図形を作成します。

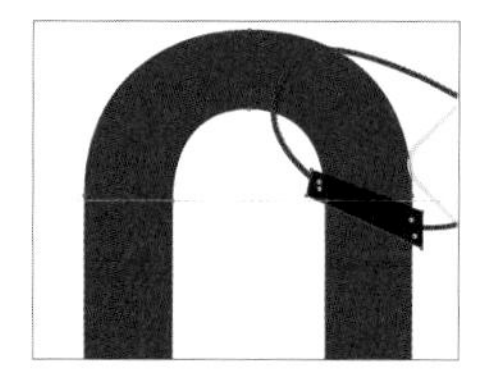

STEP 21 作成した図形と複製した文字をダイレクト選択ツールで選択し、パスファインダーより交差をクリックします。

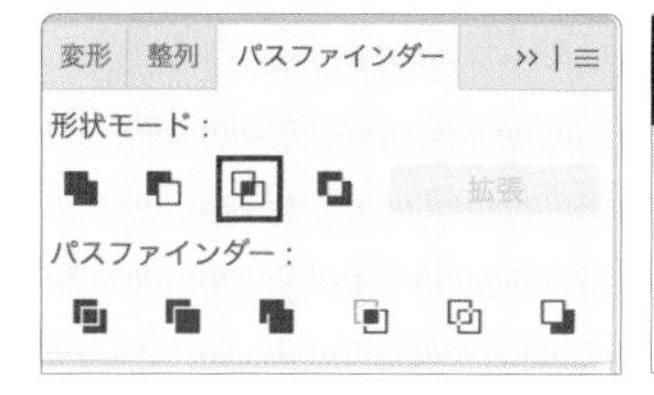

STEP 22 続いて、作成したパスファインダーを適用させた図形と紐を選択し、[透明] よりマスクの作成をクリックします。

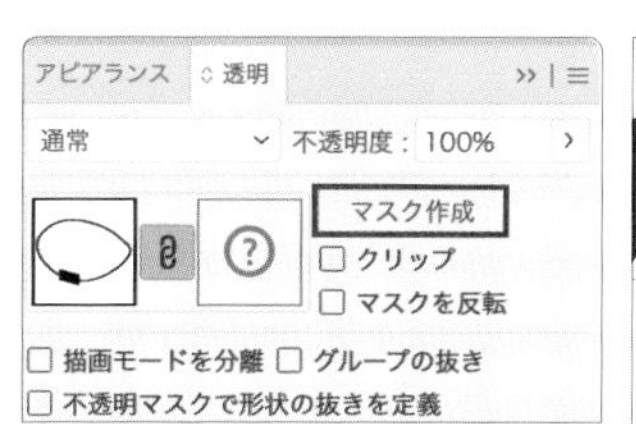

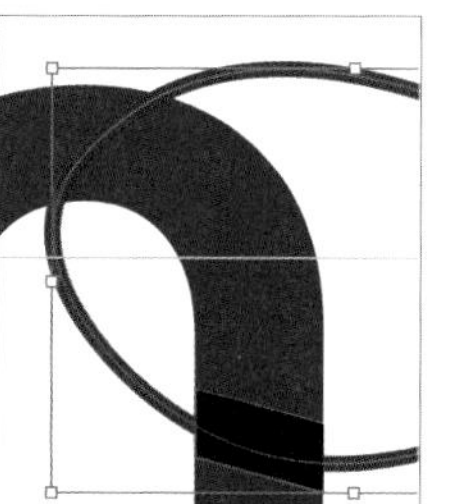

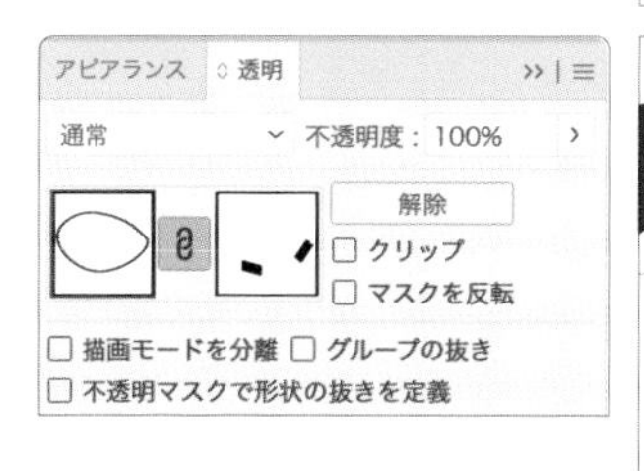

STEP 23 レイアウトを整え完成です。

立体タイトルのための直方体パーツ

デザインのお仕事。

「作る」と「届ける」に向き合うチーム。

一緒に働く仲間を募集中。

さまざまな人の意見を尊重し、柔軟で柔らかい組織であることを表現したいと思っているデザイン会社の採用バナーを作ります。立体的な表現をうまく活用すると、シンプルながらも目を引くデザインにすることができます。

制作ポイント

- ➡3D効果を使い、平面を立体にする
- ➡立体にした面にシンボルをマッピングさせる

使用アプリケーション

Illustrator 2021 | Photoshop

制作・文 mito

新規アートボードを作る

STEP 01 ファイルメニュー→“新規...”から新規ドキュメントを作成します。[Web] を選択し、[幅：1200]、[高さ：1200]、[ラスタライズ効果：スクリーン（72ppi）]、単位は [ピクセル] を設定して、[作成] をクリックします。

背景の長方形を作成する

STEP 02 アートボードと同じサイズの長方形を作成し、カラーは［線：なし］、［塗り］は［R238／G238／B238］（#eeeeee）を設定しました。

STEP 03 長方形ツールで長方形を3つ作成し、中に文字を書きます。作例では、長方形の色は［線：なし］、［塗り］は［R255／G255／B255］（#ffffff）とします。文字は、「小塚ゴシック Pr6N L」を使用しています。

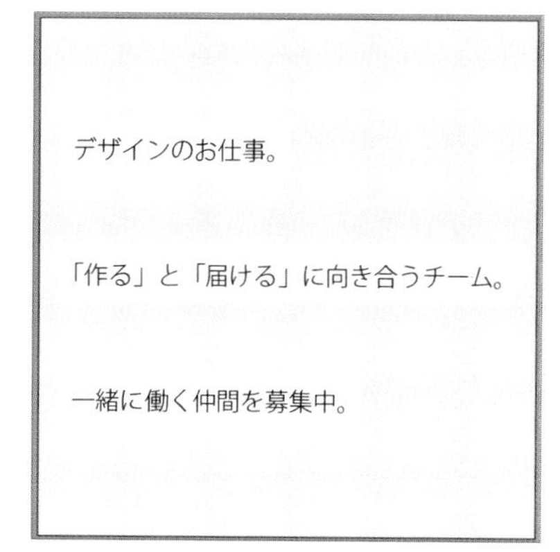

STEP 04 長方形を選択します。メニューバーの"効果"→"3D"→"押し出し・ベベル..."をクリックします。

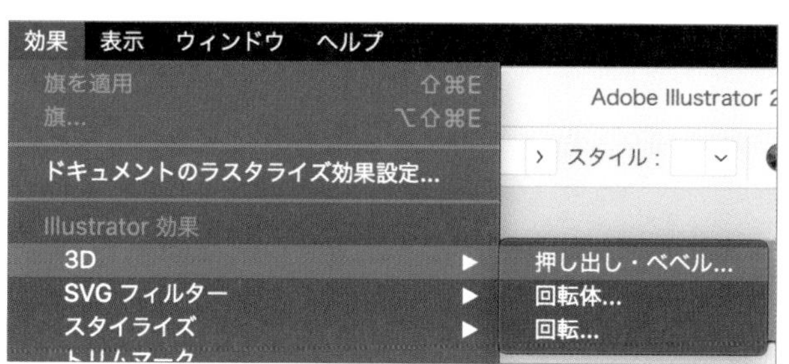

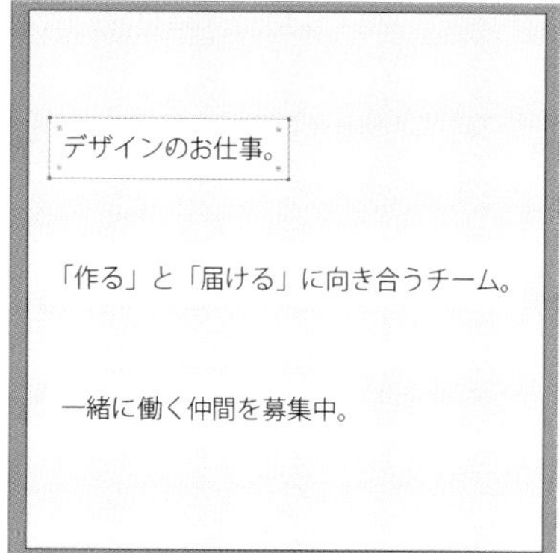

STEP 05 3D押し出し・ベベルオプションで上から順に［20°］、［20°］、［0°］に設定し、［押し出しの奥行き］を［260pt］にして、［ベベル］は［なし］、［表面］は［陰影なし］にします。同じ操作をあと2回繰り返します。

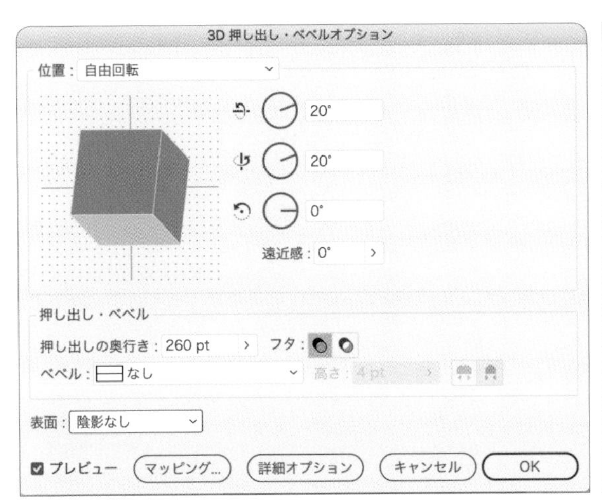

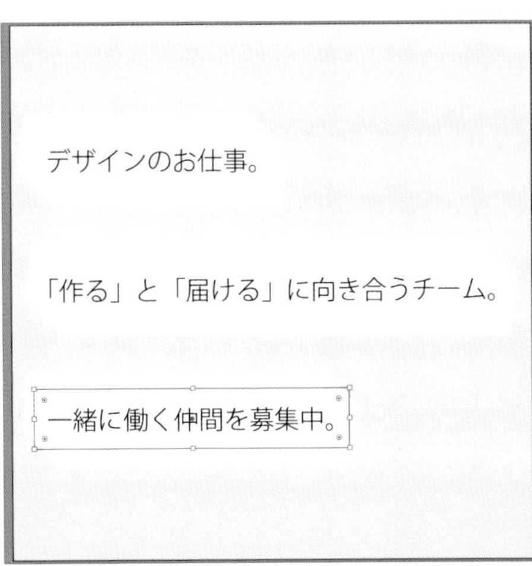

グラデーション長方形のシンボルを作る

STEP 06 長方形ツールでアートボード外に長方形を作成します。作例では、大きさは［横：182px］、［縦：63px］としています。グラデーションツールに持ち替え、作例では［種類：線形グラデーション］、［角度：30°］、色は［グラデーションスライダー］の右から［R245／G186／B211］（#F5BAD3）、［R255／G248／B165］（#FFF8A5）、［R165／G212／B242］（#A5D4F2）としました。

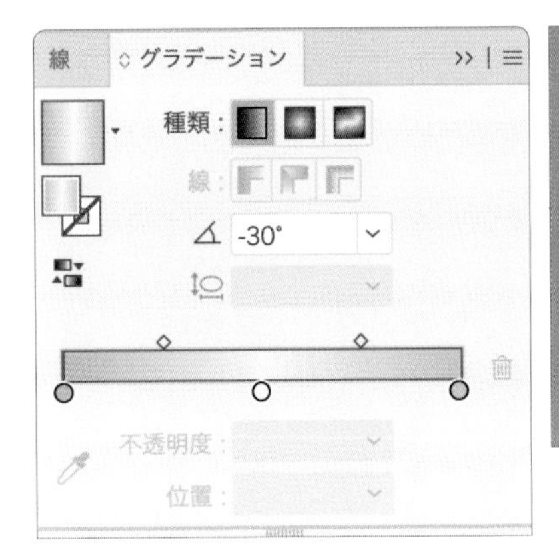

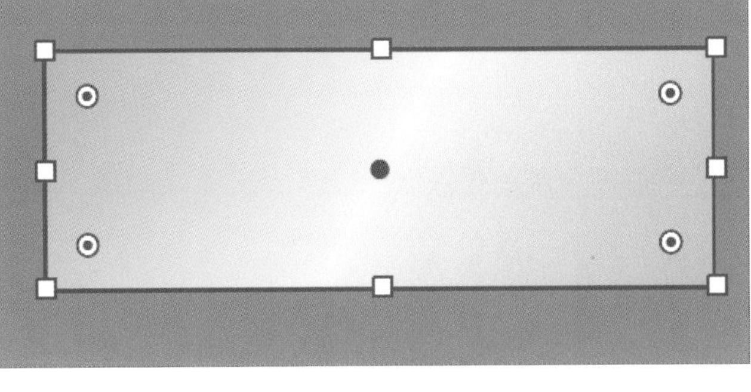

STEP 07 長方形を選択ツールで選択した状態で、ウィンドウメニュー→“シンボル”でシンボルウィンドウを表示させ、先ほど作成したグラデーション長方形をドラッグ&ドロップします。するとシンボルオプションが表示されるので名前を「グラデーション長方形」とし、[ダイナミックシンボル]として登録します。

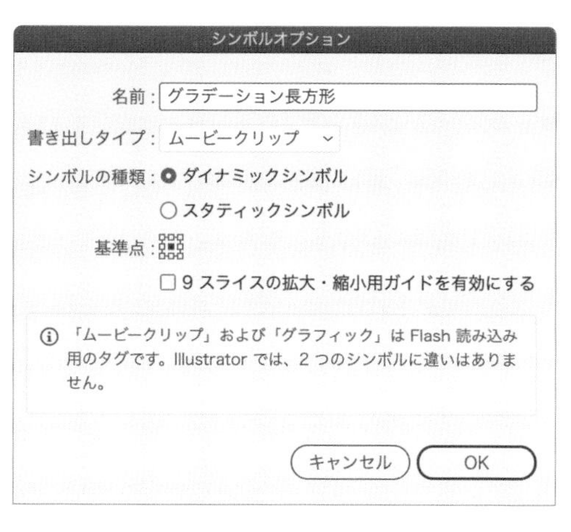

シンボルが追加されました。

3Dにグラデーションをマッピングする

STEP 08 先ほど作成した3Dの長方形を[選択ツール]で選択し、アピアランスパネルから[3D押し出し・ベベル]をクリックし、3D押し出し・ベベルオプションを表示させ、左下の[マッピング...]をクリックします。

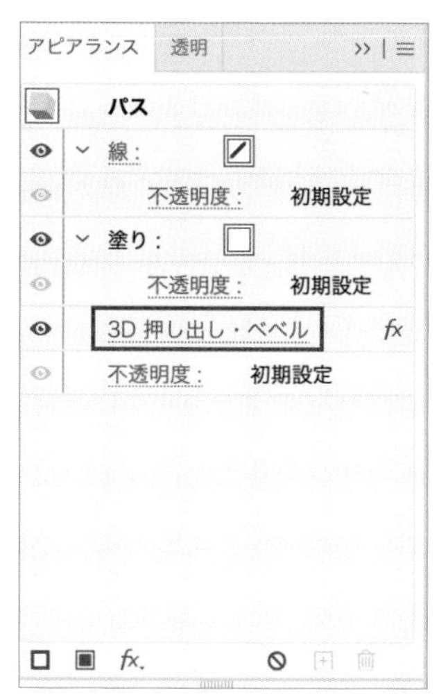

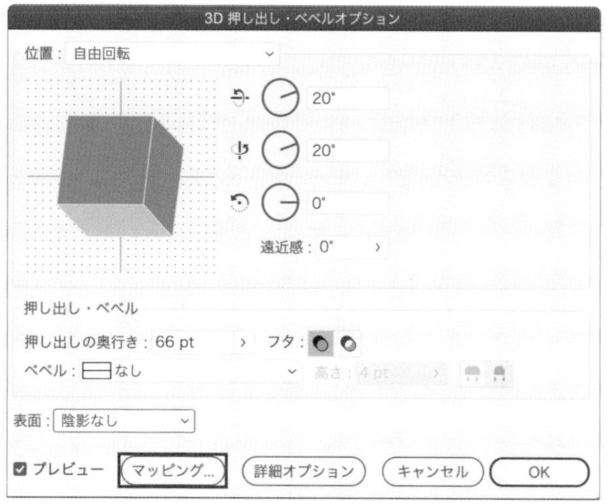

STEP 09 右側の矢印をクリックして3/6にし、シンボルを先ほど登録した［グラデーション長方形］、左下の［面に合わせる］をクリックします。

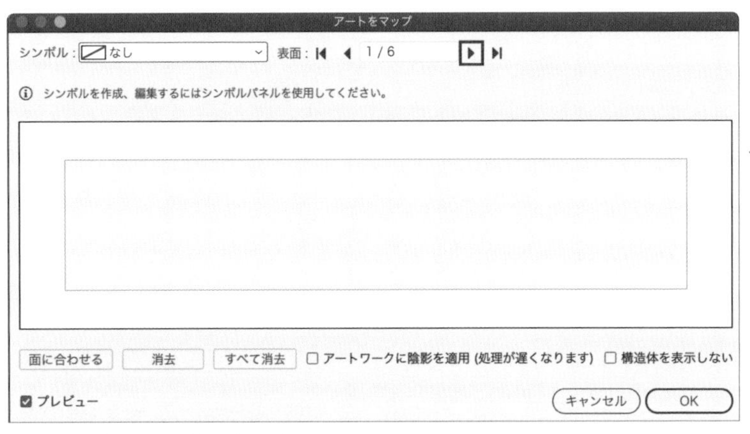

アートをマップウィンドウが表示されます。

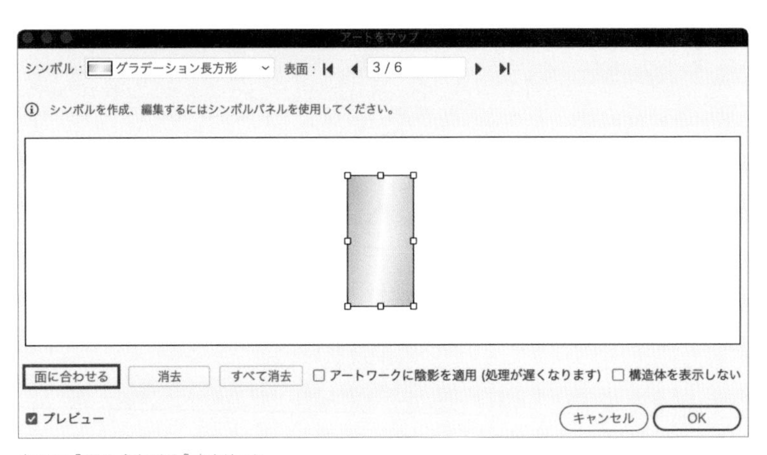

左下の［面に合わせる］をクリック。

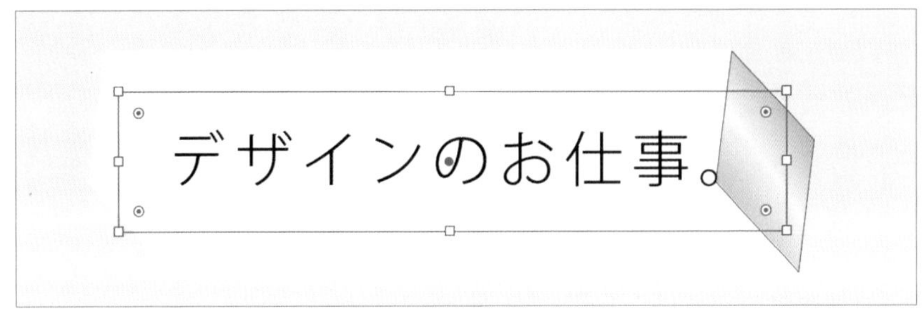

側面の長方形がグラデーションになりました。

STEP 10

同じ操作を、4/6の長方形にも行い、2面をグラデーションにします。

デザインのお仕事。

3Dの図形に対してグラデーションが適用されました。

STEP 11

2行目、3行目の長方形にも同じ操作を行い、テキストの位置を調整して完成です。

デザインのお仕事。
「作る」と「届ける」に向き合うチーム。
一緒に働く仲間を募集中。

デザインのお仕事。
「作る」と「届ける」に向き合うチーム。
一緒に働く仲間を募集中。

テキストの位置を調整します。

CHAPTER 2 03

アウトドアブランド風のシンボルアイコン

キャンプなどのアウトドアをイメージしたシンボルマークを作成します。ツールで描画したリボン、イラストと陽の光パーツを組み合わせたベースを作り、文字を配置することで雰囲気よく仕上げましょう。

制作ポイント

- 長方形ツールなどで文字のベースとなるリボンのオブジェクトを作成する
- ペンツールで単純な形の山を描画する
- パスを放射上に複製し、1つおきに破線にすることで陽の光を表現

使用アプリケーション

Illustrator 2021 | Photoshop

制作・文　高野 徹

新規アートボードを作る

STEP 01 はじめにリボンのパーツを作成します。長方形ツールでアートボードをクリックし、[幅：100mm]、[高さ：25mm]で[OK]をクリックして、長方形を描画します。カラーパネルで[塗り：K100%]、[線：なし]にします。

長方形

幅：	100 mm
高さ：	25 mm

キャンセル　OK

リボンを作成する

STEP 02 オブジェクトメニュー→“変形”→“個別に変形…”を選択し、「個別に変形」ダイアログを開き、[拡大縮小]で[水平方向：30%]、[垂直方向：100%]、[移動]で[水平方向：-20mm]、[垂直方向：-8mm]と設定し、基準点を左中央にして[コピー]をクリックします。ペンツールで複製した長方形の左のパスの中央でクリックしてアンカーポイントを追加し、▷キーを数回押して追加したアンカーポイントを右に移動することで、リボンの切り込みにします。

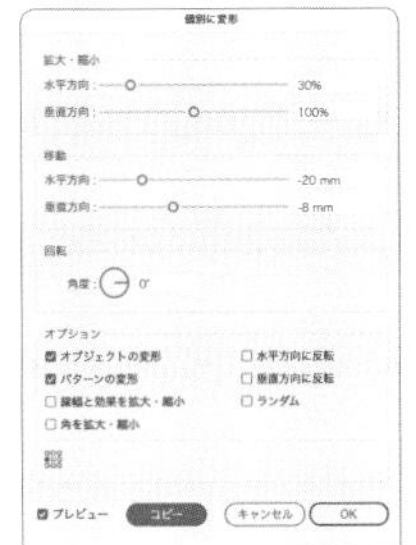

STEP 03 長方形を選択し、オブジェクトメニュー→“パス”→“パスのオフセット…”を選択し、[オフセット：2mm]で[OK]をクリックします。新しくできた長方形とリボンのオブジェクトを同時に選択し、パスファインダーパネルの背面オブジェクトで型抜きをクリックします。

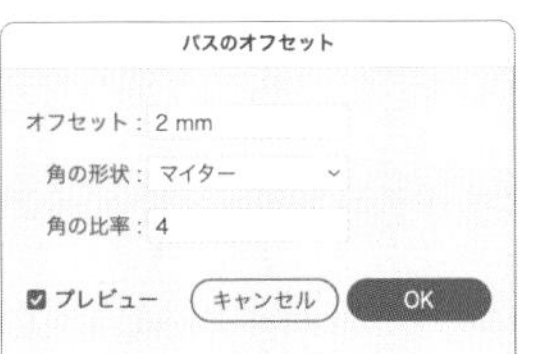

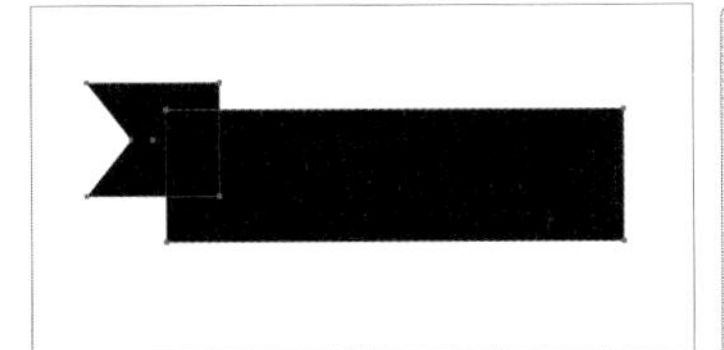

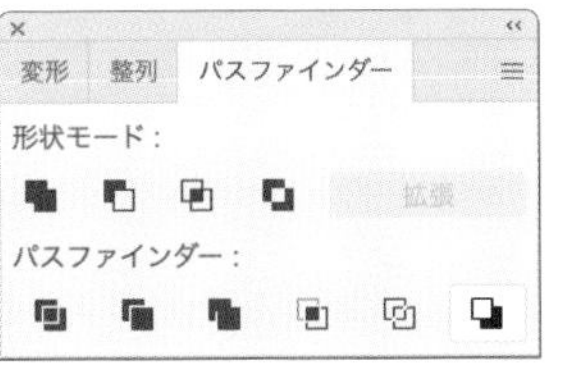

STEP 04 リフレクトツールで長方形のセンターでoption〔Alt〕キーを押しながらクリックし、「リフレクト」ダイアログを開き、[リフレクトの軸：水平]で[コピー]をクリックしてオブジェクトを複製します。

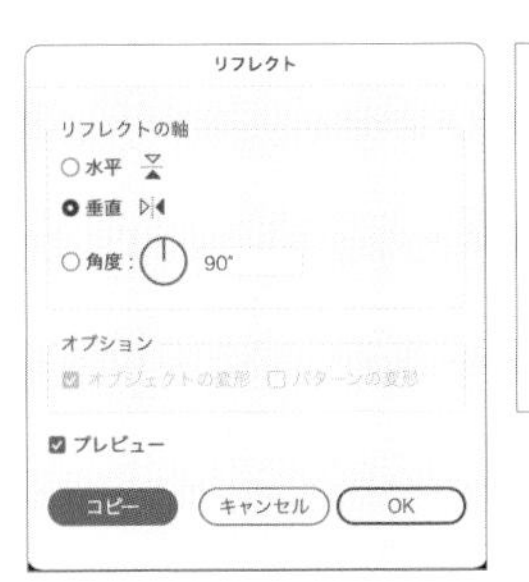

山を作成する

STEP 05 次に山のイラストを作成します。ペンツールでリボンの右上からクリックを重ねて図のようにパスを描画し、山を描画します。山の頂上がリボンのセンターと垂直軸が合うように描画しましょう。次に［塗り：白］にしてペンツールで山にハイライトを描画することで、立体感を出します。

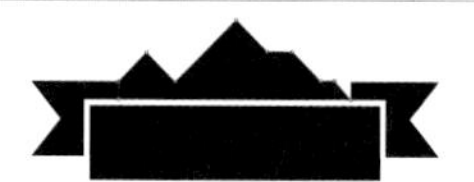
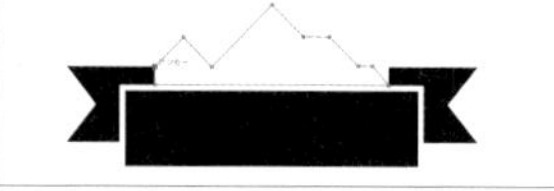

MEMO

ペンツールでパスを描画する際に、表示メニュー→“スマートガイド”を利用することで、ほかのオブジェクトの中心に合わせてアンカーポイントを描画することができます。また、shiftキーを押しながらクリックすことで、水平、垂直、45°でパスが描画できるので、形が整った山を描画することができます。

陽の光を作成する

STEP 06 次に陽の光のパーツを作成します。楕円形ツールでアートボードをクリックし、［幅：60mm］、［高さ：60mm］で［OK］をクリックして正円を描き、リボンのセンターで下のパスにベースラインを揃えて配置します。この円を表示メニュー→“ガイド”→“ガイドを作成”でガイドライン化します。

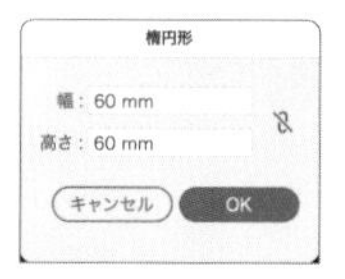

STEP 07 直線ツールででアートボードをクリックし、［長さ：40mm］、［角度：270°］で［OK］をクリックしてパスを描画して（［線：K100％］、［線幅：4pt］、［線端：丸型線端］）、パスの下端がガイドラインの上に重なる位置に配置します。回転ツールでoption〔Alt〕キーを押しながらガイドラインの中心でクリックし、［角度：10°］で［コピー］をクリックします。command〔Ctrl〕＋Dを押して変形を7回繰り返します。

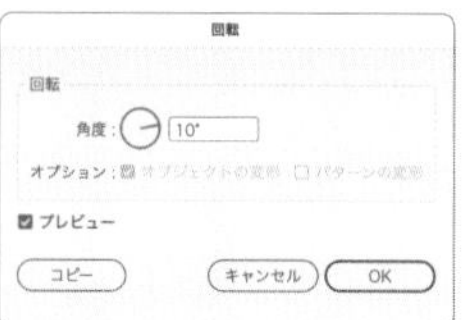

STEP 08 ダイレクト選択ツールでshiftキーを押しながら1、3、5、7番目に複製したパス外側端のアンカーポイントを選択します。拡大・縮小ツールでoption〔Alt〕キーを押しながらガイドラインの中心でクリックし、［拡大・縮小：90%］で［OK］をクリックします。線パネルで［破線］にチェックを入れ、［線分：8pt／間隔：20pt／線分：60pt］に設定することで破線にします。

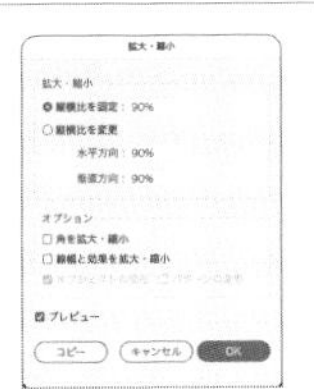

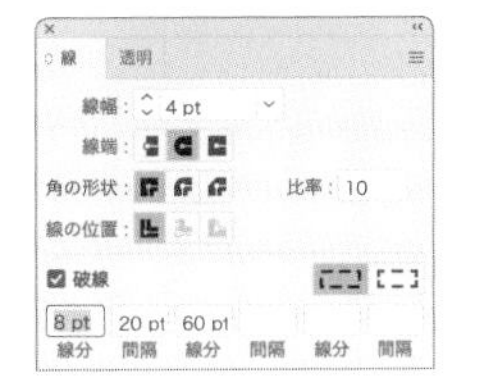

STEP 09 選択ツールでshiftキーを押しながら垂直以外の放射状のパスをクリックして選択し、リフレクトツールで垂直のパス上でoption〔Alt〕キーを押しながらクリックします。「リフレクト」ダイアログを開き［リフレクトの軸：水平］で［コピー］をクリックしてオブジェクトを複製します。山の部分にかかったパスは、はさみツールで分割して不要な部分を削除します。

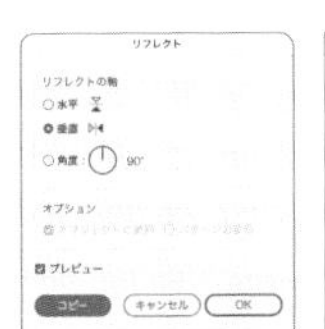

仕上げを行う

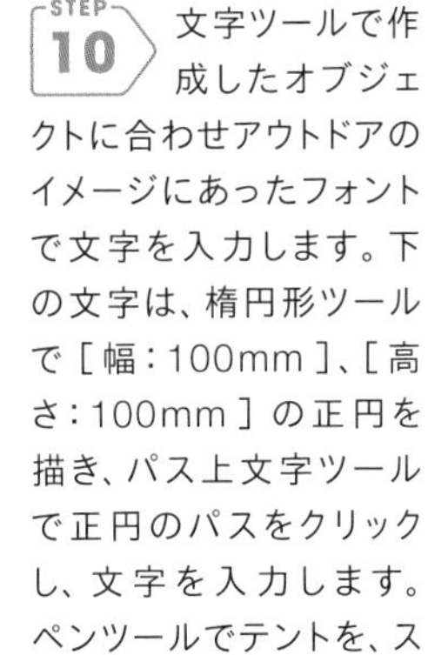

STEP 10 文字ツールで作成したオブジェクトに合わせアウトドアのイメージにあったフォントで文字を入力します。下の文字は、楕円形ツールで［幅：100mm］、［高さ：100mm］の正円を描き、パス上文字ツールで正円のパスをクリックし、文字を入力します。ペンツールでテントを、スターツールで星を描画して仕上げました。

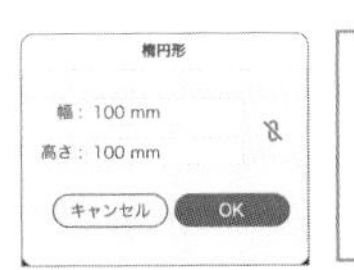

CAMP［フォント：Copperplate Bold］［フォントサイズ：80pt］
GEAR［フォント：Sutro Heavy］［フォントサイズ：36pt］
ENJOY!…［フォント：Sutro Heavy］［フォントサイズ：17pt］

MEMO

パス上文字ツールで入力した文字の位置の修正は、選択ツールに持ち替えたあと、文字列にあるブラケットと呼ばれる縦棒をドラッグして動かします。

CHAPTER 2
04

アナログハンコ風アイコン

ちょっとしたアテンションを作成物に加えたいときに、こんなハンコ風のオリジナルを作って配置するとクオリティがグッと上がります。文字はその都度、制作物の内容に合ったものに変えればよりGOOD！

制作ポイント

- ➡効果：テクスチャを効果的に使用する
- ➡パスを部分的に削除することでリアルなハンコ風を演出する
- ➡ラスタライズで画像化することでその後の色変更を容易にする
- ➡画像化後にぼかし（ガウス）を効果的に使う

制作・文　佐々木拓人

使用アプリケーション

Illustrator CC 2019 | Photoshop

円とテキストを作成する

STEP 01 楕円形ツールで［幅：25mm］、［高さ：25mm］の直径25mmの円を作成します。［線幅］は［0.35mm］、［色］は［塗り：なし］、［線：スミ］に設定します。

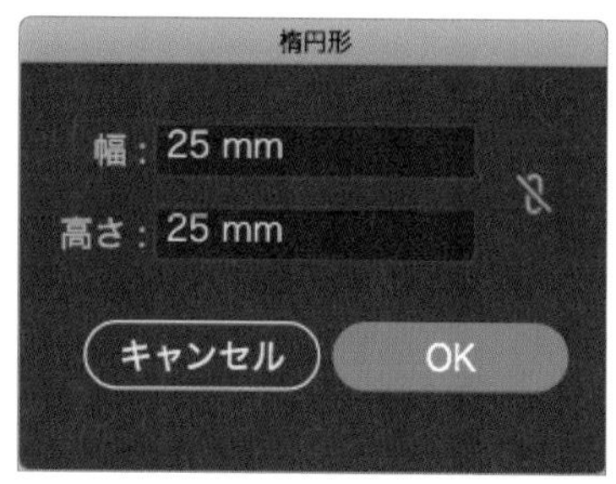

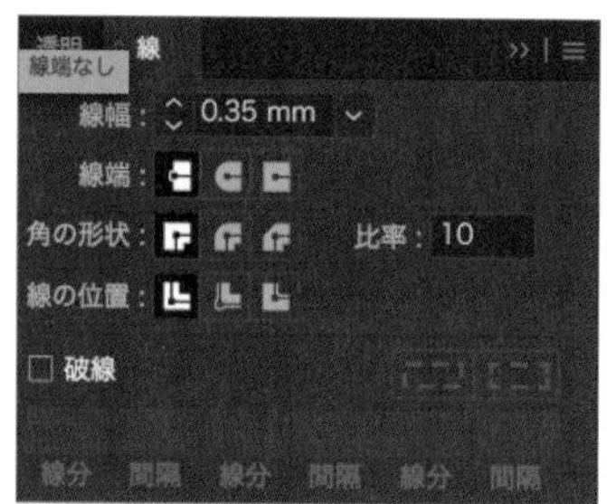

STEP 02 STEP 01の円をコピー＆前面にペーストします。サイズを直径15mm、線幅を0.1mmに変更し（❶、❷）、❸にします。

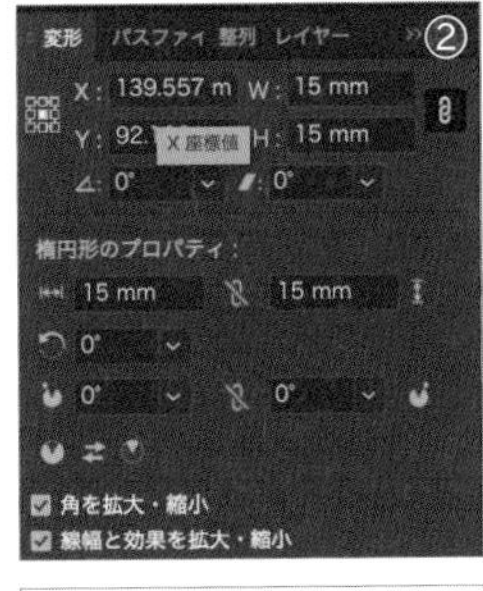

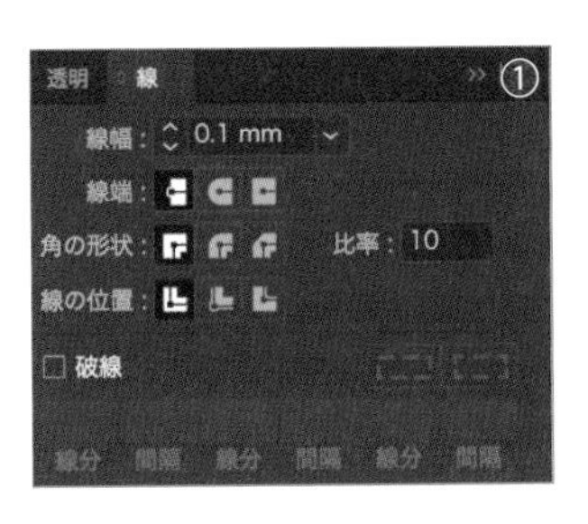

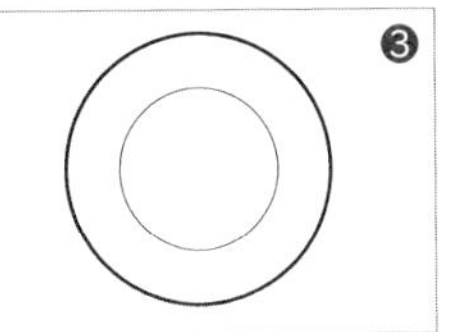

STEP 03 アンカーポイントの追加ツールを使用し、アンカーポイントを追加します（追加するポイントは適当で大丈夫です）。

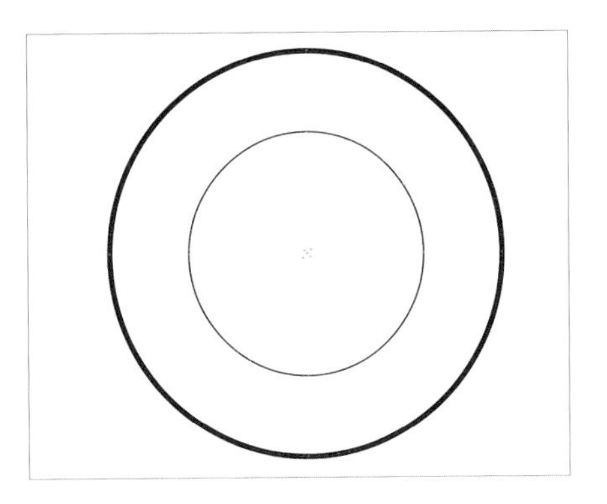

STEP 04 STEP 03で追加したアンカーポイントの間を消去します。

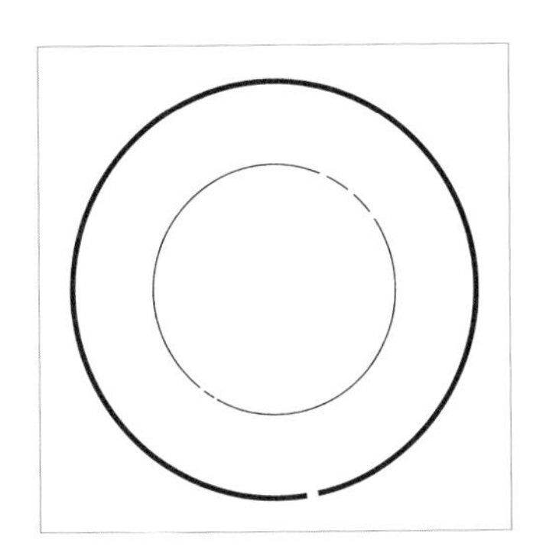

STEP 05 外側の円の上部分をコピー＆ペーストします。このパス上に❹の設定で「THANK YOU」と入力します。

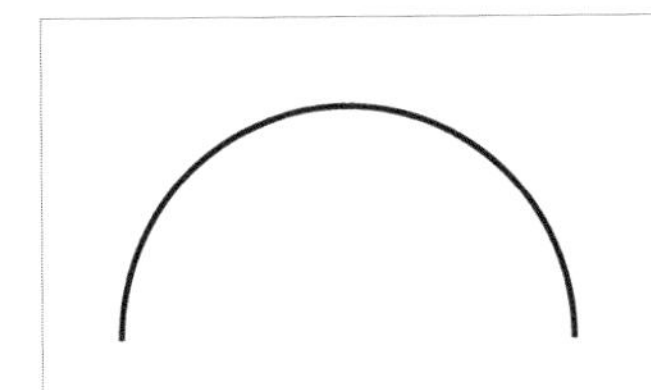

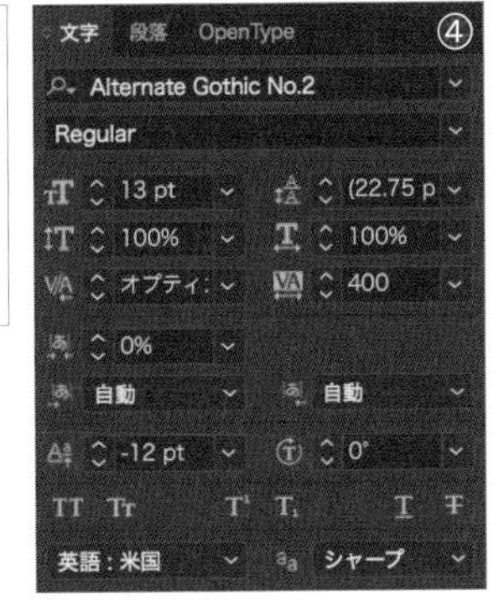

STEP 06 STEP 05で作成したテキストを180°回転させ、設定を❺に変更して、STEP 04の円上に配置します。

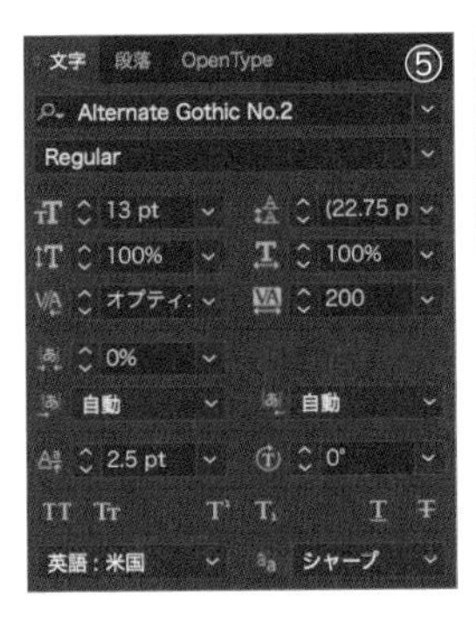

星を作成&グラデーションする

STEP 07 スターツールで星を作成します。[角]を[半径:0.07mm]の値で[角丸]に変更し、❻の設定で「RECEIVED」と入力して、それぞれを配置します。

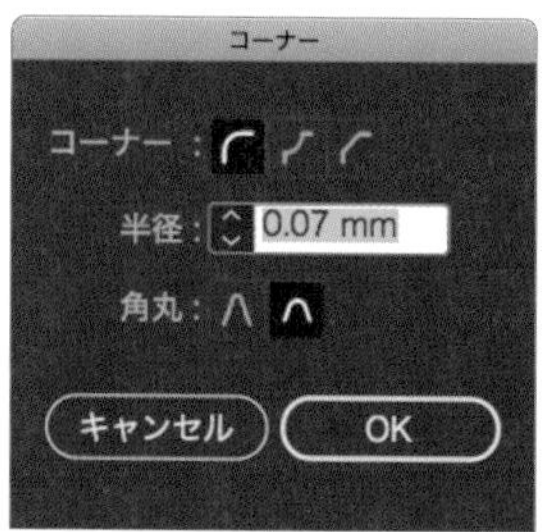

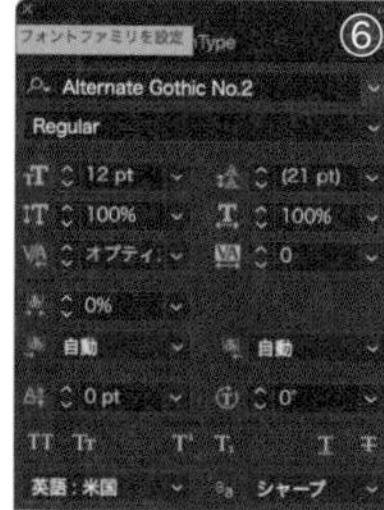

STEP 08 外側の円の左下を線幅ツールを使用して若干細く調整します(ここも厳密ではなく、好みで調整)。

STEP 09 文字・線ともアウトライン化し、すべてを選択して複合パス化しておきます。

STEP 10 STEP 09に対して❼〜❿の設定でグラデーションを設定します。

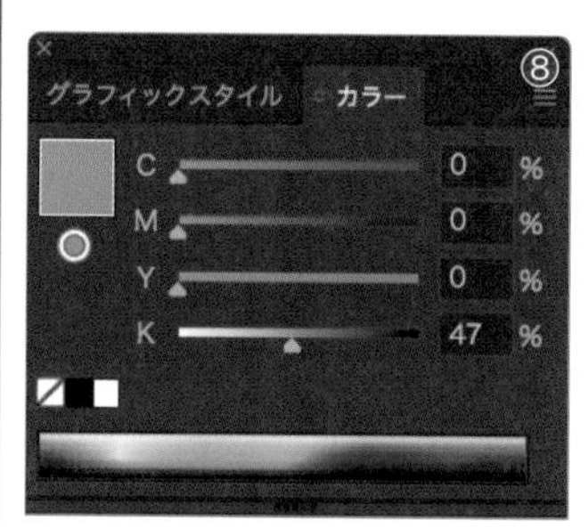

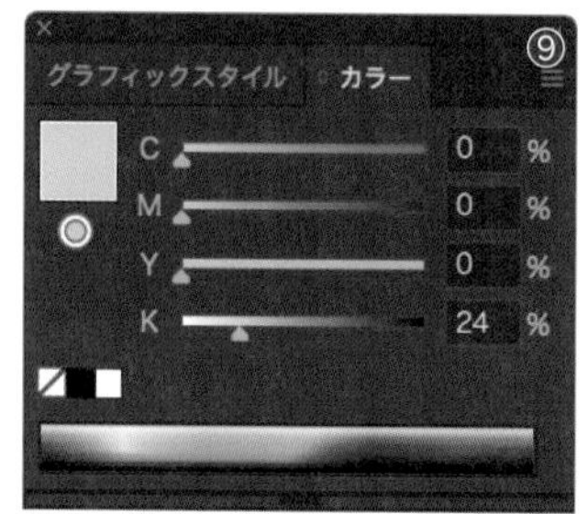

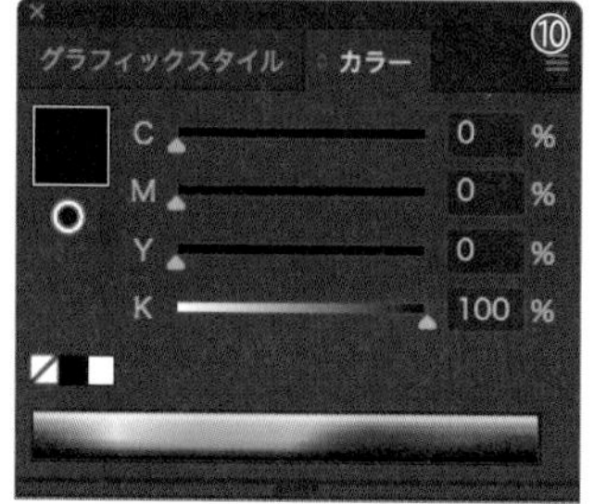

STEP 11 STEP 10で作成したものに「効果：テクスチャ：粒状」を適用します。

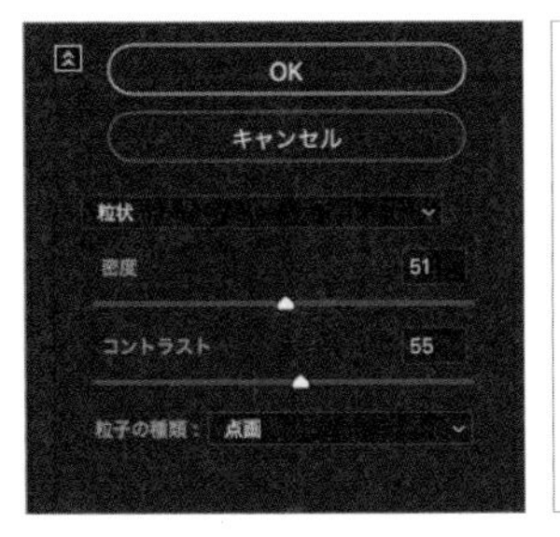

STEP 12 「オブジェクト：ラスタライズ」を⑪の値で適用します。そのラスタライズ後の画像に塗りを⑫の値で設定しましょう。

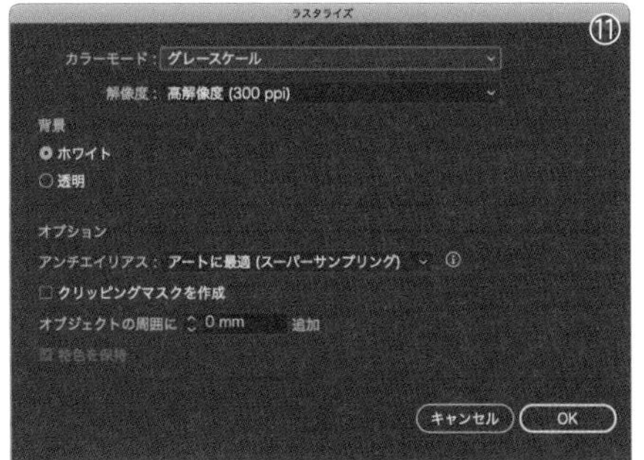

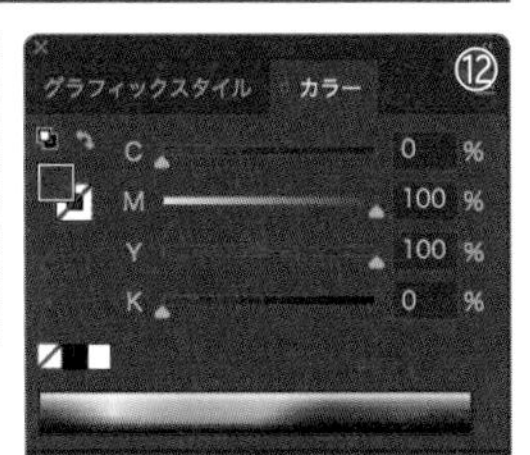

STEP 13 STEP 12の画像の透明を［乗算］に変更します。コピー＆前面にペーストし、その画像に［半径：2pixel］の値で「効果：ぼかし：ガウス」を適用します。

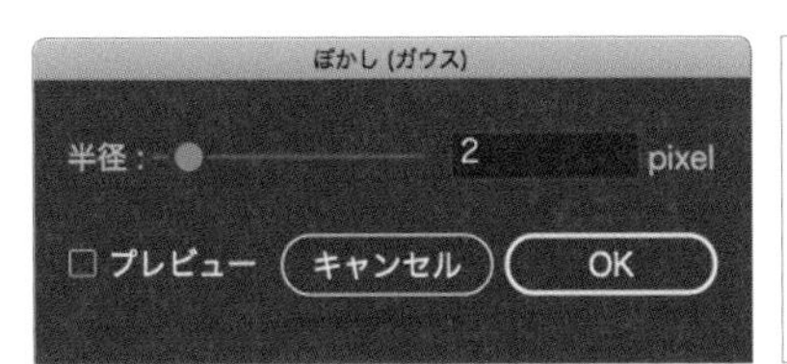

STEP 14 適宜回転するなどして、使用しましょう。

MEMO

塗りに（たとえば）赤色を適用しているオブジェクトに［効果：テクスチャ：粒状］を適用しても、（塗りの赤は破棄されて）グレー1Cでの粒状効果になってしまいます。そのため、この作例ではハンコ風のフィルター（［効果：テクスチャ：粒状］）を1Cのものに適用し、ラスタライズ後に色を変更することでハンコの風合いとハンコの色の両方を実現しています。

VARIATION

違った色の印影に

オブジェクトを画像化しているため、簡単にハンコの色を変更できます。デザイン違いのネイビーのハンコなどと併用しても、素敵になるでしょう。

CHAPTER 2
05

工霞文（えがすみもん）の和風パーツ

年末年始の販促物など、和風のレイアウトで活躍する工霞文のパーツを作成します。毛筆フォントのような和の素材と相性がよく、デザインのアクセントや背景などに利用するのがおすすめです。完成後はパーツ全体に角度を付けてアレンジすると、印象が大きく変わります。

制作ポイント

➡［グリッドに分割］を使って長方形を等分する

➡［ワープ：でこぼこ］効果で長方形の形を整える

➡［変形］効果を使ってパーツ全体に角度を付ける

使用アプリケーション

Illustrator 2022 | Photoshop

制作・文　五十嵐華子

長方形をグリッドに分割する

STEP 01 長方形ツールでアートボード上をドラッグして、横長の長方形を描画します。ここでは［幅：40mm］、［高さ：24mm］の大きさにしました。塗りには好きなカラーを設定してかまいませんが、線はなしにしましょう。ここでは、カラーパネルを使って長方形の塗りのカラーを［C10／M20／Y60／K0］にしました。

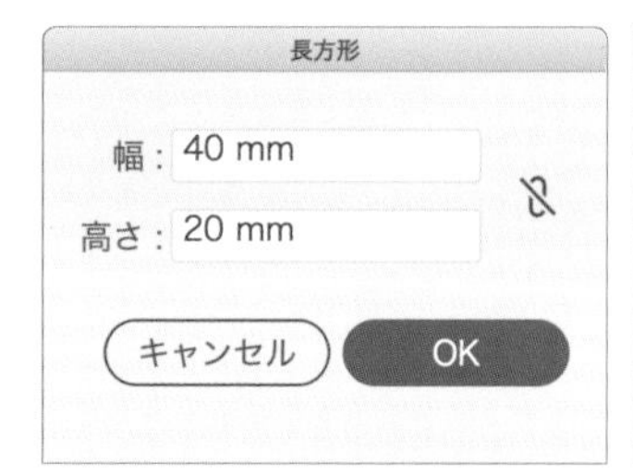

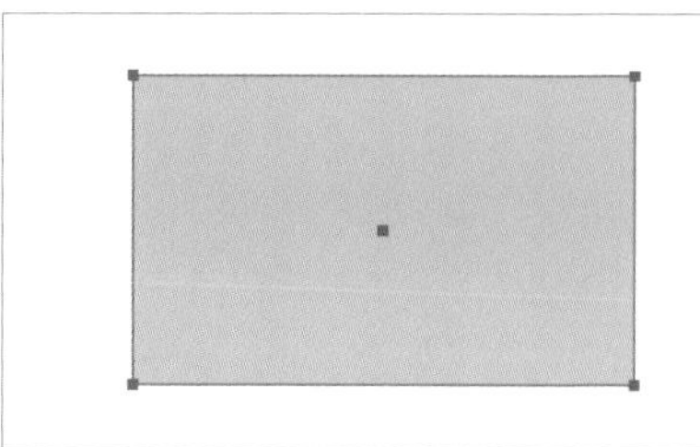

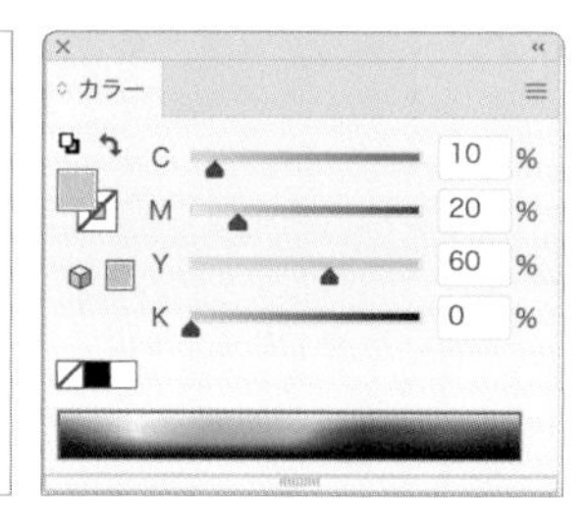

STEP 02 選択ツールなどで長方形を選択し、オブジェクトメニュー→“パス”→“グリッドに分割...”を実行します。「グリッドに分割」ダイアログが表示されたら、[行]で[段数:3]、[間隔:0]になるよう設定しましょう。[列]は[段数:1]のままで、[OK]をクリックすると、図のように長方形が三等分されます。

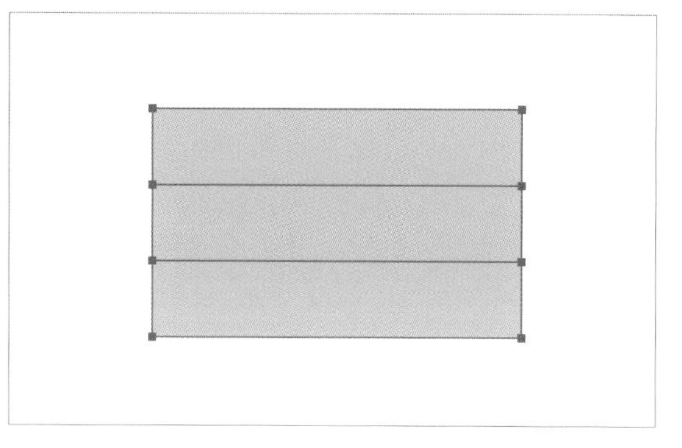

長方形の両端を丸くする

STEP 03 分割された長方形をすべて選択した状態で、効果メニュー→“ワープ”→“でこぼこ...”を適用しましょう。「ワープオプション」で[垂直方向]、[カーブ:100%]に設定します。[OK]をクリックしてダイアログを閉じたらオブジェクトを選択したまま、アピアランスパネルで一番上の項目が[ワープ:でこぼこ]になっているのを確認しましょう。もし異なる場所に効果がかかっていたら、図を参考に項目をドラッグして一番上に動かします。効果によって長方形の両端が丸くふくらんだ状態になります。

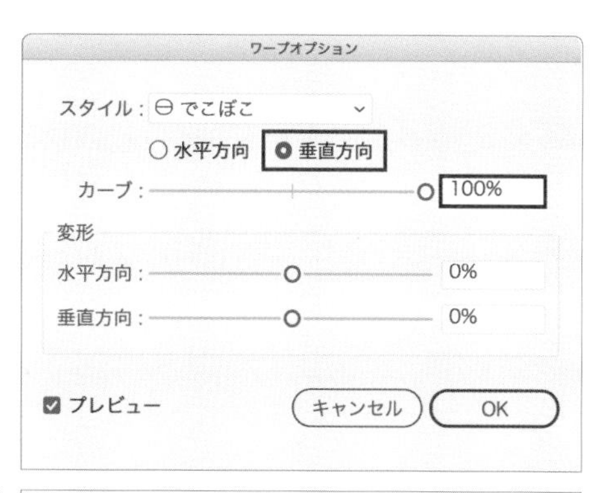

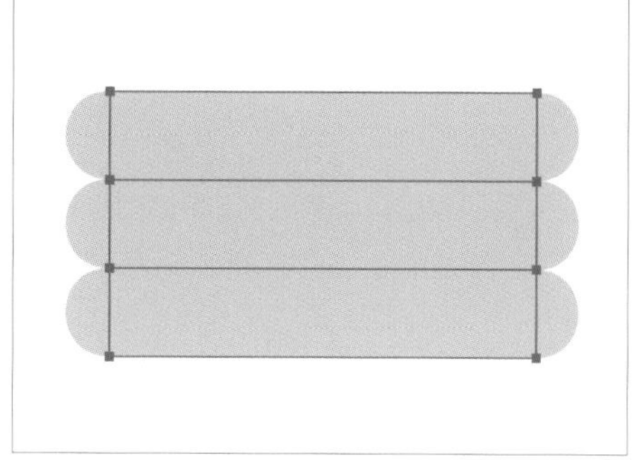

中央の長方形の両端を凹ませる

STEP 04 3つに分割した長方形のうち、中央の長方形だけを選択します。アピアランスパネルで［ワープ：でこぼこ］の項目をクリックして、効果を再編集しましょう。表示されたダイアログで、［カーブ：-100%］に変更して［OK］をクリックします。設定値の変更によって、長方形の両端が丸く凹んだ状態になります。

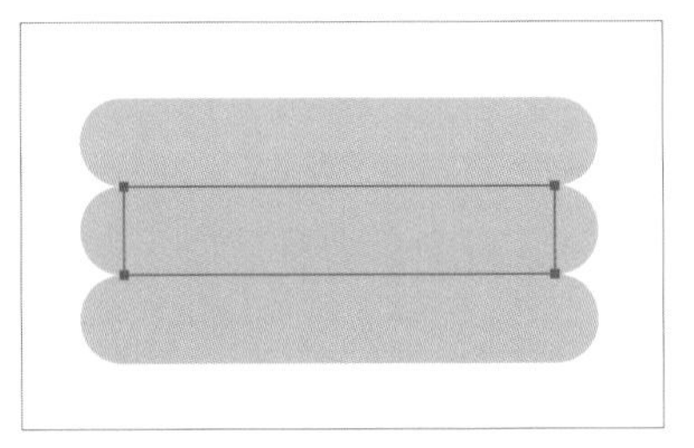

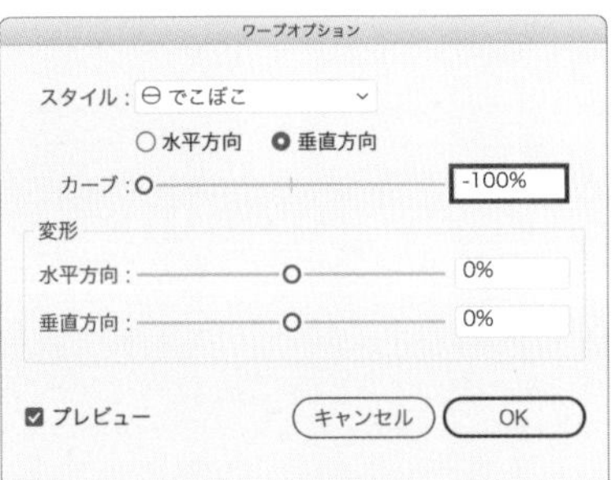

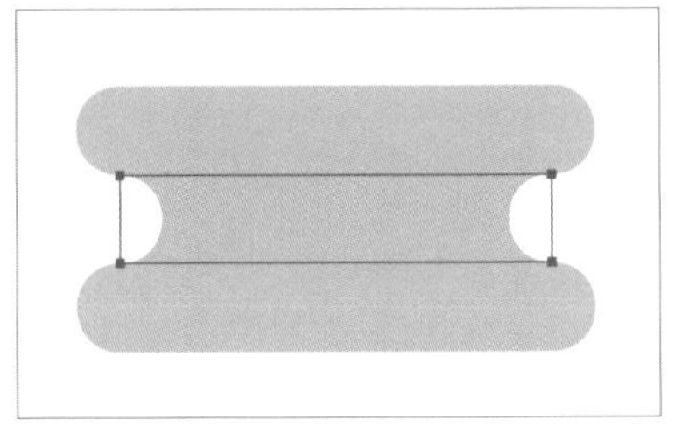

長方形の幅を調整する

STEP 05 選択ツールでオブジェクトを選択すると表示されるバウンディングボックスなどを使って、図のようにそれぞれの長方形の幅や、左右の位置を調整したらでき上がりです。効果で形を作っているので、元のオブジェクトを変形しても両端のふくらんだ部分は崩れません。
完成したパーツは文字などと組み合わせて利用しましょう。作例では、効果のかかった長方形を縦方向に複製して増やし、工霞のパーツをさらに大きくしたものを使用しています。2〜4mmほどの大きさの正方形をいくつか描き足し、角度を変えながらまわりに散らすとさらに華やかになります。正方形の塗りのカラーは［C0／M10／Y30／K0］です。

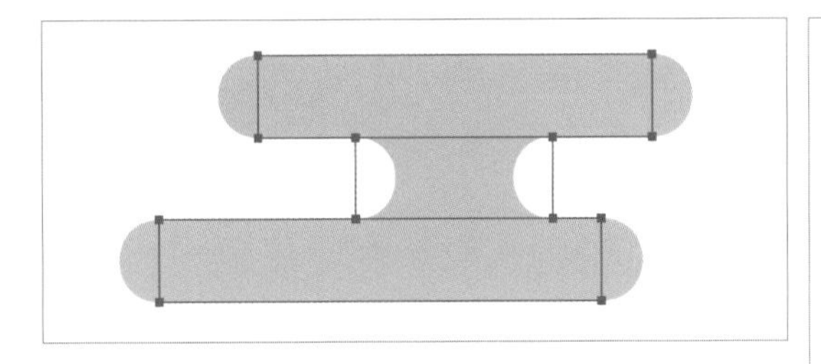

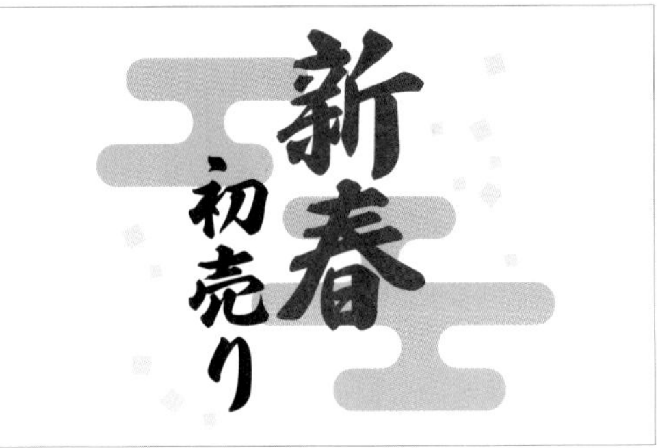

使用フォント：TA風雅筆（Adobe Fonts）、文字カラーはそれぞれ［C0／M100／Y100／K0］、［C0／M0／Y0／K100］。

VARIATION

［変形］効果で全体の角度を変える

和風のイメージが強いエ霞のパーツですが、全体に角度を付けて回転させると印象が大きく変わります。図のように適当な数で長方形を組み合わせて、エ霞のパーツを用意しましょう。塗りのカラーは［C20／M40／Y0／K0］に変更し、長方形と同じ高さの正円も描き足しました。全体を選択して、オブジェクトメニュー→"グループ"またはcommand〔Ctrl〕+Gでグループ化したら、グループに対して効果メニュー→"パスの変形"→"変形..."を適用しましょう。「変形効果」ダイアログで［回転］の［角度］に［45°］を設定したら［OK］をクリックします。

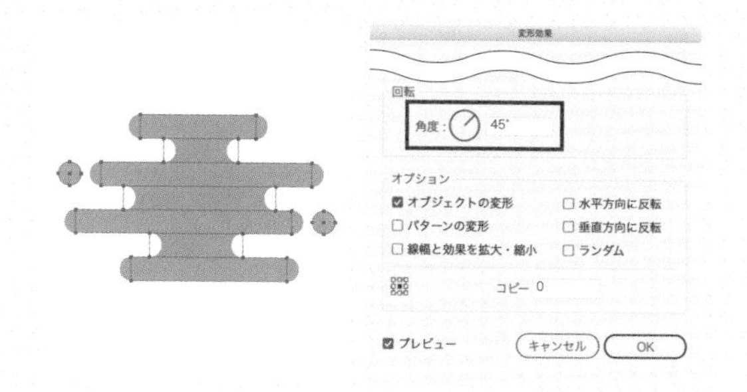

アピアランスパネルで［内容］の下に［変形］効果の項目が入っていれば、図のように適切に回転がかかります。サンセリフ体の欧文フォントなどと組み合わせて、躍動感のあるワンポイントパーツとして利用しましょう。

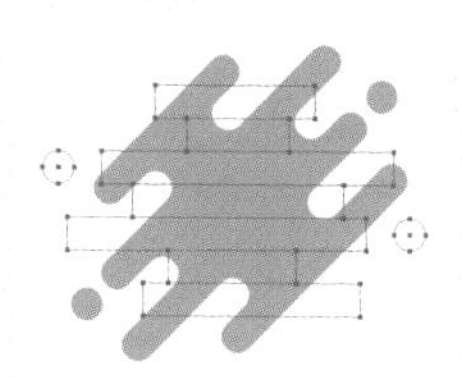

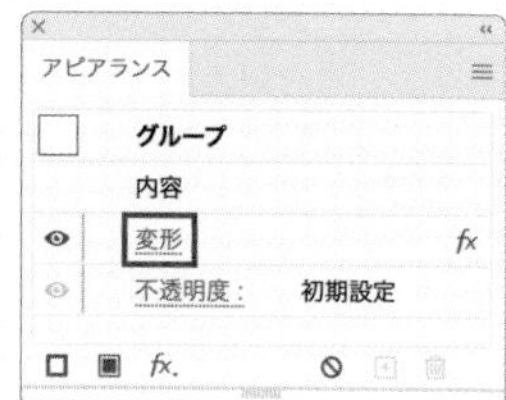

使用フォント：Alternate Gothic No2 D Regular（Adobe Fonts）、文字カラーは［C0／M0／Y0／K0］。

MEMO

回転時の注意

作成したエ霞のパーツは、直接回転して角度を変えると図のようになってしまいます。これは［ワープ：でこぼこ］効果の結果が元のオブジェクトの状態によって変わるためです。このような場合は、回転の処理も効果で行う必要があります。

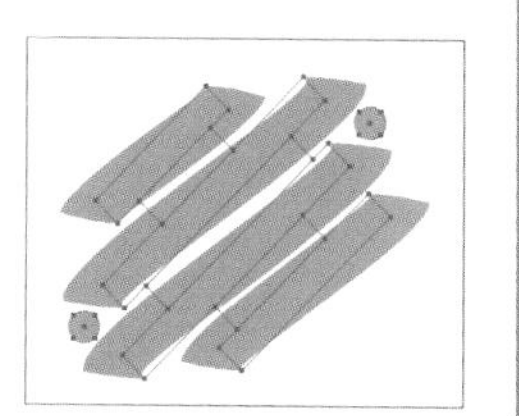

CHAPTER 2
06

アレンジしやすいおしゃれな多角形アイコン

ECサイトや広告バナーの中でとくに目立たせたい部分に使う多角形アイコンを作ってみましょう。今回は多角形の頂点のみ角丸でテクスチャを使用したデザインを作成します。配置する場所に合わせて多角形の角の個数や色味を調整することで、雰囲気を変えることができます。

制作ポイント

➡スターツールを使い多角形を作成する

➡パスファインダーの交差を使い、多角形の頂点のみを角丸にする

➡水彩調のテクスチャを自作し、クリッピングマスクで図形に適用させる

使用アプリケーション

Illustrator 2021 | Photoshop 2021

制作・文 mito

新規アートボードを作る

STEP 01 ファイルメニュー→“新規...”から新規ドキュメントを作成します。[Web]を選択し、[幅:400]、[高さ:400]、[ラスタライズ効果:スクリーン(72ppi)]、単位は[ピクセル]を設定して、[作成]をクリックします。

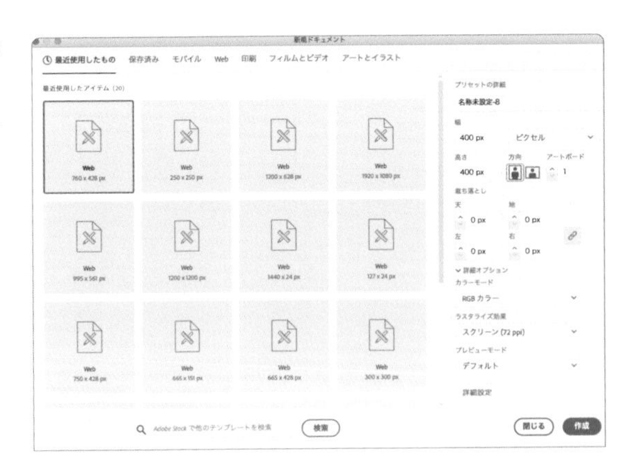

多角形を作成する

STEP 02 スターツールを選択し、アートボード上をクリックしてスターウィンドウを表示させます。作例では［第1半径：150px］、［第2半径：90px］、［点の数：12］としています。

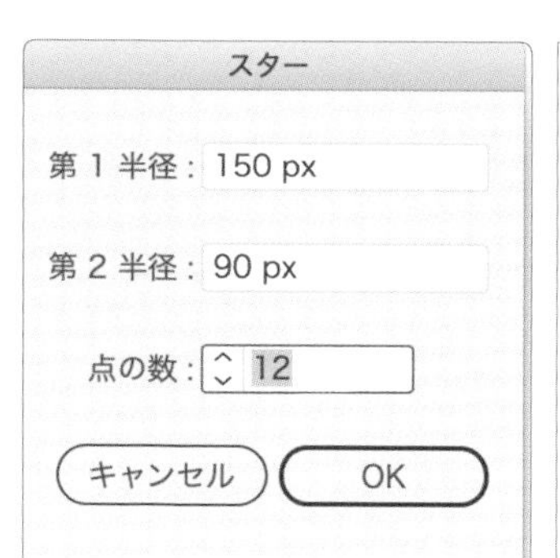

STEP 03 同じ多角形を同じ場所にもう1つ作成します。command〔Ctrl〕+Cを押したあと、command〔Ctrl〕+Fを押すと同じ場所にコピー&ペーストができます。

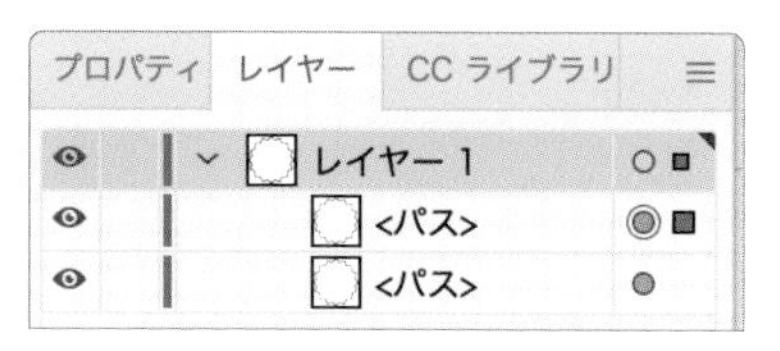

レイヤーパネルで確認すると見た目は変わらないが、多角形が複製できていることがわかります。

MEMO

スターの第1半径、第2半径は図の部分を指しています。つまり第1半径、第2半径の差が小さいほど、切り込みの浅い多角形となります。

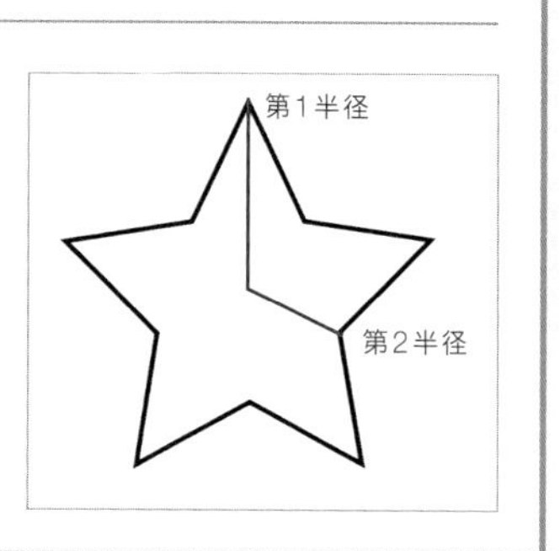

コピーした多角形を角丸にする

STEP 04 コピーした多角形（レイヤーの上側の多角形）を選択した状態で、効果メニュー→“スタライズ”→“角を丸くする...”をクリックします。

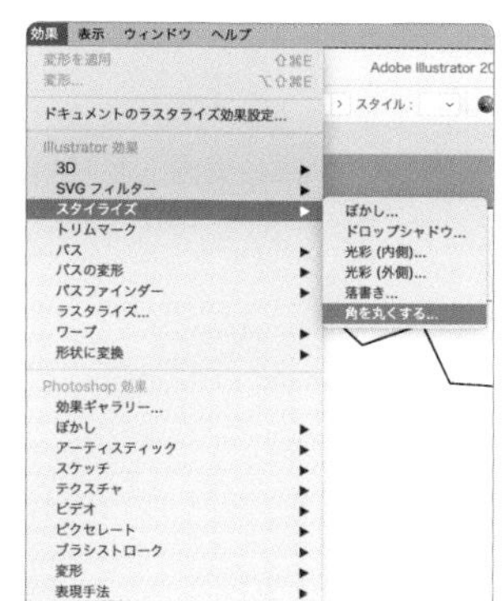

角を丸くする
半径：50 px
プレビュー
キャンセル
OK

角丸多角形をパス化する

STEP 05 角を丸くしたオブジェクトは、オブジェクトメニュー→“アピアランスを分割”で完全なパスにしておきます。

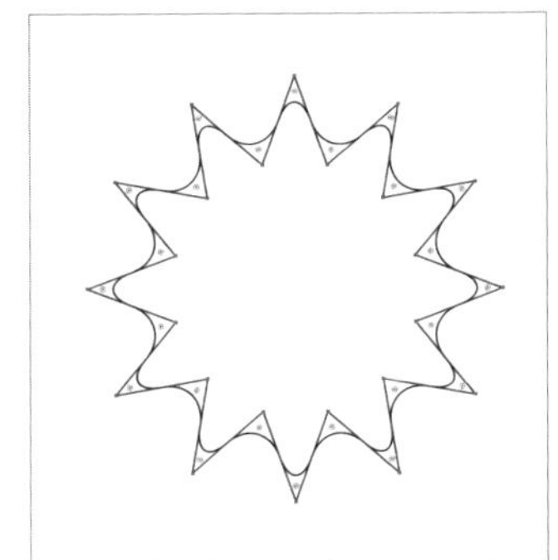

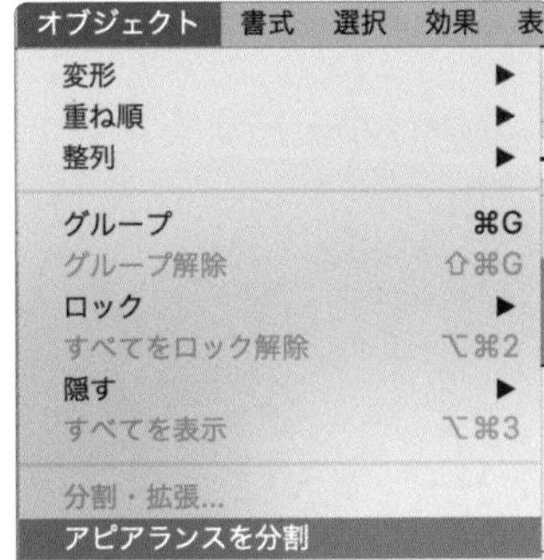

MEMO

アピアランスを分割することで、角丸の形が本来の形になります。

パスファインダーの交差

STEP 06 2つの多角形を選択した状態でパスファインダーの［交差］をoption〔Alt〕キーを押しながらクリックします。

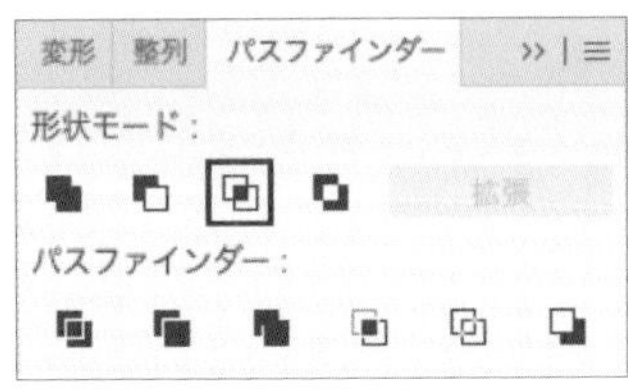

パスファインダーの交差を使用するので、形として出したい部分は2つの図形の重なりの内側にあること。

テクスチャ作る

STEP 07 Photoshopのツールを開き、アートボードを作成します。作例では大きさを［幅：400］、［高さ：400］としています。

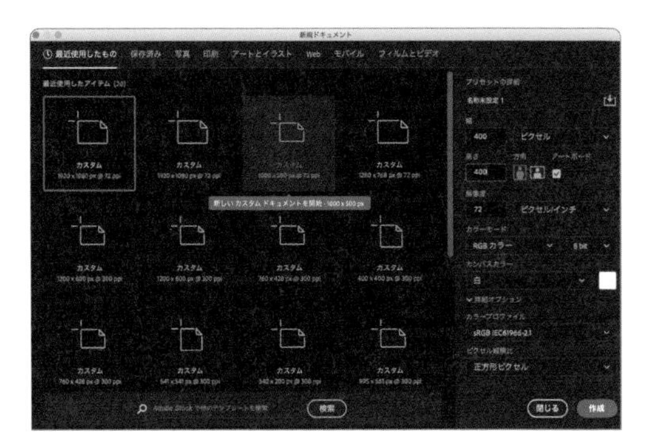

STEP 08 レイヤーパネルの右下より［塗りつぶしまたは調整レイヤーを新規作成］をクリックし、べた塗りをクリックします。色は［R255／G255／B255］（#ffffff）を設定します。

STEP 09 ツールパネルの描画色と背景色を初期値に戻すアイコンをクリックし、白黒に戻します。

STEP 10 フィルターメニュー→“描画”→“雲模様1”を実行し、全体をまだら模様にします。

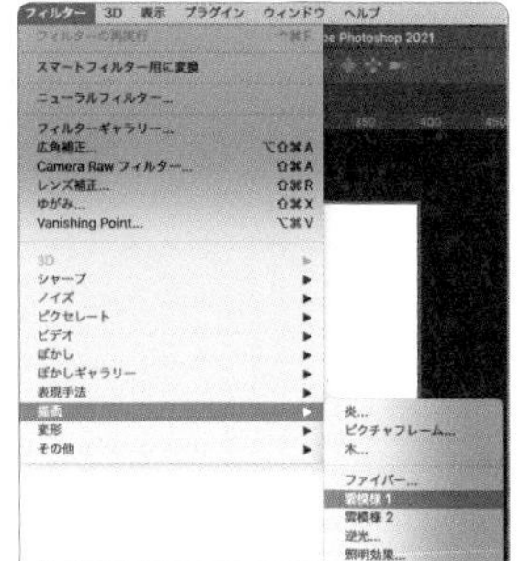

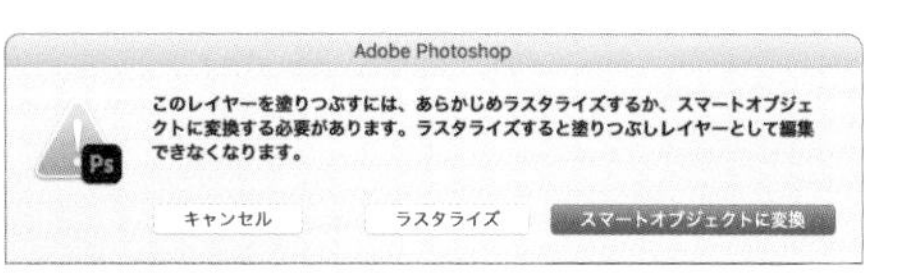

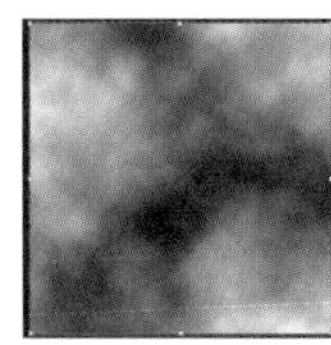

スマートオブジェクトに変換します。スマートオブジェクトに変換することで、拡大縮小した際の画像の劣化を防ぐことができます。

テクスチャに色を付ける

STEP 11 イメージメニュー→“色調補正”→“グラデーションマップ...”を選択し、グラデーションマップウィンドウを表示させます。

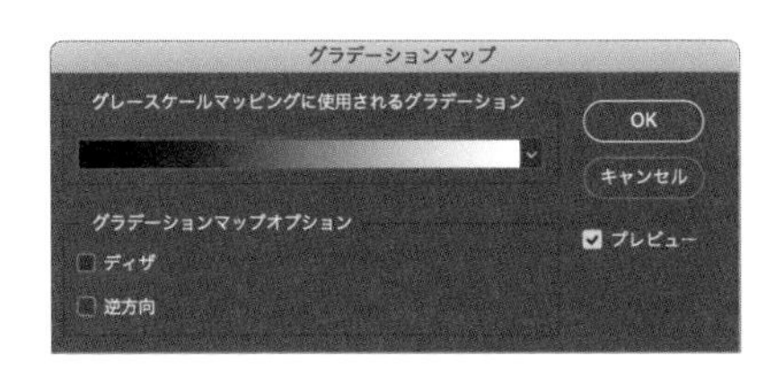

STEP 12 グラデーションバーをクリックし、色を設定します。作例では、［開始点］（左側）は［R127／G245／B12］（#7ff50c）、［終了点］（右側）は［R201／G209／B255］（#c9d1ff）に設定しています。

STEP 13 レイヤーの［不透明度］を［50%］に設定します。

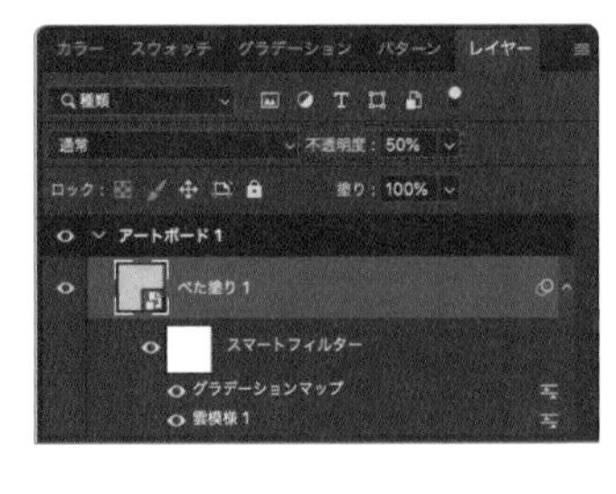

STEP 14 メニューバーのファイルから“書き出し”→“書き出し形式”で［形式：JPG］を指定し、書き出します。

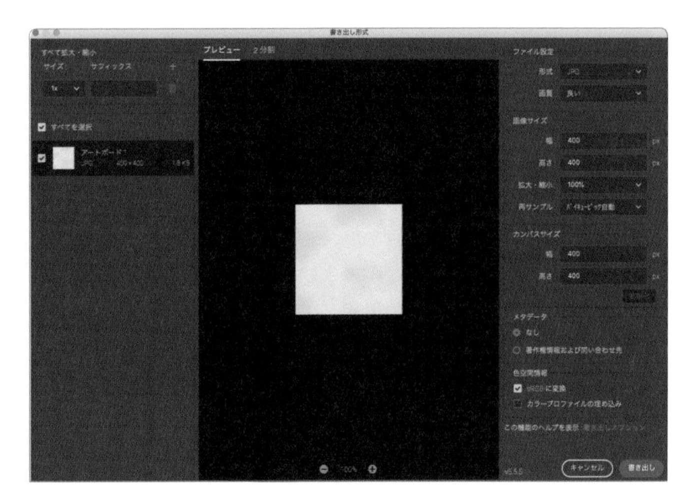

テクスチャを多角形アイコンに適用させる

STEP 15 Illustratorに戻り、先ほど作成した多角形アイコンのアートボードに書き出したJPEGファイルをドラッグします。オプションバーの［埋め込み］をクリックし、画像を埋め込みます。

オプションバーの［埋め込み］をクリックし、画像を埋め込みます。

アイコン、パーツ

STEP 16 レイヤーパネル上でレイヤーの位置を移動させ、画像が一番下にくるようにします。

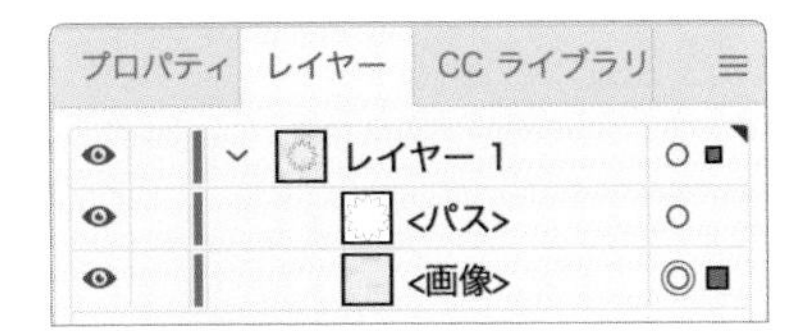

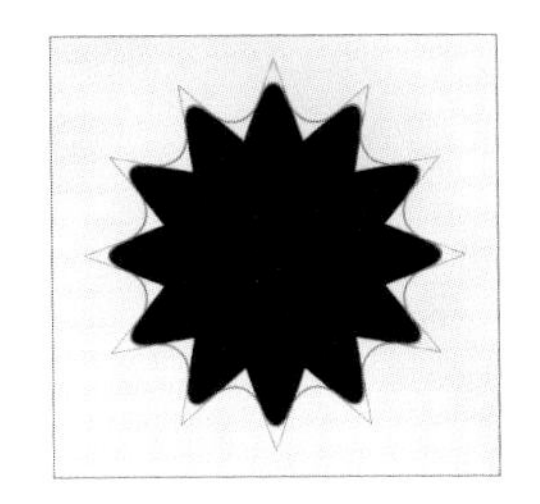

STEP 17 画像と多角形アイコンの両方を選択し、右クリック→“クリッピングマスクを作成”を選択し、画像でアイコンをくり抜きます。

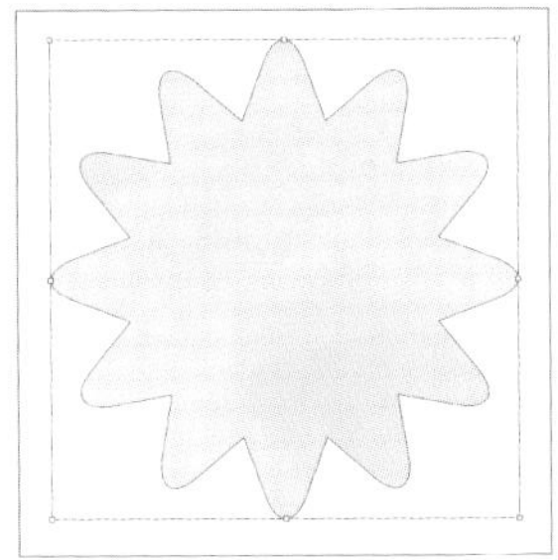

並べ替えの取り消し
やり直し
ピクセルグリッドに最適化
遠近 ▶
単純化...
グループ
クリッピングマスクを作成
変形 ▶
重ね順 ▶
選択 ▶
CC ライブラリに追加
書き出し用に追加 ▶
選択範囲を書き出し...

文字を配置し完成させる

STEP 18 文字を配置し、完成です。作例ではフォントは「Zen Antique Regular」を使用しています。仕上げに、文字に対して効果メニュー→“スタライズ”→“ドロップシャドウ...”から影を付けています。

ドロップシャドウ
描画モード：乗算
不透明度：60%
X 軸オフセット：7 px
Y 軸オフセット：7 px
ぼかし：5 px
カラー：■ 濃さ：100%
プレビュー
キャンセル OK

［描画モード：乗算］、［不透明度：60％］、［X軸オフセット：7px］、［Y軸オフセット：7px］、［ぼかし：5px］、［カラー：R51／G51／B51］（#333333）と設定。

VARIATION

スターの点の数を変えたり図形を組み合わせて雰囲気の違う多角形アイコンを作る

スターツールを使い、第1半径、第2半径を変更したり、ほかの図形と組み合わせたりすることで雰囲気の違った多角形アイコンを作ることができます。

事前
予約制

CHAPTER 2 07

文字強調に使いたい月桂樹モチーフのパーツ

業務の効率化を狙ったチャットボットサービスのWebサイトやパンフレットに使用する強調アイコンを作ります。イメージとして、サービス説明のWebサイトにおけるメインビジュアル部分において、最初にパッと目に付くエリアに配置するアイコンです。サービスの導入率の高さや満足度などサービスの信頼度アップのための強調アイコンとして使用します。

制作ポイント

➡ 回転ツールを使用し、モチーフの角度を設定して回転させることで適切な位置に複製する

➡ 複合パスを作成し、複数のオブジェクト全体に対してグラデーションをかける

使用アプリケーション

Illustrator 2021 | Photoshop

制作・文 mito

新規アートボードを作る

STEP 01 ファイルメニュー→“新規...”から新規ドキュメントを作成します。[Web]を選択し、[幅：250]、[高さ：250]、[ラスタライズ効果：スクリーン（72ppi）]、単位は[ピクセル]を設定して、[作成]をクリックします。

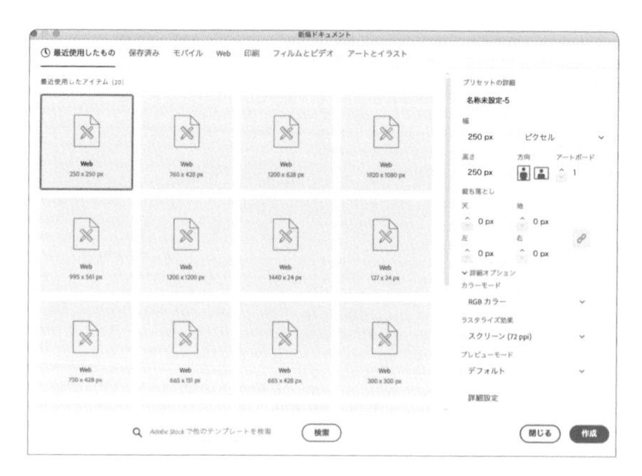

双葉を作成する

STEP 02 楕円形ツールを選択し、正円を作成します。最終的には削除するレイヤーなので何色でも構いません。見やすい色を設定しましょう。

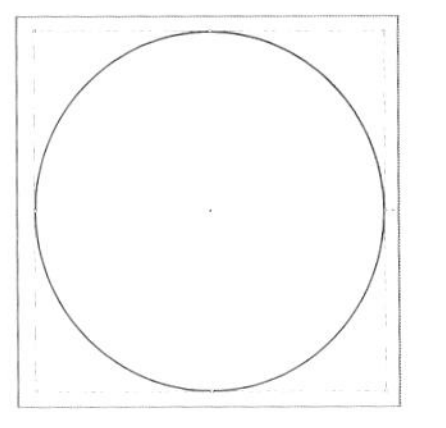

線のみ塗りはなし。

STEP 03 楕円形ツールを選択し、葉っぱとなる楕円を2つ作成します。2つの楕円の接点が、先ほど作成した正円の線の真上にくるように楕円を少し傾けましょう。楕円の頂点から少し離れた位置にカーソルを持っていき、ドラッグすることで自由に傾けることができます。

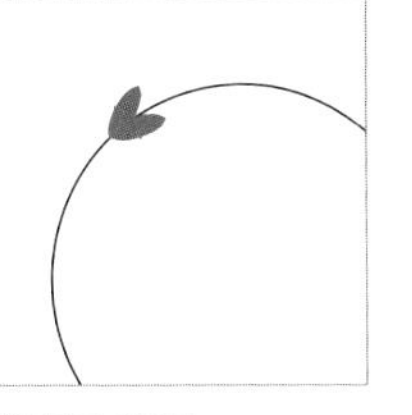

塗りのみ線なし。

STEP 04 ちょうどよい位置に配置ができたら、パスファインダーより右端の合体をクリックし、2つの楕円を合体させます。

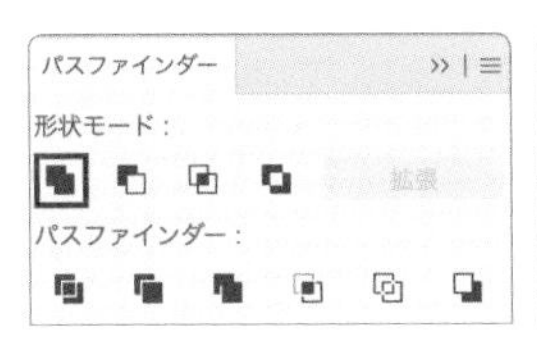

STEP 05 アンカーポイントツールに持ち替え、楕円の先端をクリックし、先を尖らせます。

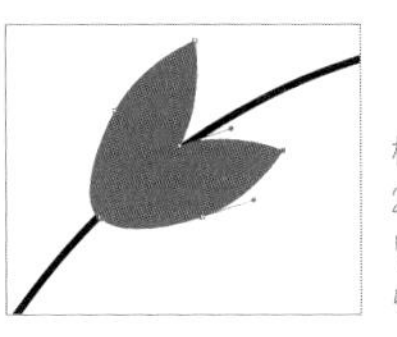

楕円の頂点2箇所をクリックし、尖らせます。

双葉を円に沿って複製する

STEP 06 正円と双葉を選択ツールで選択したあと、回転ツールを選択し、option〔Alt〕キーを押しながら、円の中心をクリックします。

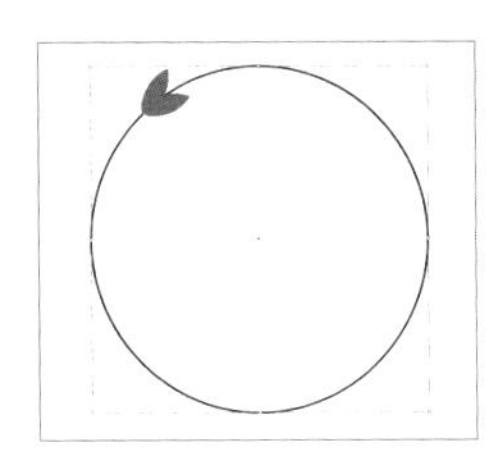

十字キーが表示されている状態で円の中心をクリック。回転の中心となります。

STEP 07 回転ウィンドウを表示させ、角度を［15°］とし、［コピー］をクリックします。

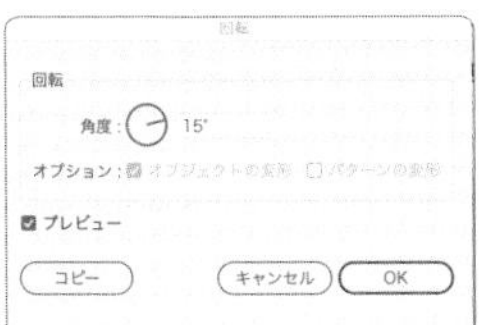

STEP 08 双葉がコピーされていることを確認し、command〔Ctrl〕＋Dで同じ操作を7回繰り返します。

複数の双葉全体にグラデーションをかける

STEP 09　先ほど複製した双葉9つすべてを選択ツールで選択し、右クリックから"複合パスを作成"を選択し、複合パスにします。

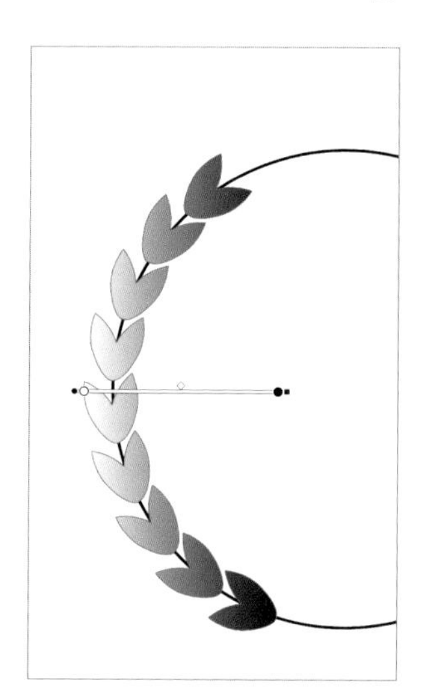

STEP 10　グラデーションツールを選択し、グラデーションパネルの［種類：線形グラデーション］をクリックし、グラデーションを適用させます。

STEP 11　グラデーションスライダの左端、中央、右端をそれぞれクリックし、左から順に［R101／G189／B191］(#65bdbf)、［R159／G212／B146］(#9fd492)、［R231／G243／B67］(#e7f343)と設定します。

スライダー上のカラー分岐点の位置を動かして、グラデーションのかかり方を調整します。

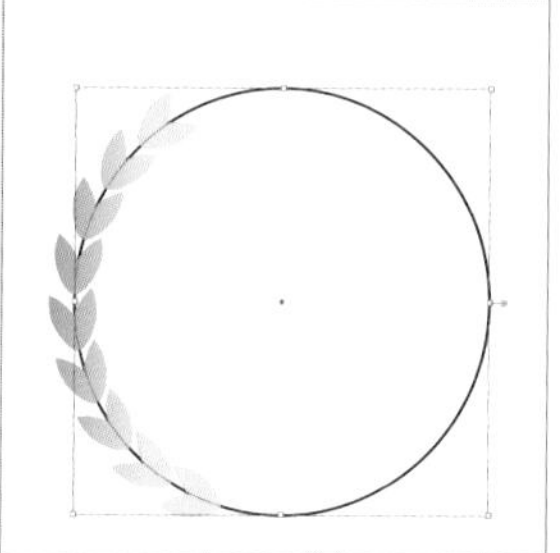

左側のオブジェクト群を垂直方向に反転させる

STEP 12　先ほど作成した複合パスと正円を選択したあと、リフレクトツールを選択し、option〔Alt〕キーを押しながら円の中心をクリックします。

STEP 13 リフレクトウィンドウにおいて［リフレクトの軸］の項目の［垂直］を選択し、［コピー］をクリックします。

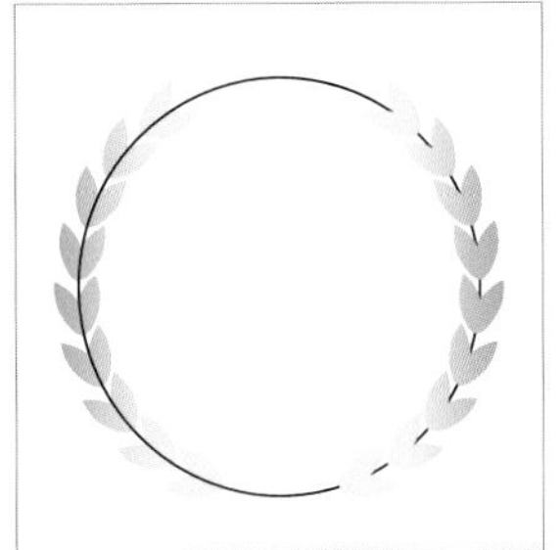

文字を配置し完成させる

STEP 14 正円を選択ツールで選択し、deleteキーで削除します。

STEP 15 最後に文字を配置し、完成です。作例では、英数字は「DIN 2014 Narrow Demi」、日本語は「源ノ角ゴシック JP Bold」を使用しています。

VARIATION

回転ツールを使い文字強調のモチーフを作る

モチーフのセンターに文字やアイコンを配置し、それらを中心とし、線や図形を回転させることで、さまざまな強調のモチーフを作ることができます。

レトロな縄巻き飾りパーツ

レトロアンティークタッチの縄巻き飾りのアイデアです。パンフレット、Web制作などでのテキストの装飾、コーナーの囲い、アイコン枠などにも活用できます。ブラシ登録を使用することで、図形、文字にも自由自在に適用可能です。

制作・文　anyan

使用アプリケーション
Illustrator 2021
Photoshop

制作ポイント
- ➡オリジナルブラシとして登録するまでのプロセスを含んでいる
- ➡「移動」での数値入力やブレンドツールを使いながら、ロープの巻き目が正確に繋がるように設定

準備する

STEP 01 ブラシ配色用のスウォッチを2つ（A：［CMYK100］、B：［K100］）設定します（あとから変更可能）。「ガイド用」（上）、「ブラシ用」（下）のレイヤーを計2つ設置します。

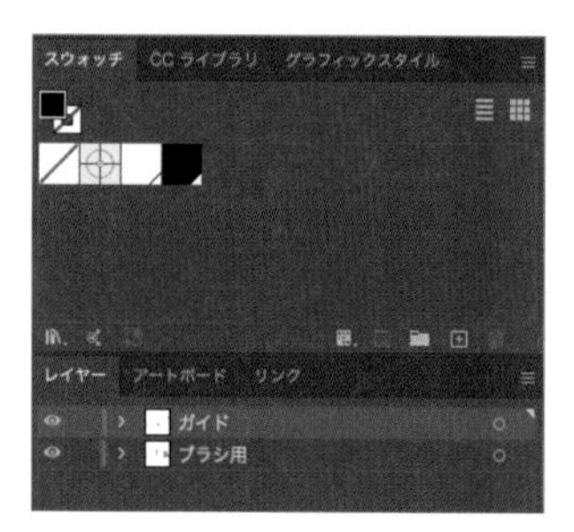

STEP 02 「ガイド用」レイヤーに、長方形ツールでガイド用長方形、横16mm×縦5mmを設置します（線のみ［C100］で着色）。レイヤーにはロックをかけておきます。

ブラシ用素材を制作する

STEP 03 角丸長方形ツールで、「ブラシ用」レイヤーにブラシ用の素材「縦5mm、横2mm、角丸の半径2mm／1ptの線（塗りA／線Bのスウォッチ適用）」を作成します。

STEP 04 角丸長方形ツールで、「ブラシ用」レイヤーにブラシ用の素材「縦5mm、横2mm、角丸の半径2mm／1ptの線（塗りA／線Bのスウォッチ適用）」を作成します。

STEP 05 素材を選択したまま右クリック→“変形”→“移動”と選択し、水平方向に［16mm］（ガイドの横幅と同じ数値）と入力し、［コピー］をクリックします（ガイドの四角形で切り抜き、左右が繋がるパターンブラシとするので、左右の辺でのトリミング位置を合わせておきます）。

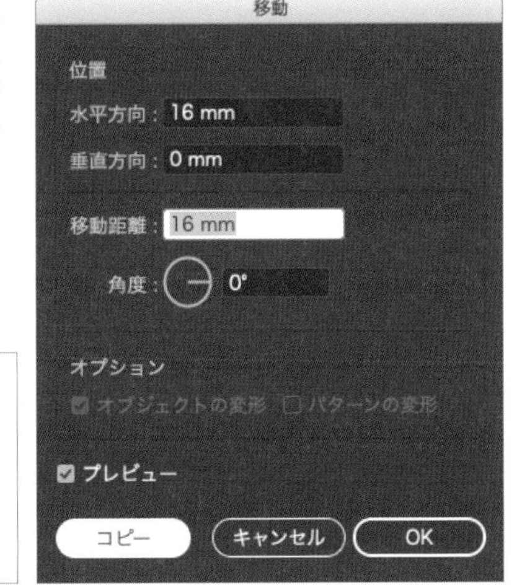

STEP 06 左右両方の素材を選択し、オブジェクトメニュー→“ブレンド”→“ブレンドオプション...”で「間隔：ステップ数」の項目に［5］を入力します（左右の素材から等間隔に、同じ図形5個が整列します）。

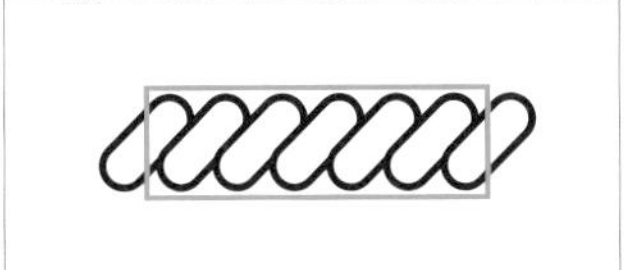

STEP 07

そのまま「オブジェクトメニュー→“分割・拡張...”（［オブジェクト］、［塗り］、［線］項目はすべてチェック）」を実行します（図形と線の切り抜きがしやすいようにアウトラインをかけます）。

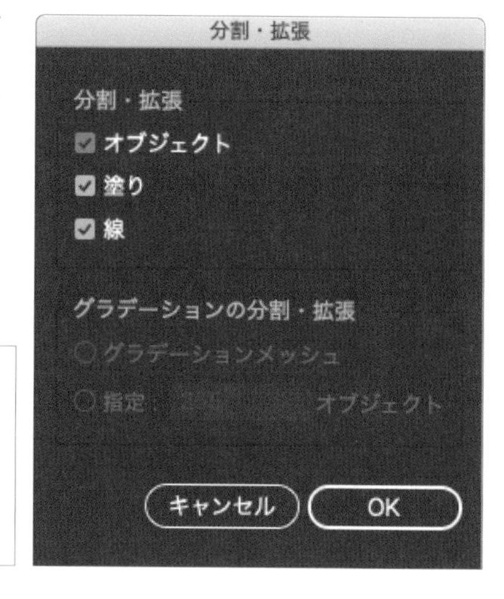

STEP 08

素材にアナログ感を出すため、分割・拡張したグループ（ダブルクリップ）の編集モードで選択し、星印のついた素材の角度を微妙に変え、不規則要素を加えます。

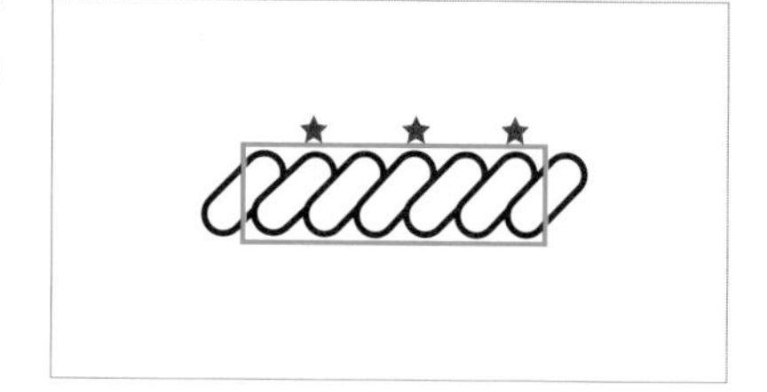

STEP 09

「ガイド用」レイヤーのロックを解除し、すべてをまとめて選択します。「パスファインダー」メニューから［切り抜き］をクリックします。この際、素材の上下に空のパス（ピンク色で示した部分）が残ってしまうので、選択して削除しておきます。

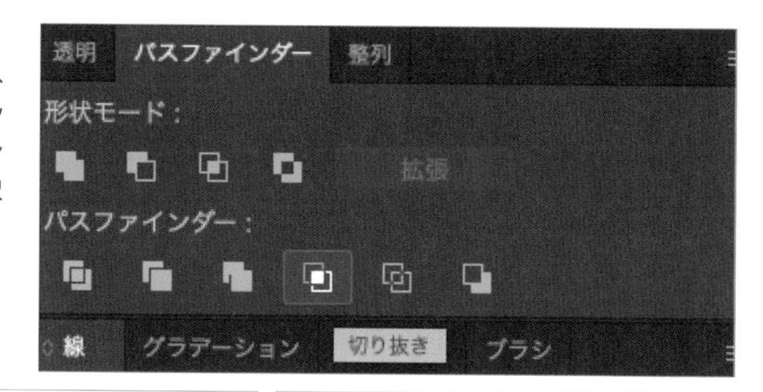

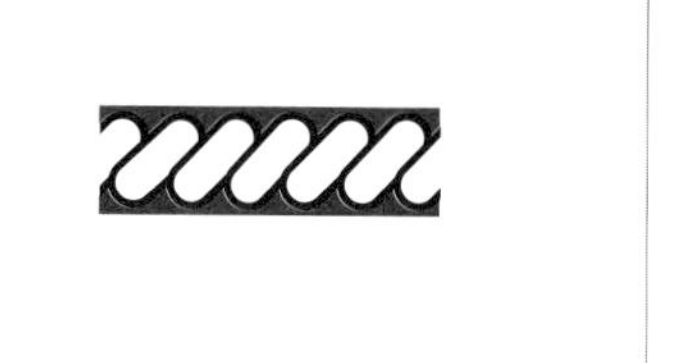

ブラシ登録と設定を行う

STEP 10 素材を選択したまま、ブラシツールタブ下部の［＋］をクリックします。新規ブラシの種類選択より［パターンブラシ］をチェックし、［OK］をクリック します。詳細設定項目画面が現れるので、その中の［外角タイル］、［内角タイル］でそれぞれ［自動折り返し］を選択します。設定を終えたら［OK］をクリックすると、登録が完了します。

試し描きをする

STEP 11 該当のブラシを選択します。ブラシツールなどで試し描きを行い、繋ぎ目などにギャップがないか確認します。線幅やプロファイルの変更、登録済みのスウォッチからカラーの変更なども試してみましょう。

飾り枠に適用する

STEP 12 長方形ツール、楕円形ツール、多角形ツールなどを使って任意の図形を作成したら、ブラシツールから作成したブラシを適用。オリジナルの飾り枠ができ上がります。角が鋭角な図形よりも、丸みの付いた図形の方が比較的きれいに仕上がります。

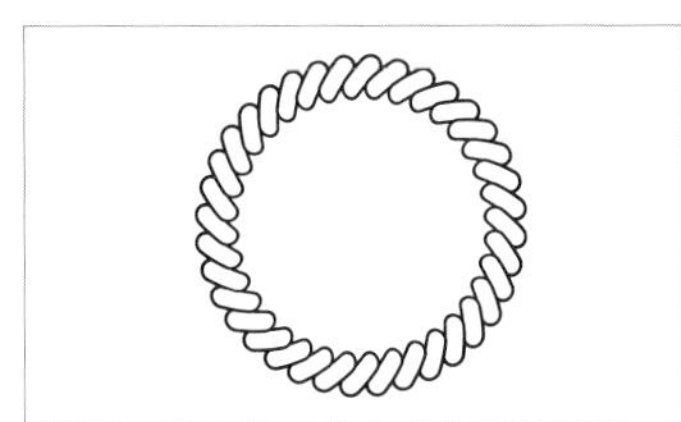

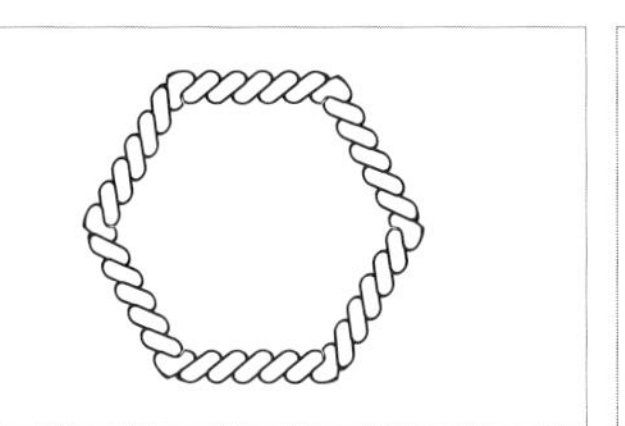

いろんな用途に使える立体的なリボン

写真との併用や目立たせたい文章・決め台詞にこのあしらいを使用すれば見栄えもよくなり、かつ注目を集めることが可能です。適切なタイミングでのアピアランスの分割を実行するのがポイントです。

制作・文 佐々木拓人

使用アプリケーション
Illustrator CC 2019
Photoshop

制作ポイント
➡文字と帯のグループ化とその後の変形
➡変形した帯の回転・反転によるリユース
➡角を丸くすることで自然な動きを作る

文字と帯を作成する

STEP 01 まずは長方形ツールで［幅：70mm］、［高さ：12mm］の矩形を作成します（ひとまず［色］は［塗り：スミ］）。❶の値で文字を入力し、矩形の上に配置し、グループ化します。

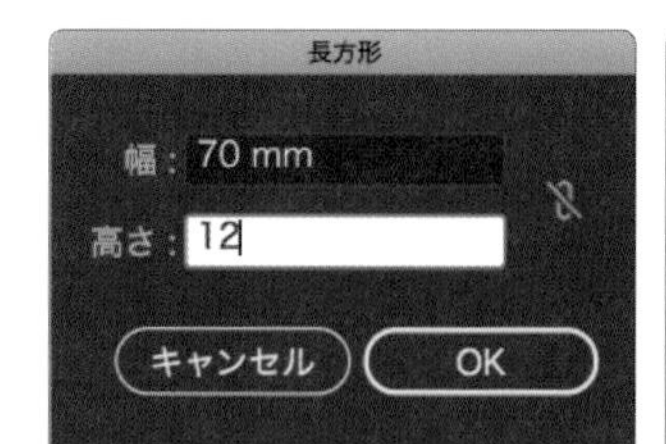

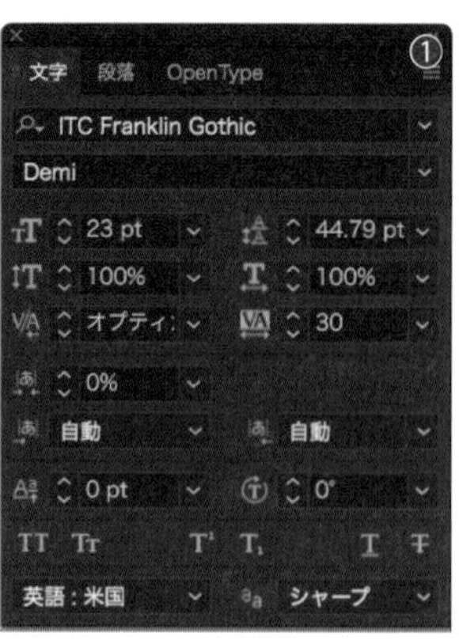

More With Less

STEP 02 ❷の値でワープオプションを適用します。そのままで「アピアランスを分割」を実行し、グループ化を解除します。

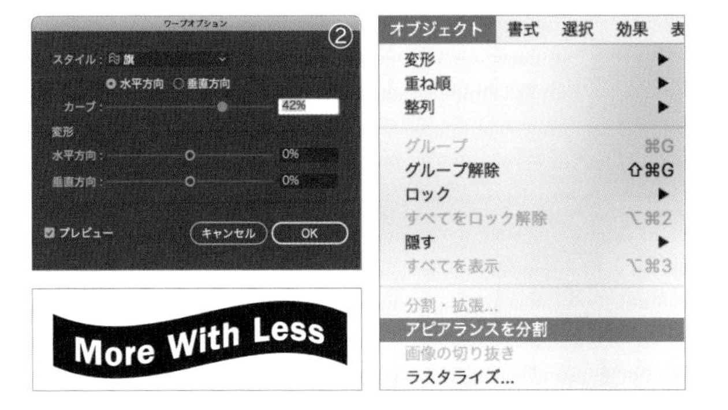

STEP 03 ひとまず入力した文字は移動させ、邪魔にならないところに置いておきます。残った帯を選択し、リフレクトでコピーします（わかりやすいように濃度を変更）。

STEP 04 元の帯をコピー＆ペーストし、STEP 03でリフレクトしたオジブジェクトのパス上に右のアンカーポイントが来る位置まで移動させます（ここもわかりやすいように濃度を変更）。

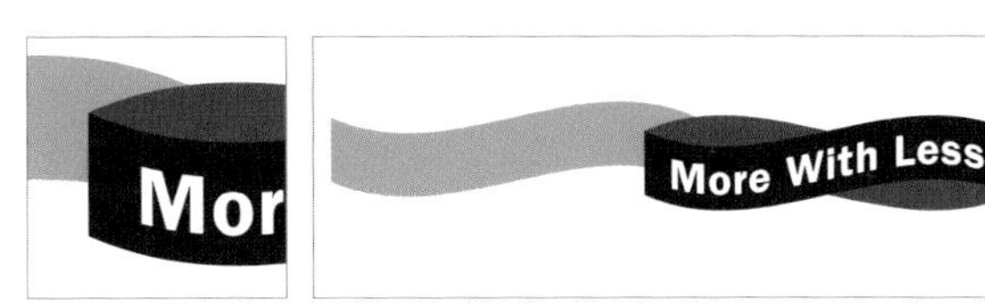

STEP 05 作業しやすいようにSTEP 04のすべてを［塗り：なし］、［線色：スミ］に変更します。アンカーポイントの追加ツールでアンカーポイントを追加します（位置はだいたいこのあたりで適当で大丈夫です）。

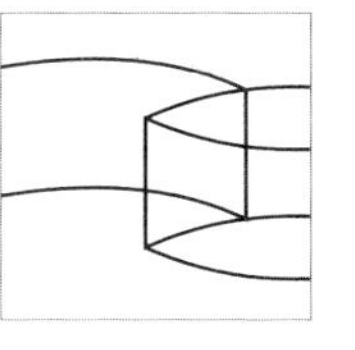

STEP 06 不要なパスを削除します。

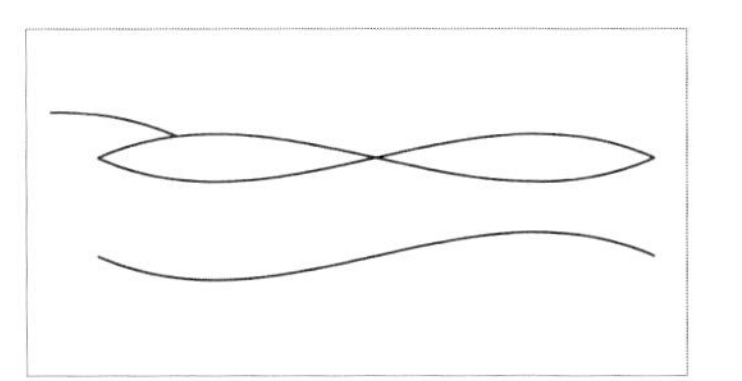

STEP 07 再びアンカーポイントを追加します。❸の位置（STEP 05でアンカーポイントを追加したパスの端の接点）にアンカーポイントを追加し、さらにパスを消去し❹にして、それぞれのパスを連結します（❺）。

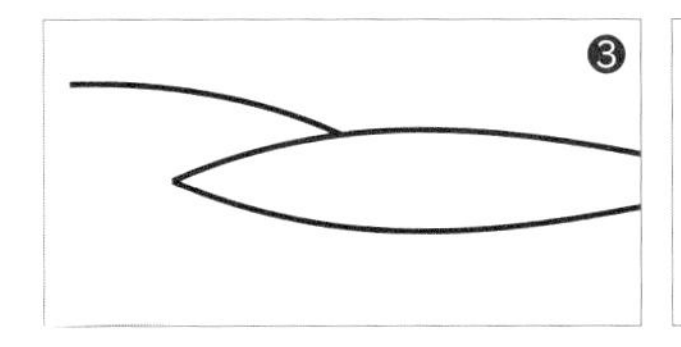

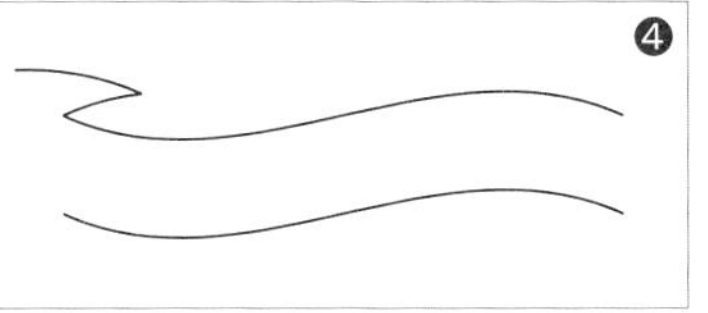

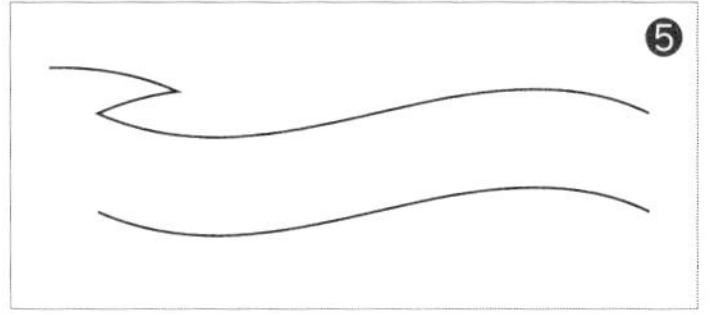

STEP 08　連結したパスのコーナーを［半径：0.87mm］、［半径：0.35mm］の値で［角丸］にします。

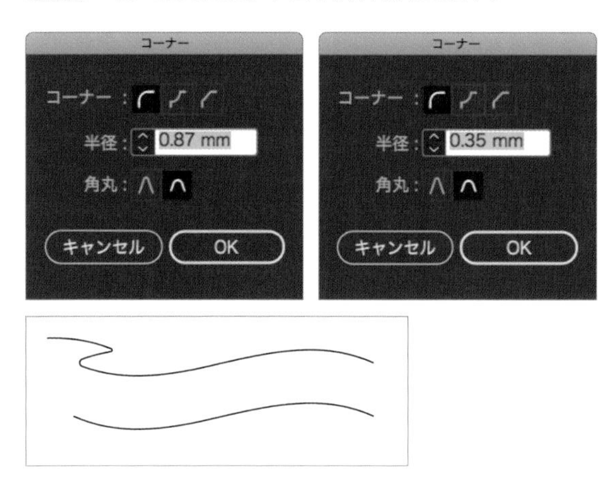

STEP 09　次に“パス”→“アンカーポイントの追加”でアンカーポイントを追加します。

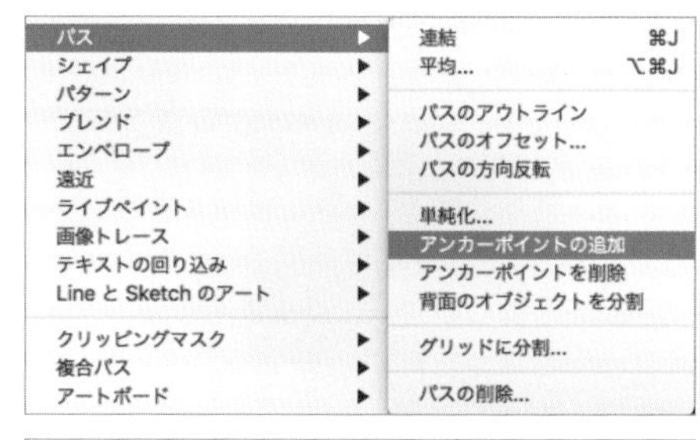

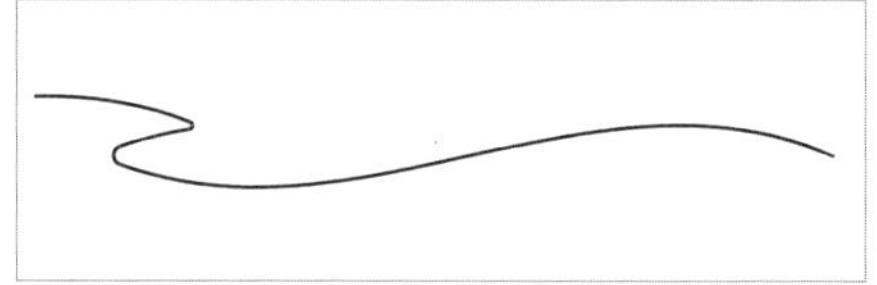

STEP 10　STEP 09で作業したパスをコピー&ペースト、下のパスと同じ位置に移動し、下のパスは消去します。

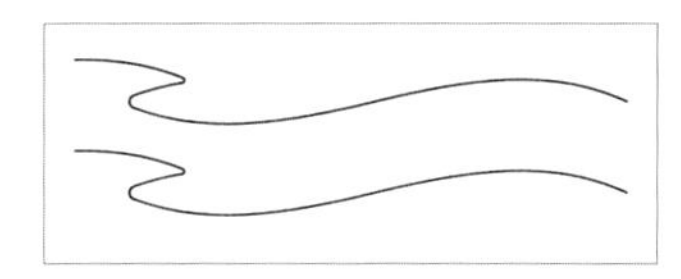

STEP 11　不要なパスは消去します。

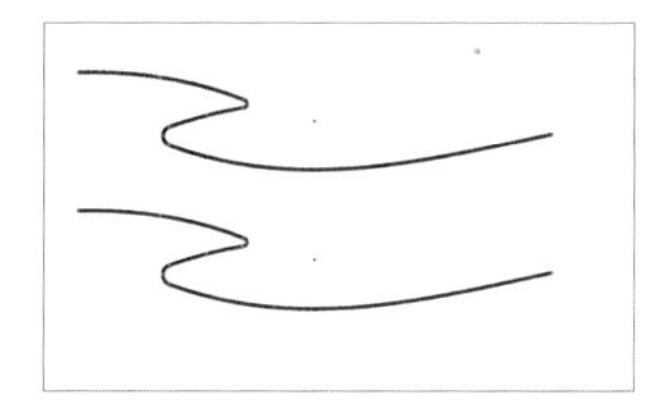

STEP 12　上下それぞれの中央部のパスを選択し、カットします。前面にペーストし、上下でそれぞれパスと繋ぎます。

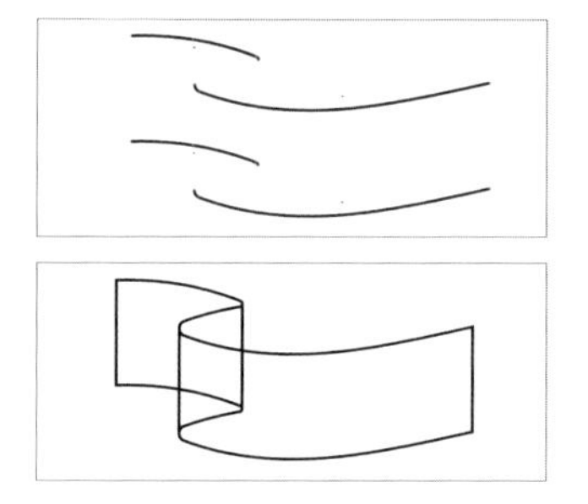

STEP 13　“パス”→“アンカーポイントの追加”でアンカーポイントを追加し、左端中央のアンカーポイントを選択して移動させます（❻）。パスを消去し（❼）、ペンツールで少し湾曲させて繋ぎましょう（❽）。❾でも同じことをして❿にします。

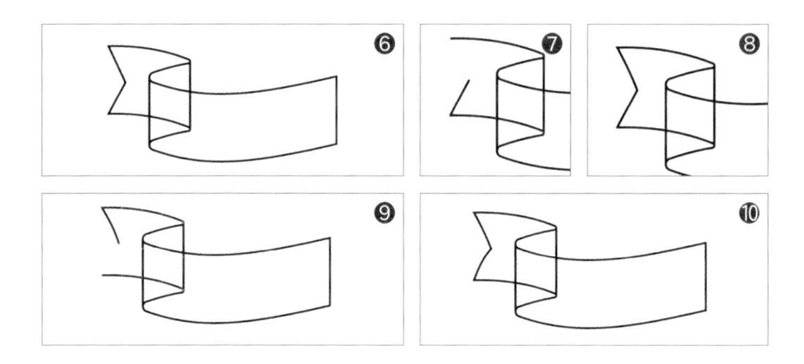

アイコン、パーツ

STEP 14 次に［半径：0.43mm］の値で角を丸くします。

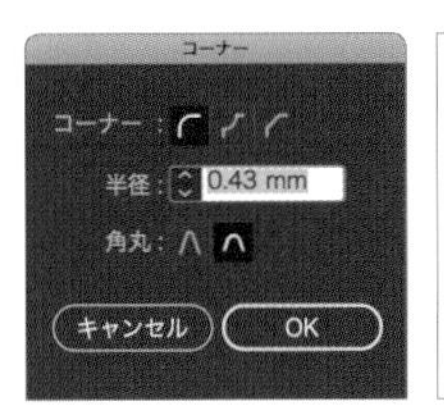

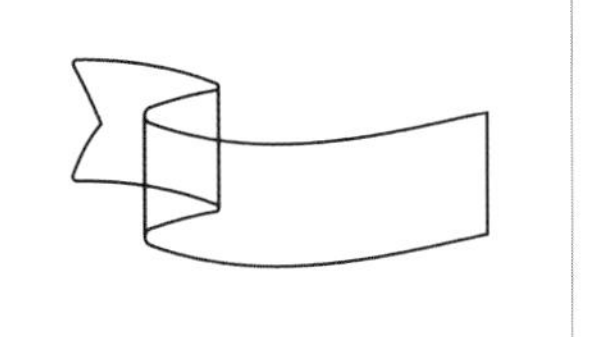

STEP 15 すべてを選択し、コピー＆ペーストして［180°］回転させて移動します。

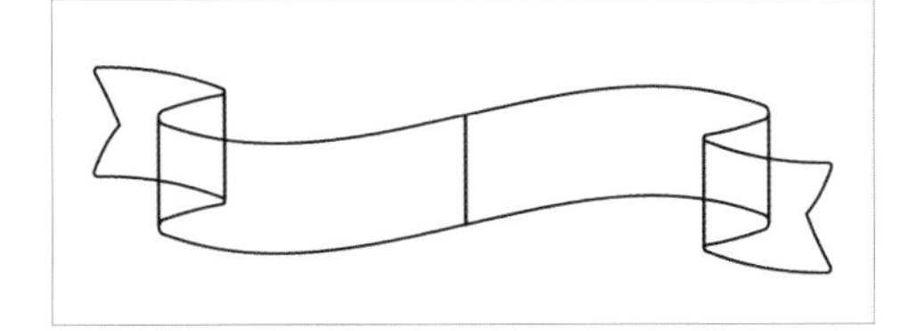

STEP 16 真ん中部分を［パスファインド：合成］します。

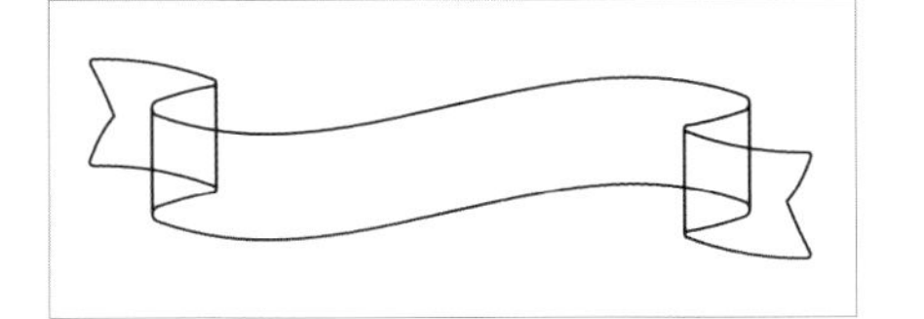

STEP 17 ⓫〜⓭の［塗り］と［線幅］を設定して（［線色］は［白］）、完成です。

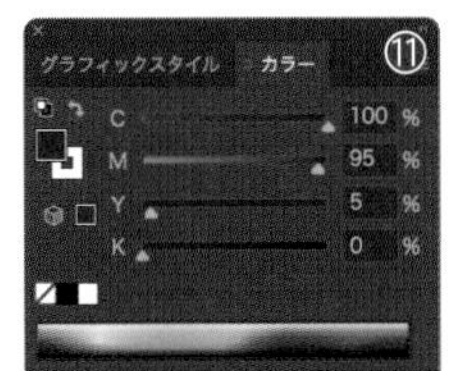

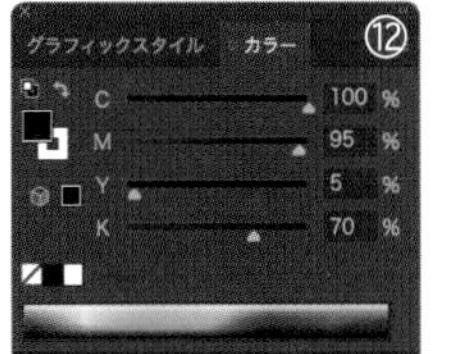

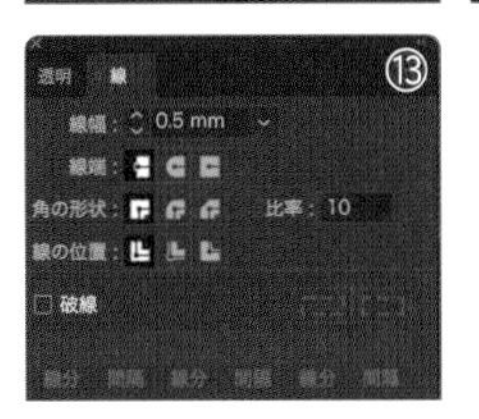

MEMO

よりリアルな感じにしたい人は文字部分に影を付けると（活版印刷ぽさが出て）よりよい雰囲気になります。

VARIATION

ほかのオブジェクトと組み合わせてさらに効果的に

帯だけでの使用ももちろん素敵ですが、画像や何かマーク（たとえば紋章的なもの）と組み合わせて使うと非常に効果的かつかっこよく仕上がります。

レース風の華やかなアイコン

社内でのお祝いや労いに、言葉だけではなくこんなあしらいがあるとより気持ちも伝わるはず。紙面を賑やかで明るくしたいときにも使えます。

制作ポイント

➡レースの複雑なパターンを回転ツール&コピーで可能なかぎり単純化

➡［パス：アンカーポイントの追加］と［パンク・膨張］をうまく組み合わせてイメージ通りの形を作る

➡アナログな雰囲気を出すためにあえて使う鉛筆ツール

➡ガイド線を上手に使い、作業を効率化

制作・文　佐々木拓人

使用アプリケーション

Illustrator CC 2019 | Photoshop

円を作成する

STEP 01　まずは❶の［塗り］、❷の値で円を作成します。次にコピー、前面へペーストしてサイズを❸で設定し、［塗り］は［白］に変更します。

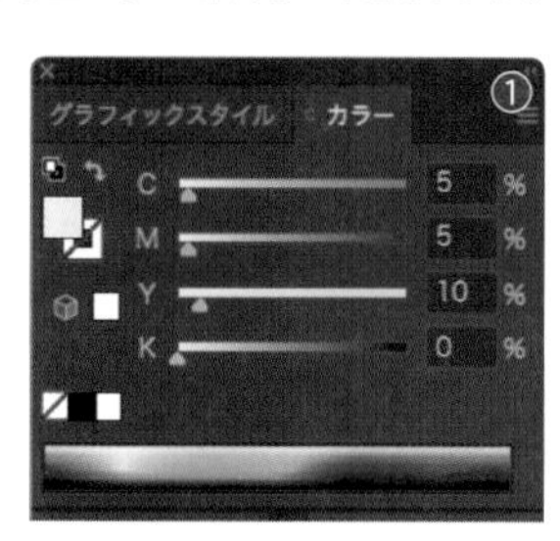

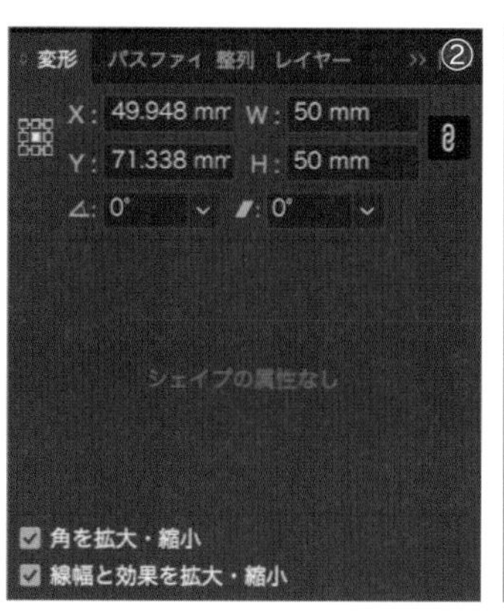

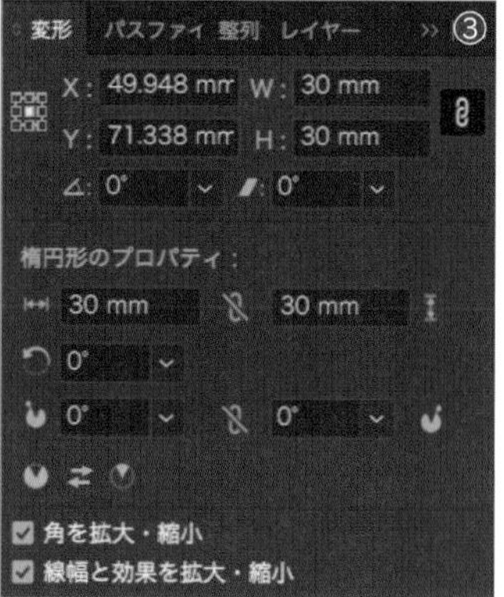

STEP 02 続いて大きいほうの円に「パス：アンカーポイントの追加」を適用し、繰り返します。

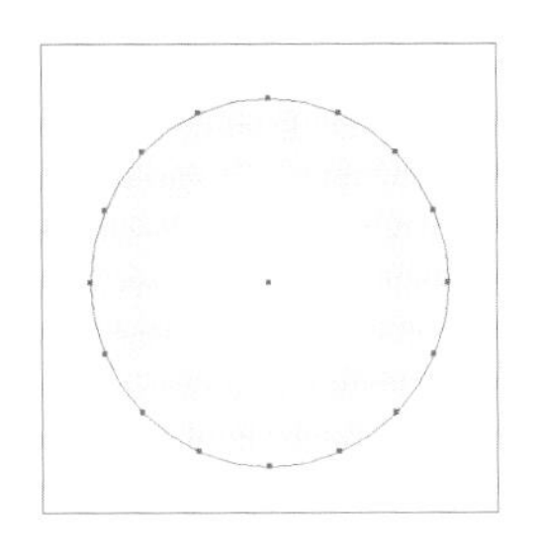

STEP 03 STEP 02の円に「パンク・膨張」で［3%］を適用します。

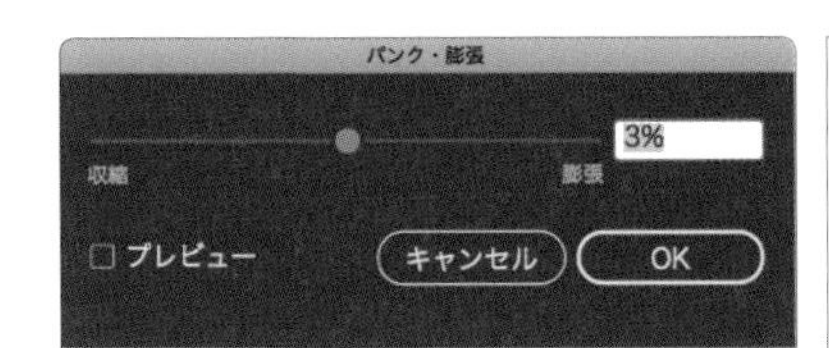

STEP 04 ［11.25°］で回転させ、「アピアランスを分割」を実行します。

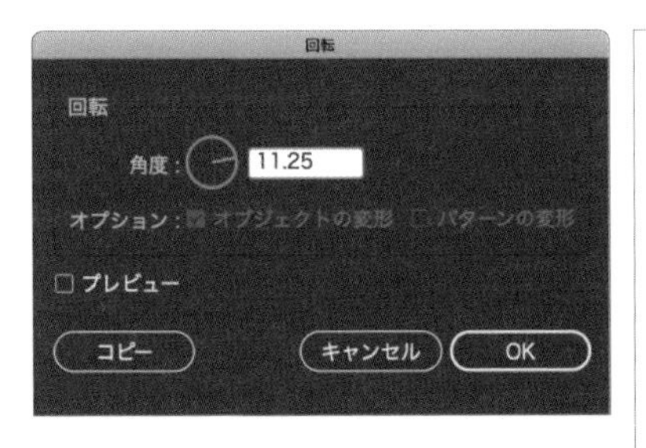

ガイド線を作成する

STEP 05 ペンツール、スマートガイドを使用し、円の中心からアンカーポイントへ線を描きます。この線に「ガイドを作成」を適用し、ガイド線に変えていきます。

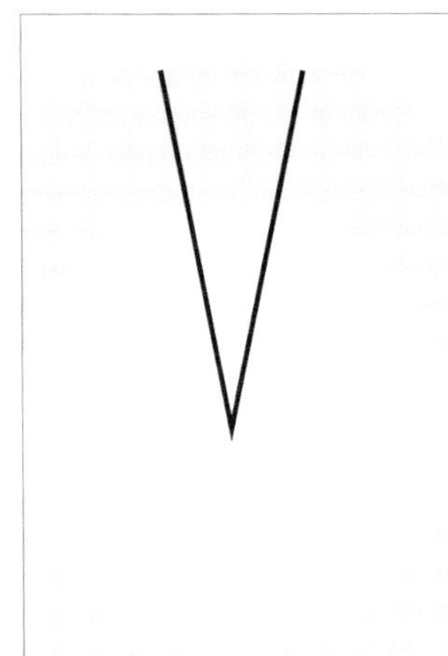

模様を描く

STEP 06 ツールバーの鉛筆ツールのタブをダブルクリックし、鉛筆ツールオプションを表示します。❹のように変更し、[OK]をクリックします。

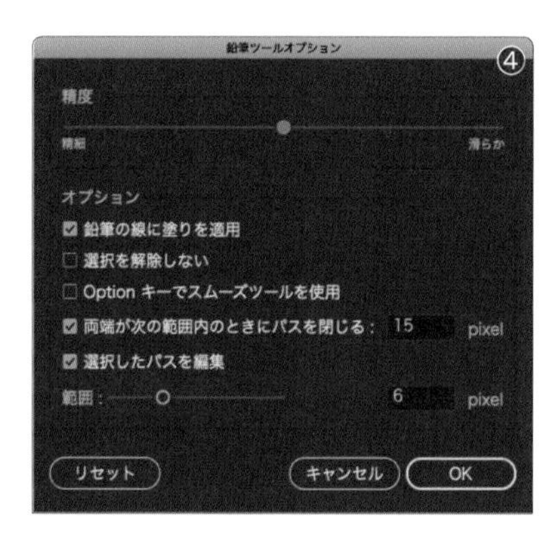

STEP 07 鉛筆ツールで外側に❺のようなオブジェクトをフリーハンドで描いていきます。細かいところは気にせず描いていきましょう（便宜上［色］は［スミ］とします）。

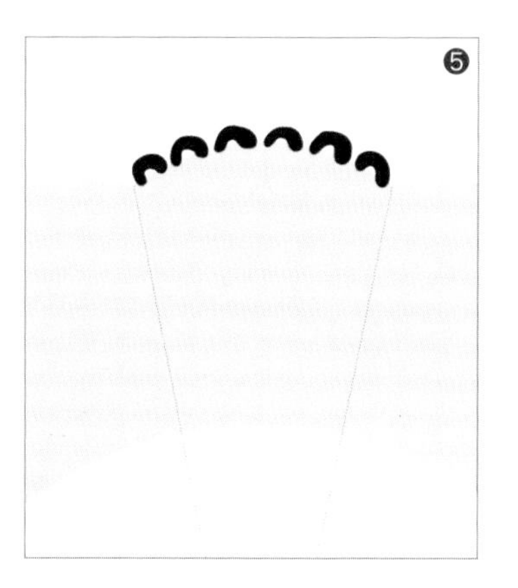

STEP 08 円の内側にも鉛筆ツール、フリーハンドで描き進めます。こちらも必ずこれと同じである必要はなく、ガイドからはみ出ないように内側に描き、ガイドから描くオブジェクトの距離をある程度同じにするくらいを気にしながら自由に描いていきましょう。

STEP 09 STEP 07で描いたオブジェクトは［塗り］を❶にします。STEP 08で描いたものは［塗り］を［白］に変更します。

STEP 10 STEP 07〜09で描いたオブジェクトをすべて選択し、❻の値でコピーで「回転」を適用します。この際、回転の中心をSTEP 01〜02で作成した円の中心にします。

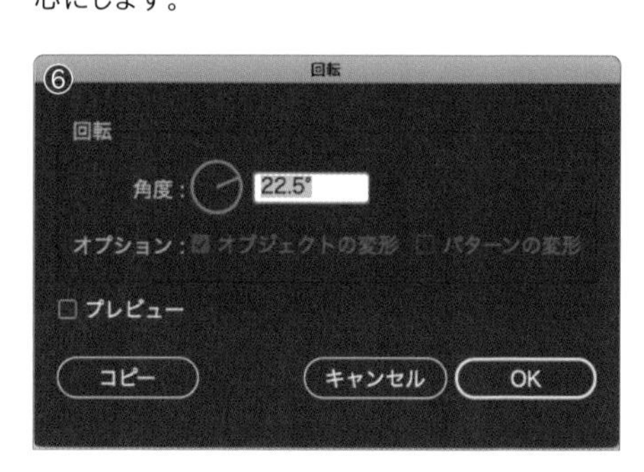

STEP 11 command〔Ctrl〕+Dを押してそのコピーを繰り返し、一周させます。

STEP 12 真ん中の余白にスクリプト書体などを使用して文字を乗せると完成です。

MEMO

アンカーポイントや［パンク：膨張］の数値を変えることで印象の異なる形状の作成が可能です。イメージに近い形を探していろいろとチャレンジしてみましょう。

VARIATION

目的に合わせて色を変えてみよう

レースの色や真ん中の文言を変えると、さまざまなシチュエーションで使用できるようになります。

アレンジしやすいふきだしパーツ

ふきだしはオブジェクト同士を合体させて作るのが一般的ですが、大きさやふきだし口の位置をあとから変更するのが大変です。ふきだしは出番の多いモチーフで調整が必要になるケースも多いため、大きさや形、見た目のアレンジをあとから何度でもできる仕組みで作るのがおすすめです。

制作ポイント

- ➡楕円形と円弧でふきだしのベースを作る
- ➡円弧のパーツは塗りの項目を非表示にして、最背面にする
- ➡グループ化して［追加］効果をかける
- ➡グループ側のアピアランスで線や塗りを設定して装飾する

使用アプリケーション

Illustrator 2022 ｜ Photoshop

制作・文 五十嵐華子

ふきだしのベースを作る

STEP 01 円弧ツールでアートボード上をshift＋ドラッグし、円弧を1つ描きます。大きさは自由ですが、作例では［幅：10mm］、［高さ：10mm］ほどにしています。作業がしやすいように、線には適当なカラーを設定しておきましょう。描けた円弧のパーツを選択し、線パネルで少し太めの線幅に変更して［プロファイル］で［線幅プロファイル4］を選びます。ここでは［線幅：20pt］で設定を行いました。さらに、塗りのカラーはなしにして、アピアランスパネルで目玉のアイコンをクリックして項目そのものを非表示にしましょう。

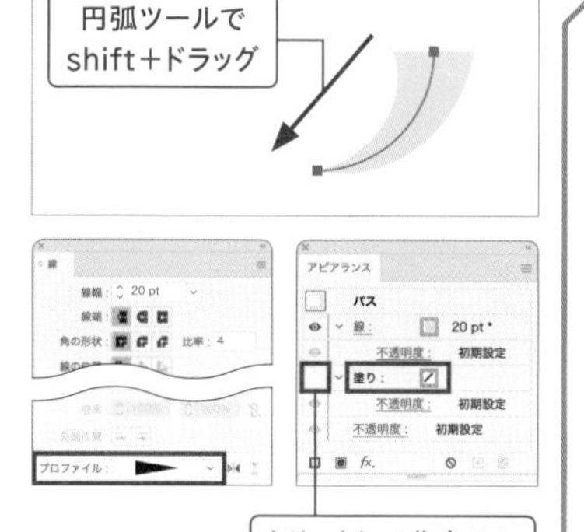

MEMO

線幅プロファイルを選んだ際に方向が逆向きになった場合は、円弧のパーツを選んでオブジェクトメニュー→“パス”→“パスの方向反転”を実行しましょう。

STEP 02 楕円形ツールに切り替え、自由な大きさで楕円形を3つほど描画します。ここでも作業がしやすいように、塗りには適当なカラーを設定しましょう。線のカラーはなしで進めます。これがふきだしの本体になります。使いたいふきだしの形をイメージしながら、ふきだし本体と円弧のパーツを組み合わせます。組み合わせができたら円弧のパーツのみを選択して、オブジェクトメニュー→"重ね順"→"最背面へ"を実行して最背面へ送りましょう。

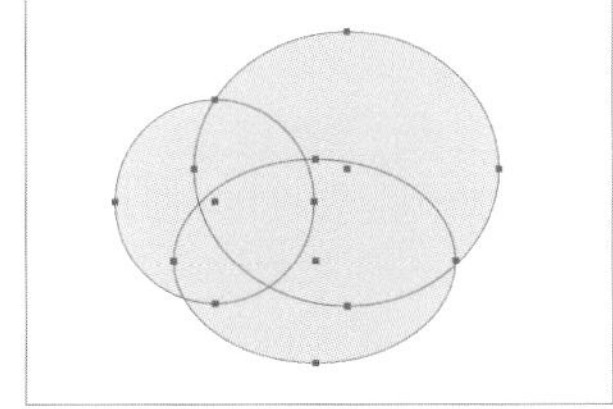

作例の楕円の大きさは、上から［幅：40mm］・［高さ：35mm］、［幅：26mm］・［高さ：26mm］、［幅：37mm］・［高さ：26mm］。

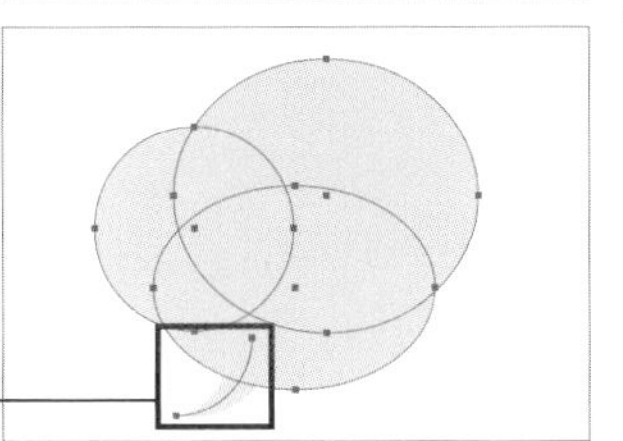

全体をグループ化する

STEP 03 ふきだし本体の楕円形をすべて選び、作業用に設定していた塗りのカラーをなしに変更します。この状態でオブジェクト全体を選択し、オブジェクトメニュー→"グループ"またはcommand〔Ctrl〕+Gでグループ化しましょう。グループ化できたら、グループに対して効果メニュー→"パスファインダー"→"追加"を適用します。何も見えない状態になりますが、このまま作業を進めましょう。

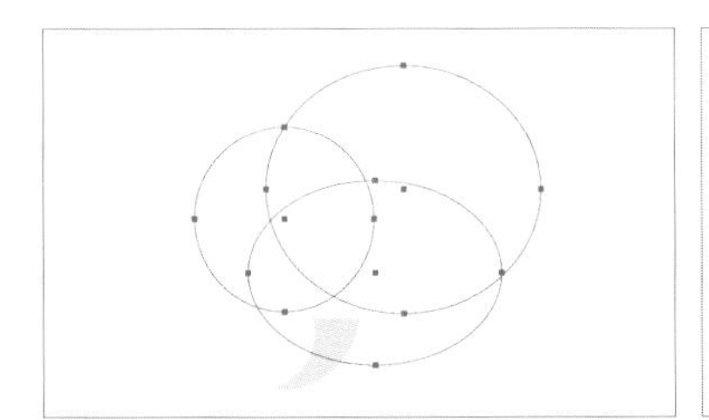

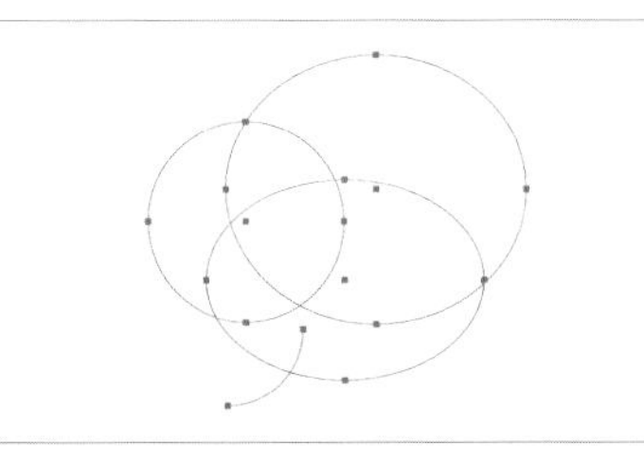

MEMO

［追加］効果の注意点

グループに対して［追加］効果をかけると、グループ内で一番上にあるオブジェクトのアピアランスが引き継がれた状態で合体されます。この作例では見た目をコントロールしやすくするため、塗りをなしにした楕円形を最前面にする必要があります。もし［追加］効果をかけたあとになにかカラーが設定されている場合は、グループ内のオブジェクトの重ね順をもう一度確認してみましょう。

“グループ側のアピアランスで装飾する”

STEP 04 線や塗りがなにも表示されていない状態のグループを選択し、アピアランスパネルで［新規線を追加］か［新規塗りを追加］のどちらかをクリックします。グループ側のアピアランスに線と塗りの項目が1つずつ追加されますので、好きなカラー・線幅などを設定しましょう。ここでは塗りのカラーに［C20／M0／Y0／K0］、線のカラーに［C70／M0／Y0／K0］、［線幅：3pt］を設定しました。

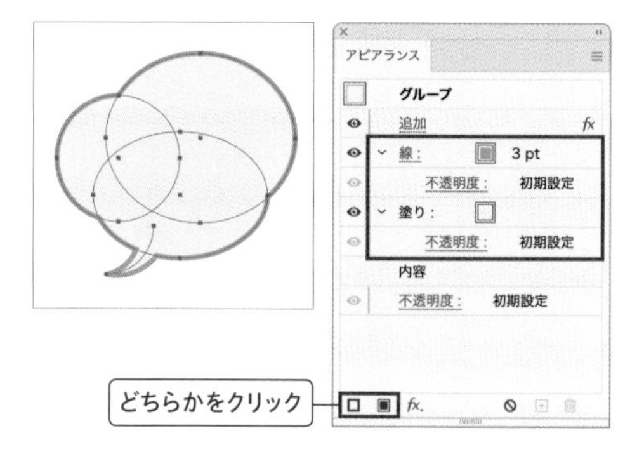

STEP 05 アピアランスパネルで塗りの項目を選んだ状態で、効果メニュー→“パス”→“パスのオフセット…”を実行します。「パスのオフセット」ダイアログが表示されたら、［オフセット］に適当なマイナスの値を入力しましょう。ここでは［-1mm］に設定して、［OK］をクリックしました。アピアランスパネルの塗りの項目に［パスのオフセット］効果がかかっていれば、図のような状態になります。異なる見た目になっている場合は、パネル上の効果の項目をドラッグして塗りの項目の中に入れましょう。

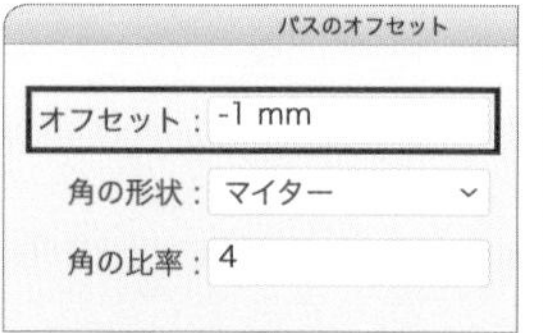

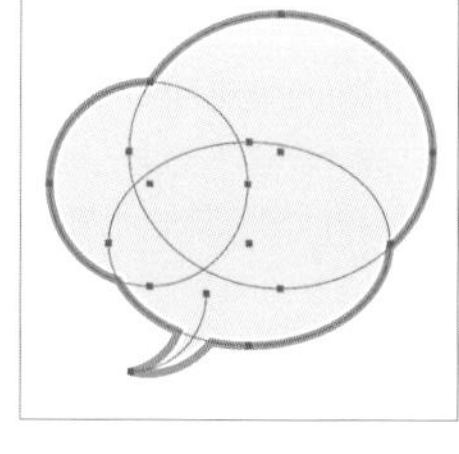

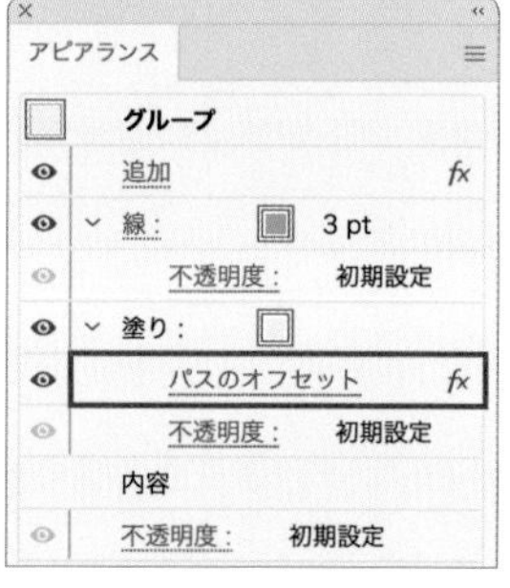

STEP 06 アピアランスパネルで塗りの項目を選んだまま、もう1つ効果を追加します。効果メニュー→“パスの変形”→“変形…”を適用し、「変形効果」ダイアログの［移動］で［水平方向］、［垂直方向］に数値を設定しましょう。先ほどの［パスのオフセット］効果と同じ数値を正の値で入力して［OK］をクリックすると、図のように塗りが移動して右下に少しずれます。

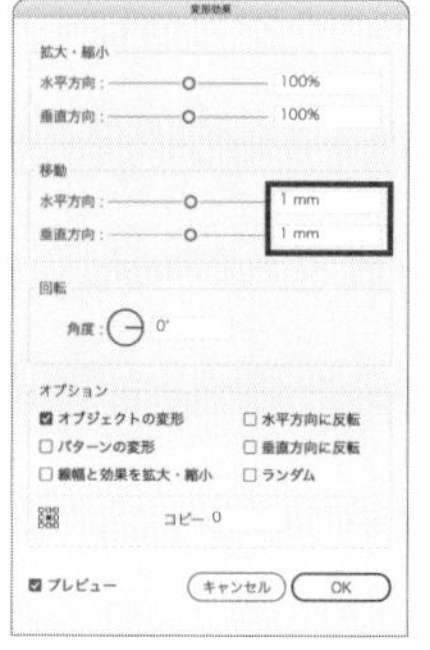

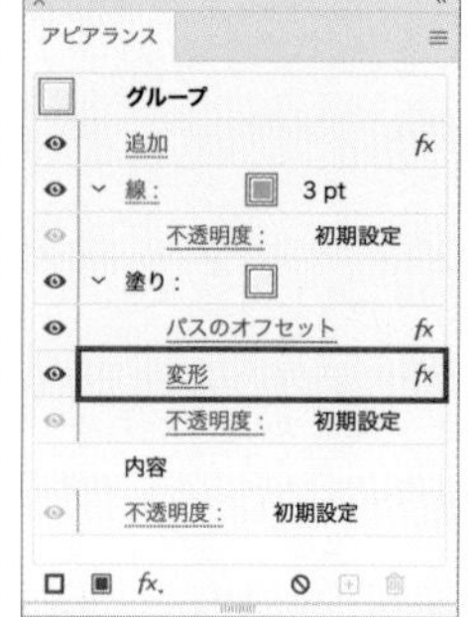

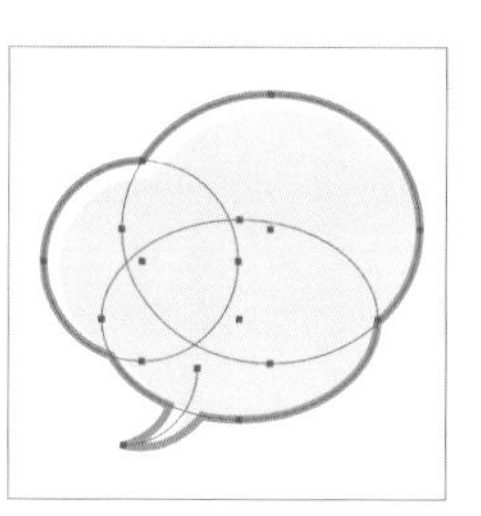

アイコン、パーツ

STEP 07 線の項目にも設定を加えましょう。線パネルで［丸型線端］にし、［破線］をオンにします。［線分］と［間隔］にはそれぞれ［150pt］、［20pt］、［75pt］、［10pt］を設定し、［線分と間隔の正確な長さを保持］を有効にしましょう。ランダムに途切れた印象の破線がフチの部分に設定されたらでき上がりです。

ふきだしの形を変えるには

STEP 08 作例ではオブジェクト同士が1つにまとまっているように見えますが、［追加］効果で合体を行っているのであとから何度でも再編集が行えます。グループ内の楕円形、ふきだし口の円弧は大きさや位置を変更して自由にアレンジしてみましょう。円弧の線幅を変えれば、ふきだし口のバランスも調整できます。

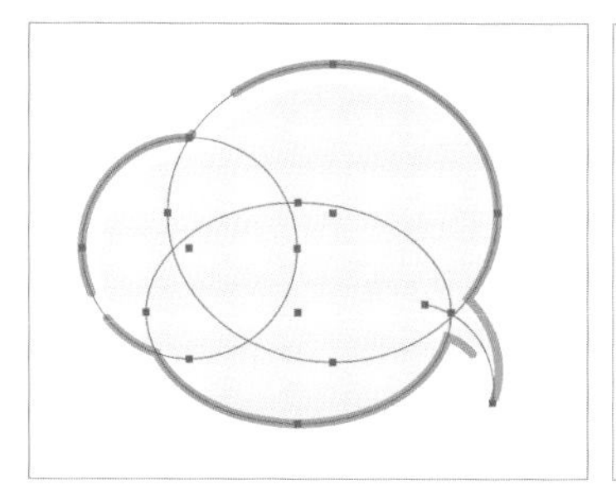

ふきだし口の位置はあとから自由に変更できます。

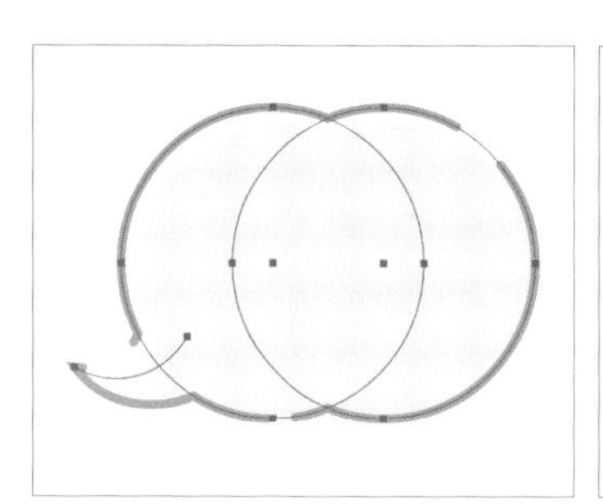

楕円の数や大きさ、円弧の線幅などを変更した例。

STEP 09 楕円以外の形でふきだしを作ることも可能です。図の例では、楕円に［ジグザグ］効果をかけたもの、長方形に［角を丸くする］効果をかけたものを組み合わせてアレンジしています。

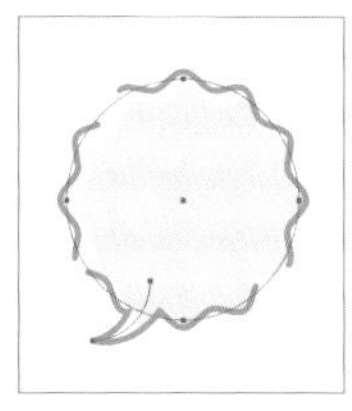

楕円に対して［ジグザグ］効果（大きさ：3%、折り返し：5、ポイント：滑らかに）を設定した例。

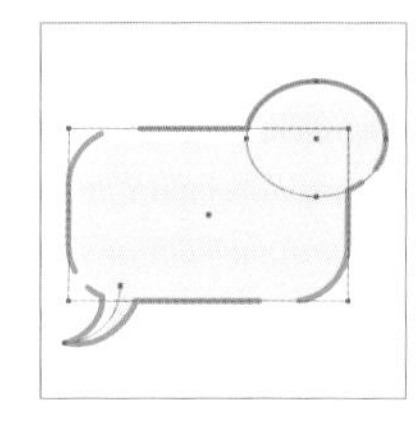

［角を丸くする］効果をかけた長方形と組み合わせた例。

VARIATION

ふきだしの見た目を変える

ふきだしの見た目は、グループ側のアピアランスで自由に設定することができます。ここでは、線にブラシを適用し、塗りにパターンや効果を組み合わせたアレンジ例を用意しました。グループ側のアピアランスも、通常オブジェクトのアピアランスと操作方法は基本的に同じです。レイアウトのイメージに合わせて自由に編集してみましょう。

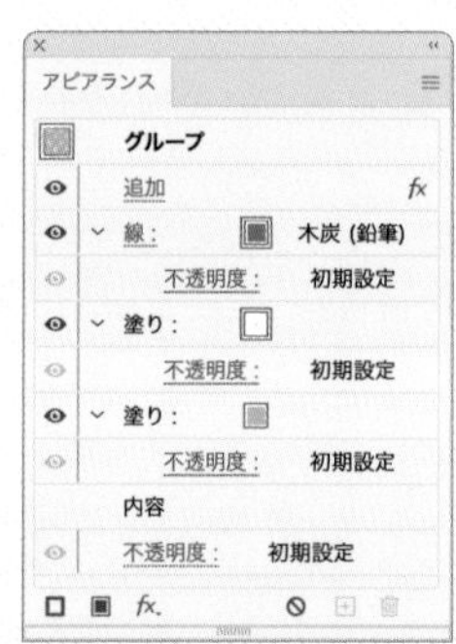

線に［木炭（鉛筆）］ブラシを適用し、塗りの項目を増やしてドットのパターンを設定した例。

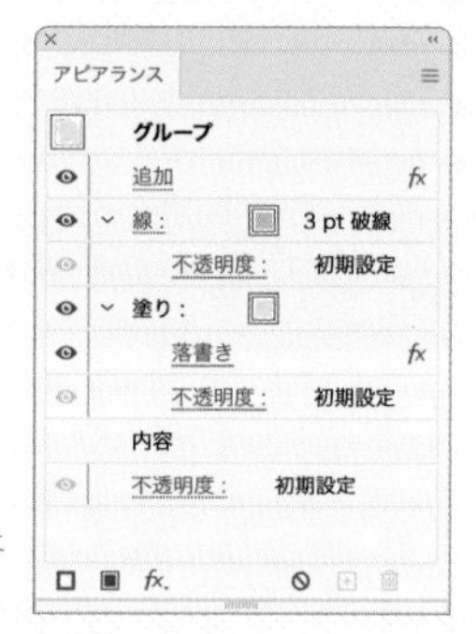

塗りに落書き効果を追加した例。

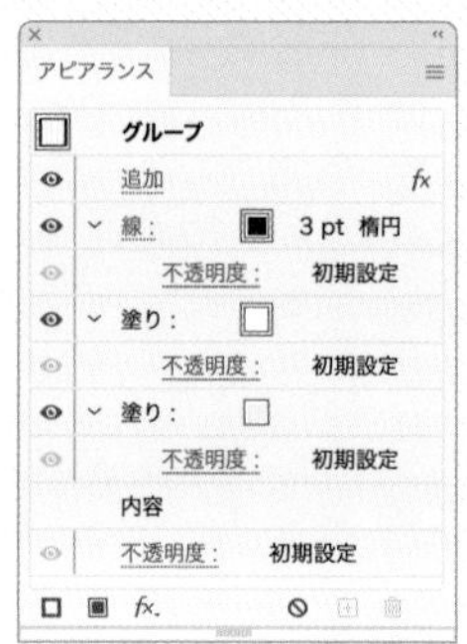

線にカリグラフィブラシを適用し、塗りの項目を増やしてストライプのパターンを設定した例。

CHAPTER
3
インフォグラフィックス風グラフ

シルエットをドットで表現したグラフィック

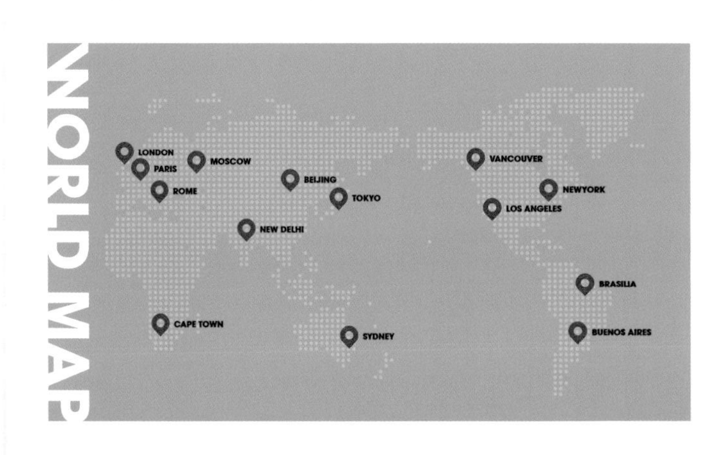

モノクロのシルエットをビットマップの画像にしたあと、モザイク状のベクターグラフィックに変換し、ドットの集合で表現したイラストとして加工します。この処理を加えることで、インフォグラフィックスで用いる単調なシルエットのイラストを、より洗練されたモダンな印象に仕上げることができます。

制作・文　高橋としゆき

使用アプリケーション
Illustrator 2022
Photoshop

制作ポイント
- ➡シルエットイラストをラスタライズして画像にする
- ➡モザイク状のベクターグラフィックに変換する
- ➡モザイクの矩形をドットに変換、パスのオフセットでドットの大きさを調整

イラストをビットマップ画像に変換する

STEP 01　まずは、加工をしたいイラストを用意します。基本的に黒1色で作成したシルエットのイラストがよいでしょう。ここではあらかじめ用意した世界地図のイラストを使います。「worldmap.ai」のファイルを開いてすべてを選択してコピーし、作業用のドキュメントに戻りペーストします。

MEMO

今回は、ドキュメントの定規の単位を「ピクセル」にして進めます。単位を変更するには、ファイルメニュー→“ドキュメント設定...”を選択し、［単位：ピクセル］として［OK］をクリックします。

STEP 02 イラストのサイズが大きすぎると処理の負荷が大きくなって時間がかかるため、サイズを調整します。変形パネルで［縦横比を固定］をクリックして鎖アイコンを有効の状態にします。イラストをすべて選択し、［W：1000px］としてenterキーを押します。

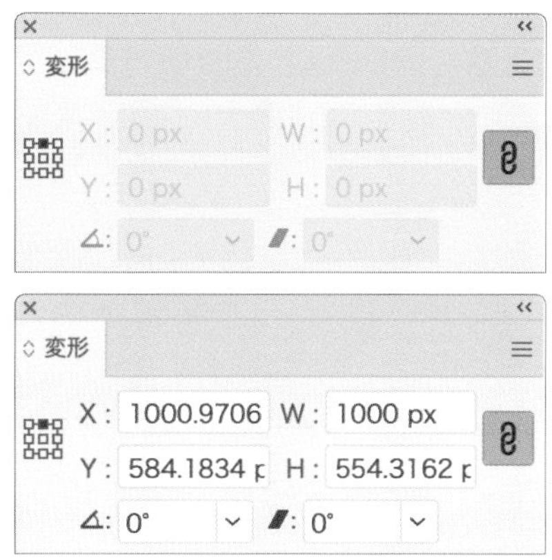

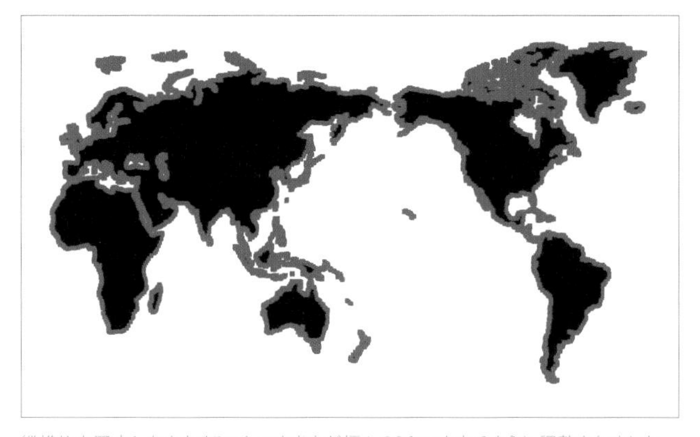

縦横比を固定したままイラストの大きさが幅1,000pxとなるように調整されました。

STEP 03 イラストを選択した状態で、オブジェクトメニュー→"ラスタライズ..."を選択し、［解像度：高解像度(300ppi)］、［背景：ホワイト］、［アンチエイリアス：アートに最適］、［クリッピングマスクを作成：オフ］、［オブジェクトの周囲に：0px：追加］として［OK］をクリックします。

MEMO

［カラーモード］は［CMYK］、［RGB］のどちらでも問題ありません。

ベクターのイラストが埋め込み画像に変換されました。

イラストをモザイク状に変換する

STEP 04 埋め込み画像にしたイラストを選択し、オブジェクトメニュー→“モザイクオブジェクトを作成...”を選択します。[タイル数]の[幅]に[100]と入力したあと、ダイアログ左下の[比率を使用]をクリックすると、現在の画像比率に従って[高さ]の値が自動で変更されます。[ラスタライズデータを削除]をチェックして[OK]をクリックします。

モザイクオブジェクトを作成
現在のサイズ
幅：1000 px
高さ：555 px
新しいサイズ
幅：1000 px
高さ：555 px
タイルの間隔
幅：0 px
高さ：0 px
タイル数
幅：100
高さ：55
オプション
比率を固定：幅 高さ
効果：カラー グレー
% でサイズを変更する
ラスタライズデータを削除
比率を使用
キャンセル
OK

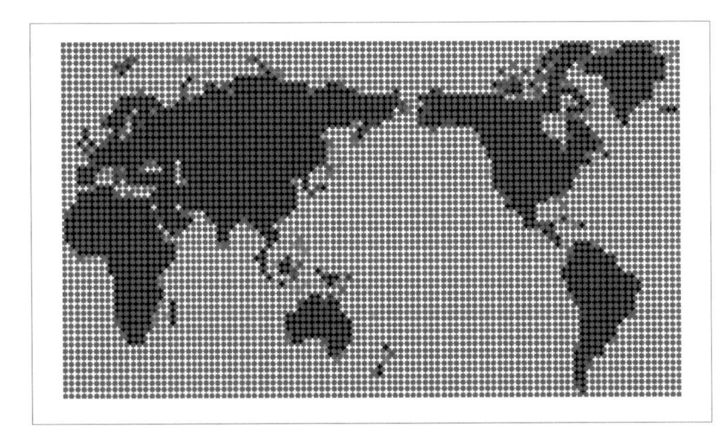

埋め込み画像がモザイク状に矩形を並べたベクターグラフィックに変換されました。

STEP 05 モザイク状となったオブジェクトをすべて選択し、オブジェクトメニュー→“グループ解除”を実行してグループを解除します。続けて、シルエット以外の余白の白い矩形のどれか1つを選択ツールで選択し、選択メニュー→“共通”→“塗りと線”を選択します。白い矩形がすべて選択されたら、そのままdeleteキーを押して削除します。

余白の白い矩形を1つ選択します。

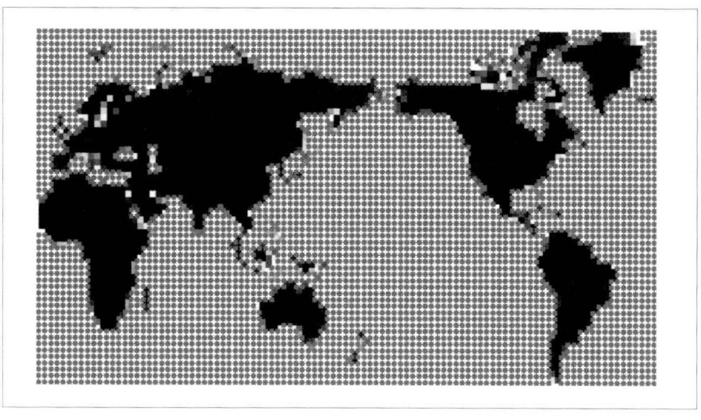

白の矩形と同じ塗り、線が設定されたオブジェクトをすべて選択します。

STEP 06 残った矩形をすべて選択し、カラーパネルで［線：なし］、［塗り：R0／G0／B0］（または［塗り：C0／M0／Y0／K100］）とします。すべての矩形が、同じ黒1色になりました。

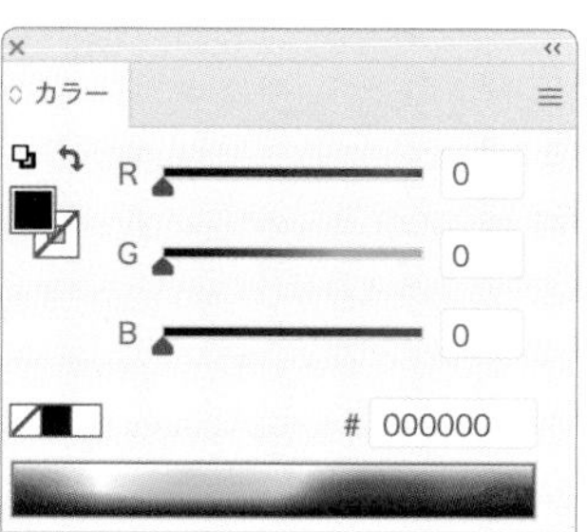

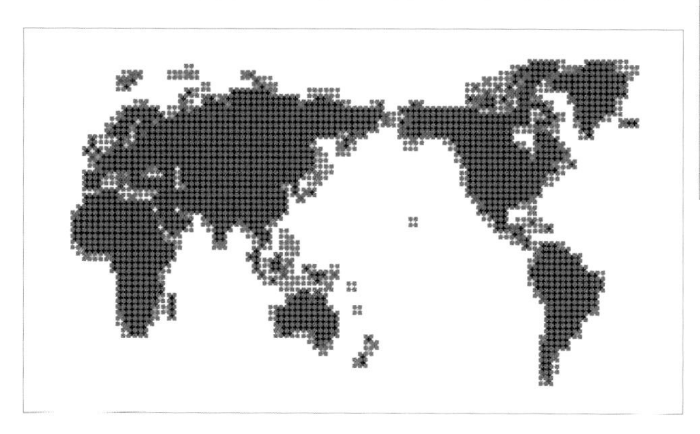

矩形をドットに変換する

STEP 07 すべての矩形を選択した状態で、効果メニュー→“形状に変換”→“楕円形...”を選択し、[オプション]を[値を追加]にして[幅に追加:0px]、[高さに追加:0px]で[OK]します。

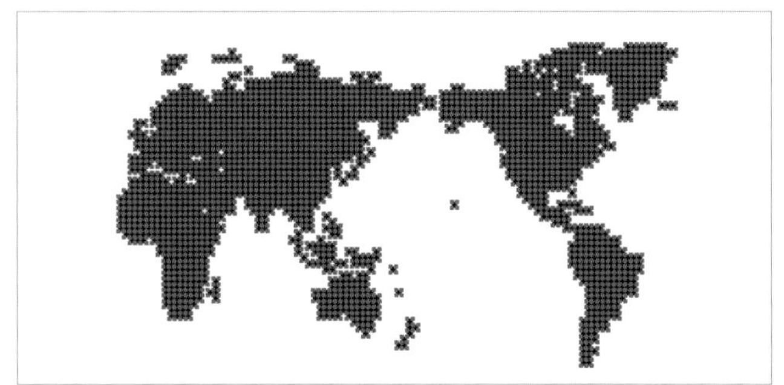

STEP 08 矩形が円形になりましたが、大きすぎるためそれぞれが重なってしまっています。効果メニュー→“パス”→“パスのオフセット...”を選択し、[オフセット:-4px]で実行します。この値を変えることで、ドットの大きさを調整できます。

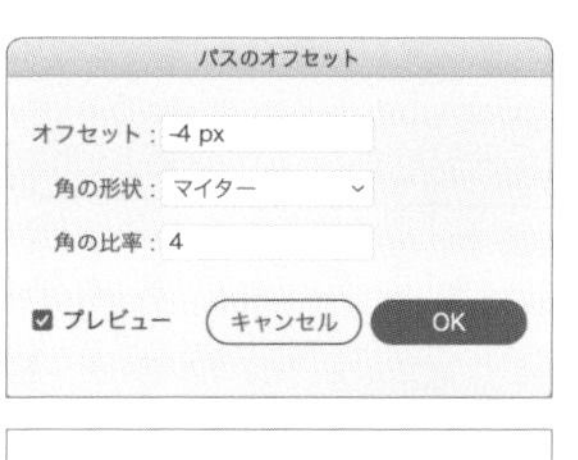

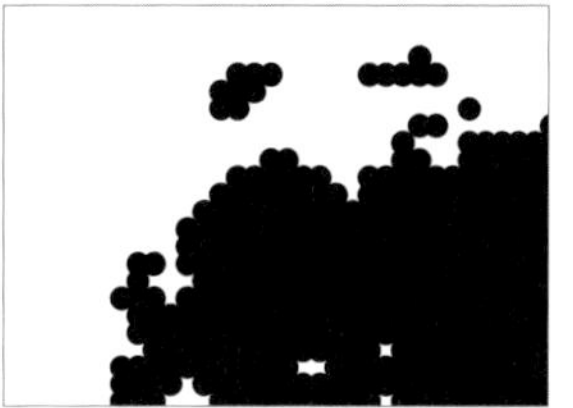
円形が大きすぎて隙間なく重なっています。

STEP 09 オブジェクトメニュー→“グループ”を選択して全体をグループ化したら、カラーパネルで任意の色に変換して完成です。

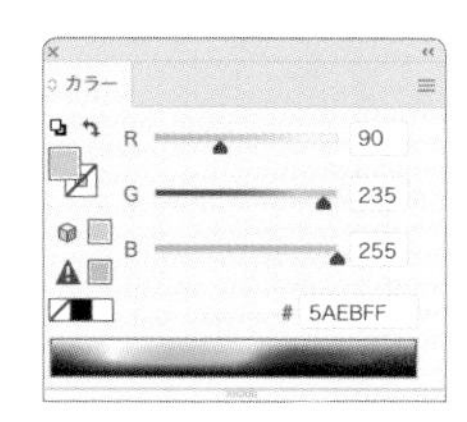

VARIATION

円形ではなく矩形のドットにする

STEP 07での“形状に変換”で円形に変換する手順を省略し、直接“パスのオフセット...”でサイズ調整すれば、下記の上の図のように円形ではなく矩形のドットにできます。また、オフセットのあとに効果メニュー→“パスの変形”→“変形...”を選択し、[角度]を設定することで、下の図のように斜めの矩形で構成されたパターンのドットイラストに仕上げることも可能です。

矩形のままパスのオフセットでサイズ調整した結果。

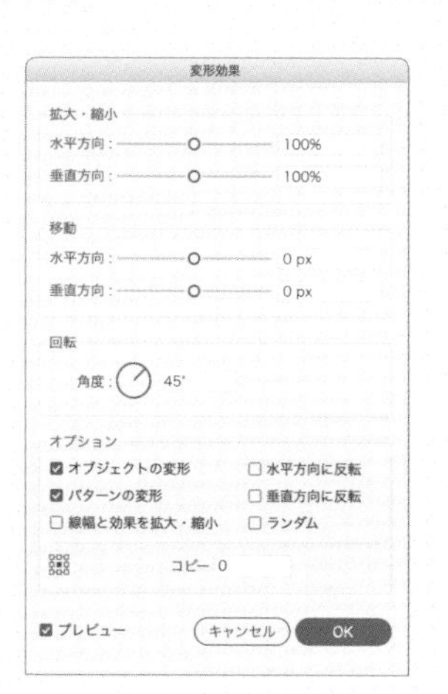

変形効果で矩形の角度を変えた結果。

人ピクトグラムを用いたグラフ

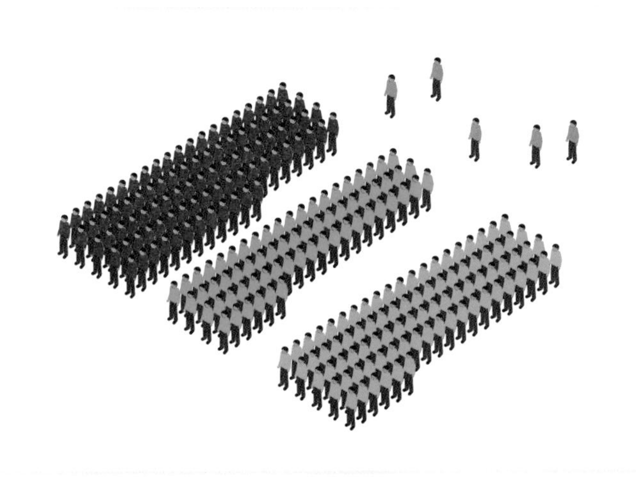

どうしても無機質になりがちなグラフ。こんな遊び心のあるグラフがあるだけで紙面の雰囲気もグッと明るくなります。人ピクトグラムをグラフの周りに散らすように配置する遊び心を加えることで、グラフの説得力も増します。

制作・文 佐々木拓人

使用アプリケーション
Illustrator CC 2019
Photoshop

制作ポイント
➡アイソメ図（アイソメトリック図）で使用できるピクトの作成
➡ガイドの有効な使い方
➡服装の色分けと整列によるグラフの演出

胴体部分を作成する

STEP 01 まずは多角形ツールで［半径：20mm］、［辺の数：6］と入力し、六角形を作成します。回転ツールで［90°］回転させます。

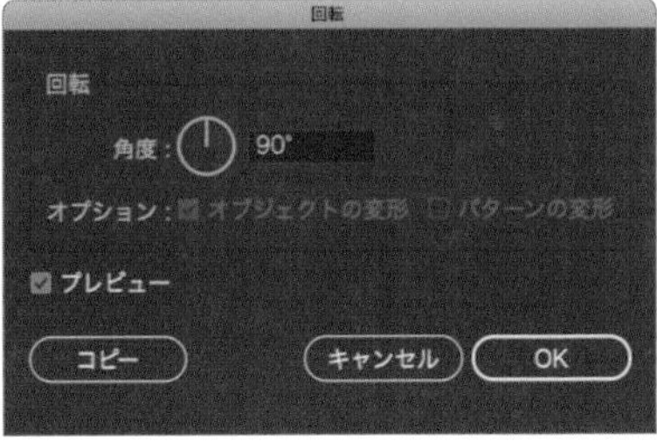

STEP 02 スマートガイドをオンにし、アンカーポイントをパスに沿って移動させます（以降の作業を見やすくするため［塗り：なし］、［線：スミ］に変更）。

STEP 03 右下のパスをコピー＆ペーストして複製して、配置します。それら2本のパスをガイドに変換します。

STEP 04 STEP 03のガイドを頼りに下部のアンカーポイント3箇所をガイドに沿って移動させます。

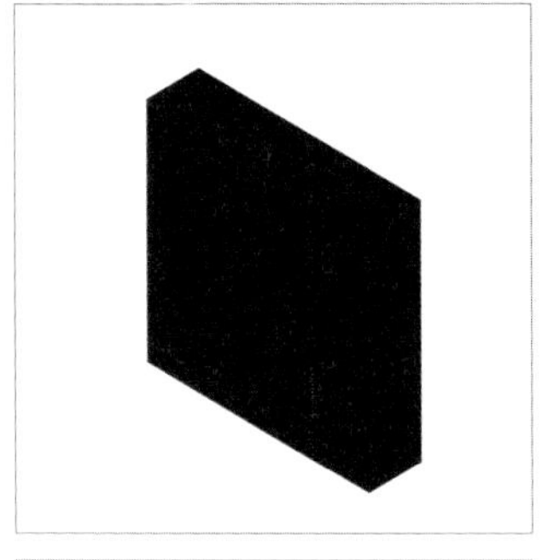

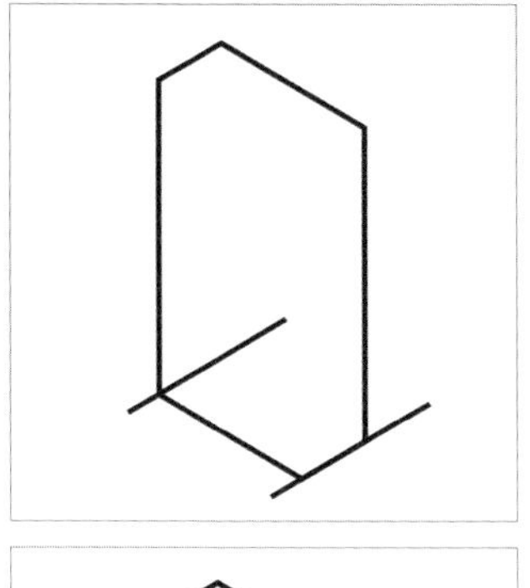

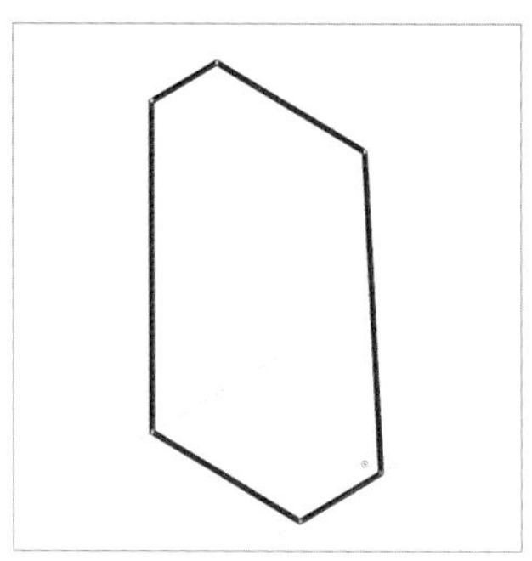

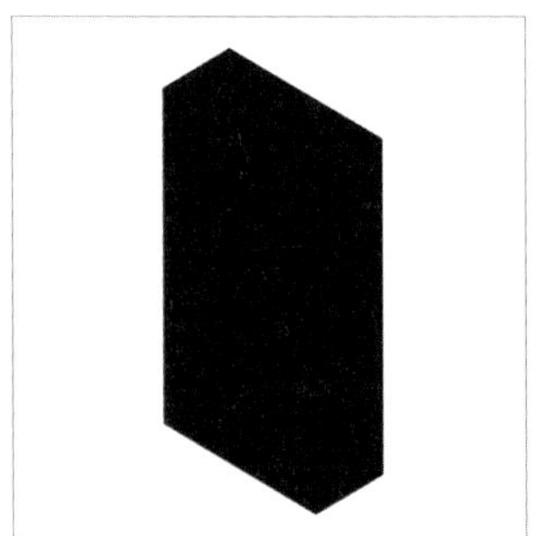

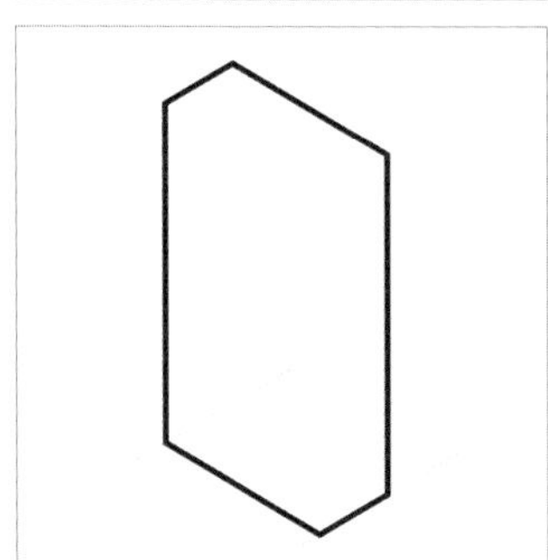

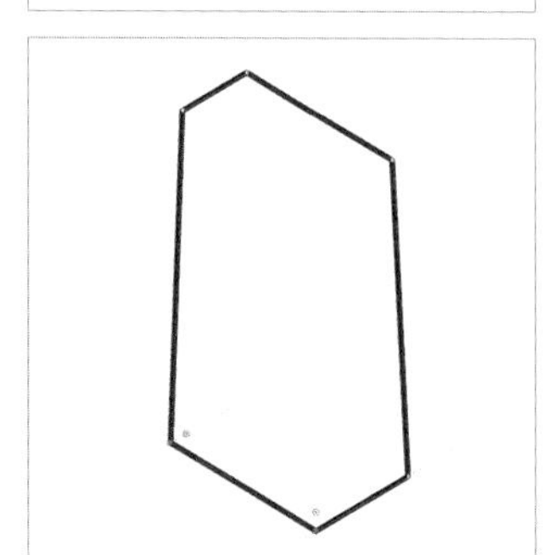

STEP 05 6箇所の角のうち最下部以外の5箇所角を❶、最下部の角を❷の設定しにして角を丸くします。

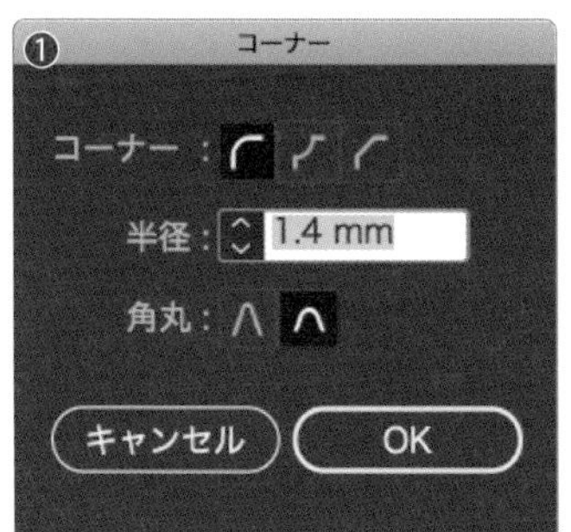

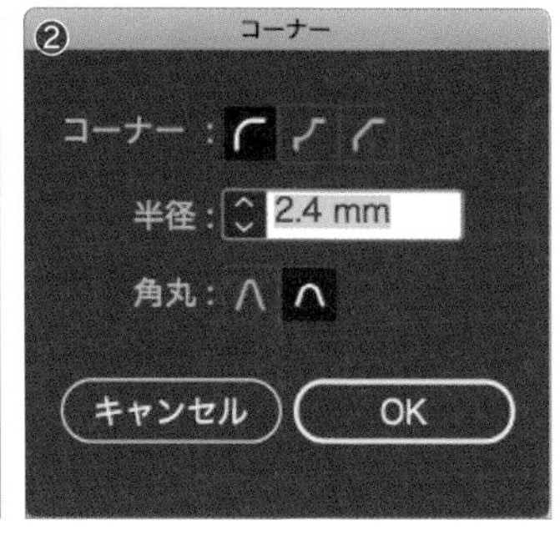

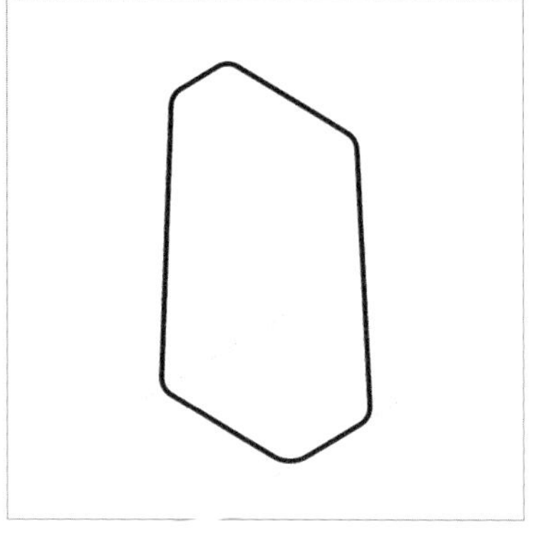

腕を作成する

STEP 06 ❸の線設定（[線色]は[スミ]）で線を描きます（あまり細かいところは気にせず描き、気に入らなければ微調整します）。STEP 05までの六角形も[塗り]を[スミ]に戻し、腕部分をパスのアウトライン化して、体部分と合成します。

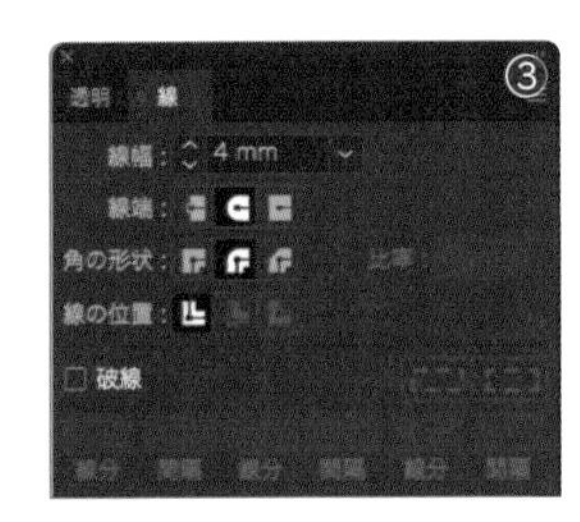

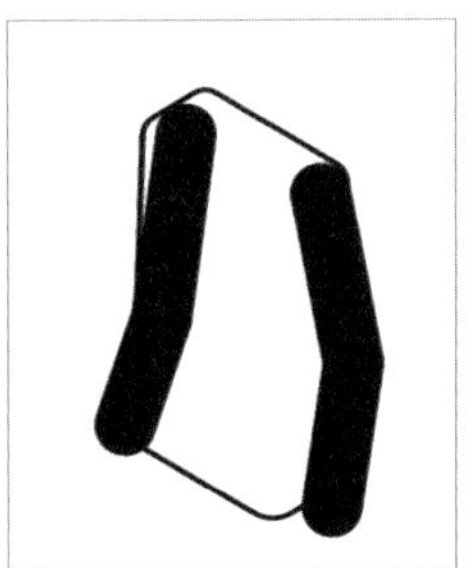

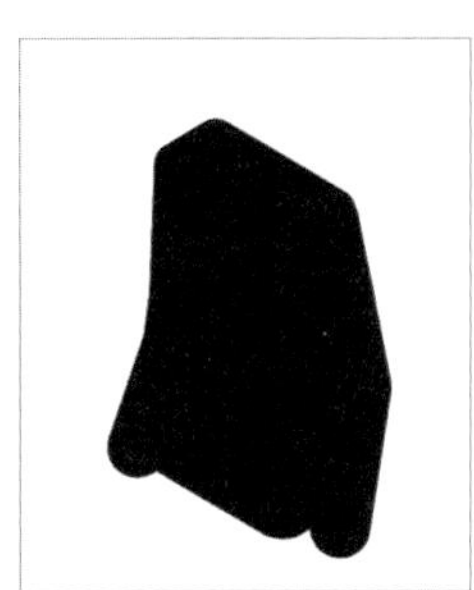

顔と手を作成する

STEP 07 ❹の値の[塗り]で楕円形ツールを使い[幅：4mm]、[高さ：4mm]と[幅：10mm]、[高さ：10mm]の円を作成し、配置します。

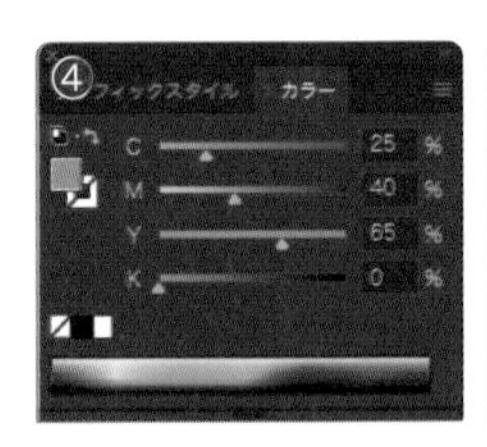

色付けなどして仕上げる

STEP 08 ペンツールで線を描きます。こちらもあまり細かいことは気にせず、❺に似た感じになればよいでしょう。ズボン部分を❻の線色、❼の線幅に変更し、靴部分を[線色：スミ]、線幅は❽に変更します。

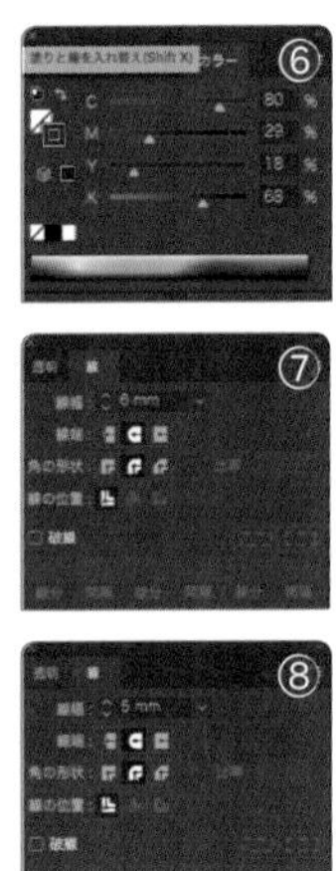

インフォグラフィックス風グラフ

STEP 09 鉛筆ツールオプションの設定を❾に変更します。勢いよく髪型を描いて行きます。こちらも初めから確定の線を描こうとせず、描いたあとで調整を繰り返すとよいでしょう。すべてをグループ化します。

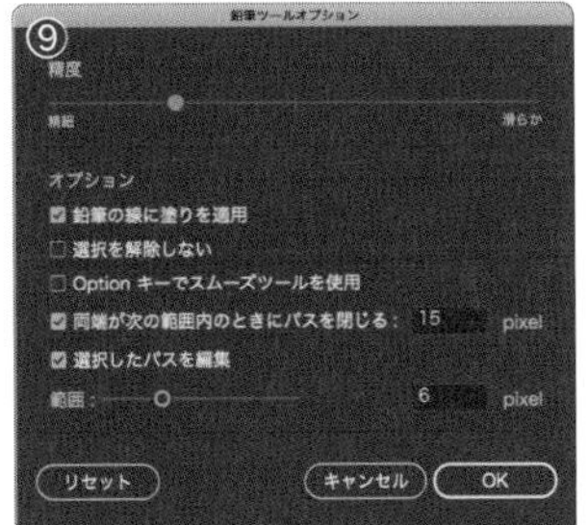

STEP 10 STEP 09までのものを複製し、❿、⓫の塗りで服装を変更したものを作成します。

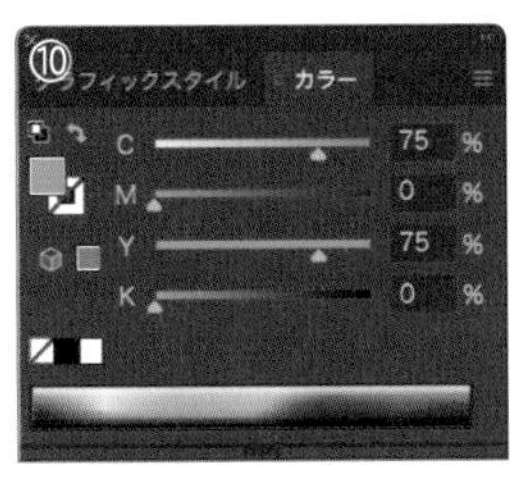

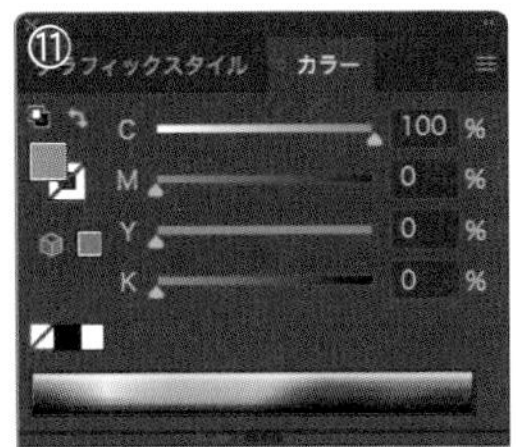

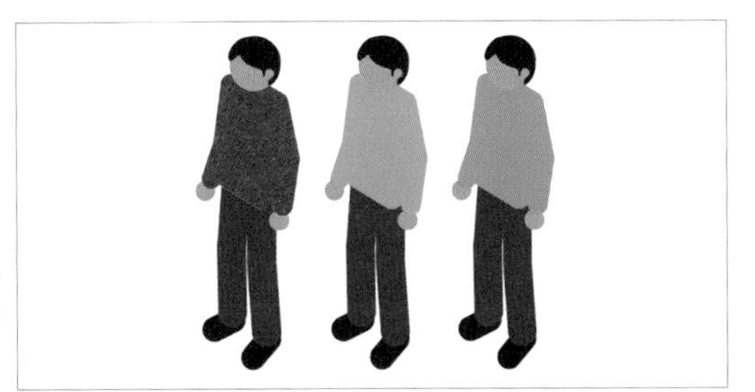

STEP 11 再び任意の六角形を作成し、90度回転して右下のパスをコピー＆ペーストします。適当に大きくして、STEP 10までに作成した人物の右のつま先のアンカーポイントが線上にくるようにパスを移動します。パスをガイドに変換しましょう。

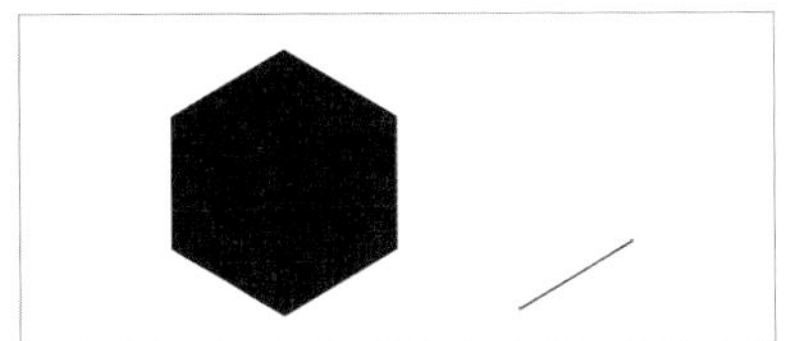

人を複製して並べる

STEP 12 スマートガイドをオンにし、option〔Alt〕キーを押しながら人物を移動させて複製します（STEP 11で作成したガイドに沿って移動）。command〔Ctrl〕+Dを押して複製を繰り返します。

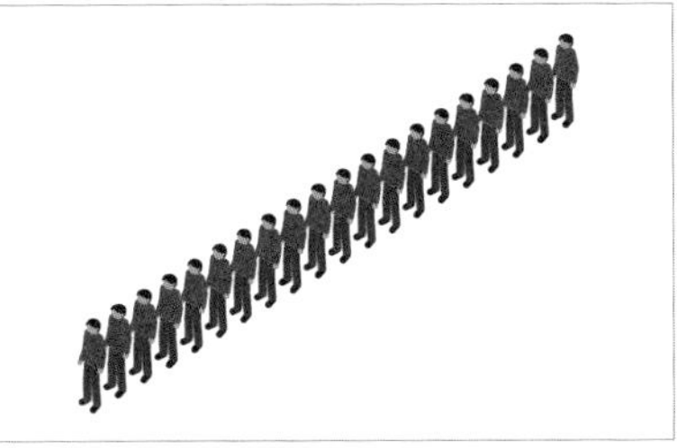

STEP 13　STEP 11で作成した手順で、六角形の左下のパスをガイドとして⑫のようにします。

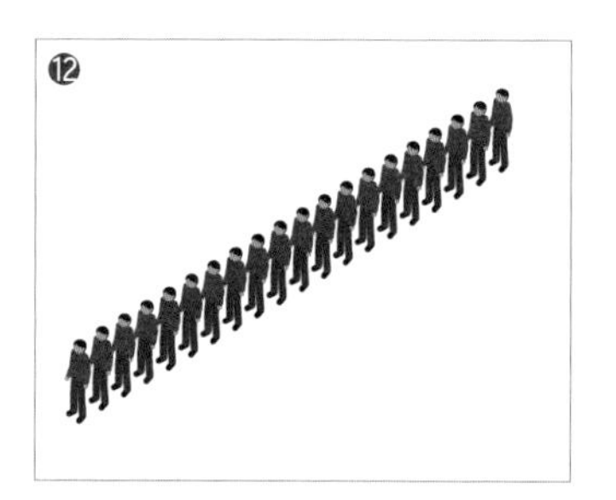

STEP 14　すべてを選択し、同じくガイドに沿って複製して（⑬）、繰り返して⑭にします。それをほかの2色の人物でも繰り返し、さらに後ろには服の色を［K50］に変更したものもパラパラと配置します（⑮）。

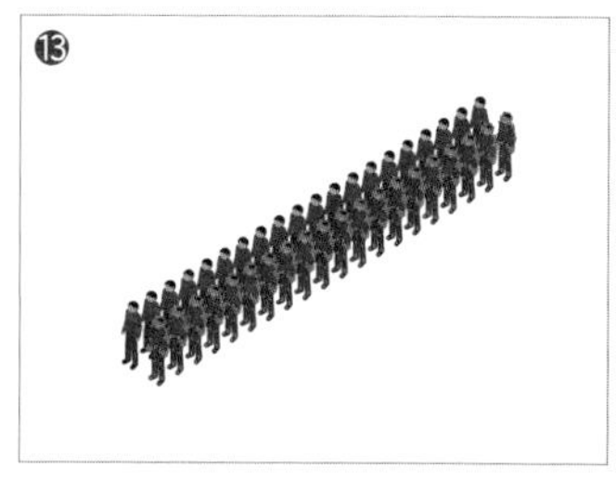

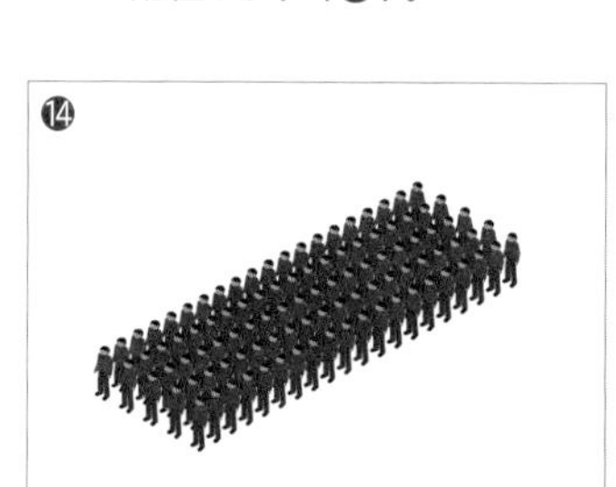

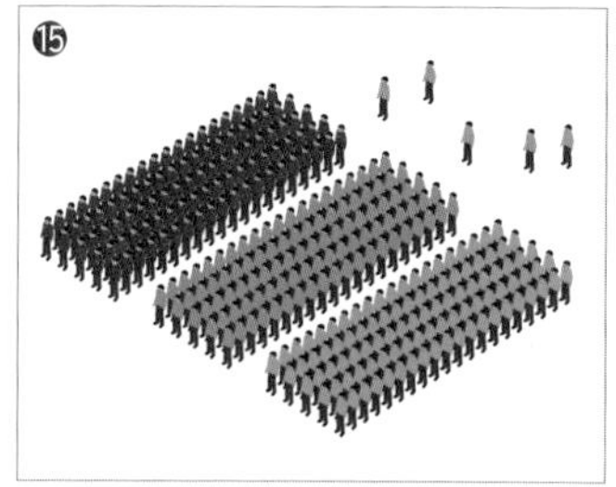

STEP 15　1つの集まりが縦20人5列で200人の集まりになっているので、それぞれ作成したい数値に従って人を消去していき、グラフを表現して完成です。

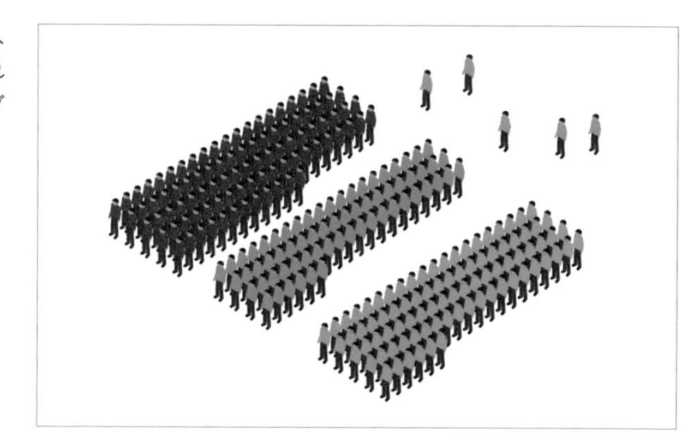

MEMO

今回は人物すべて同じ髪型で進めましたが、それぞれの髪型を変えてみるのも見た目のインパクトが強くなり、より面白くなります。

VARIATION

アイソメ図と組み合わせてさらに効果的に

このピクトはアイソメ図で使えるように作成しているので、アイソメ図で書いた（たとえば）文字と共に配置しても面白いでしょう。

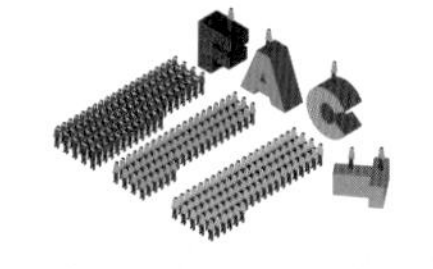

透明感のある立体棒グラフ

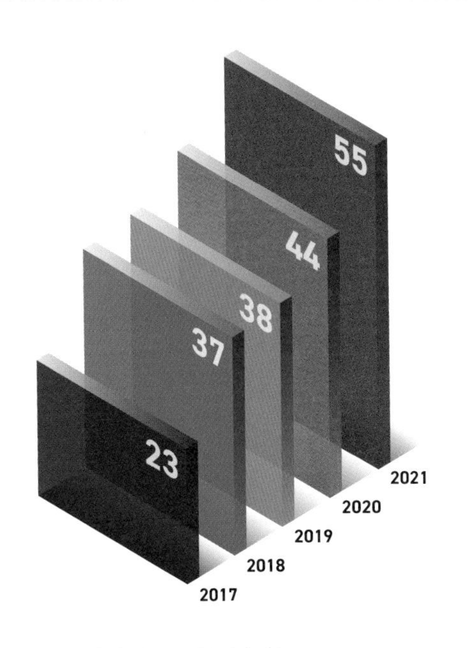

棒グラフツールで作成した棒グラフに3D効果を使い、立体感のある棒グラフを作成します。グラデーションをアピアランスで透過して重ねることで、透明感のあるグラフに仕上げます。

制作・文　高野 徹

制作ポイント

➡ グラフ設定で、項目の幅を狭くした棒グラフを作成する

➡ 押し出し・ベベルでグラフを立体化する

➡ グラデーションの塗りをアピアランスで重ねて、透明パネルの描画モードで透過させる

使用アプリケーション

Illustrator 2021 | Photoshop

棒グラフを作成する

STEP 01 ツールパネルの棒グラフツールを選択します。アートボード上でクリックし、「グラフ」ダイアログを開き、[幅：100mm]、[高さ：100mm]と入力して[OK]をクリックします。グラフデータウィンドウでグラフのデータを入力し、適用ボタンをクリックして、グラフを作成します（ここでは、数値を[23,37,38,44,55]と入力）。

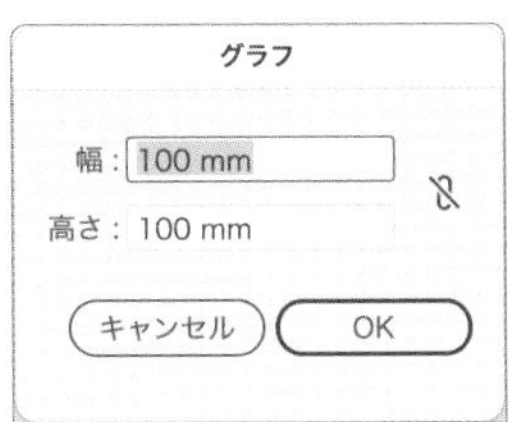

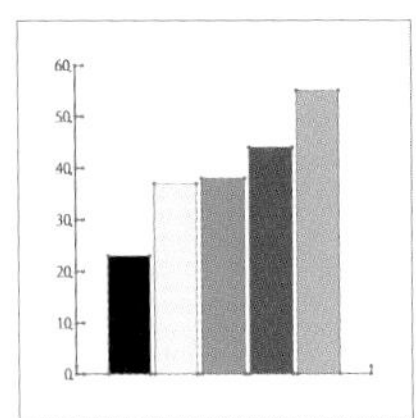

23.00	37.00	38.00	44.00	55.00

STEP 02　ツールパネルのグラフツールをダブルクリックし、「グラフ設定」ダイアログを開き、[棒グラフの幅：25%]、[各項目の幅：80%]に設定して、[OK]をクリックします。オブジェクトメニュー→"グループ解除"を選択し、表示されるアラートで[はい]をクリックして、グラフのグループを解除したら、選択ツールでグラフの長方形以外を選択し、削除します。

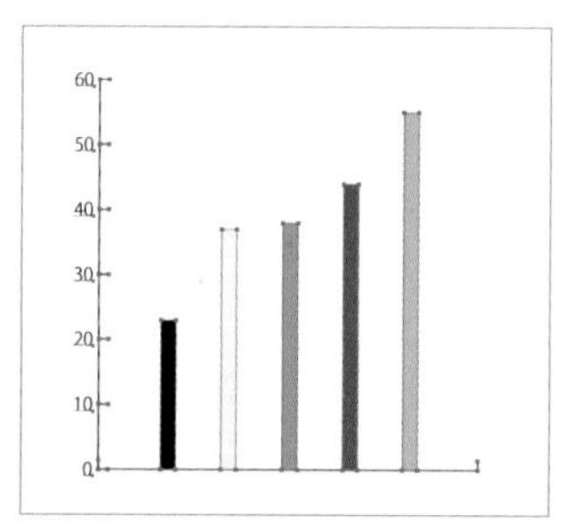

STEP 03　グラフに色を付けます。グラフの棒をそれぞれグループ選択ツールで選択し、カラーパネルに数値を入力して配色します（左から紫[C75／M100／Y0／K0]、青[C85／M50／Y0／K0]、緑[C85／M10／Y100／K10]、オレンジ[C0／M80／Y95／K0]、 赤[C15／M100／Y90／K5]）。

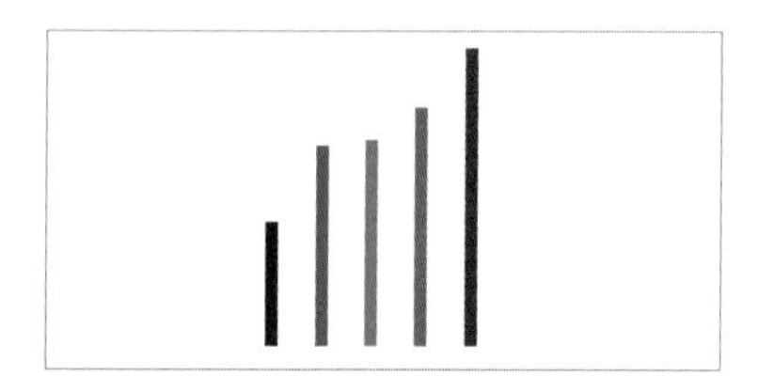

STEP 04　グラフを選択した状態で、拡大・縮小ツールで紫のグラフ左下のアンカーポイント上でクリックします。右上のアンカーポイントをoption〔Alt〕キーを押しながら青のグラフ左下のアンカーポイントまでドラッグし、ラインのようになるように複製して、オブジェクトメニュー→"重ね順"→"最前面へ"を適用します。複製した青、緑、オレンジ、赤のラインをそれぞれ同じ色のグラフの下にグループ選択ツールで選択し、移動します。

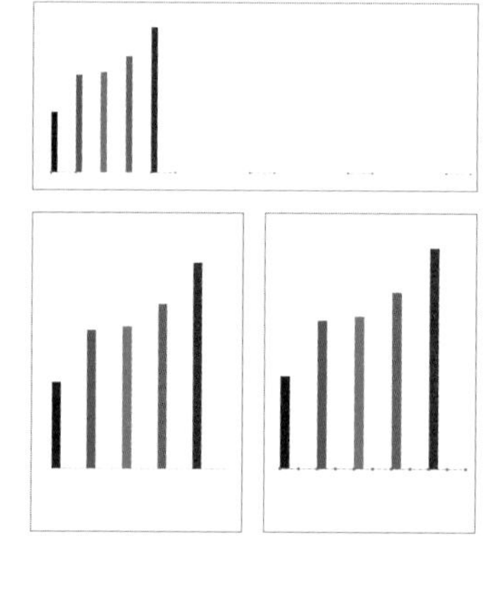

棒グラフを立体化する

STEP 05　グラフを立体にします。選択ツールオブジェクト全体をドラッグして選択し、オブジェクトメニュー→"グループ"を選択します。効果メニュー→"3D"→"押し出し・ベベル..."を選択し、「押し出し・ベベル」ダイアログを開き、[位置：アイソメトリック法-右面]を選択して、[押し出しの奥行き：50mm]、[表面：陰影なし]で[OK]をクリックします。

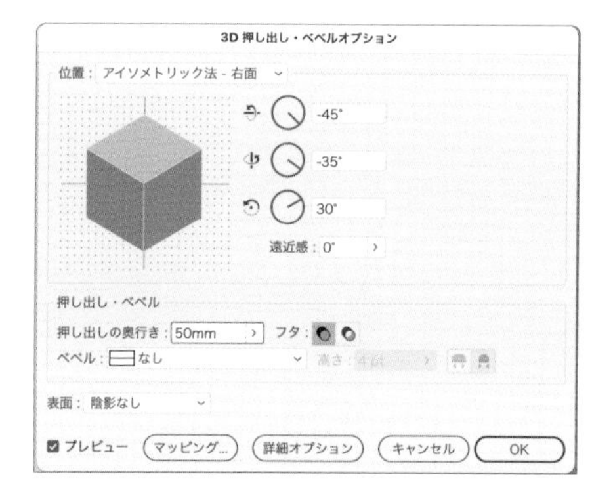

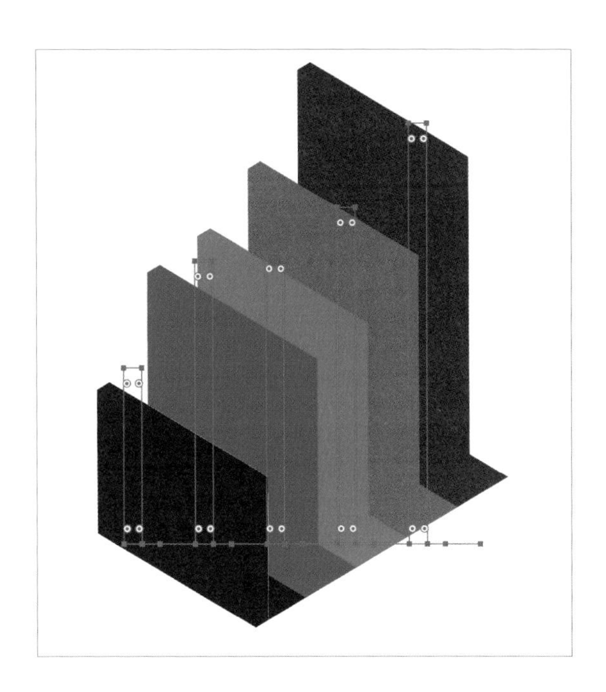

STEP 06 オブジェクトメニュー→“アピアランスを分割”を選択し、次に“オブジェクト”→“グループ解除”を2回適用後、透明パネルで［不透明度：90％］に変更し選択を解除します。

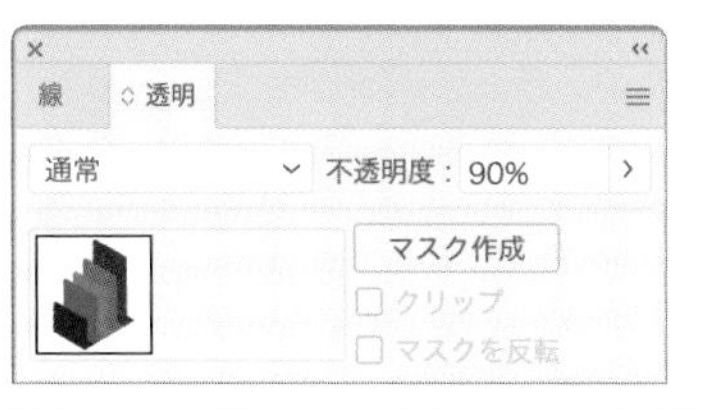

STEP 07 グラフに陰影を付けるためのグラデーションを作成します。グラデーションパネルで分岐点［位置：0％］、［C0／M0／Y0／K0］、終了色分岐点［位置：100％］、［C100／M100／Y100／K0］、既存のグラデーションのドロップダウンリスト（サムネイルの横の▼）をクリックし、スウォッチに追加をクリックします。

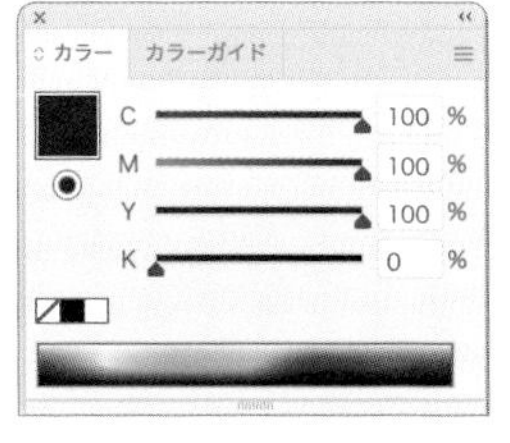

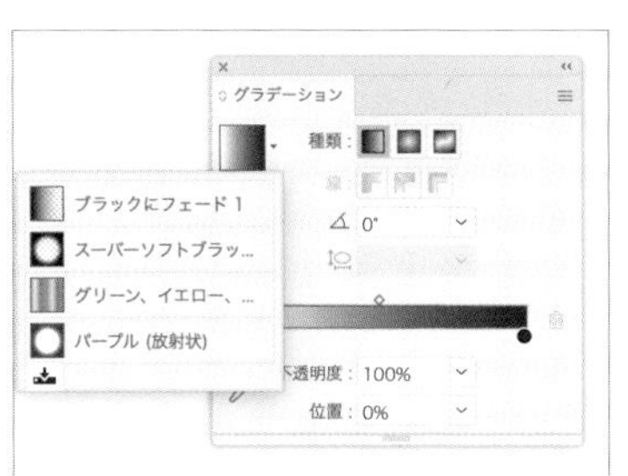

MEMO

このグラデーションは、カラーモードCMYKの書類で作成した場合、オブジェクトに透過して重ねることで効果が出ます。カラーモードRGBの書類で作成した場合、グラデーションの分岐点［位置：0％］、［R255／G255／B255］、終了色分岐点［位置：100％］、［R0／G0／B0］に設定しましょう。

STEP 08 作成したグラデーションでグラフに陰影を付けます。選択ツールでshiftキーを押しながら、グラフの上面の長方形5つを選択します。アピアランスパネルメニューで"新規塗りを追加"を選択し、オブジェクトの塗りを追加して、スウォッチパネルで先ほど作成したグラデーションをクリックします。透明パネルで［描画モード：スクリーン］、［不透明度：80％］にすることで、グラフの上面にハイライトを入れます。

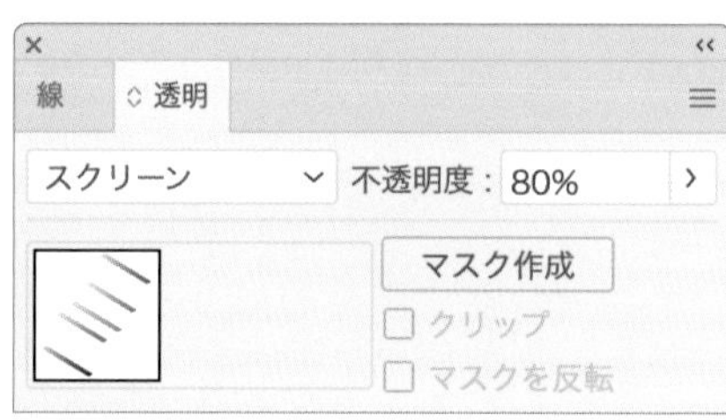

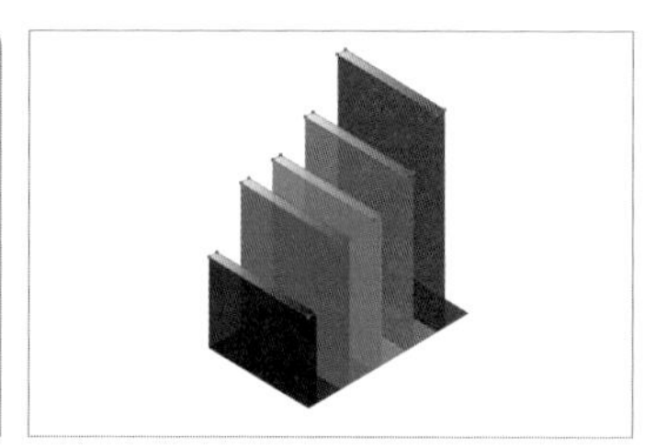

STEP 09 次にグラフの側面の長方形5つを選択します。アピアランスパネルメニューで"新規塗りを追加"を選択し、オブジェクトの塗りを追加して、スウォッチパネルで先ほど作成したグラデーションをクリックします。グラデーションパネルで［角度：90°］、透明パネルで［描画モード：乗算］、［不透明度：80％］にすることで、グラフの側面にシャドウを入れます。

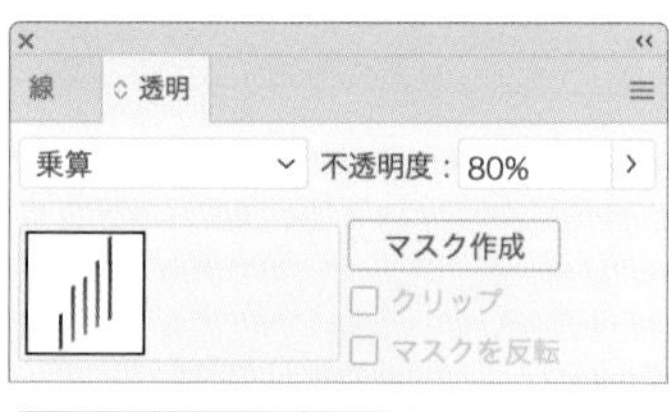

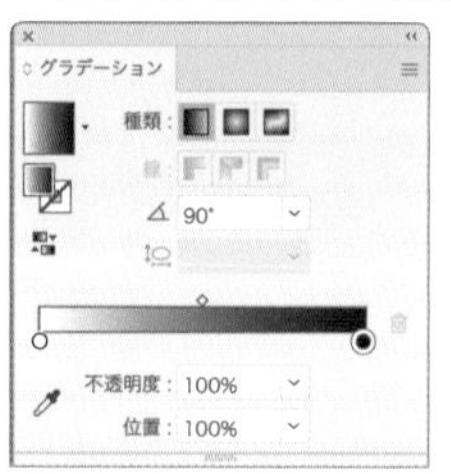

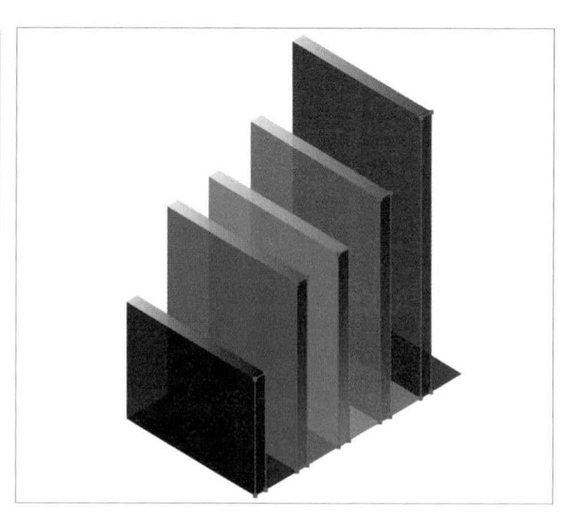

棒グラフの側面に影を入れる

STEP 10 最後にグラフの下の長方形5つを選択します。アピアランスパネルメニューで“新規塗りを追加”を選択し、オブジェクトの塗りを追加して、スウォッチパネルで先ほど作成したグラデーションをクリックします。グラデーションパネルで［角度：－120°］、透明パネルで［描画モード：スクリーン］にすることで、グラフの側面に影を入れます。

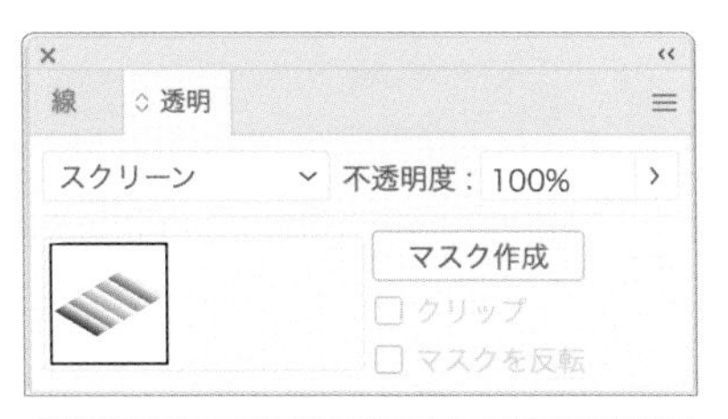

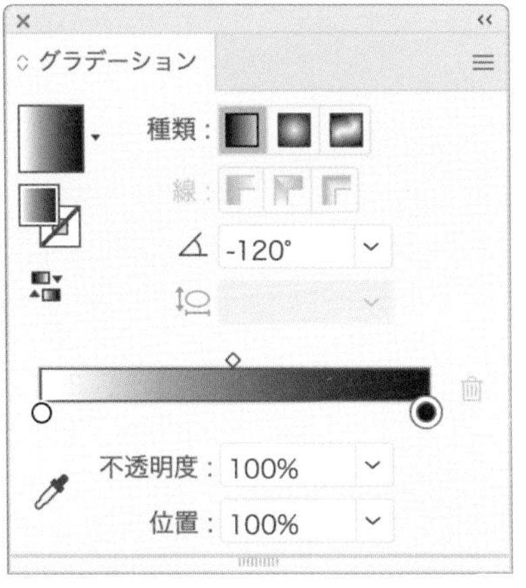

MEMO

グラフに重ねた数値は、文字ツールで数字を入力後、［効果／3D／回転...］を選択し、「回転」ダイアログを開き［位置：アイソメトリック法-左面］を選択することで、グラフにぴったりの数字の角度になります。

数値で割合を調整できるアイコングラフ

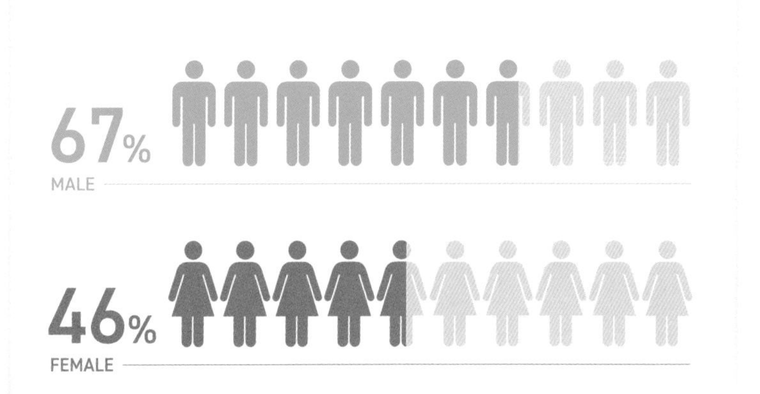

インフォグラフィックで多用されるアイコンを並べて割合を表したグラフ。普通に作成すると割合に応じた塗りの範囲の調整が意外と面倒です。アピアランスをうまく活用することで、実際のデータの数値を使って塗りの範囲を調整できる構造になります。

制作・文 高橋としゆき

使用アプリケーション
Illustrator 2022
Photoshop

制作ポイント
➡均等に並べたパーツを複合パスにして1つにまとめる
➡重ねた塗りの大きさを変形効果で変える
➡切り抜き効果でアイコンの形に切り抜く

アイコンを並べてグラフのベースを作る

STEP 01 まずは、グラフに使うアイコンを作成します。形はどのようなものでも構いませんが、ここではあらかじめ用意した人型のピクトグラムをパーツとして使いましょう。「pict1.ai」のファイルを開いてすべてを選択してコピーし、作業用のドキュメントに戻りペーストします。

MEMO

もしアイコンを自作する場合、線を使わず塗りのみの状態にしておくことがポイントです。オブジェクトメニュー→"パス"→"パスのアウトライン"を実行して線を塗りの状態に変換したあと、すべてを選択してパスファインダーパネルの［合体］で1つのオブジェクトに合体しておきましょう。

STEP 02 パーツを選択ツールで右方向へoption〔Alt〕+ドラッグして、適当な位置に複製を作ります。複製ができたら、command〔Ctrl〕+Dを8回押して複製を繰り返し、パーツが合計10個になるようにします。すべてのパーツを選択し、整列パネルの[垂直方向中央に整列]をクリックして、縦のラインを揃えます。

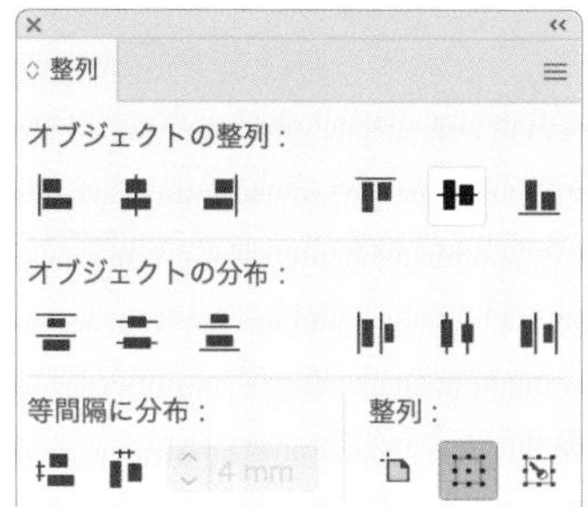

STEP 03 再びすべてのパーツを選択し、選択ツールで一番左のアイコンをクリックします。この状態で整列パネルの[等間隔に分布]の[間隔値]に[4mm]と入力し、[水平方向等間隔に分布]をクリックします。これで、アイコンがすべて4mm間隔に並びます。

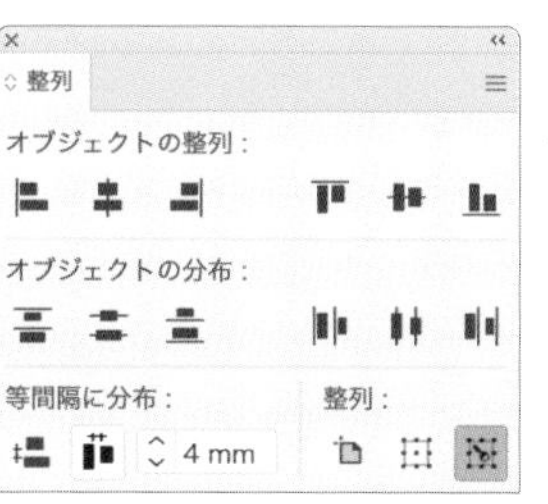

[間隔値]に[4mm]を入力したあと、[水平方向等間隔に分布]のアイコンをクリック。

MEMO

複数オブジェクトを選択した状態で、特定のオブジェクトを選択ツールでクリックすると、整列や分布の基準となる「キーオブジェクト」になります。「キーオブジェクト」に指定されたオブジェクトは、選択枠が太く表示されます。

STEP 04 すべてのパーツを選択した状態で、オブジェクトメニュー→“複合パス”→“作成”を実行し、全体を複合パスにします。その後、カラーパネルで[塗り：C0／M0／Y0／K20]、[線：なし]にします。

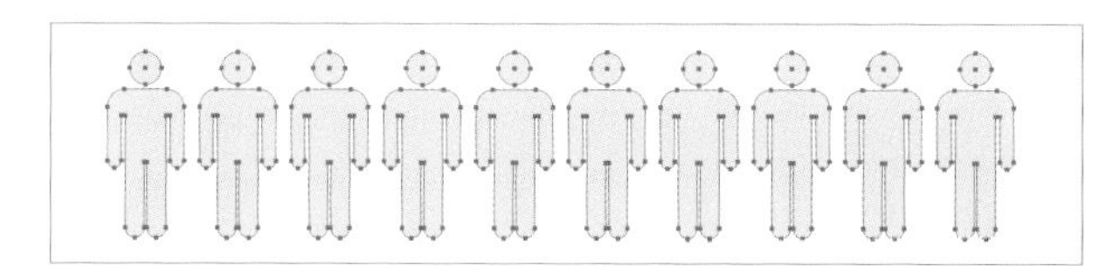

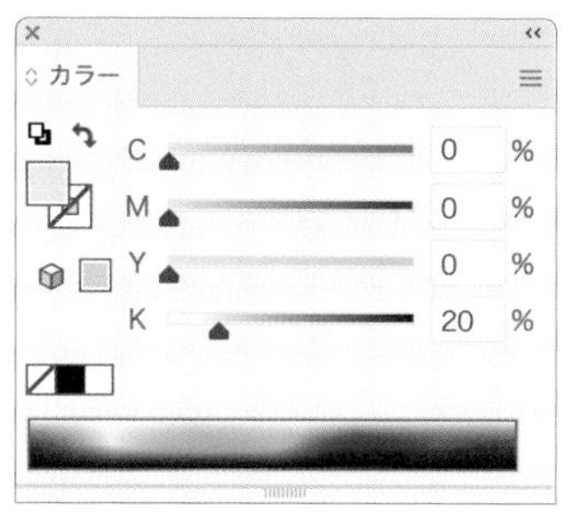

グラフの範囲を示す塗りを追加する

STEP 05 複合パスにしたパーツを選択します。アピアランスパネルを表示し、[塗り] の項目を選択して [選択した項目を複製] をクリックします。[塗り] の項目が2つに増えたら、上側の [塗り] をクリックして選択し、カラーパネルで [塗り：C70／M0／Y15／K0] に変更します。

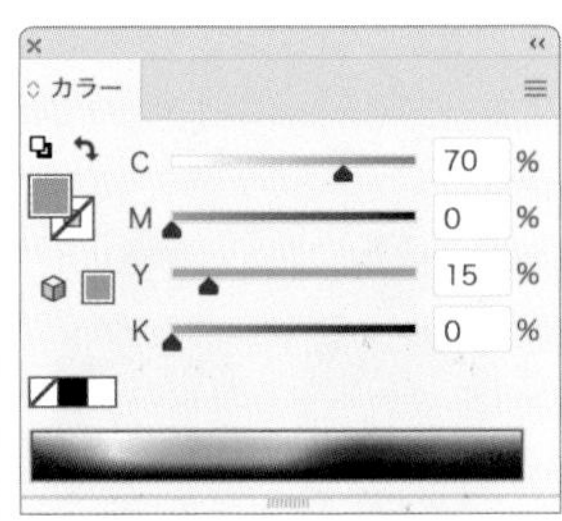

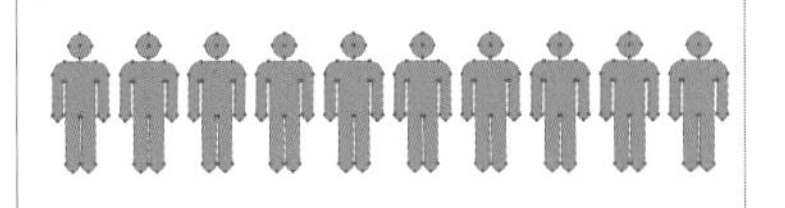

STEP 06 アピアランスパネルで青色にした [塗り] を選択した状態で、効果メニュー→“形状に変換”→“長方形...”を選択し、[オプション：値を追加]、[幅に追加：2mm]、[高さに追加：0mm] に設定して [OK] をクリックします。青色の塗りが長方形になりました。

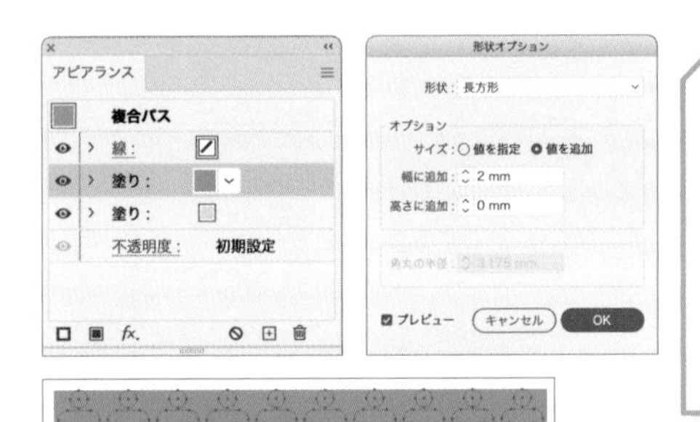

MEMO

「形状に変換」ダイアログで幅に追加する値は、パーツを並べたときに間隔として指定した値の半分とします。今回は4mm間隔なので、その半分の2mmを指定しました。

STEP 07 アピアランスパネルで青色の [塗り] の左端にある [>] をクリックして内容を展開し、中にある [長方形] の項目をクリックして選択します。効果メニュー→“パスの変形”→“変形...”を選択し、変形の基準を左中央に設定して、[拡大・縮小] の [水平方向] に、グラフとして表したいデータの割合を入力します。たとえば、67%を表したいときは [水平方向：67%] とします。[OK] をクリックして変形効果を追加します。

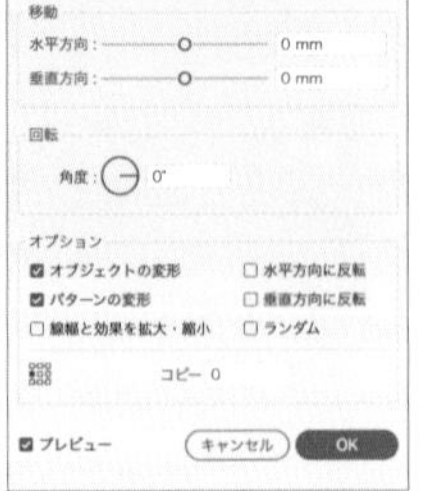

変形効果により長方形が左端基準で縮小しました。

塗りをアイコンの形状に切り抜く

STEP 08 アピアランスパネルの一番上にある［複合パス］の項目を選択し、効果メニュー→"パスファインダー"→"切り抜き"を選択します。警告が表示された場合、［OK］を押してそのまま進めましょう。アピアランスパネルで［複合パス］の項目の下に［切り抜き］が追加されましたが、見た目に変化はありません。

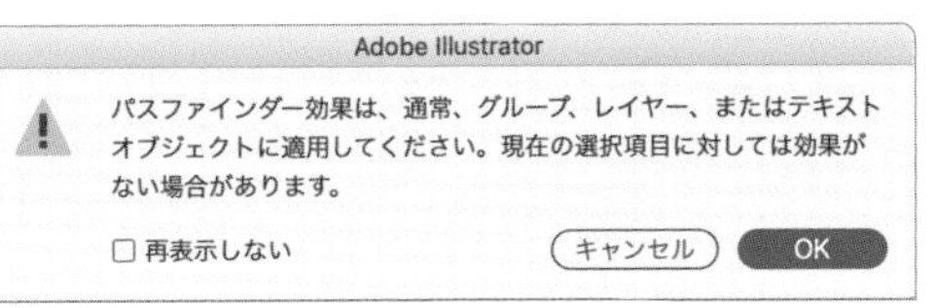

STEP 09 ［切り抜き］の項目をドラッグして、最下部の［不透明度］の1つ上に移動します。青色の塗りがアイコンの形に切り抜きされました。これでグラフは完成です。

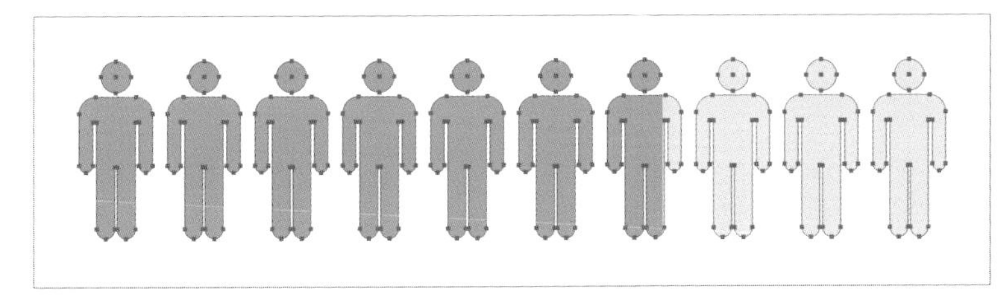

STEP 10 グラフの範囲を調整したいときは、アピアランスパネルの青色の塗りの中にある［変形］の文字をクリックして変形のダイアログを開き、［拡大・縮小］の［水平方向］に設定した値を変更します。

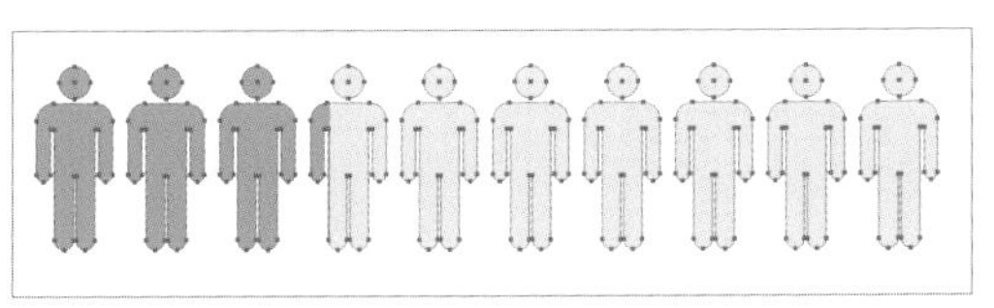

変形の値を変更することでグラフの範囲が自動で変わります。

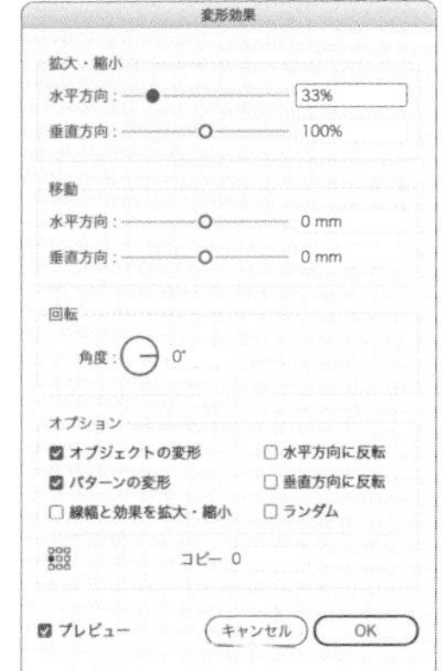

アレンジを加えた見やすい円グラフ

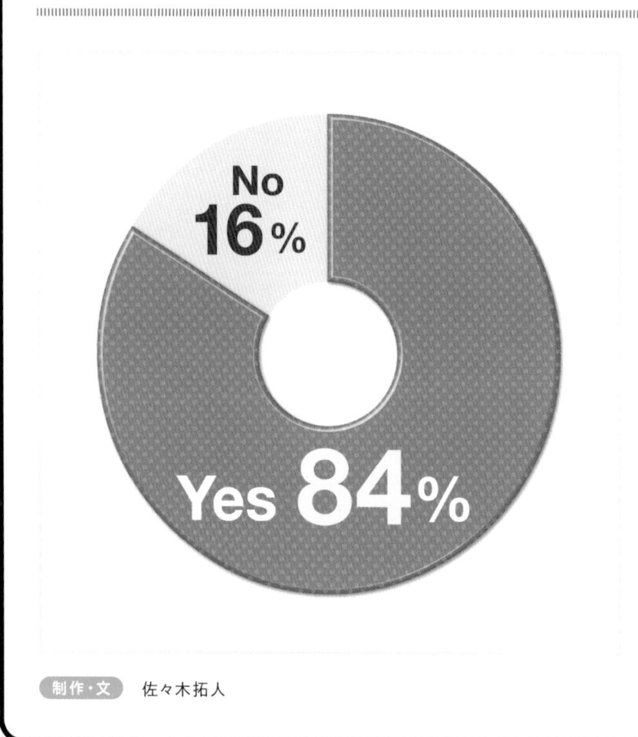

データをきちんと伝えるための円グラフでも、少しデザインを加えてあげるだけで随分と親しみやすく、目にも優しい訴求力のあるグラフになります。

制作ポイント

- ➡円グラフツールを使った円グラフにさらに手を加える
- ➡真ん中にスペースのある円グラフにすることで軽やかさを出す
- ➡3D：押し出し・ベベルの使用で立体感のある円グラフに
- ➡ドットのパターンを適用してポップさを追加

制作・文　佐々木拓人

使用アプリケーション
Illustrator CC 2019 | Photoshop

円を作成する

STEP 01 ツールボックスから円グラフツールを選択し、アートボード上でクリックします。出て来る画面に［幅：50mm］、［高さ：50mm］の値を入力します（数値はなんでも大丈夫です）。

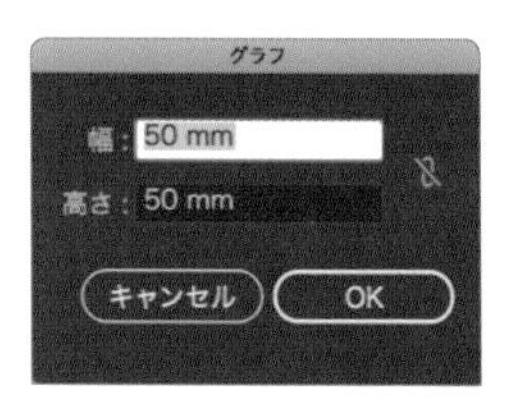

STEP 02 横列に［84］、［16］と入力・適用してグラフを作成します。

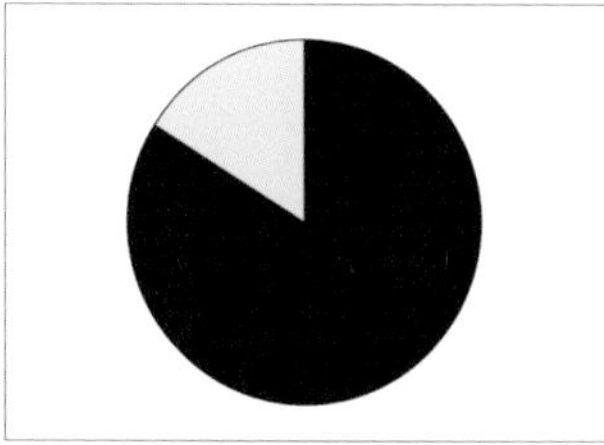

84.00	16.00				

STEP 03 グラフのグループ化を解除します。アラートが表示されるので［はい］をクリックします。

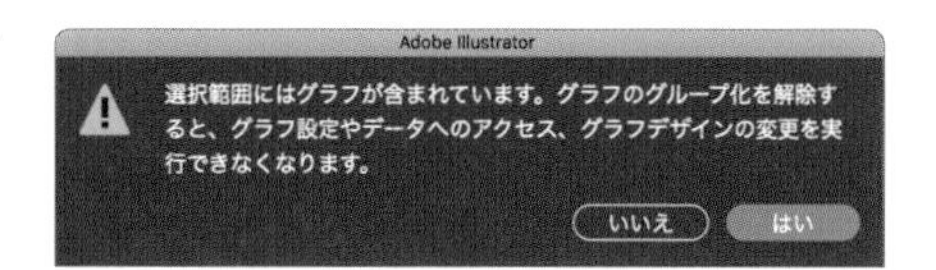

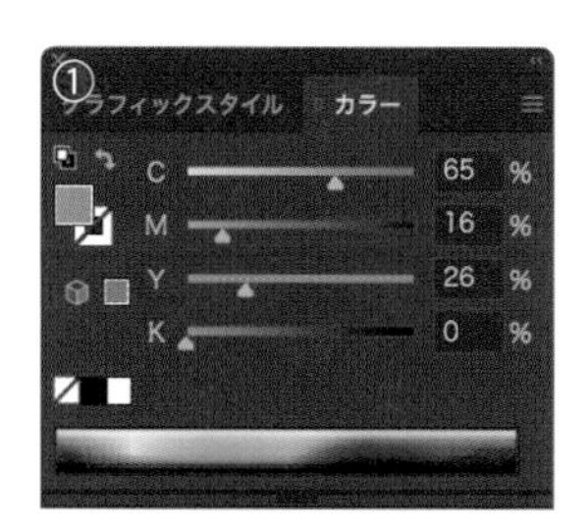

STEP 04 グラフの［塗り］を❶、❷に設定し、❸にします。ここで変形タブでサイズを調整します。［縦］、［横］をそれぞれ［50mm］に設定します（❹）。

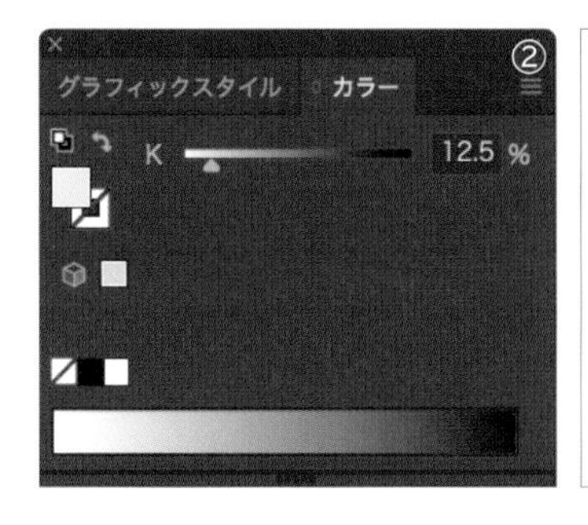

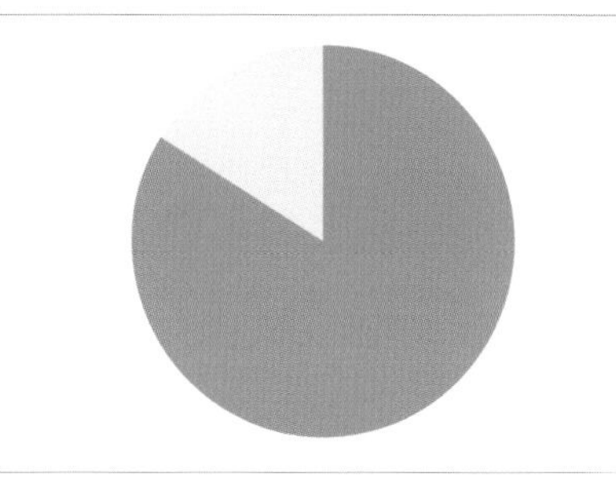

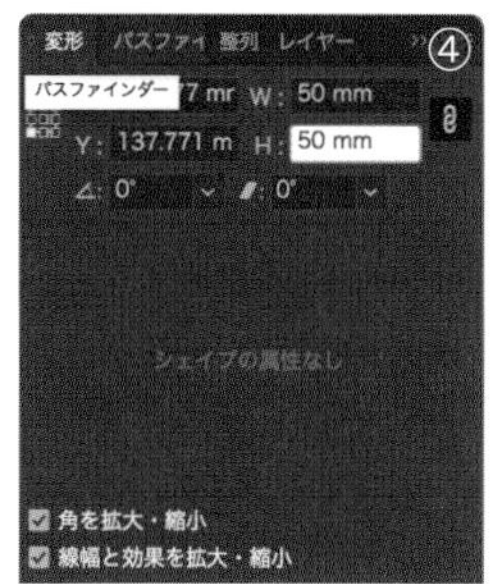

STEP 05 楕円形ツールで［幅：15mm］、［高さ：15mm］の値で円を作成します。［塗り］を［白］にして移動します。

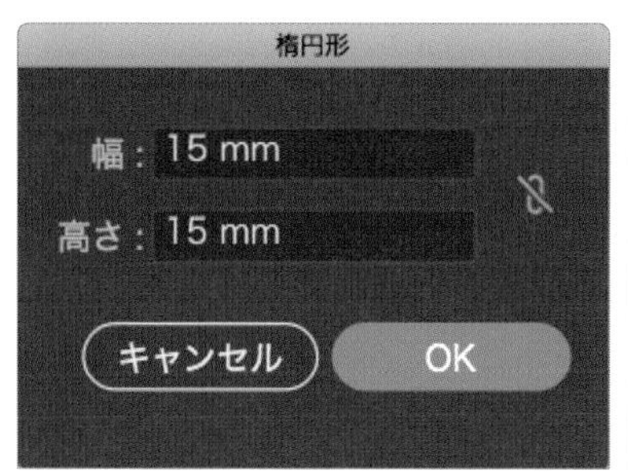

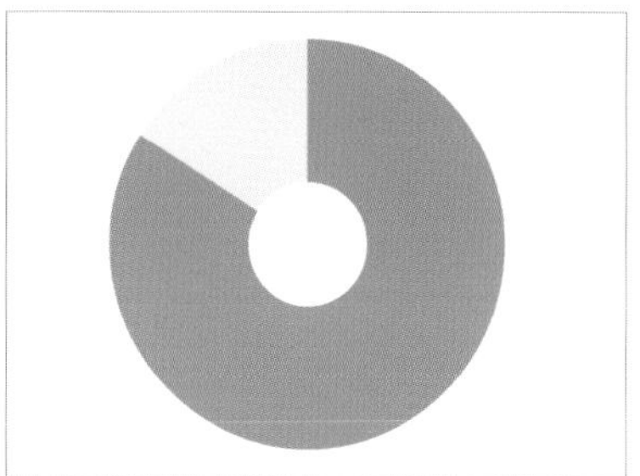

STEP 06 すべてを選択し、パスファインダーパネルで［分割］を実行します。中央部のいらないパスを消去し、グループ化を解除します。

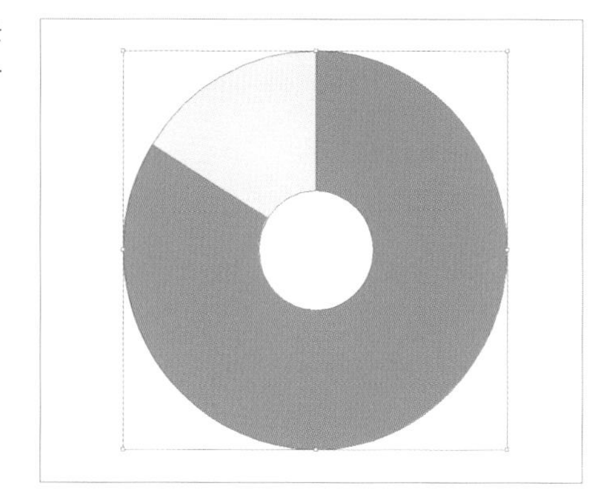

STEP 07

STEP 06で［塗り］を［グリーン］にしたオブジェクトを選択します。次に［3D：押し出し・ベベル］を選択し、出てきた画面で上部の設定を❺のようにします。詳細オプションを表示させ、❻のように入力し、❼にします。続いて「新規ライト」を追加し、❽の値を設定して、❾にしたら［OK］をクリックし適用させましょう。

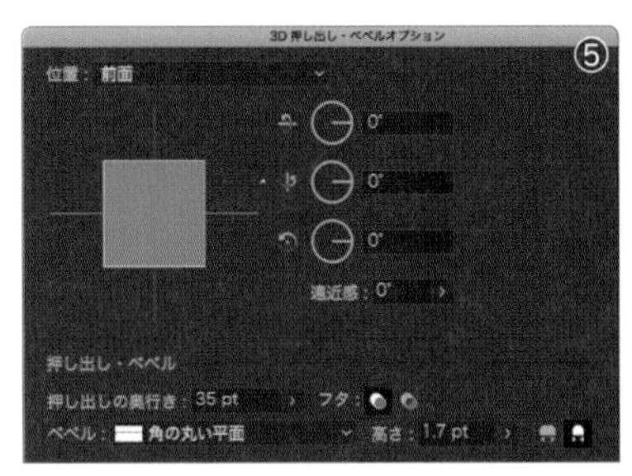

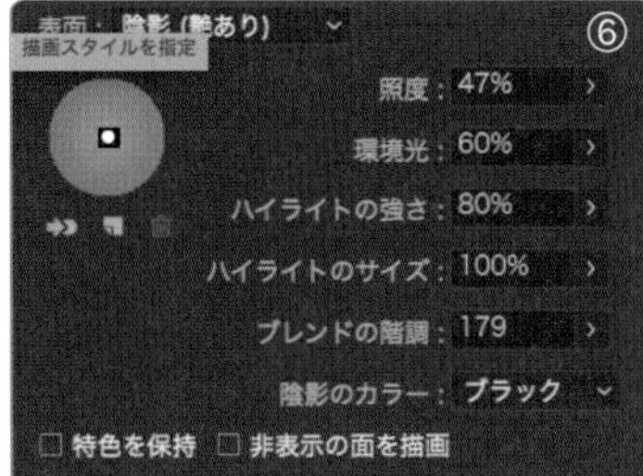

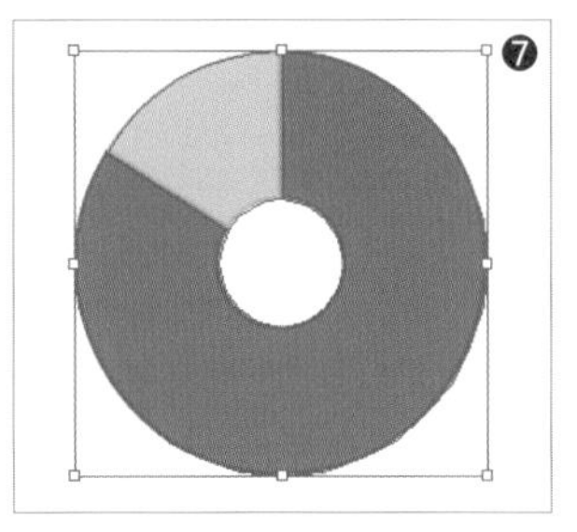

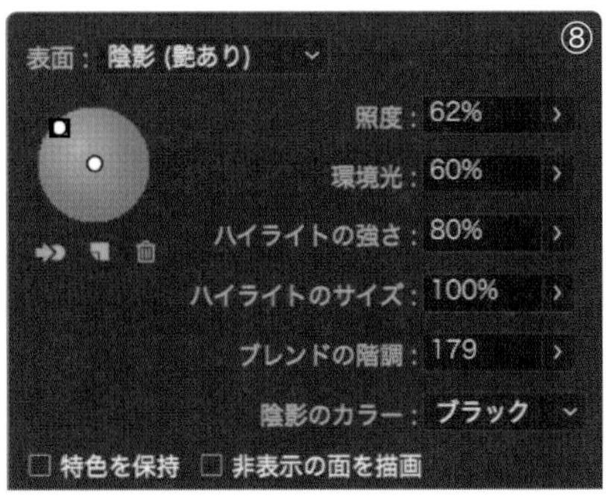

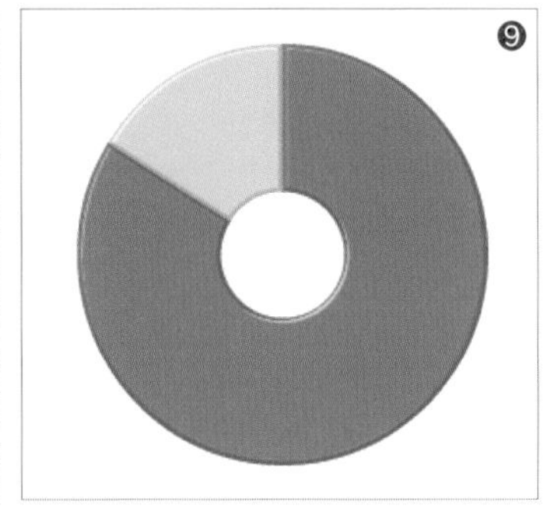

STEP 08

続いて、STEP 07のオブジェクトにドロップシャドウを❿の値で適用します。

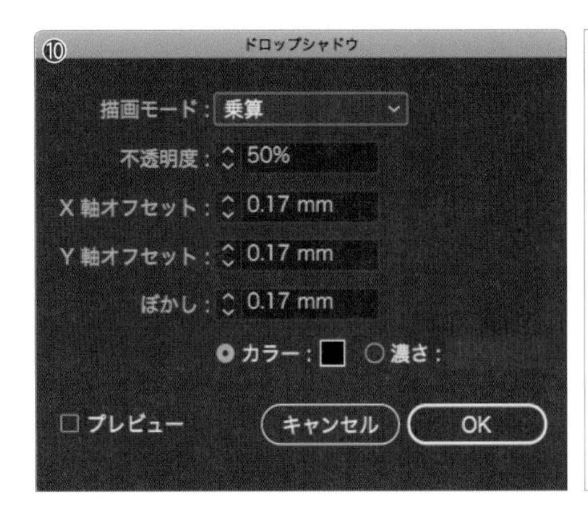

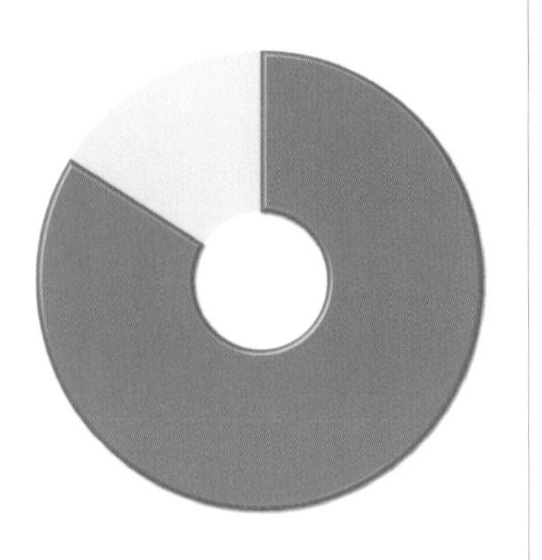

ドットの模様を作成する

STEP 09 楕円形ツールで［幅：1mm］、［高さ：1mm］の円と、長方形ツールで［幅：2mm］、［高さ：2mm］の正方形を作成します。それぞれを［整列：水平・垂直方向中央］で整列させましょう（わかりやすく円は［塗り：スミ］、正方形は［線：スミ］で表示）。円の［塗り］を「白」、正方形の［塗り］・［線］とも［なし］にし、正方形を最背面に移動したら、両方を選択しスウォッチにドラッグしてパターンスウォッチとして登録します。

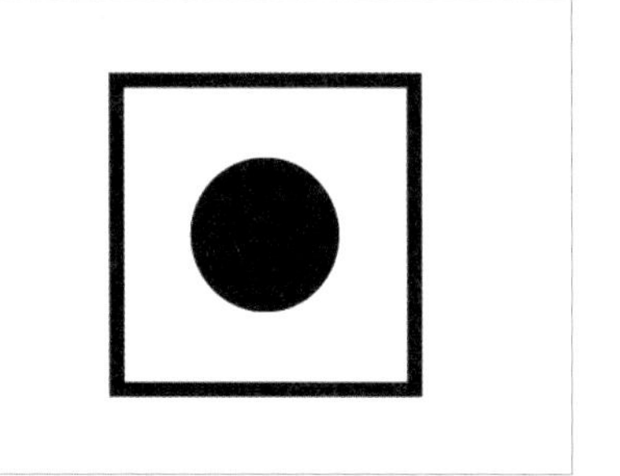

STEP 10 STEP 08のオブジェクトをコピー＆前面にペーストします。アピアランスパネルメニューで“アピアランスを消去”をクリックし、［塗り］に登録したパターンスウォッチを適用します。

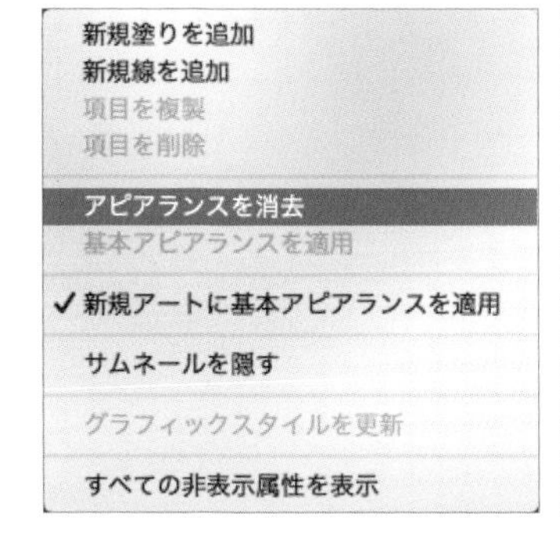

STEP 11 ［角度：45°］の値で回転を適用し、パターンのみを回転させます。

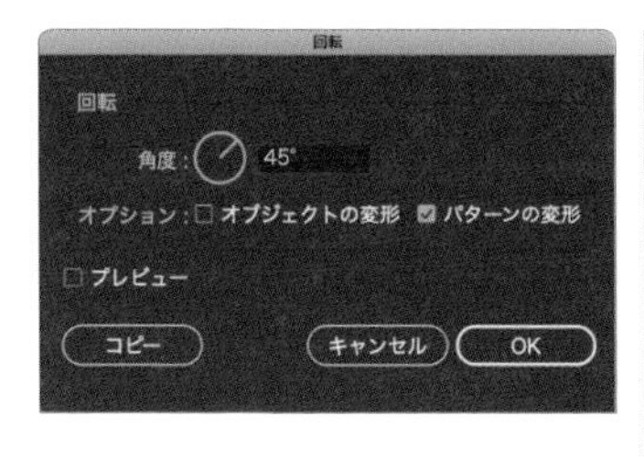

STEP 12　そのままで⑪の値で拡大・縮小を適用し、パターンのみを縮小させます。command〔Ctrl〕+Dで好みのサイズになるまで続けましょう。

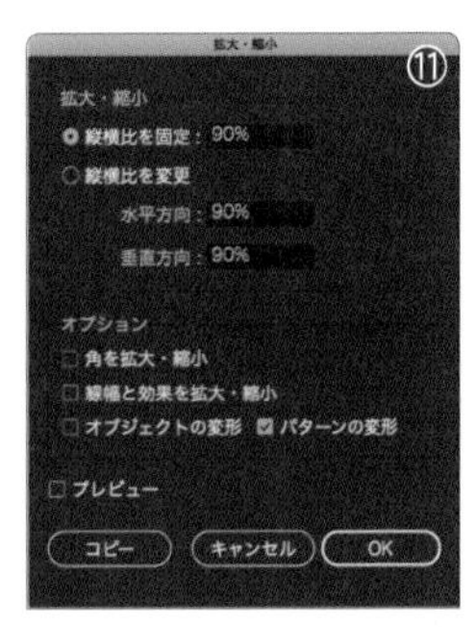

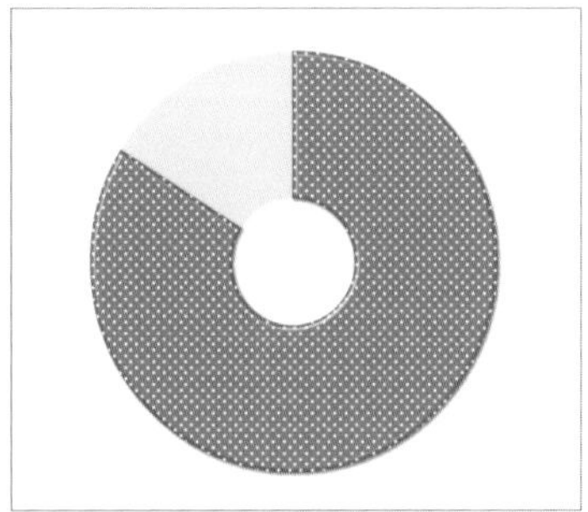

STEP 13　STEP 12のオブジェクトの［塗り］を⑫に変更し、必要な文字要素を配置したら完成です。

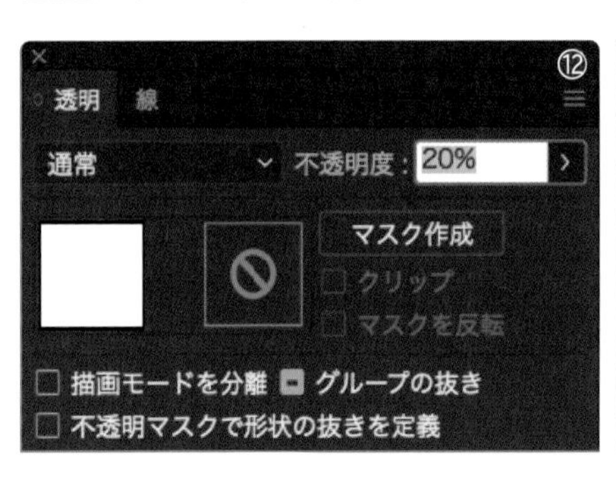

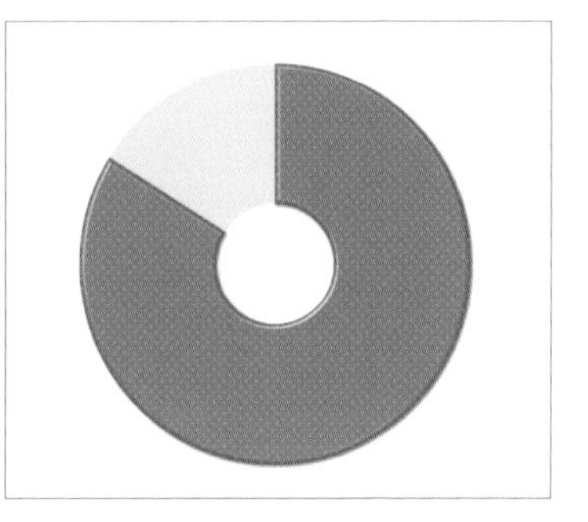

VARIATION

レイアウトを工夫して訴求力をアップ

真ん中の余白の部分を大きくとることで、その余白に質問を入れてしまうことも可能です。いくつかの円グラフが並ぶ場合などはレイアウトがしやすくなります。

CHAPTER

4

背景
テクスチャ

CHAPTER 4
01
シームレスな麻の葉柄パターン

日本の伝統な柄の1つである「麻の葉」柄。資料の表紙前面に使うのはもちろん、帯として罫としても使える万能柄です。柄を紙面の中心と揃えることでクオリティが上がります。

制作・文 佐々木拓人

使用アプリケーション
Illustrator CC 2019
Photoshop

制作ポイント
- ➡多角形ツールを使用し効率よく文様を作成する
- ➡スマートガイドの利用で作業効率アップ
- ➡破線の利用で縫い物の雰囲気を演出

文様を作成する

STEP 01 まずは多角形ツールで［半径：25mm］、［辺の数：6］の値で六角形を作成します。［線］設定を❶にして❷のようにします。回転ツールで［角度：-90°］の値で回転させ、❸にします（［線色：スミ］、［塗り：なし］）。

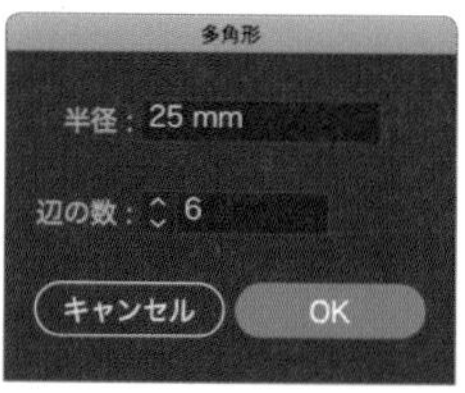

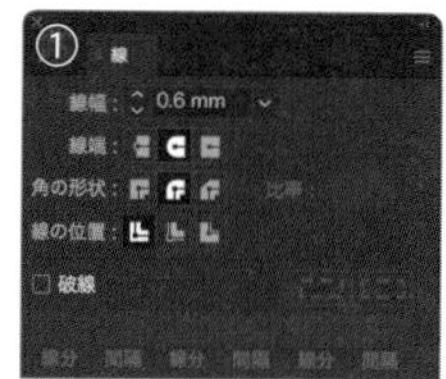

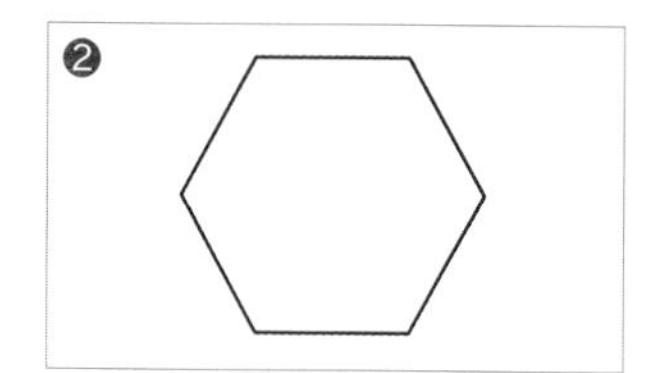

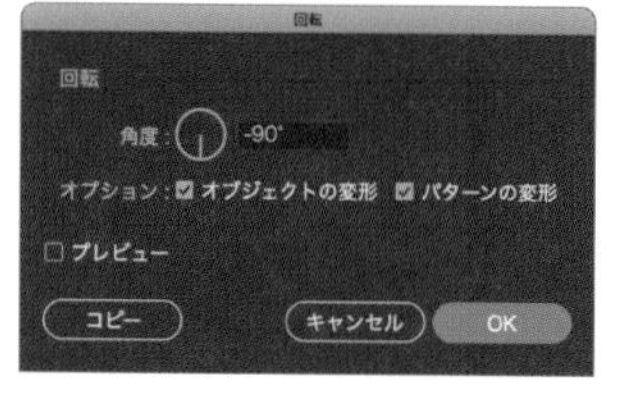

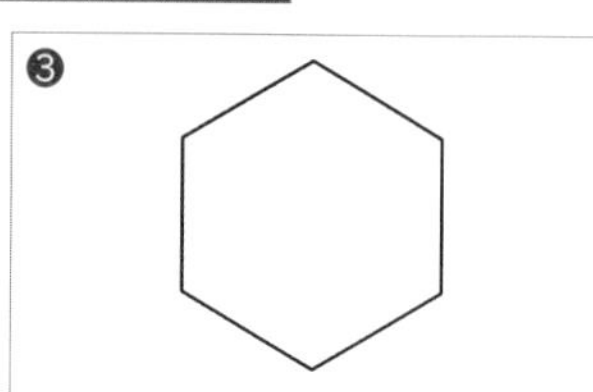

STEP 02 次にスマートガイドをオンにし、同じ線設定でペンツールで線を描きます。

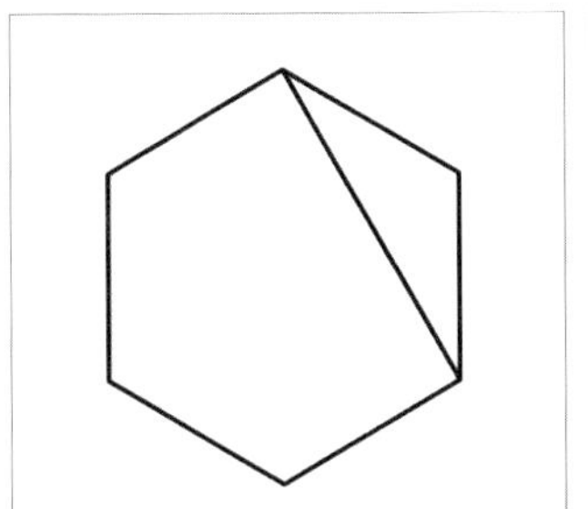

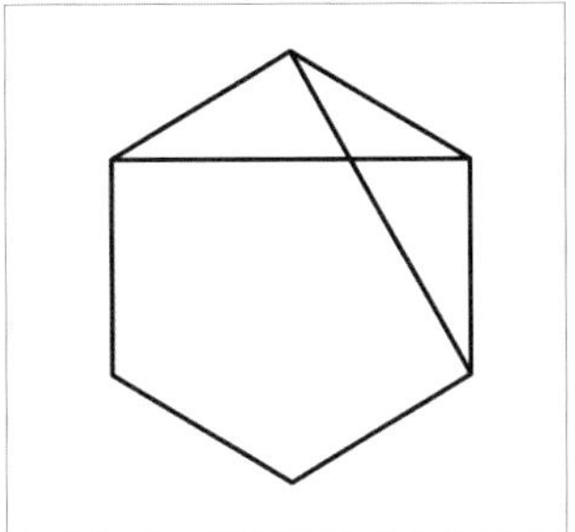

STEP 03 六角形の中心点を表示させて（❹）、中心点を始点にさらに線を描きます。

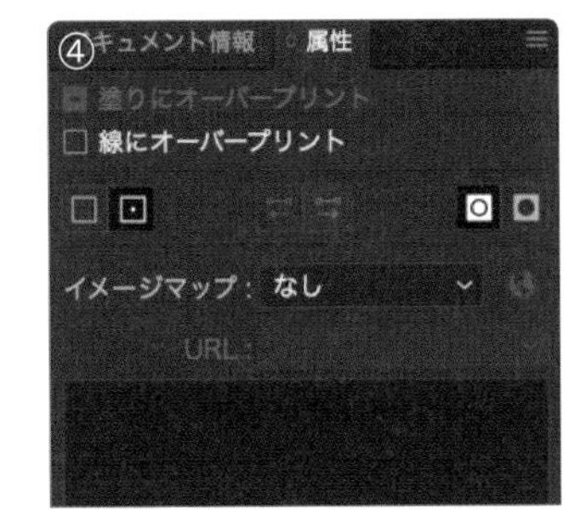

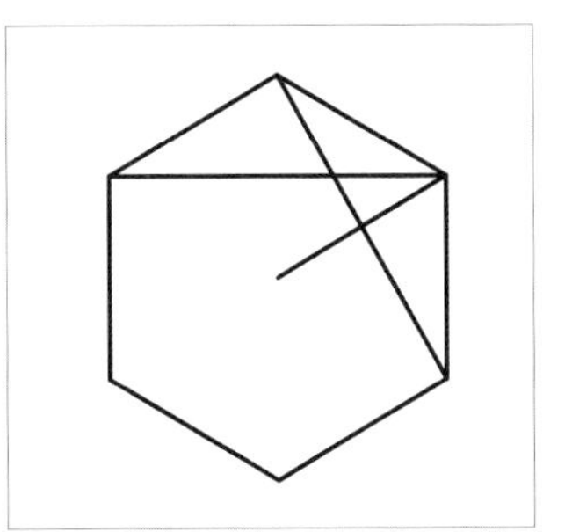

STEP 04 アンカーポイントを移動させ、最後に線を付け足します。

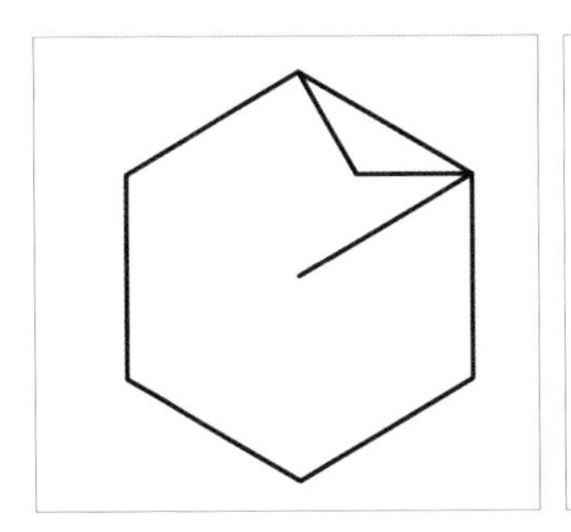

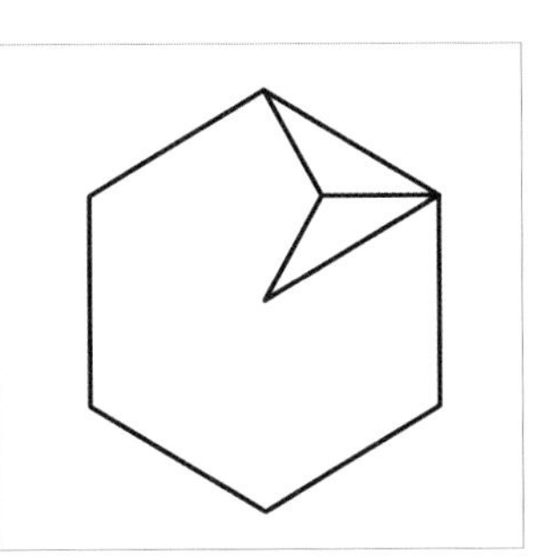

STEP 05 STEP 02〜04で描いた線を選択し、六角形の中心を軸に回転ツールで［角度：-60°］の値で回転コピーして、command〔Ctrl〕+Dで繰り返します。

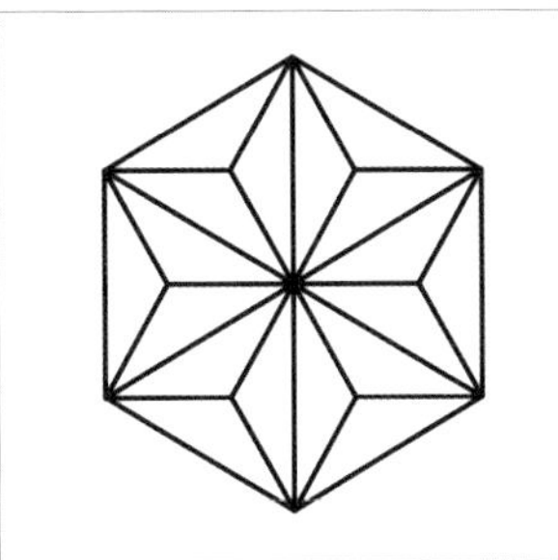

STEP 06

すべての線色を❺にし、六角形の塗りを❻の値に変更します（❼）。[線]設定を❽に変更します（❾）。

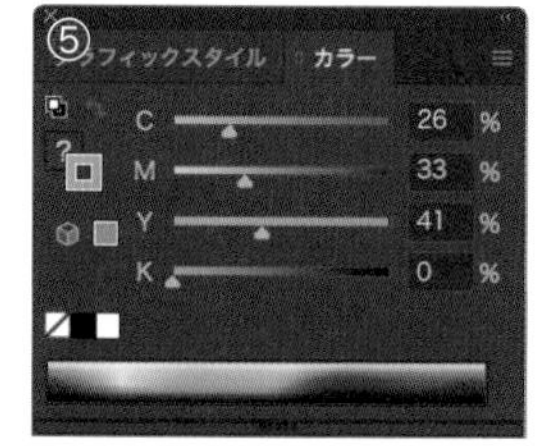

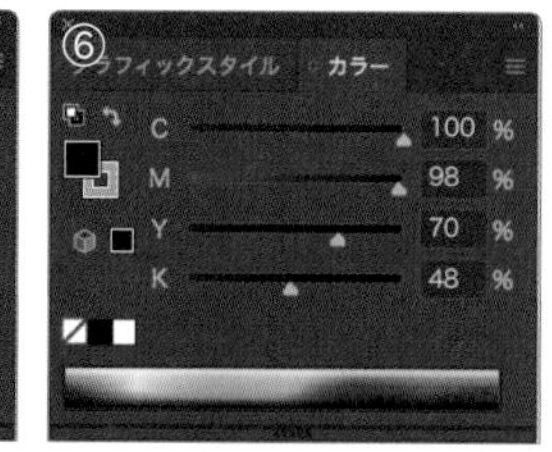

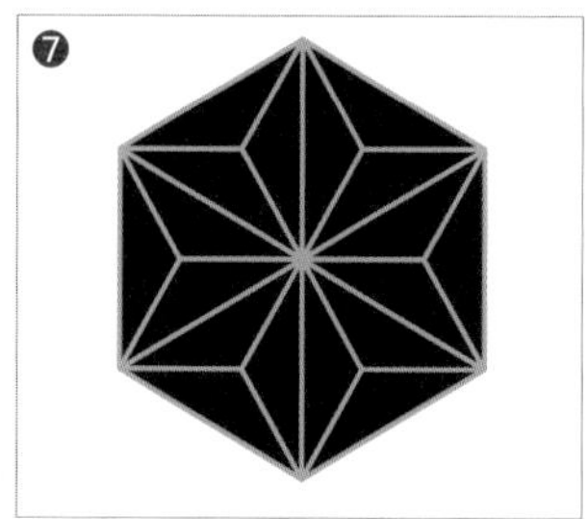

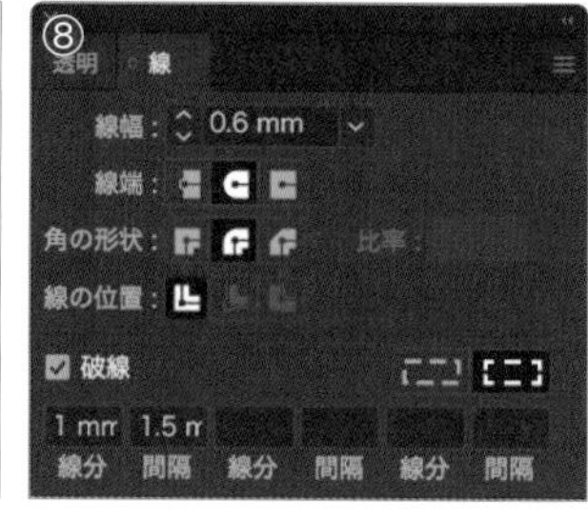

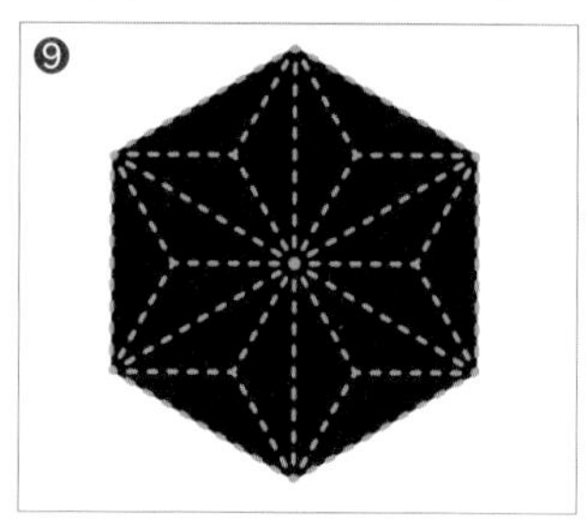

文様を組み合わせる

STEP 07

すべてを選択し、コピー＆ペーストを繰り返し組み合わせます。

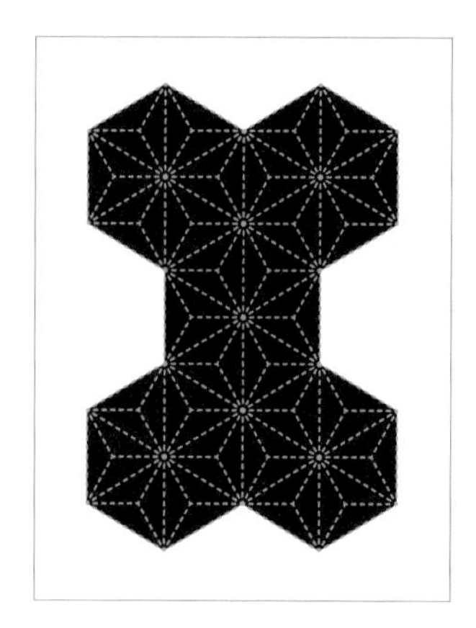

STEP 08

楕円形ルーツで［幅：9mm］、［高さ：9mm］と［幅：5mm］、［高さ：5mm］の設定で正円を作成します。両方を水平・垂直方向中央で揃えたら、線色、塗り、線設定をこれまで同様にして❿にし、コピー＆ペーストを繰り返し配置します（⓫）。

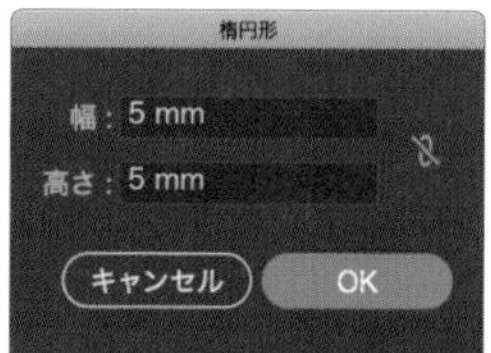

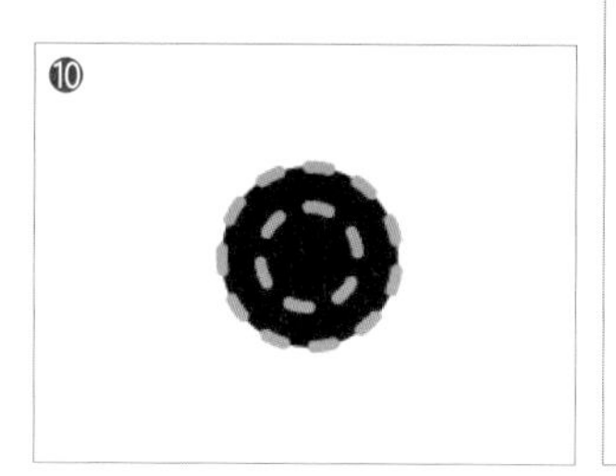

STEP 09

矩形ツールを使用して四角形を作成し、スマートガイドを頼りに⓬のように配置します（わかりやすく［線］は［赤］に）。［塗り］、［線］とも［なし］にしたのち、最背面に移動します。

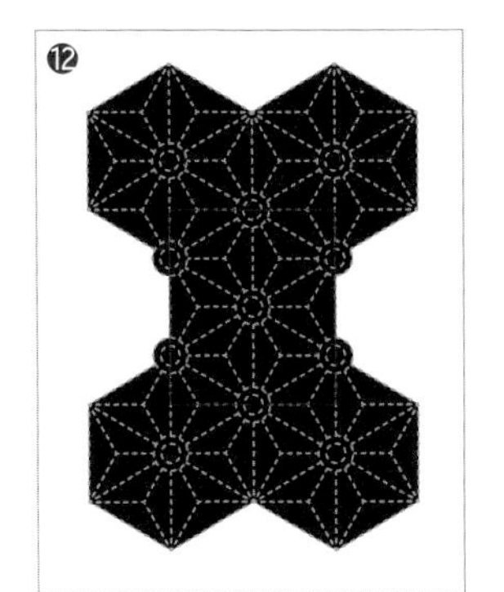

STEP 10

すべてを選択し、それをスウォッチリストに登録します。背景のサイズにした矩形の塗りにこのスウォッチを適用しましょう。

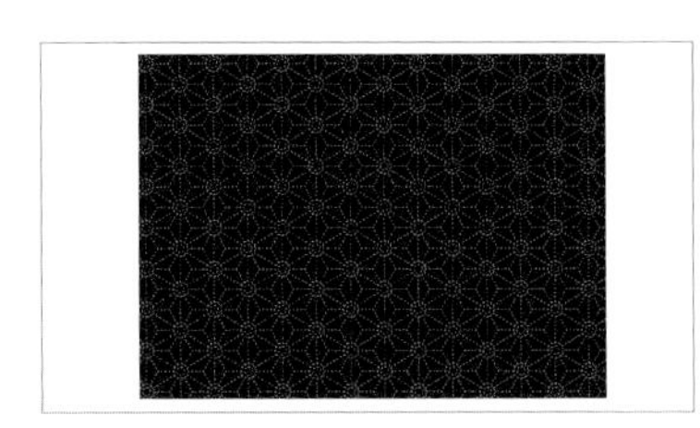

STEP 11

このままだと中心がずれていて気持ちが悪いので微調整します。❹と同様に属性タブで背景サイズの矩形の中心を表示させ、その中心とパターンの中心（最終的に中心としたい点）が角となる矩形を作成します（⓭）。そのサイズを確認し（⓮）、移動ツールで縦横サイズ分のパターンを移動（⓯、⓰）させるときれいに中心で揃います。

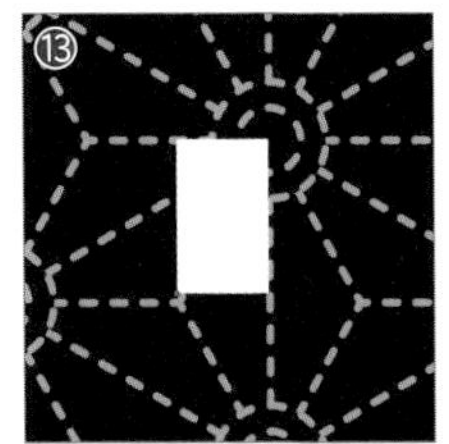

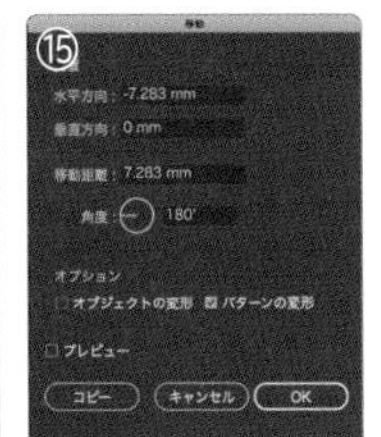

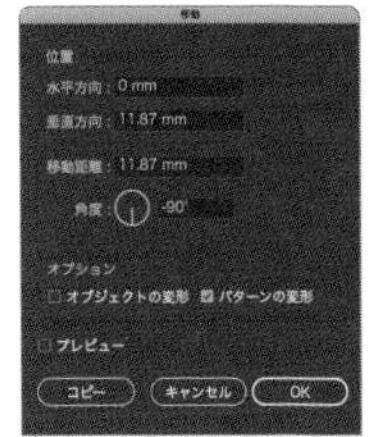

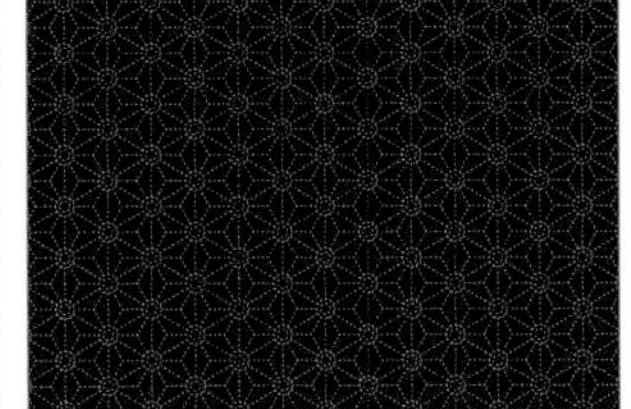

MEMO

今回はページの都合上割愛しましたが、縫い物の感じをよりリアルに出すにはパスに「効果：パスの変形：ラフ」を加えてパターンスウォッチに登録します（その場合重なり合っている余分なパスを消去するなど少し手間がかかります）。

VARIATION

背景を変えるだけでも応用が効く

背景色と線色の組み合わせで、パターンをいかようにも作れます。線色は変化させずに背景色のみを和の色で変更していけば、バリエーションをたくさん作成できます。

モザイクタイル風背景パターン

モザイクタイルを貼り並べたような、カラフルな連続パターンのアイデアです。パッケージ、チラシ、Webサイトの背景などにもおすすめです。CHAPTER 1の「クロスステッチ風の幾何学飾り」で紹介した方法で素材を制作し、「パターンツール」で連続パターンに仕上げます。

制作・文 anyan

使用アプリケーション
Illustrator 2021
Photoshop

制作ポイント

➡まずはグリット分割された正方形を、パターンの繰り返しの単位となる素材「タイル」として制作

➡パターン化した際に、全体でも繋がりのある印象になるよう設計する

準備する

STEP 01 配色用のスウォッチを必要数用意します（見本は5色設定）。今回は追ってカラーバリエーションを増やしていくので、設定したスウォッチをすべて選択したままパネル下部のフォルダーアイコンをクリックし、カラーグループとして管理しやすいようまとめておきます。長方形ツールを使用し、線0.5pt（[K70]）の色設定で素材となる正方形（見本は55mm正方）を作成します。

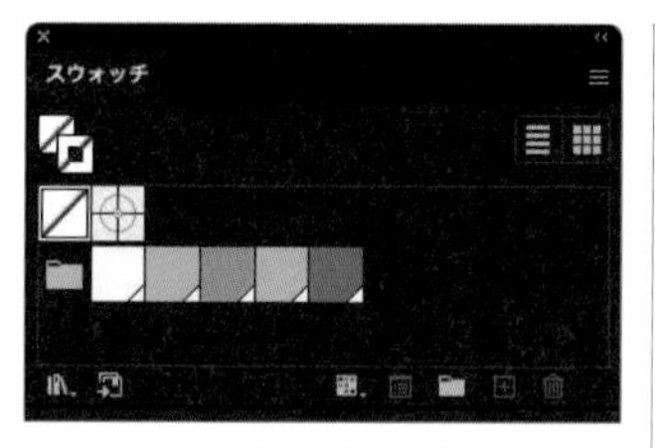

ここでは、左から[C0／M0／Y9／K0]、[C61／M0／Y40／K0]、[C10／M40／Y20／K0]、[C5／M20／Y75／K0]、[C80／M45／Y5／K0]としています。お好みのカラーを設定してもよいでしょう。

フォーマットを作成する

STEP 02 CHAPTER 1の07を参照し、同じ手順でフォーマットを作り、ライブペイントを適用します。

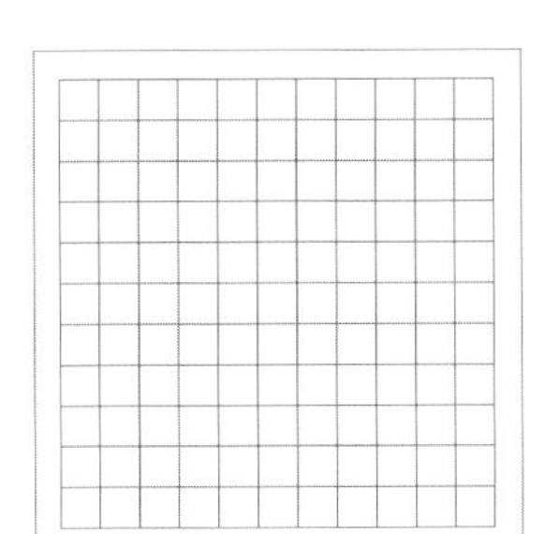

STEP 03 ベースにしたいカラーで全体に塗りを適用させたら、中心から順にライブペイントツールで着彩を施していきます。今回は、パターン化した際に上下左右にダイヤ型の図形が繋がるようなイメージでデザインを進めていきます。

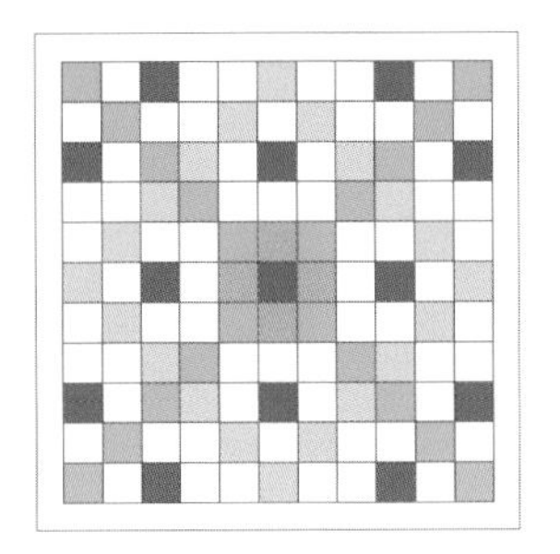

フォーマットを作成する

STEP 04 大まかにデザインができたら線のカラー設定を解除し、パターン登録（スウォッチパネル内にドラッグ）を行って、繋がり方を見ていきます。現状ではダイヤ型が交差する位置が1コマずつずれてしまっているので、右端と一番下の1列ずつ（画像ピンク線部分）を削除したうえで改めてパターン登録を行います。

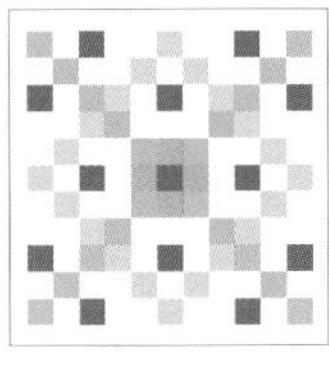

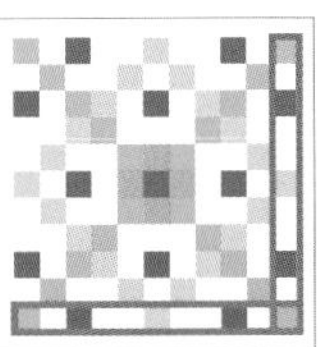

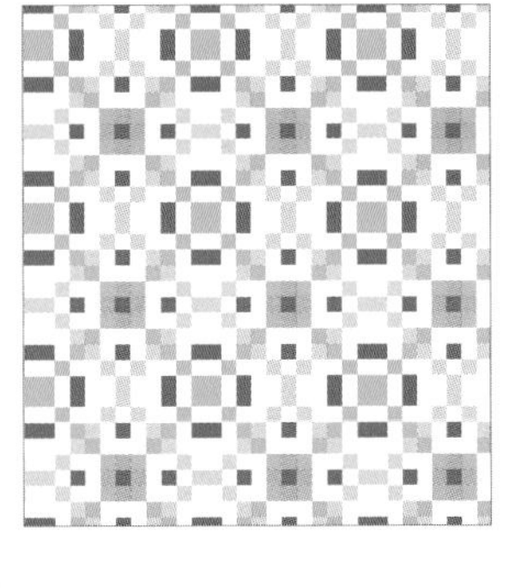

STEP 05 より自然な繋がりのあるモザイクパターンに仕上がりました（最初から偶数で行と列のグリットを設定する方法もありますが、センターの起点を作りやすい奇数設定で目安を付けてから調整するほうが、全体イメージを想像しやすくなります）。

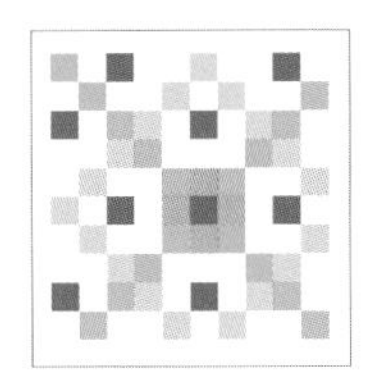

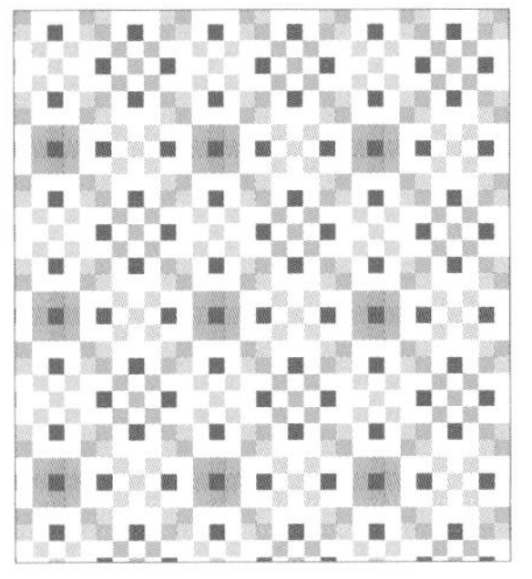

カラーバリエーションを追加する

STEP 06 次に「カラーガイド」を利用し、配色違いのパターンを追加制作していきます。スウォッチパネルから先ほど作成したパターンを選択し、作業画面上にドラッグします。パターンの元となるタイルデータがコピーされるので、このデータを選択したままカラーガイドパネルのメニューから「カラーを編集」を選択します。

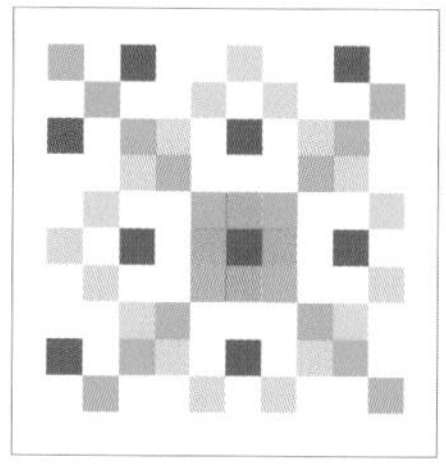

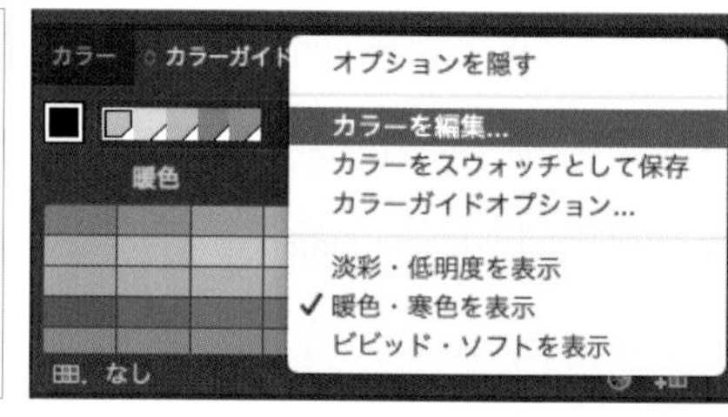

STEP 07 「オブジェクトを再配色」というパネルが表示されます。このパネルで個別のスウォッチを編集することも可能ですが、今回は上部の「ハーモニールール」の選択肢から簡易的に全体のカラー変更を行っていきます。

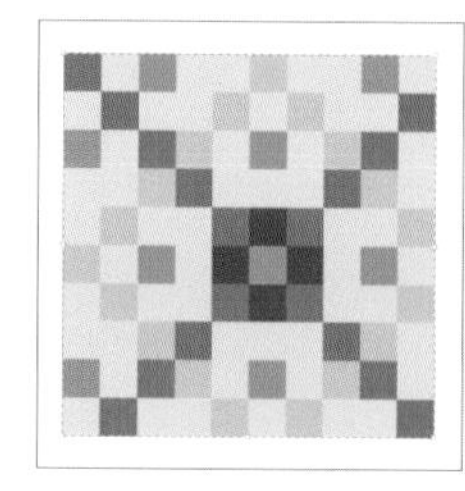

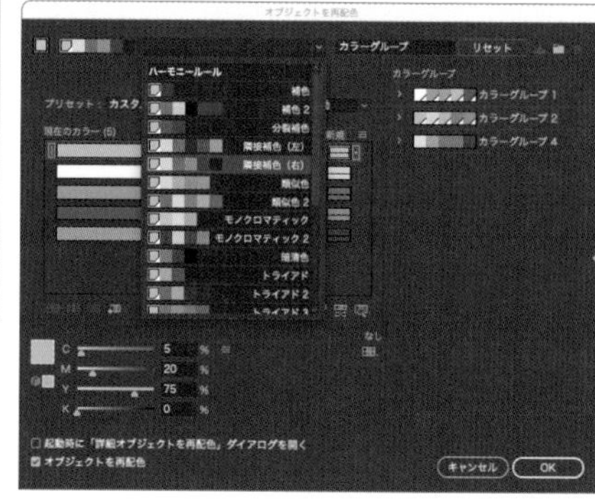

変更色のスウォッチを登録する

STEP 08 変更した各配色のスウォッチ登録を行っていきます。これにより、追加分をパターン登録したあとも個別のカラーをスウォッチパネルから調整することが可能になります。色変更を行ったパターンデータを選択し、スウォッチパネル下部のフォルダーアイコンをクリックします。新規カラーグループパネルが表示されるので、[選択したオブジェクト][プロセスをグローバルに変換]にチェックを入れて[OK]で実行します。

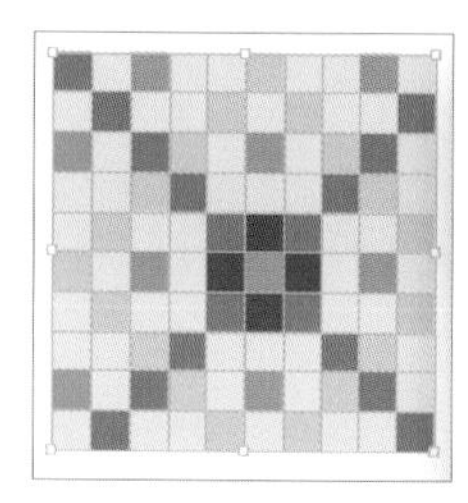

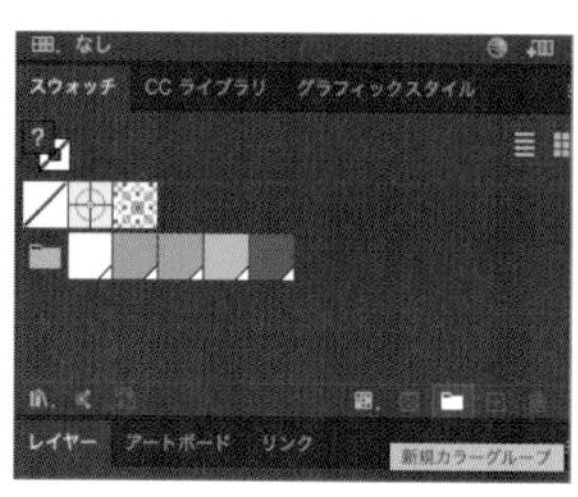

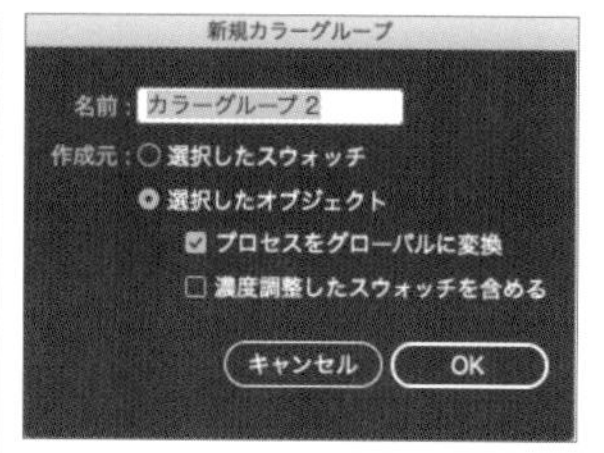

追加パターンを登録する

STEP 09 使用カラーがフォルダー内にまとめて登録されたら、パターンデータを丸ごとスウォッチパネル内にドラッグし、パターン登録行います。これで配色違いのパターン登録が完了です。調整が必要な際は、パターン展開したデータを表示させたうえで、スウォッチパネル内の変更希望色をクリックし修正を加えます。

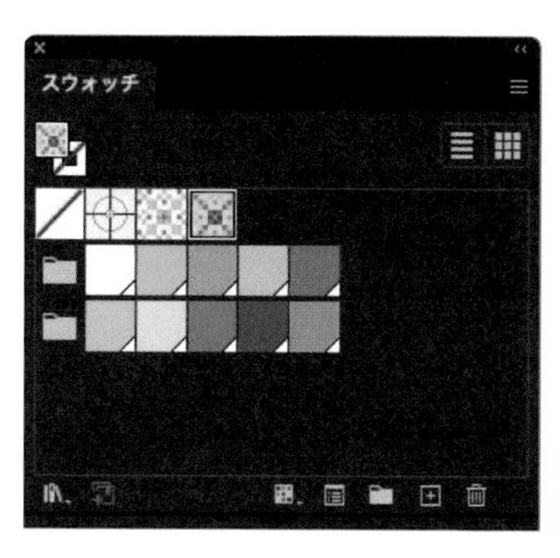

VARIATION

さらなる配色の追加も可能

同様（STEP 06〜09）の方法でさらに配色を追加していくことも可能です。

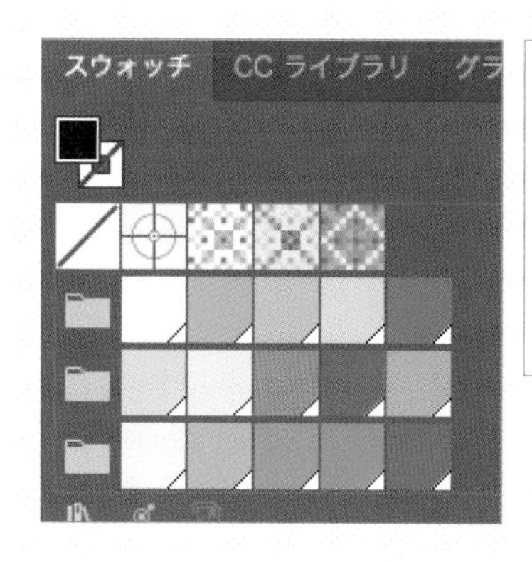

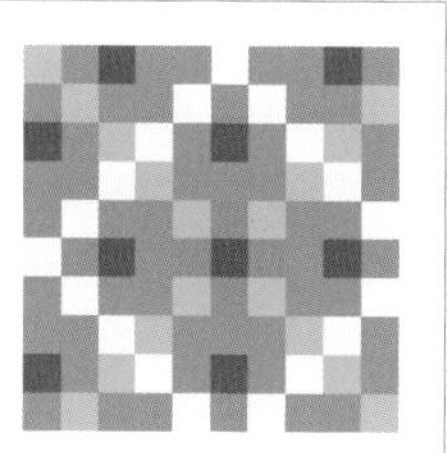

複数の飾りオブジェクトを散りばめた背景

野外遊びやものづくり体験などさまざまな遊びを通して学び、心身ともに成長することをうたう、幼児を対象とした有志ボランティアの子ども教室の広告バナーを制作します。楽しい雰囲気、「遊び」と「学び」の両立をランダムでカラフルなさまざまなオブジェクトを配置することで表現します。

制作・文 mito

使用アプリケーション
Illustrator 2021
Photoshop

制作ポイント
- ➡図形にパターンをあて、再配色で色を変更する
- ➡直線から波線へ形を変える
- ➡バランスよくランダムに配置する

新規アートボードを作る

STEP 01 ファイルメニュー→“新規…”から新規ドキュメントを作成します。[Web] を選択し、[幅：1200]、[高さ：628]、[ラスタライズ効果：スクリーン（72ppi）]、単位は [ピクセル] を設定して、[作成] をクリックします。

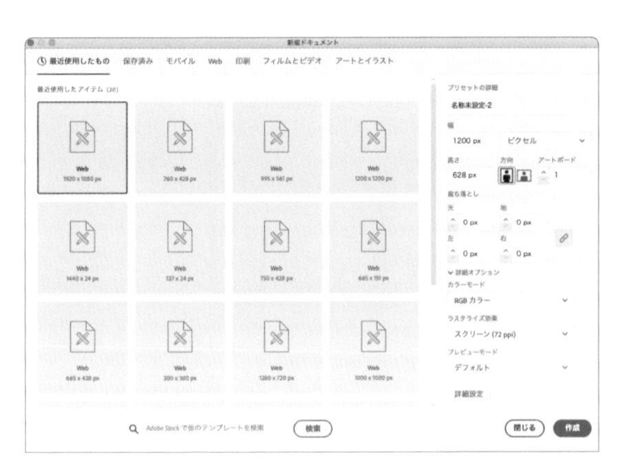

写真を配置して加工する

STEP 02 素材ファイルより「play.jpg」を選択し、アートボード上へドラッグし、配置します。

STEP 03 長方形ツールでその上にアートボードと同じサイズの長方形を作成し、グラデーションパネルで塗りの［種類］を［線形グラデーション］にします。グラデーションスライダーの左、右をそれぞれダブルクリックし、カラーパネルを表示させ、左から［R255／G255／B255］(#ffffff)、［R245／G176／B70］(#f5b046)を設定し、角度を［-90°］とします。線はなしです。

写真を暖色にすることで、ポップな印象になります。

STEP 04 上のツールバーより長方形の［不透明度］を［50%］にすることで、写真がきちんと見えるようにします。

文字を配置する

STEP 05 文字を配置します。「あそんでまなぼう！」は「AB-kirigirisu Regular」。「あそんでまなぼう！」を書き、［塗り］と［線］は［なし］にします。アピアランスパネルを表示し、テキストの新規塗りの追加から塗りを2つ追加し、(#ffffff)、［R255／G255／B255］(#f54889)、［R245／G72／B137］を設定します。

STEP 06 先ほど追加したピンクの塗りを選択し、アピアランスパネルの左下、［新規効果を追加］から“パスの変形”→“変形”で「変形効果」を追加します。

［移動］の値は［水平方向：5px］、［垂直方向：3px］に設定。

STEP 07 同じように「子ども教室」についても、アピアランスより塗りを2つ追加し、変形させ、ずらして配置させます。2つめの塗りの色は、[R21／G176／B236]（#15acec）、フォントは「FOT-筑紫A丸ゴシック Std B」です。

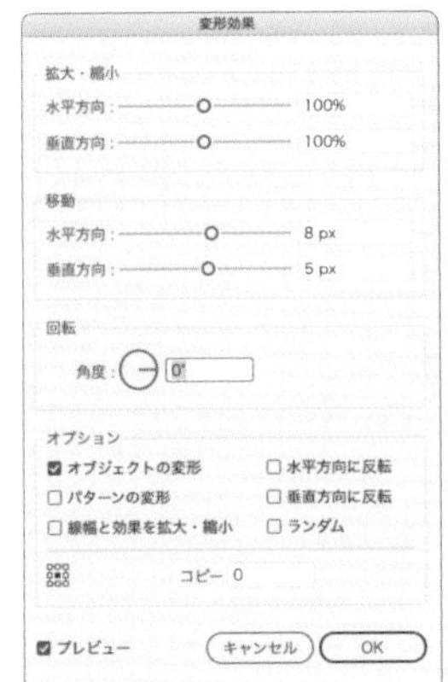

移動の値は［水平方向：8px］、［垂直方向：5px］に設定。

オブジェクトを作成する（スター、波線、直線）

STEP 08 まず、使用する色を3色決めます。作例では、ピンク系［R245／G72／B137］（#f54889）黄色系［R249／G237／B50］（#f9ed32）ブルー系［R21／G176／B236］（#15acec）の3色をランダムに配置することにしました。スターツールを選択し、スターを作ります。

STEP 09 このスターをコピーし、大きさを変え、複数配置します。

STEP 10 続いて波線を作ります。ペンツールを選択し、線を引きます、線のみで［線幅：6px］とします。

線：6 px　均等　3 pt. 丸筆　不透明度：100%

選択ツールに持ち替えて、上部のオプションバーより線幅を調整します。

STEP 11 効果メニュー→“パスの変形”→“ジグザグ...”をクリックしてジグザグウィンドウを開き、[ポイント]の[滑らかに]にチェックを入れます。

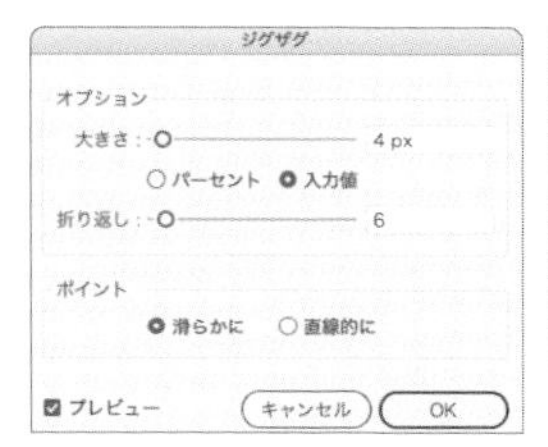

STEP 12 波線をランダムに複数配置します。

STEP 13 ペンツールで長さ違いの直線を追加し、ランダムに配置します。

MEMO

設定したジグザグは効果として追加されているのでアピアランスパネルからあとから調整することも可能です。

“ オブジェクトを作成する（作成した図形にパターンを適用し、色を変える） ”

STEP 14 ドット模様の円とストライプ模様の正方形、ストライプの三角形を作成していきます。まず、楕円形ツールを選択し、正円を作成します。

のちほど色を変更するので、塗りの色は何色でもよいです。

STEP 15 作成した正円を選択した状態でスウォッチを開き、左下のスウォッチライブラリメニューをクリックし、“パターン”→“ベーシック”→“ベーシック_点”でドットを選択します。

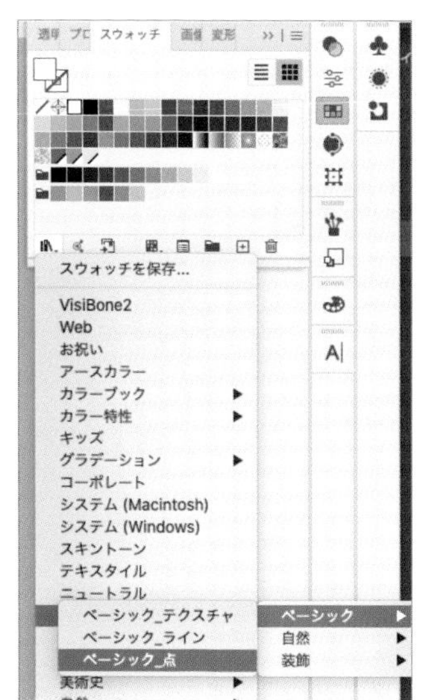

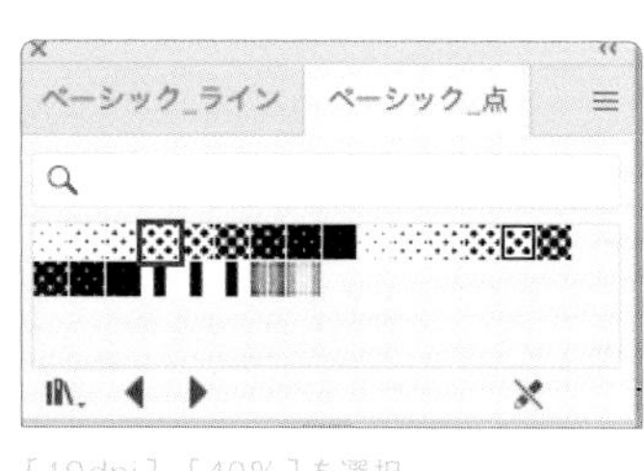

[10dpi]、[40%]を選択。

STEP 16
オプションバーの「オブジェクトを再配色」アイコンから新しいウィンドウを開き、[詳細オプション...]をクリックします。

右端のアイコンをクリック。

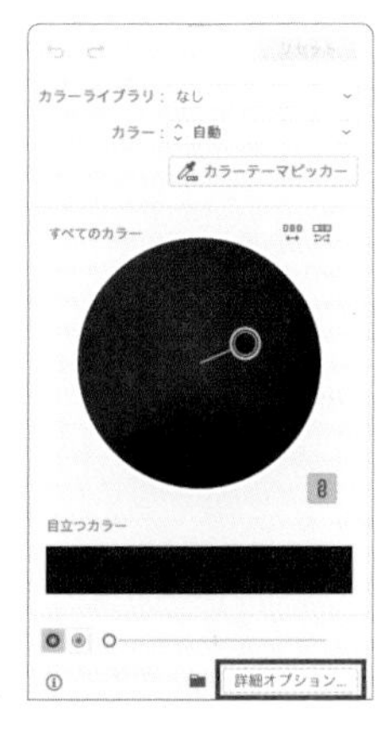

右下の[詳細オプション...]をクリック。

STEP 17
オブジェクトを再配色ウィンドウを開き、配色オプションを開き、[保持]の[ホワイト]、[ブラック]のチェックボックスを外します。

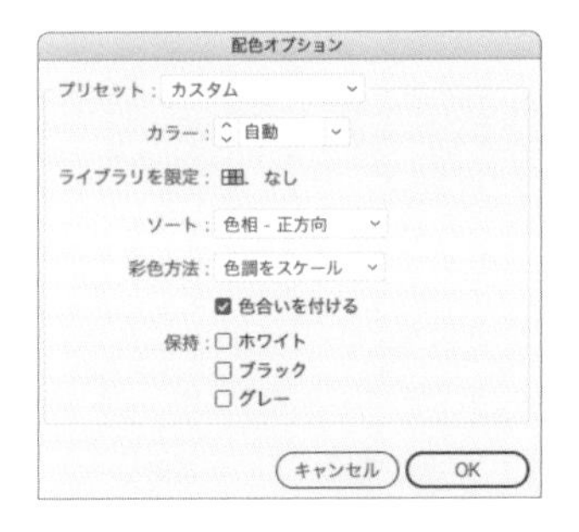

STEP 18
右下のカラーをクリックし、[R21／G176／B236](#15acec)に色を変更して、[OK]をクリックします。

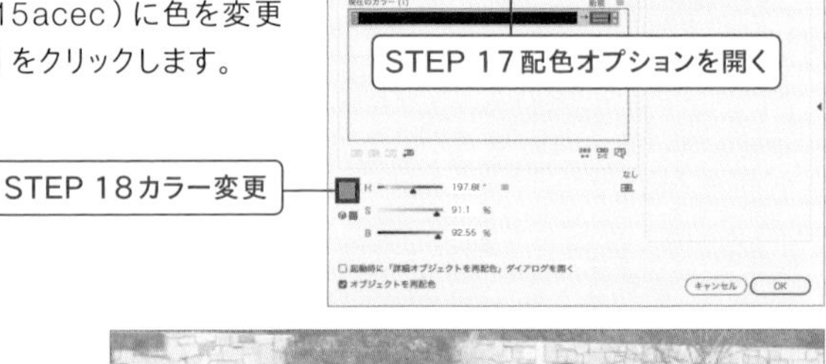

STEP 19
ドット模様の円をランダムに複数配置します。

STEP 20
同じような手順で、ストライプの正方形を作成していきます。長方形ツールを選択し、正方形を作成します。

STEP 21 作成した正方形を選択した状態でスウォッチを開き、左下のスウォッチライブラリメニューをクリックし、"パターン" → "ベーシック" → "ベーシック_ライン"でストライプを選択します。

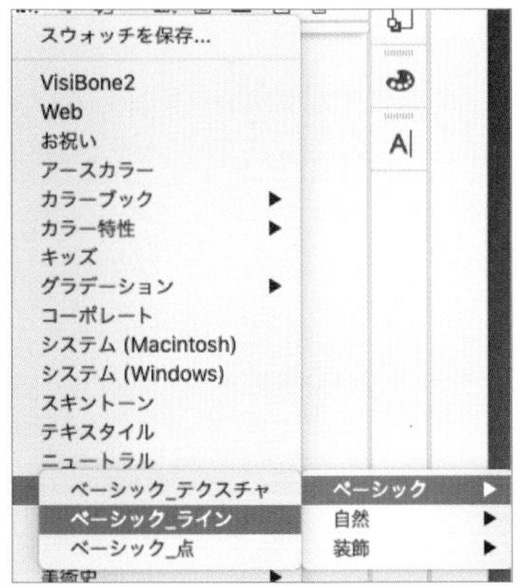

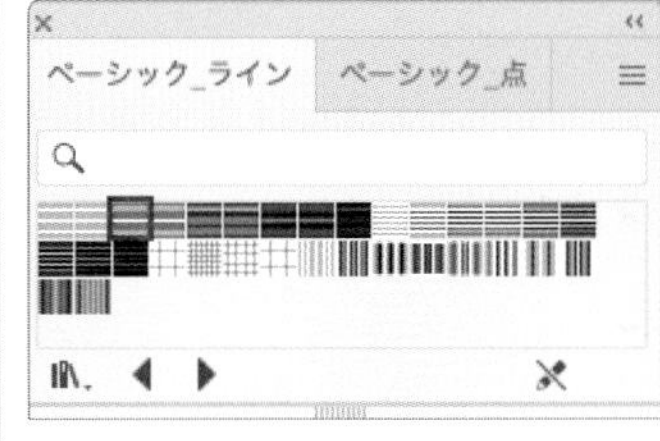

[10lpi]、[30%]をクリック。

STEP 22 再配色オプションを開き、STEP 18と同じ手順で[R245／G72／B137]（#f54889）に変更し、図形を選択した状態でマウスポインターをバウンディングボックスの角に移動し、回転させます。

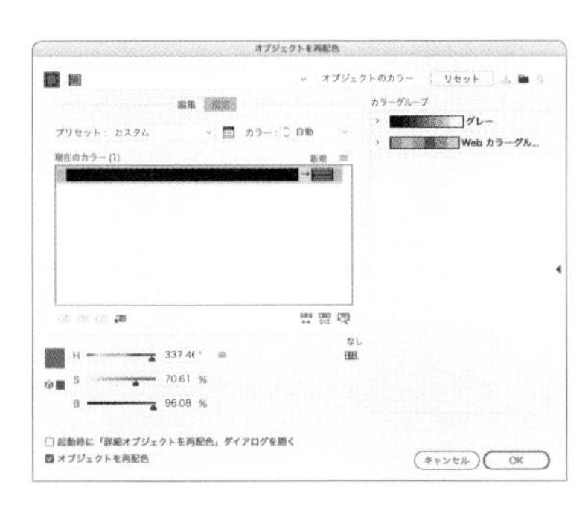

全体的なバランスを整えて完成させる

STEP 23 余白の不自然さなど全体的なバランスを整え完成です。

単一オブジェクトをランダムに展開させた背景

水族館内でのイベントでスクリーンに投影される、オープニングまでの待ち時間に使用するスライドを作ります。「泡」をイメージした円をランダムに背景に散らすことで、気泡が複数浮かんでいる様子を表現していきます。また、ランダムに配置することで動きが生まれ、生き生きとしたデザインになります。

制作・文 mito

使用アプリケーション
Illustrator 2021
Photoshop

制作ポイント

➡同一オブジェクトを複製し、規則正しく整列させる

➡ランダムな変形を行う

➡単一オブジェクトのランダムな背景と文字のバランスをとる

新規アートボードを作る

STEP 01 ファイルメニュー→“新規...”から新規ドキュメントを作成します。[Web] を選択し、[幅：1920]、[高さ：1080]、[ラスタライズ効果：スクリーン（72ppi）]、単位は［ピクセル］を設定して、[作成] をクリックします。

円を描く

STEP 02 楕円形ツールを選択した状態でアートボードをクリックし、楕円形ウィンドウを表示させ、[幅:200px]、[高さ:200px]と入力して、[OK]をクリックします。

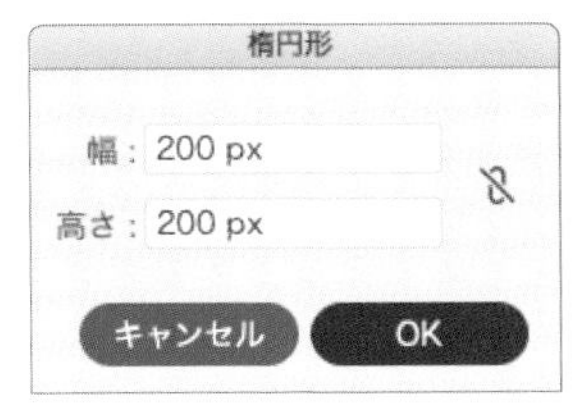

MEMO

色に関してはのちほど変更するので、この段階では何色でもよいです。線のみの泡にする予定ですので、[塗り]は[なし]でよいです。

円を水平方向に複製する

STEP 03 STEP 02で作成した円を左端に配置し、右方向へ等間隔に複製していきます。option〔Alt〕+shiftを押しながら移動することで水平方向に移動させ、1つ移動させたあと、command〔Ctrl〕+Dを押すことで、変形の繰り返しを行い、等間隔に円を複製します。

水平に並んだ円を垂直方向に複製する

STEP 04 選択ツールの状態で、STEP 03作成した水平方向に並んでいる円をすべて選択し、option〔Alt〕+shiftを押しながら、下方向へ移動させることで垂直方向へ移動させます。

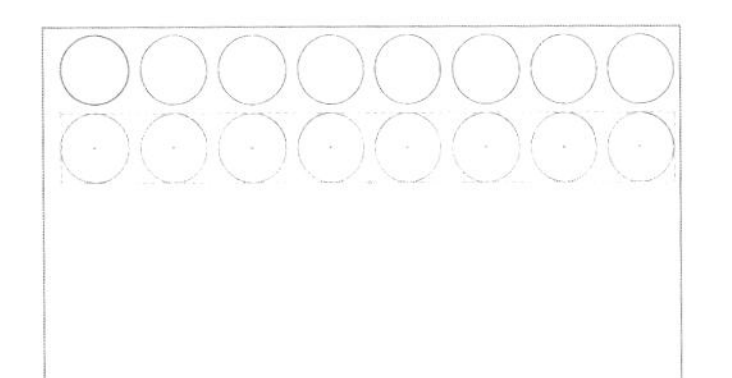

STEP 05 1つ移動させたあと、command〔Ctrl〕+Dを複数回押し、アートボードを円で埋めつくします。

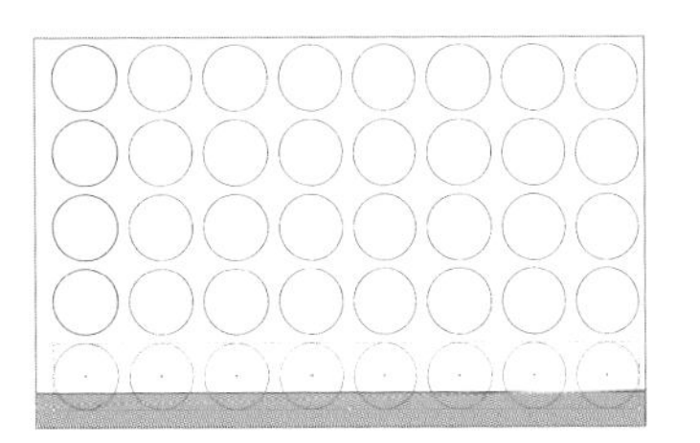

個別に変形を行う（変形1回目）

STEP 06 選択ツールの状態で、すべての円を選択します。ウィンドウから、“オブジェクト”→“変形”→“個別に変形...”をクリックします。個別に変形ウィンドウを表示させ、[拡大・縮小]の[水平方向:80%]、[垂直方向:60%]とし、[移動]の[水平方向:50px]、[垂直方向:-60px]とします。[オプション]の[オブジェクトの変形]と[ランダム]にチェックを入れます。

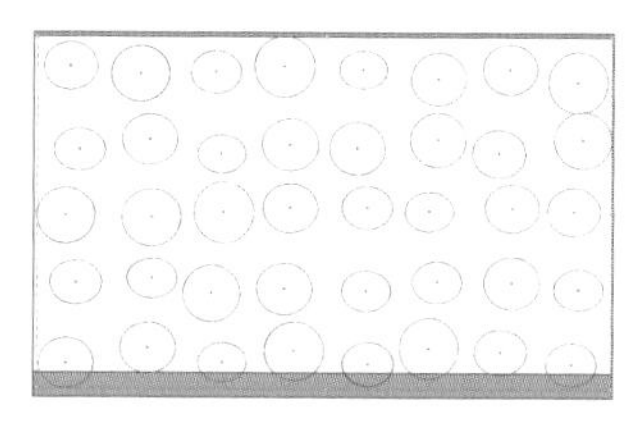

円が少しランダムに配置されました。

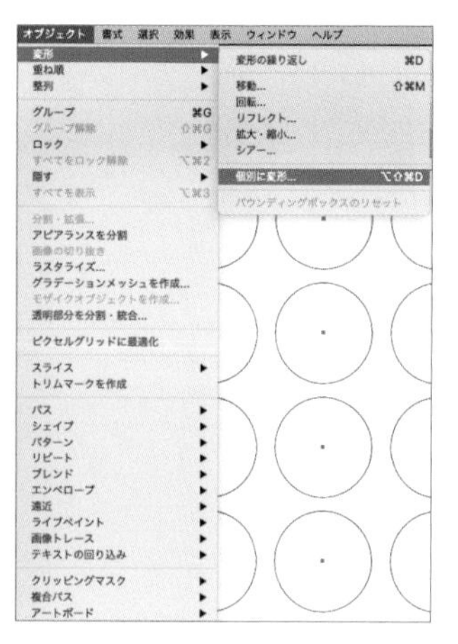

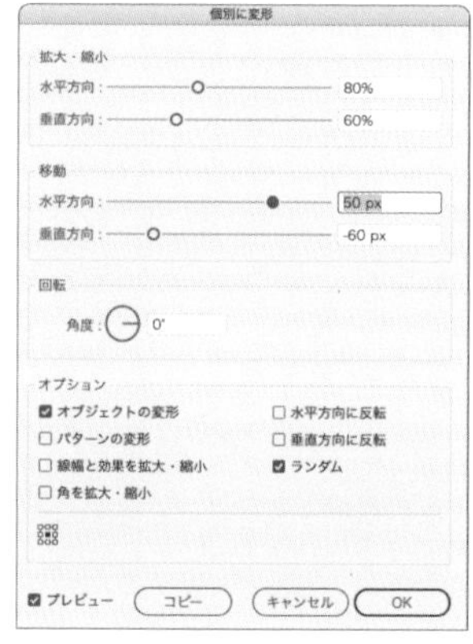

MEMO

オブジェクト変形させ、ランダムに配置させたいのでオプションの[オブジェクトの変形]と[ランダム]のチェックは必須です。[プレビュー]にもチェックを入れておくと、数値を変えるごとに見た目の変化を確認することができます。

変形した円をコピーし、変形を行う（変形2回目）

STEP 07 STEP 06で変形させた円をすべて選択し、option〔Alt〕キーを押しながら移動することでコピーします。

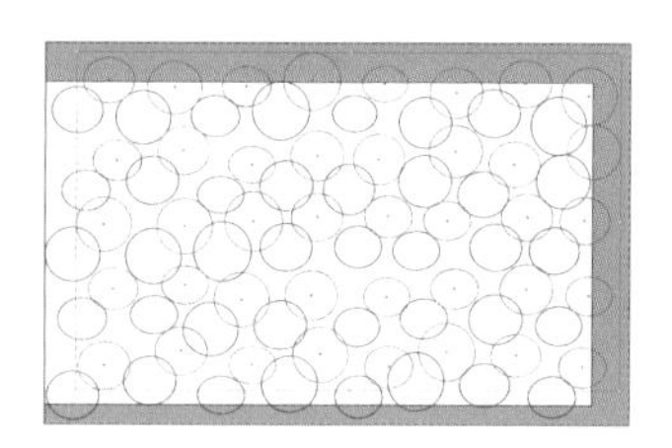

STEP 08 コピーした円すべてに対して、STEP 06と同じ手順で変形を加えます。作例では[拡大・縮小]の[水平方向:10%]、[垂直方向:20%]とし、[移動]の[水平方向:-80px]、[垂直方向:30px]とし、基準点を右上に変えました。

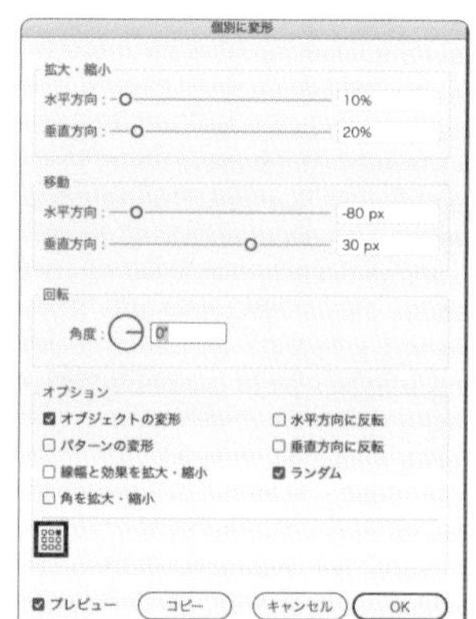

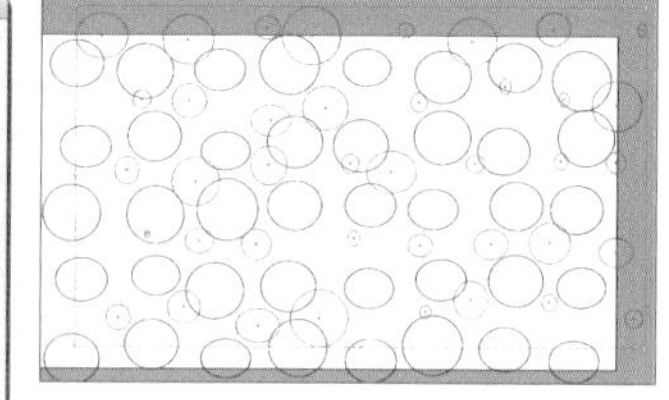

円が少しランダムに配置されました。

円すべてを選択し、変形を行う（変形3回目）

STEP 09 変形させた円をすべて選択し、STEP 06と同じ手順で変形を加えます。

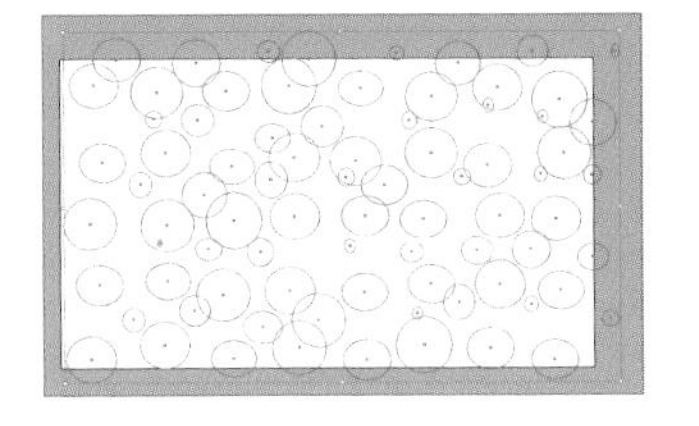

STEP 10 作例では［拡大・縮小］の［水平方向：70％］、［垂直方向：60％］とし、［移動］の［水平方向：-30px］、［垂直方向：100px］とし、基準点を左下に変えました。

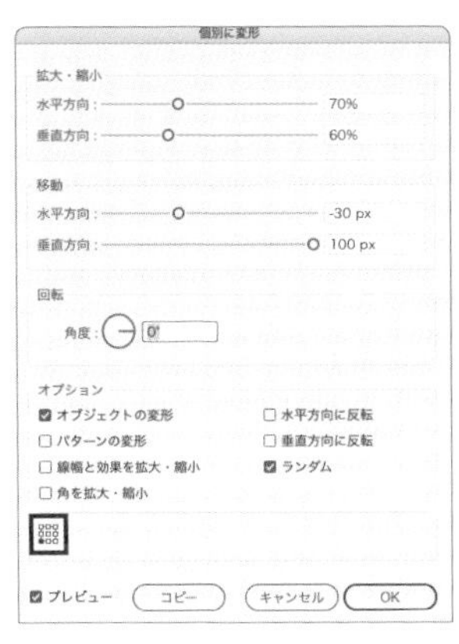

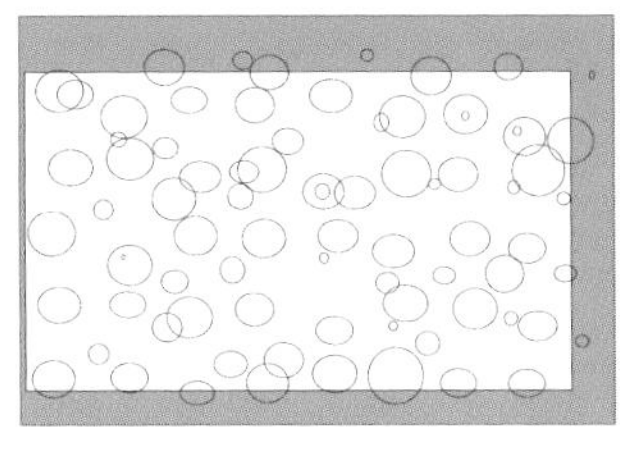

変形を3回繰り返した結果。

円のデザイン設定を行う

STEP 11 作成した円の重なり具合など1つ1つを微調整したあと、全体を選択し、オプションバーの［線の色］を［R255／G255／B255］（#ffffff）、［塗り：なし］、［線］の太さ［0.5px］、［不透明度］を［75%］とします。

楕円形 線：0.5 px 基本 不透明度：75%

楕円形オブジェクトを複数配置する

STEP 12 長方形ツールで、アートボードと同サイズの背景用の長方形を作成します。「グラデーションパネル」で［塗り］を［種類：線形グラデーション］にします。グラデーションスライダーの左、中央、右をそれぞれダブルクリックし、カラーパネルを表示させ、左から［R221／G210／B221］（#ddd2dd）、［R41／G189／B179］（#29bdb3）、［R41／G92／B179］（#295cb3）を設定し、［角度］を［-90°］とします。

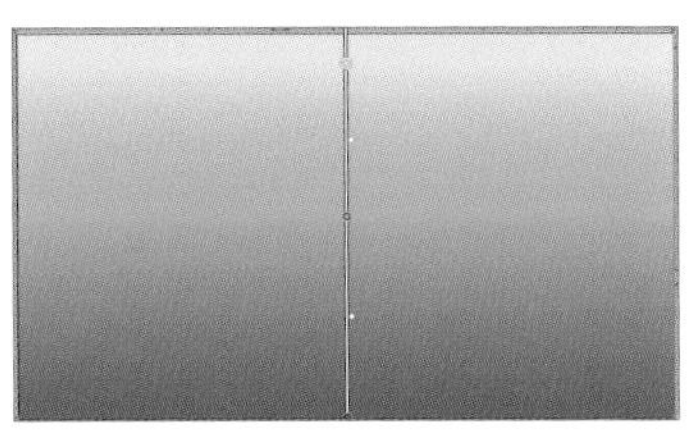

アートボード上のグラデーションスライダーを移動させ、配色バランスを整えます。

レイヤーの並び替えと画像の配置を行う

STEP 13 作成したグラデーション長方形を選択ツールで選択し、command〔Ctrl〕+shift+{を押し、レイヤーを最下層へ移動させます。配布されている「タツノオトシゴ.png」をドラッグでアートボード上に配置します。

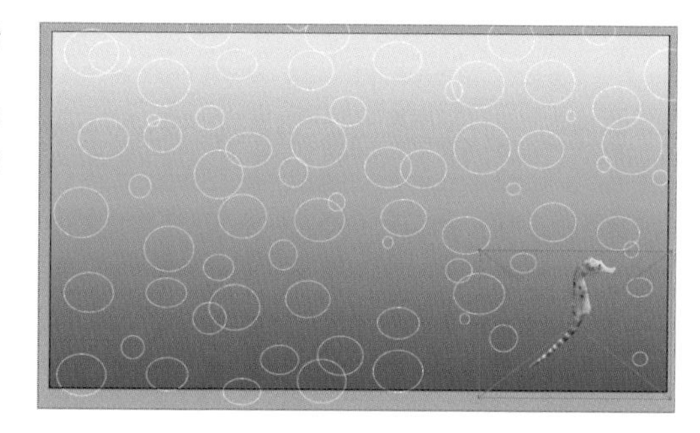

STEP 14 タツノオトシゴの画像をより強調させたいので、アピアランスパネルを開き、［新規効果を追加］から、"スタイライズ"→"光彩（外側）"を開き、光彩を追加します。作例では、［描画モード：スクリーン］、［不透明度：75%］、［ぼかし：12px］としています。

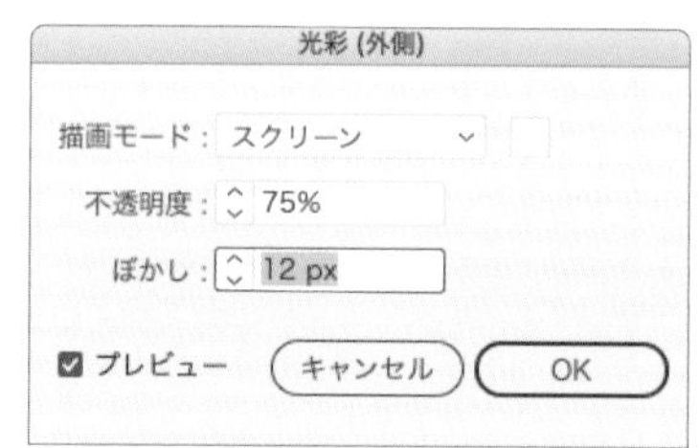

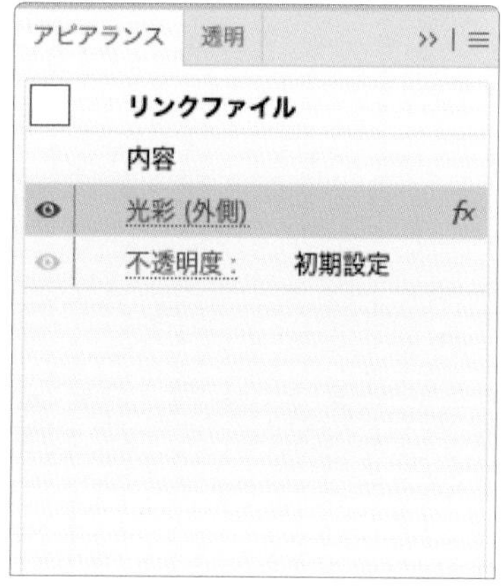

描画モードのカラーは［R225／G225／B225］（#ffffff）としています。

文字を配置し、完成させる

STEP 15 残り、文字をアートボード上に配置させていきます。作例では、「開始までしばらくお待ちください」のフォントは「VDL V7 ゴシック B」、［85px］、先ほどと同じくアピアランスから光彩を追加しています。「PLEASE WAIT UNTIL THE START」は「Industry Inc Inline」、［150px］です。

STEP 16 「AQUARIUM SUMMIT 2022」については、まず長方形([線:なし]、[塗り:R255／G255／B255](#ffffff))の上に文字を書き([線:R0／G0／B0](#000000)、[塗り:なし])、2つを選択ツールで選択します。

「AQUARIUM SUMMIT 2022」は[DIN Condsed Regular]、[80px]です。

STEP 17 透明パネルを表示し、[マスク作成]をクリックします。

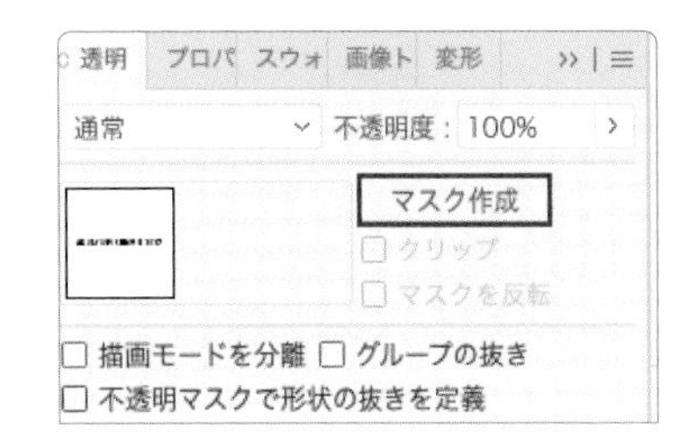

STEP 18 [クリップ]にチェックが入っている状態なので、チェックを外します。

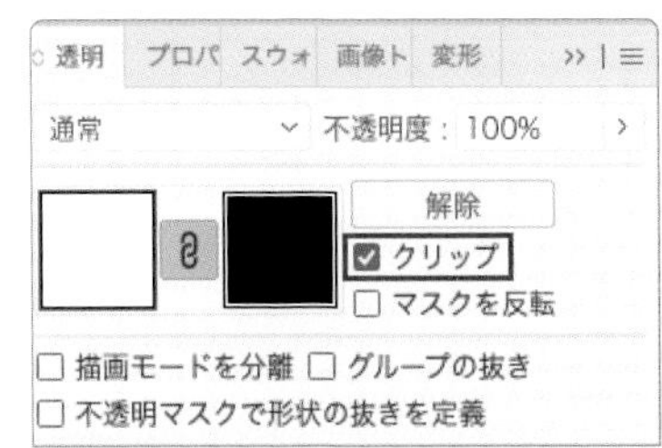

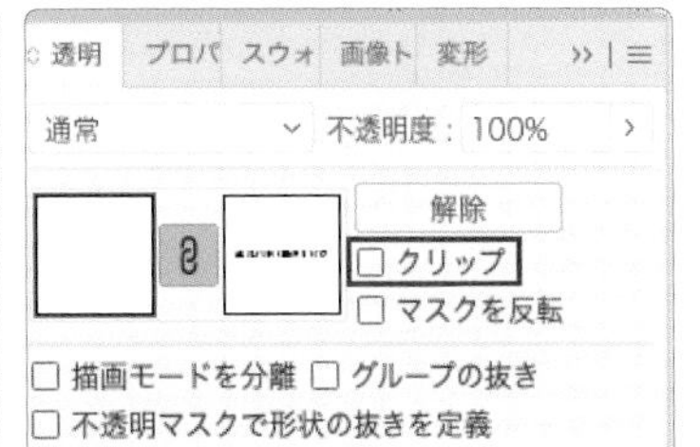

STEP 19 文字がくり抜かれ、背景の色と同じになります。

STEP 20 レイアウトを調整し、完成です。

雪の結晶の背景パターン

冬を象徴する雪の結晶を使った背景パターンです。Webサイトの背景や、ホリデーシーズンを演出するチラシやポスター、挨拶状などに活用できます。Illustratorの2つの機能「リピート機能（ラジアルミラーツール）」「パターンツール」を利用して制作します。

制作ポイント

- ➡まずは「リピート機能（ラジアルミラーツール）」で雪の結晶の素材を制作
- ➡素材をレイアウトしながら「パターンツール」を使いパターン化を行う
- ➡シームレスなパターンに見えるよう、全体のバランスを見ながら間隔調整

使用アプリケーション

Illustrator 2021 ｜ Photoshop

制作・文 anyan

準備する

STEP 01 配色用のスウォッチ「背景用（グレー）」「雪（淡いグレー）」2点を登録します。「素材用」（上）、「背景用」（下）のレイヤーを計2つを設置します。「背景用」レイヤーに作業用の背景（見本は40mm四方の正方形／塗りに「背景用」スウォッチ設定）。

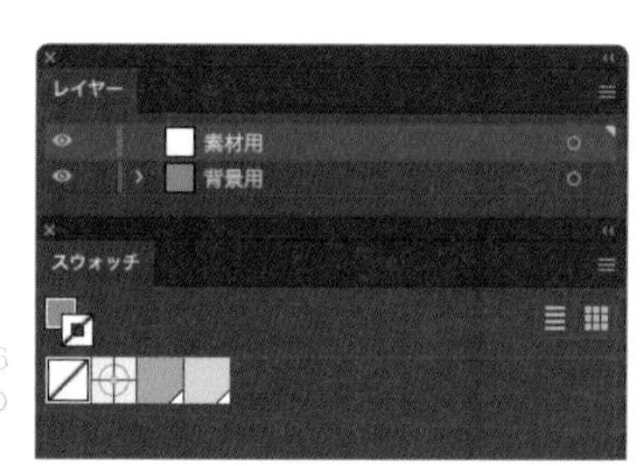

ここでは、左から［K40］、［C9／M6／Y6／K13］としています。お好みのカラーを設定してもよいでしょう。

“雪の結晶パーツを制作する”

STEP 02

「素材用」レイヤーで背景用正方形の上に斜線(「雪」スウォッチを設定/太さ1pt)を1本引き、選択したままshift+option〔Alt〕を押しながら、真下に2回ドラッグします。計3本の斜線としたら、オブジェクトメニュー→“リピート”→“ミラー(90°)”を実行し、さらに、対称となった斜線の中央に垂直方向の直線を加えます(スマートガイドを使用)。

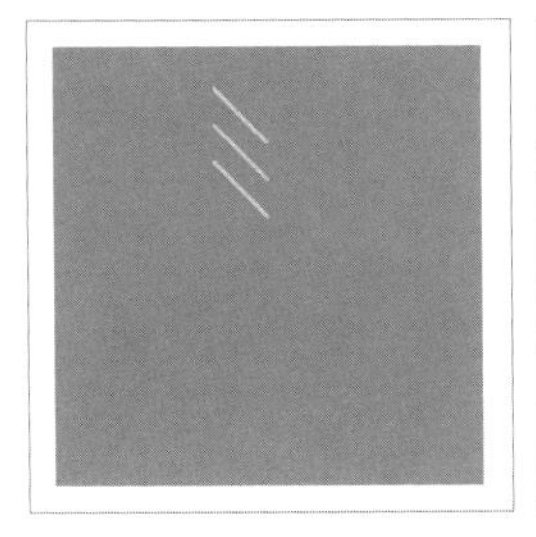

STEP 03

STEP 02で制作した素材をすべて選択し、“オブジェクト”→“リピート”→“ラジアル”(インスタンス数は[8]に設定)を実行します。八方に広がる図形へと展開されますが、中央にスペースが開いてしまう場合は、線分が繋がるように上部設定画面「半径」の数値で調整を行います。

STEP 04

STEP 03で制作した素材を元に、調整とバリエーション作成を行っていきます。STEP 01で制作した斜線部分を「リピートミラー」の編集モードが表示されるまでダブルクリックし、3本の斜線の[長さ][角度][本数][位置]を変更します。変更はそのままリピートグループ全体に反映されますので、全体バランスを見ながら細部の調整を進めます。

調整／バリエーション例

パターン化する

STEP 05 素材を組み合わせて連続パターンを作っていきます。今回は複数のバリエーションのモチーフがバランスよく繋がったシームレスなパターンを制作します。まずは背景色で作った四角形内にモチーフをまとめ、全体を選択します。スウォッチの中にドラッグ（またはオブジェクトメニュー→“パターン”→“作成”を実行）し、パターン化します。ドラッグした素材を自動的にパターン化する塗りスウォッチが登録されるので、試しに大きめの図形を作り、このスウォッチを塗りとして選択します。展開状況を確認します。

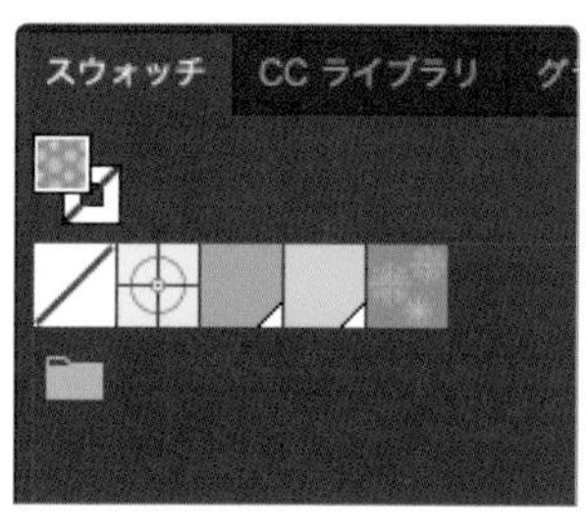

調整／バリエーション例

MEMO

システムメモリへの負担を減らす

リピート加工をした素材をパターン化すると、システムメモリへの負担が多くなり、まれにクラッシュの原因となる場合があります。負担が大きそうな場合は、パターン化前にリピート効果のかかった素材を（調整用の素材をコピーして残したうえで）オブジェクトメニュー→“分割･拡張...”処理をしておくと負荷を減らすことができます。

パターンを調整する

STEP 06

パターンを確認したら、必要に応じて調整を加えていきます。登録されたスウォッチパネル内のパターンをダブルクリックすると、「パターンオプション」の画面と調整パネルが表示されます。画面上の濃く表示される部分がパターンが繰り返される単位「タイル」となります。この単位の並べ方を調整する場合は、オプションパネル内の「タイルの種類」から選択をします。さらに、タイルの面積を跨いでモチーフを回り込み表示させたい場合は、タイル画面上でモチーフを選択し（背景は選択しません）、左右または上下に位置調整を行います。この際モチーフが断ち落とした状態で表示される場合は、調整パネル下部の「重なり」の選択を変更します（モチーフは左右のどちらか、上下のどちらかにのみ回り込み可能。左右両方にはみ出してしまうと、片方は断ち落とし状態となってしまうので注意が必要）。全体のバランスを確認しつつ調整ができたら完成です。

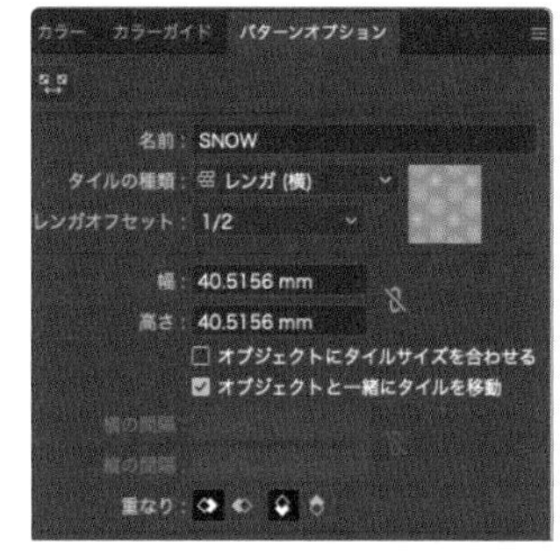

調整後のパターン

ファブリック風チェック柄の背景パターン

織り生地のような風合いのあるチェック柄のデザインアイデアです。Webサイトの背景、パッケージ、メニュー表の表紙などに使用すれば、暖かみのあるおしゃれな印象に演出することことができます。Illustratorの「透明効果」、「パターンツール」を使用して制作します。

制作ポイント

➡長方形のパーツを「移動（数値入力）」や「整列」ツールで正確に間隔を整えながらリピートの元になる素材に組み立て、「パターンツール」でパターン化

➡透過効果を使って色や布地素材の重なりを表現することで、よりリアルな風合いを

制作・文　anyan

使用アプリケーション
Illustrator 2021 ｜ Photoshop

準備する

STEP 01 配色用のスウォッチ（A、B、C）を3色用意します（Aは背景色を意識してホワイト系で配色）。パーツ制作（STEP 02〜04）の作業は、基本的には該当のパスの選択を解除せずに続けて行うことを前提に記述してあります。もし選択を解除してしまった場合は、図を参照に再度選択を行ってください。古いバージョンのIllustratorをお使いの場合、パターン登録をした素材内の透過効果が反映されない場合があります。

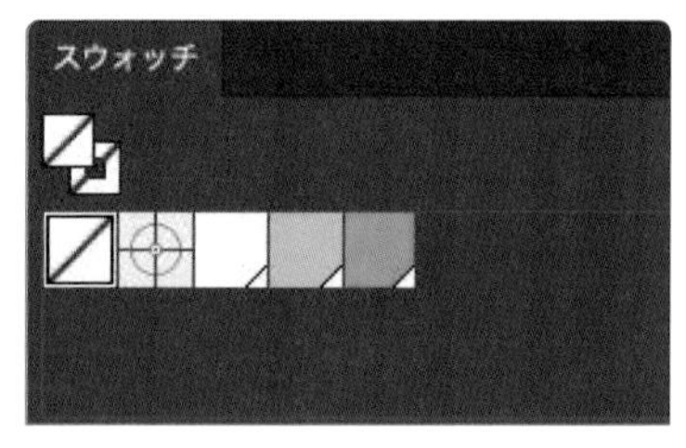

ここでは、左から［C0／M0／Y10／K0］、［C5／M20／Y75／K0］、［C5／M10／Y100／K0］としています。お好みのカラーを設定してもよいでしょう。

パーツを制作する

STEP 02 最終的にはパターン登録をして柄を展開させるので大きな面積で制作する必要はありませんが、程よく全体の展開が想像しやすいサイズを設定しパターンの元となる素材を制作していきます。横5mm、縦50mmのサイズ（スウォッチBを適用）で長方形を作成します。図形を選択したまま、右クリック→“変形”→“移動”を選択します。表示されるパネルで、[水平方向]の項目に[5mm]（図形の横幅）と入力し、[コピー]を実行します。そのままcommand〔Ctrl〕+D（同じ動作の繰り返し）のショートカットキーを8回押し、素材が10列横並び（正方形）となった状態にします。

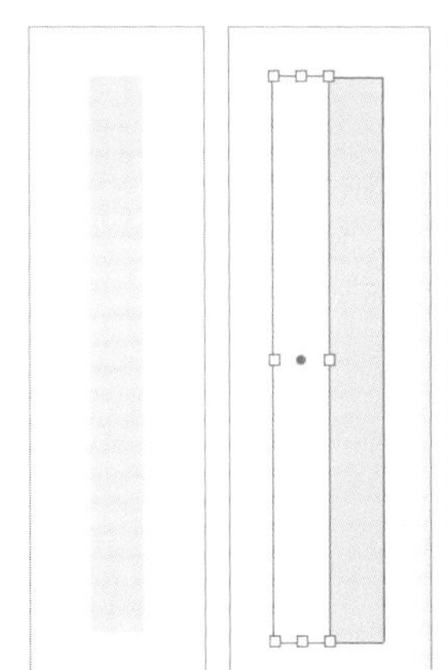
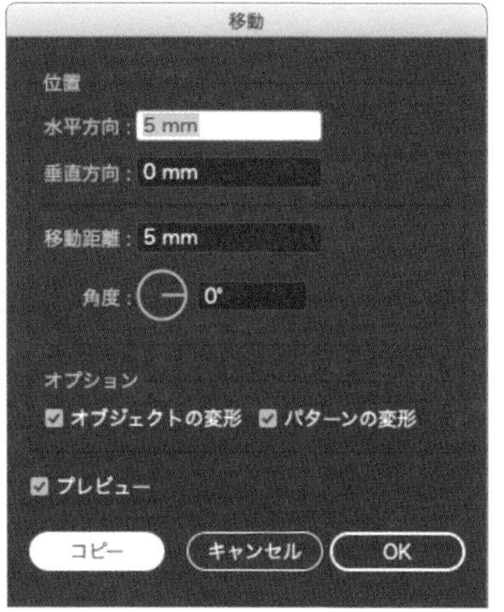

STEP 03 3/4の10列の素材の左から2つ目を選択し、そこから1つ飛ばしで計5つを（shiftキーを押しながら）一緒に選択します。スウォッチ「A」を適用させ、さらに該当のパスを選択をしたまま右クリック→“変形”→“回転”を選択して[90°]と入力し、「コピー」を実行します。90°になった素材を選択状態のままスウォッチ「C」を適用させます。

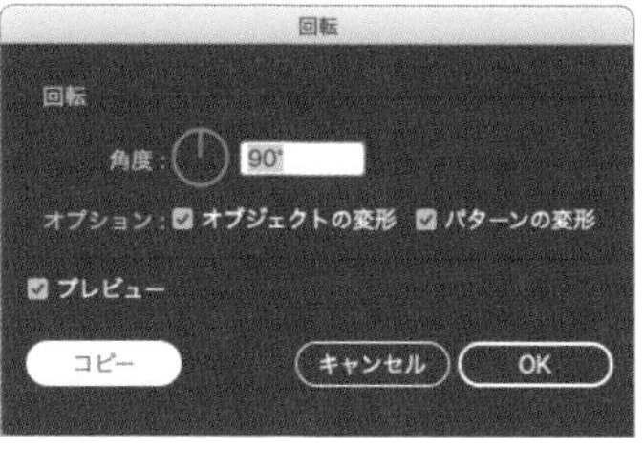

STEP 04 次に（スウォッチCの）パスを選択したまま、透明効果のパネルから［乗算］を選択します。

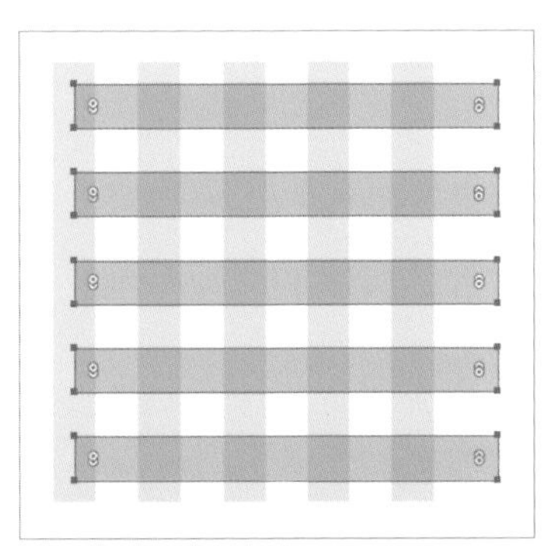

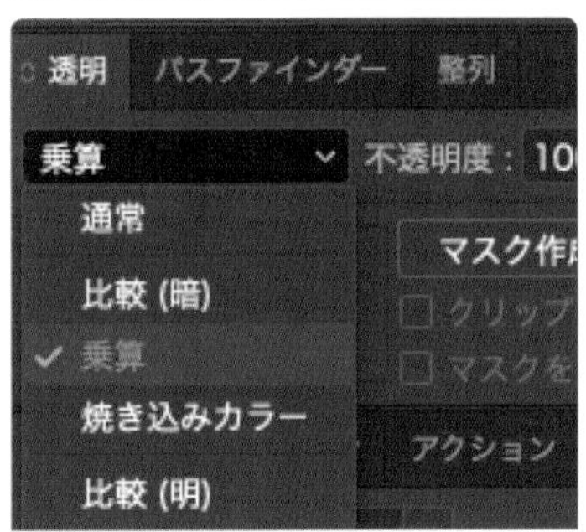

STEP 05 さらに、パスを選択したまま縦列一番左側のパスを（shiftキーを押しながら）選択に加え、「整列」パネルから［水平方向左に整列］を選択します。

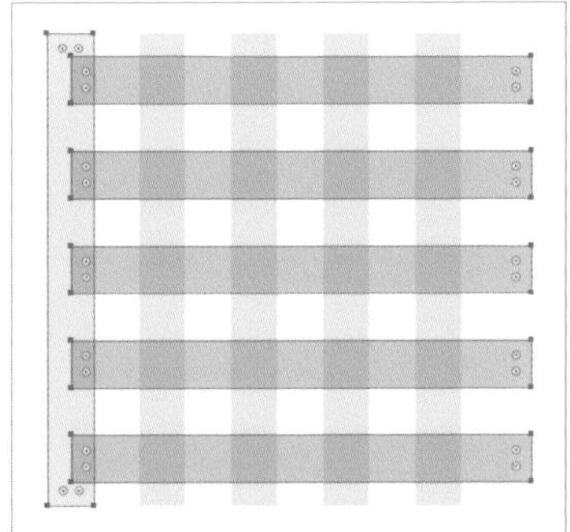

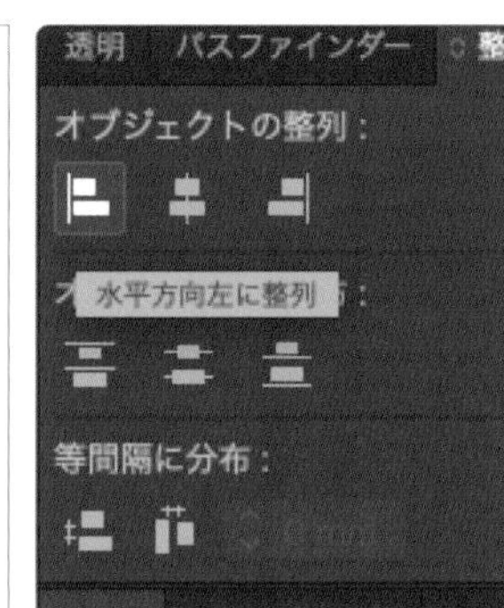

パターンを登録する

STEP 06 下のイメージのようにカラーの交差部分が濃色となり、全体が正方形内に収まった状態となれば素材の完成です。素材全体を選択し、スウォッチパネルの中に丸ごとドラッグ（またはオブジェクトメニュー→“パターン”→“作成”）すると、パターン登録が実行されます。

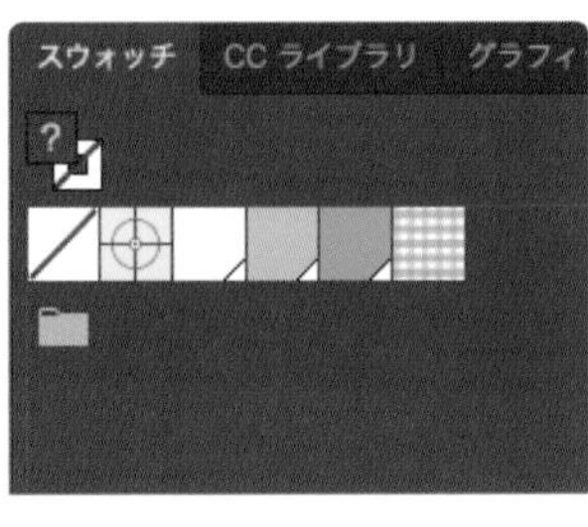

確認・展開する

STEP 07 登録したスウォッチを塗りに適用させた状態で、大きめな図形を作って確認してみましょう。布地のテクスチャ（布地画像をパターン登録）を透明効果（［乗算］／［焼き込みカラー］）などを適用させながら重ねると、より雰囲気のあるグラフィックに仕上がります。配色の変更を行いたい場合は登録済みのスウォッチで調整が可能です。

布地テクスチャパターン（透明効果/乗算・不透明度80%で上に重ねます）。

VARIATION

配色を変更した例

カラーを変更するだけで、また違った印象のファブリック風チェック柄を簡単に作成できます。

CHAPTER 4
07

アブストラクトなCGの背景イメージ

IT業界などでのプレゼン資料でよく使われるようなCGイメージ。スライドなどのフォーマット背景に使用すると、素敵な資料を作成できます。背景をパッと見ではわからないリッチブラックのグラデーションにすることで、きれいな色変化を与えます。

制作・文　佐々木拓人

使用アプリケーション
Illustrator CC 2019
Photoshop

制作ポイント
- ➡波打つ曲線を組み合わせたブレンド
- ➡ブレンドによるRGBカラーならではのきれいな色のグラデーション
- ➡透明効果を使うだけで簡単に複雑な色の変化を演出

波打つ曲線を作る

STEP 01 直線ツールオプションで［長さ：400mm］、［角度：90°］と入力し、直線を作成します。［パス：アンカーポイントの追加］でアンカーポイントを追加し（❶）、アンカーポイントツールに変更して追加したアンカーポイントを❷のように変更します。

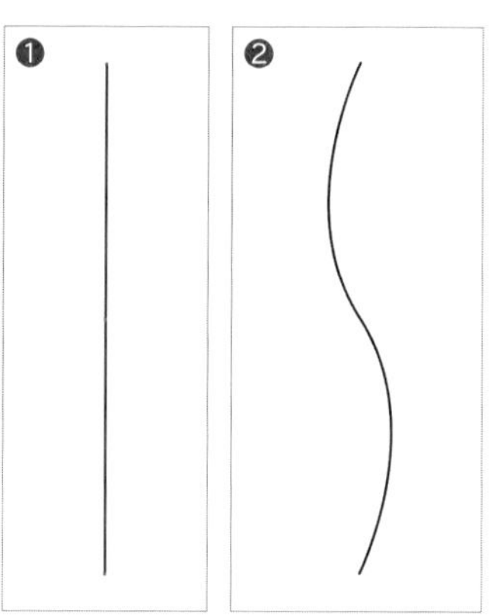

STEP 02 上部のアンカーポイントも同様に変更し（❸）、下部のアンカーポイントでも同様に変更します（❹）。［線色］は［スミ］にします。

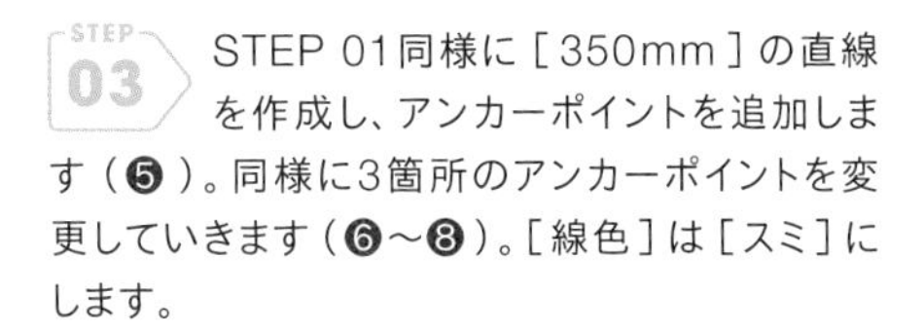

STEP 03 STEP 01同様に［350mm］の直線を作成し、アンカーポイントを追加します（❺）。同様に3箇所のアンカーポイントを変更していきます（❻〜❽）。［線色］は［スミ］にします。

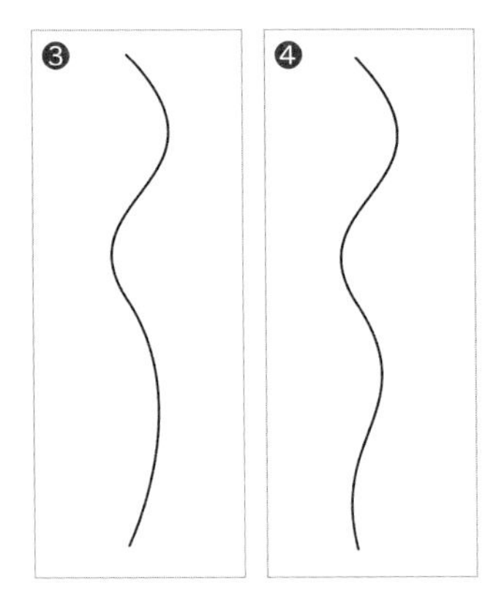

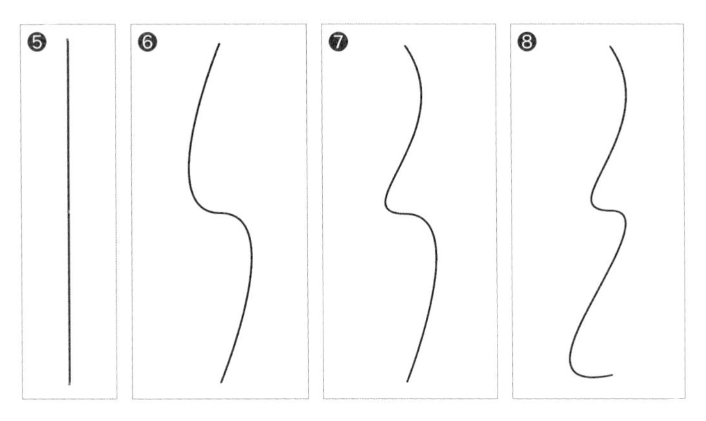

STEP 04 2つのパスを組み合わせて❾にします（STEP 01のパスはそのまま、STEP 03のパスを若干回転・移動させ組み合わせる）。STEP 01のパスを❿、STEP 03のパスを⓫の［線］設定に変更し、⓬にします。

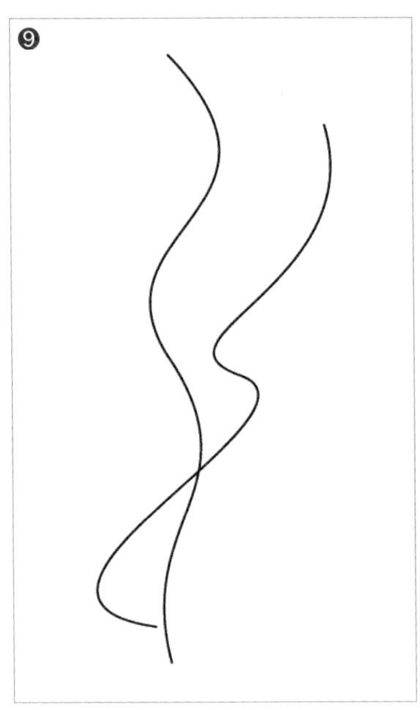

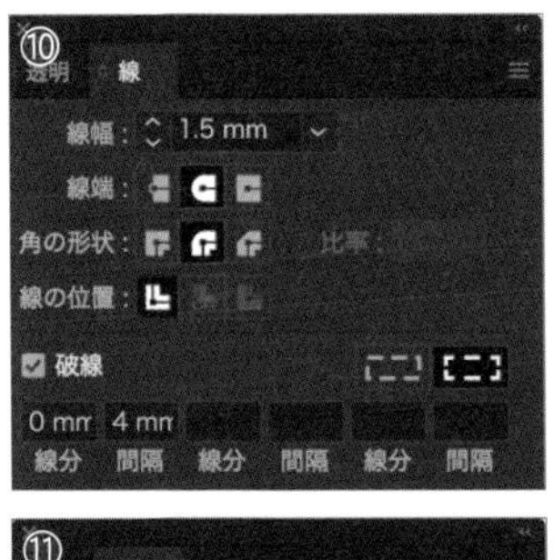

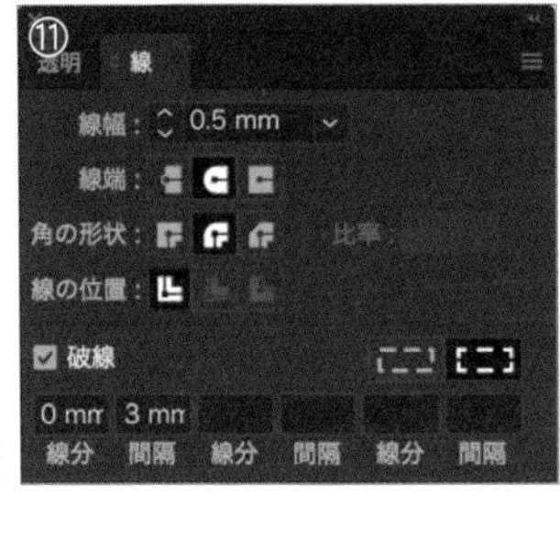

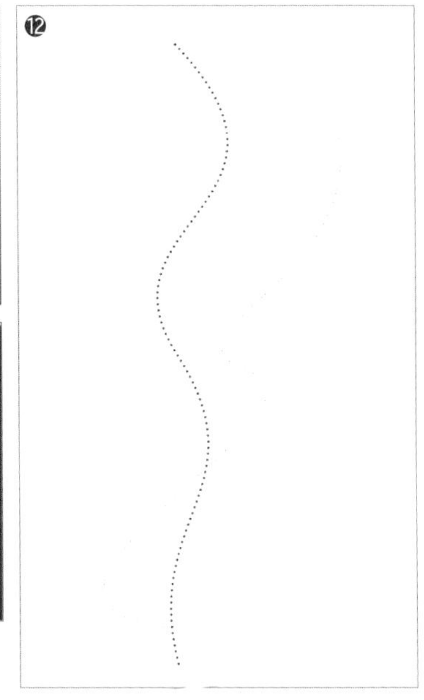

STEP 05 ブレンドオプションで⑬と入力します。2つのパスでブレンドを実行し、⑭にして、これを4つ複製します。

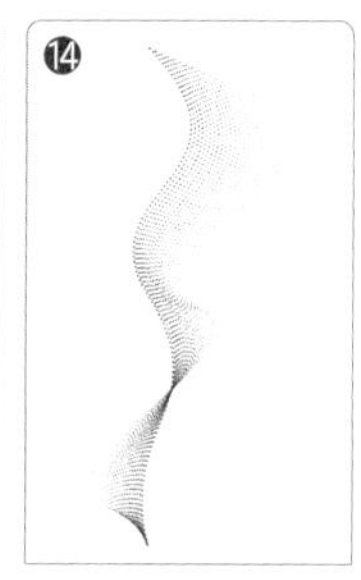

曲線に色を付ける

STEP 06 それらを⑮～⑱の線色に変更し、最終的に⑲にします。すべてのブレンドしたオブジェクトの［透明］を⑳に変更します。

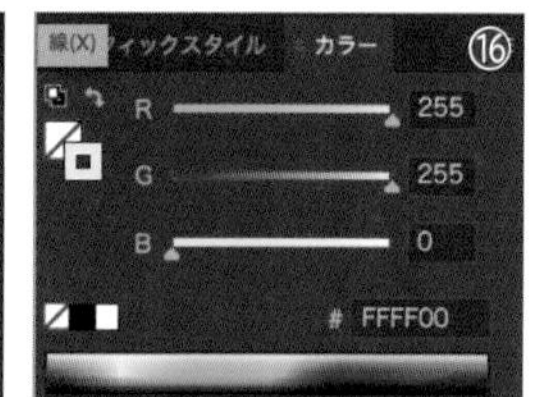

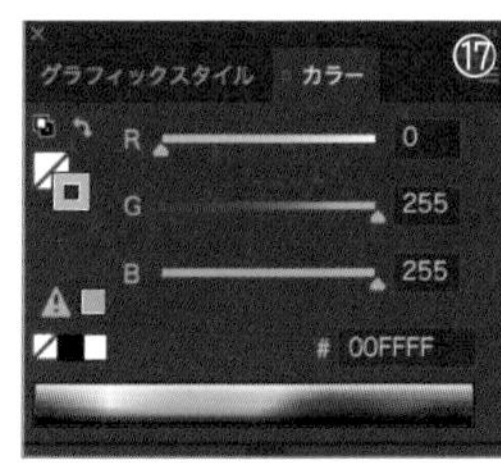

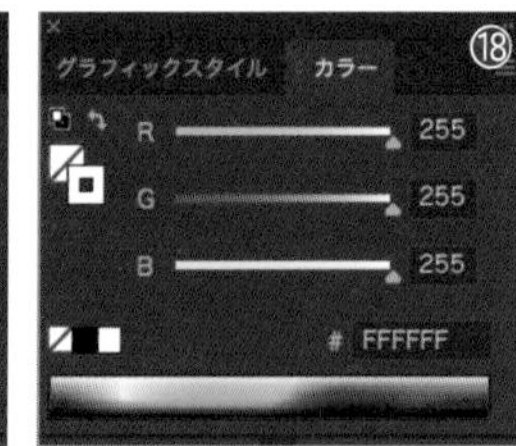

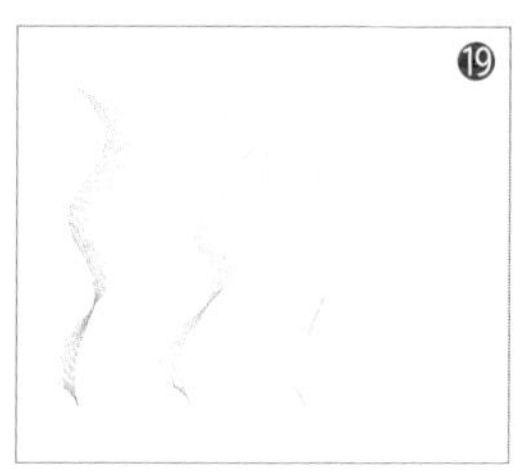

STEP 07 A4横サイズの矩形を作成し、［塗り］に㉑～㉓の色を持つ㉔、㉕の［グラデーション］を適用します。

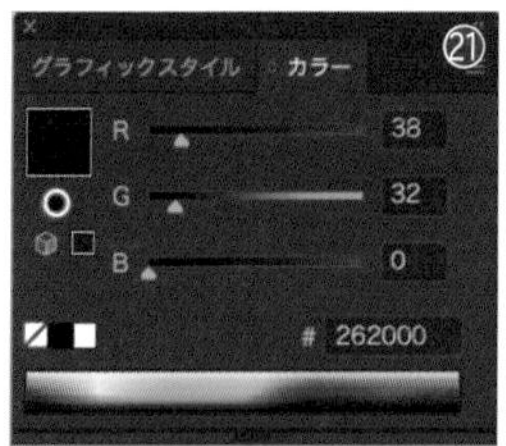

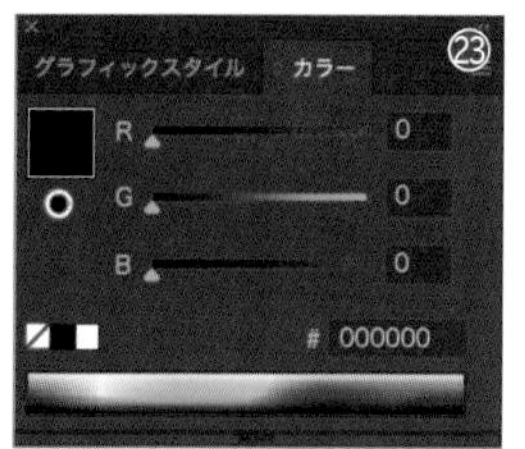

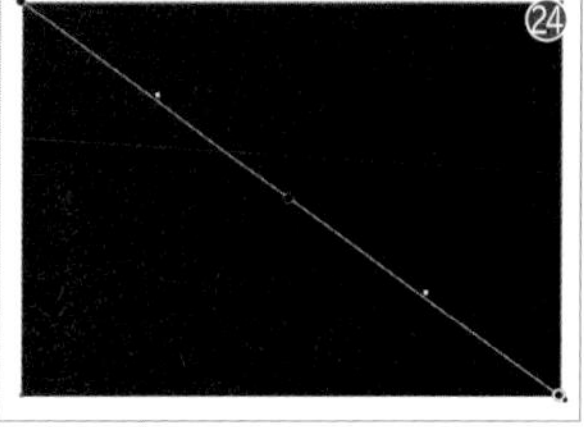

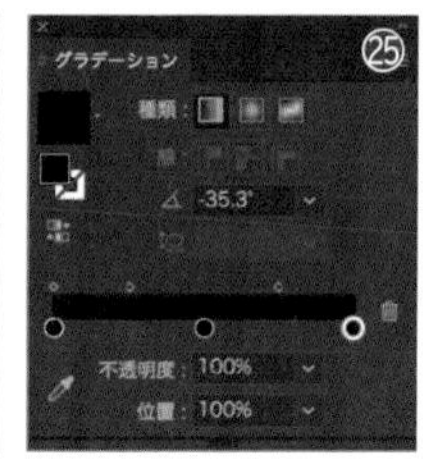

背景、テクスチャ

STEP 08

㉖の［塗り］を設定した正円を作成します。［透明］を㉗にしたら、複製・配置して㉘にします（位置は大体で構わない）。

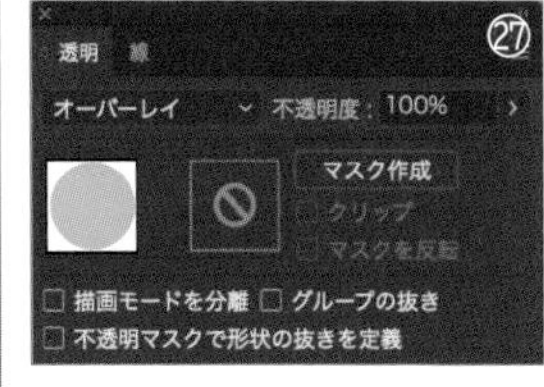

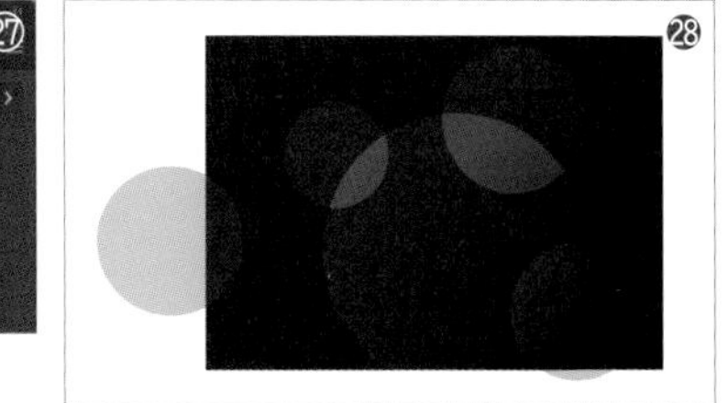

STEP 09

STEP 07～08で作成した円5つにぼかし（ガウス）ツールで［半径：50pixel］の値でぼかしをかけます。

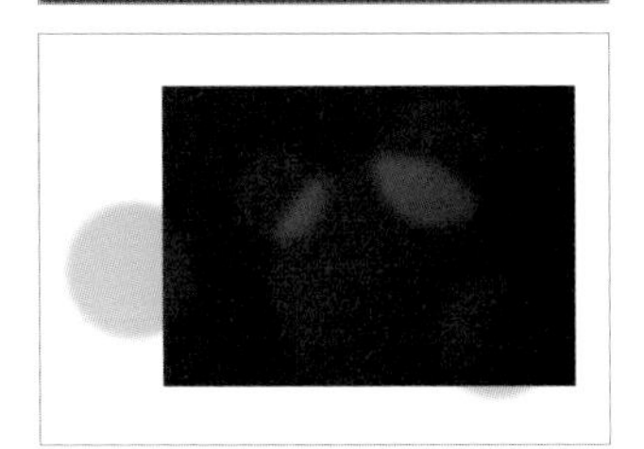

STEP 10

STEP 05～06で作成したオブジェクトをサイズ変更し、回転させて配置します。紙面サイズでマスクをかけたら完成です。

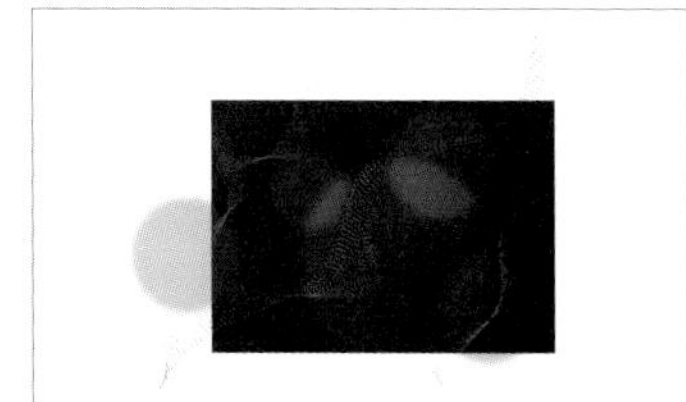

MEMO

背景をただのスミや、リッチブラックにするのではなく、リッチブラックの組み合わせでのグラデーションを使用することで、ブレンド、ぼかし、オーバーレイやハードライトといった加工と組み合わせると、思いもよらない美しい色の変化が現れます。ぜひいろいろな組み合わせにチャレンジしてみましょう。

VARIATION

グラデーションを変えるだけでまったく違った効果を

背景のグラデーションを変更するだけでも、上に配置している円やブレンドの曲線がまったく違った表情を見せます。

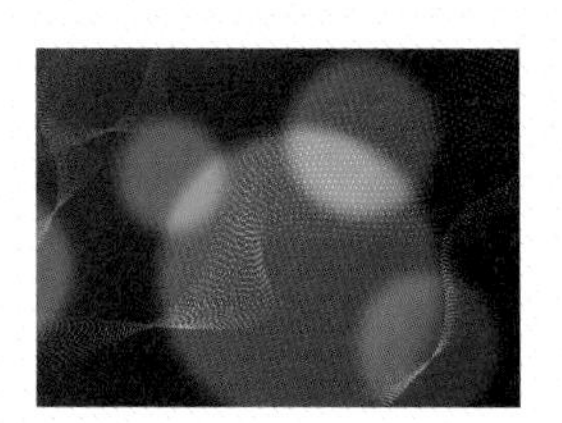

CHAPTER 4
08

モロッカンタイルのパターン

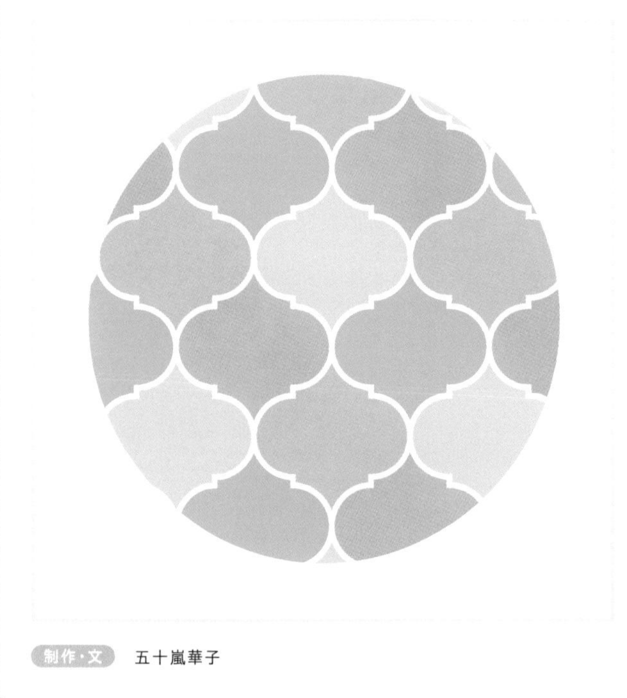

幾何学模様の1つ、モロッカンタイル風のパターンを作成します。レイアウトをエスニックな雰囲気でまとめたいときに、背景パーツなどに使うと便利です。パターン編集モードを使って色や線を再編集し、バリエーション作りにも挑戦してみましょう。

制作ポイント

- ライブシェイプとパスファインダー機能を使って図形を作る
- 変形パネルやウィジェット、コントロールパネルを使ってライブコーナーを設定する
- パターン編集モードでパターンを編集する

制作・文　五十嵐華子

使用アプリケーション
Illustrator 2022 ｜ Photoshop

パターン用のパーツを作る

STEP 01 長方形ツールでアートボード上をドラッグして、自由な大きさで横長の長方形を描画します。ここでは［幅：20mm］、［高さ：10mm］の大きさにしました。長方形の塗りのカラーには作業のしやすい色を設定します。線はなしの状態で進めましょう。
長方形のパーツを選択し、変形パネルの［長方形のプロパティ］で［角丸の半径値をリンク］をオンにしてから4つの入力エリアのどれか1つに数値を入力します。［角丸の半径］が最大値（長方形の高さの1/2）になるように数値を設定すると、図のように長方形の両端が丸くなります。

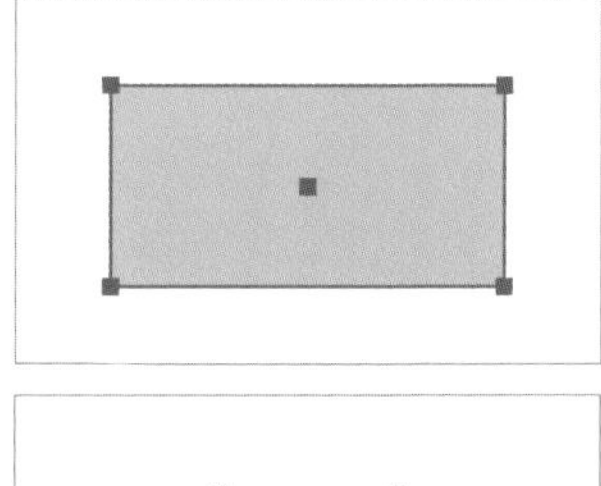

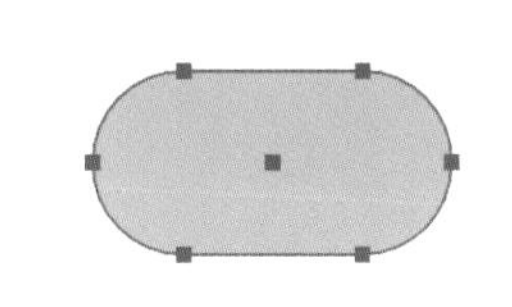

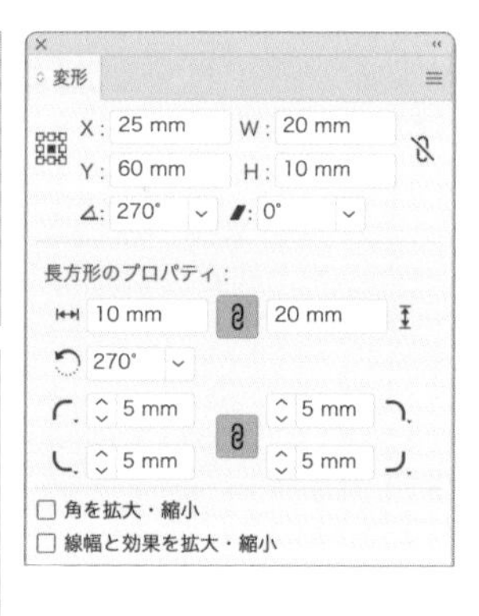

MEMO

コーナーウィジェットで操作する

変形パネルを使わずに、コーナーウィジェットで角を丸めてもかまいません。選択中のオブジェクトの角に表示された二重丸のウィジェットを、ダイレクト選択ツールなどで内側にドラッグすれば図のように角を丸められます。ウィジェットが表示されていない場合は、表示メニュー→"コーナーウィジェットを表示"で表示しましょう。

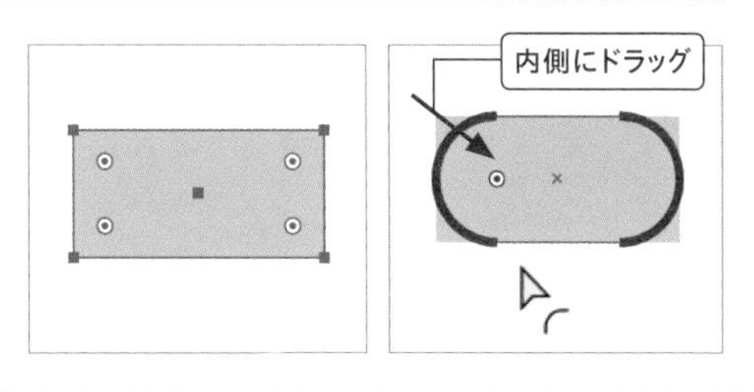

STEP 02 角を丸めた長方形を選択し、command〔Ctrl〕+C、command〔Ctrl〕+Fで前面の同位置に複製します。複製できたら、選択ツールでバウンディングボックスをshift+ドラッグし、90°回転させましょう。
90°回転した長方形を選択したまま、バウンディングボックスのハンドルをoption〔Alt〕+ドラッグして、中心を基準に高さを少しだけ大きくします。ここでは上下に1mmずつ大きくなるよう調整しました。

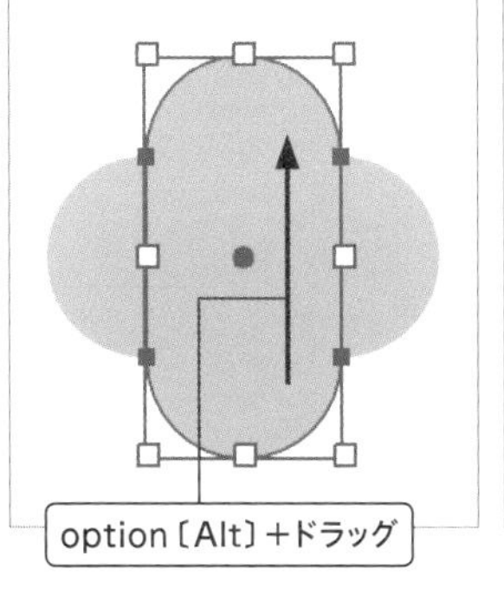

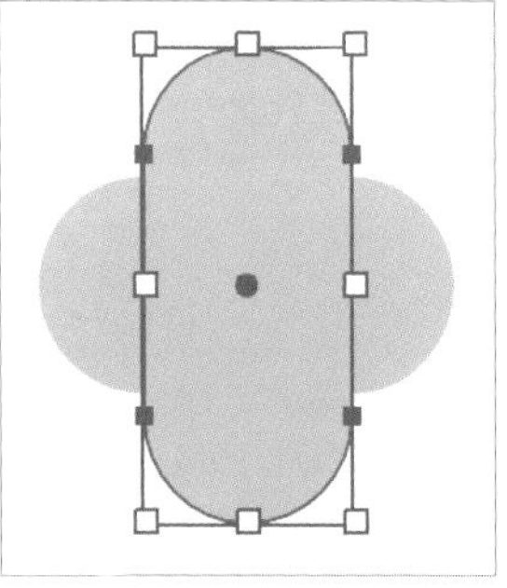

STEP 03 先ほどは変形パネルでライブコーナーを設定しましたが、コントロールパネルからも同様の操作ができます。引き続き長方形を選択したまま、ダイレクト選択ツールに切り替えてコントロールパネルの［コーナー］の項目をクリックしましょう。メニューが表示されたら、［コーナー：角丸（内側）］に変更すると、図のような状態になります。

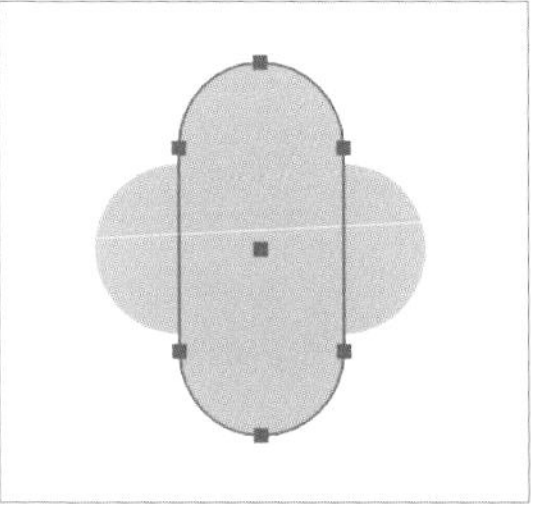

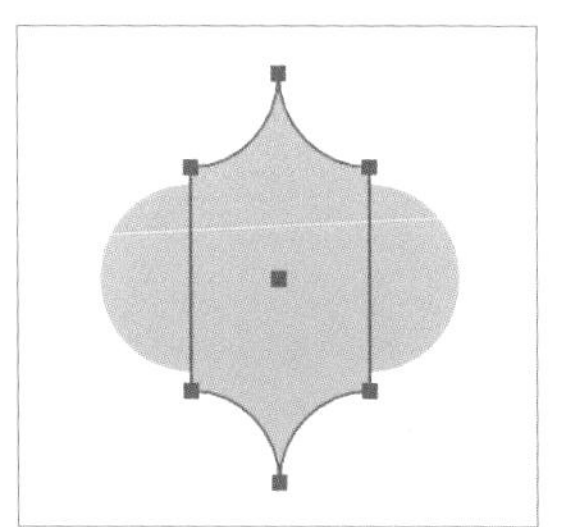

MEMO

変形パネルのプロパティでライブコーナーを設定できるのは長方形などのライブシェイプのみですが、コントロールパネルでは、条件を満たす角ならすべてライブコーナーを適用できます。コントロールパネルが表示されていない場合は、ウインドウメニュー→"コントロール"で表示しましょう。

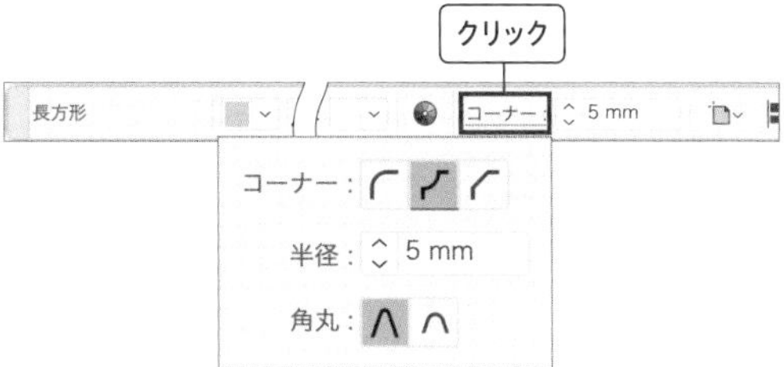

STEP 04 選択ツールなどでパーツ全体を選択し、パスファインダーパネルで［合体］をクリックします。1つのオブジェクトになればパターン用のパーツのでき上がりです。

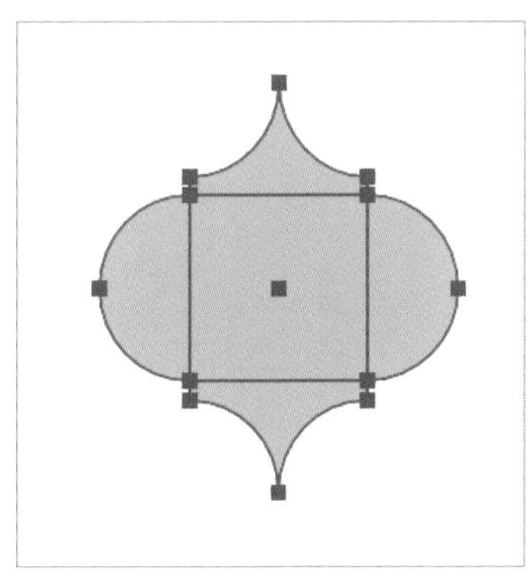

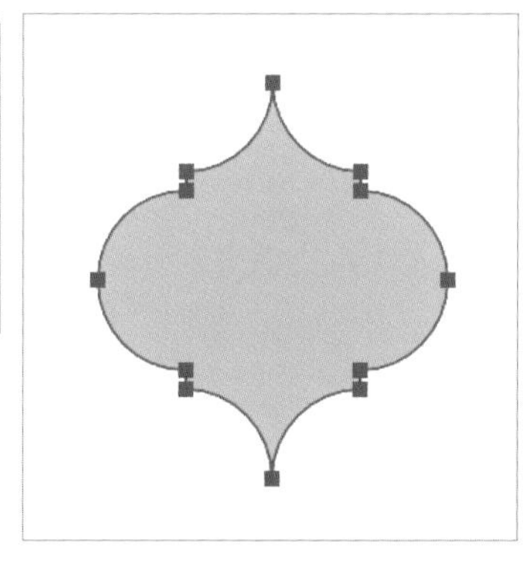

パーツをパターンに登録する

STEP 05 選択ツールなどでパーツをoption〔Alt〕+shiftを押しながらドラッグしてもう1つ複製し、水平方向に隙間なく並べます。このとき、表示メニュー→"スマートガイド"を有効にしていると作業がしやすくなります。複製ができたらそれぞれ塗りのカラーに好きな色を設定しましょう。作例では左から［C30／M0／Y10／K0］、［C0／M30／Y10／K0］にしました。
カラーが設定できたら、全体を選択してオブジェクトメニュー→"パターン"→"作成"を実行します。図のようなダイアログが表示された場合は［OK］をクリックしてそのまま編集を続けます。

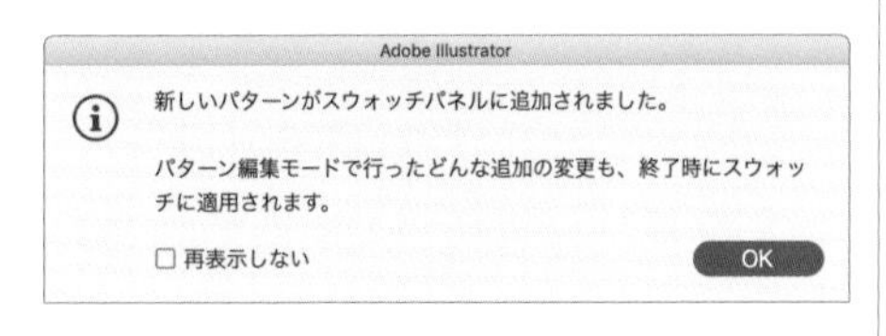

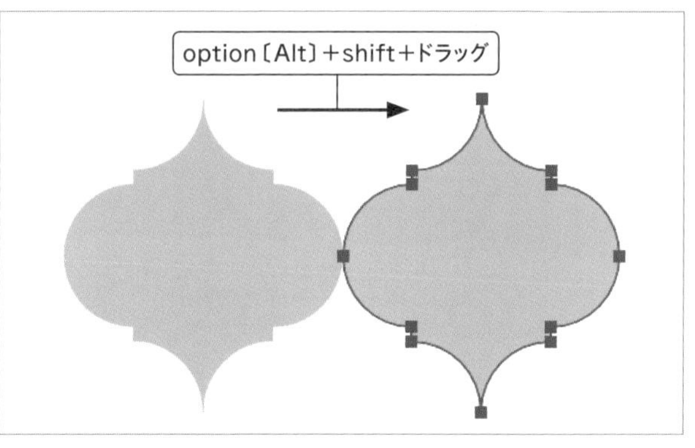

STEP 06 先ほど選択していたオブジェクトでパターンが定義され、画面がパターン編集モードに切り替わります。選択ツールなどでオブジェクトを2つとも選択し、option〔Alt〕+ドラッグして右下方向に移動複製します。スマートガイドを有効にして、空いている空間にちょうど当てはまるように配置しましょう。
パーツが複製できたら、2つとも塗りのカラーをそれぞれ変更します。ここでは［C50／M0／Y10／K0］、［C0／M30／Y50／K0］にしました。塗りのカラーを変更できたら、今度はパーツ全体を選択して、線に好きなカラー・線幅を設定しましょう。作例では［C0／M0／Y30／K0］、［線幅：2pt］にしました。

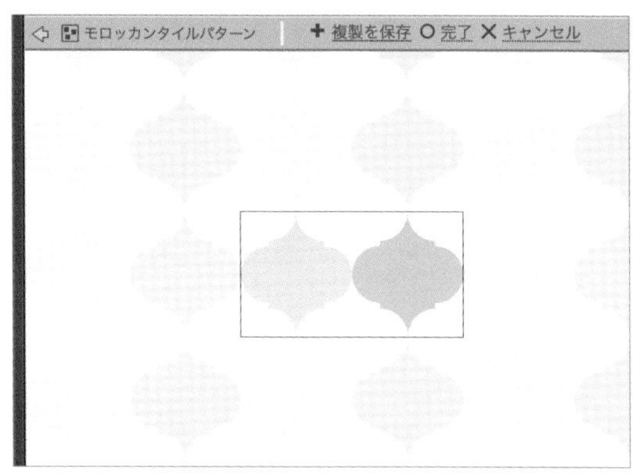

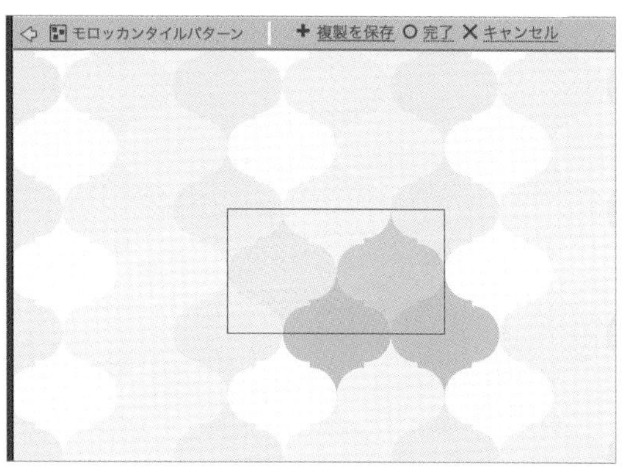

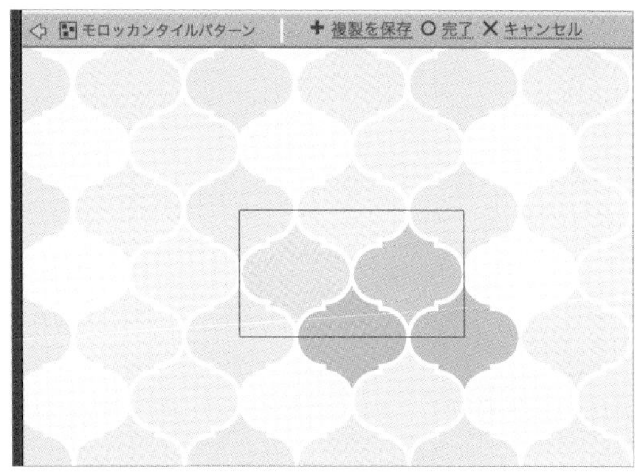

MEMO

パターンを新規作成すると、パターンに登録したオブジェクトが隙間なく収まるようにパターンタイルが定義されます。このときオブジェクトに線が設定されていると、線幅も含んだ大きさでタイルが定義される仕組みです。タイルとオブジェクト本体の大きさが同じになっていないとパターンのタイリングを制御するのが難しくなるため、ここではパターン編集モードに入ったあとでオブジェクトに線を設定しています。

STEP 07 パターンオプションパネルで［名前］にわかりやすい名称を設定したら、［タイルの種類：レンガ（横）］、［レンガオフセット：1/2］にしましょう。タイルの配置がパーツ1つ分ずつずれることで、パターンの繰り返しのリズムが変わります。パターンの編集が完了したら、画面左上の［パターン編集モードを解除］ボタンをクリックするか、キーボードのescキーを押すなどしてパターン編集モードを終了しましょう。

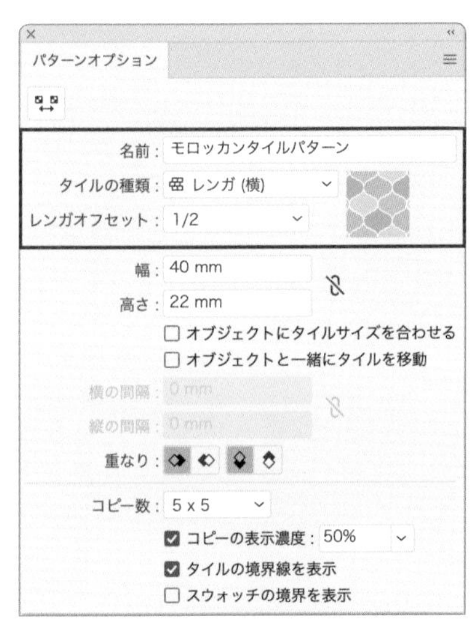

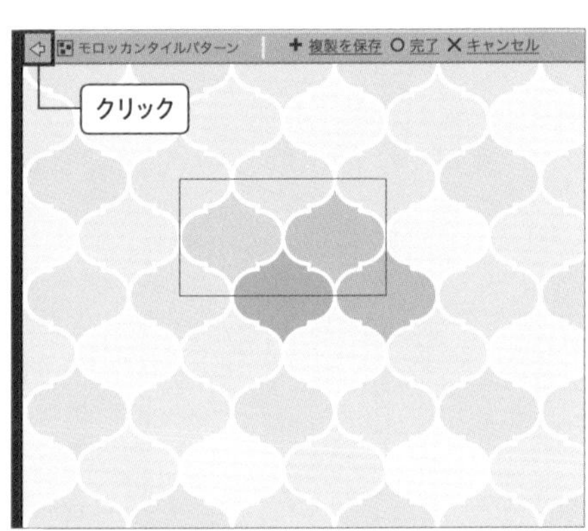

パターンを適用する

STEP 08 でき上がったパターンをオブジェクトに適用してみましょう。ここでは、楕円形ツールで描いた正円の塗りに適用しています。オブジェクトを選択し、スウォッチパネルで塗りがアクティブになっている状態でパターンスウォッチをクリックします。図のように、塗りに対してパターンが適用されます。

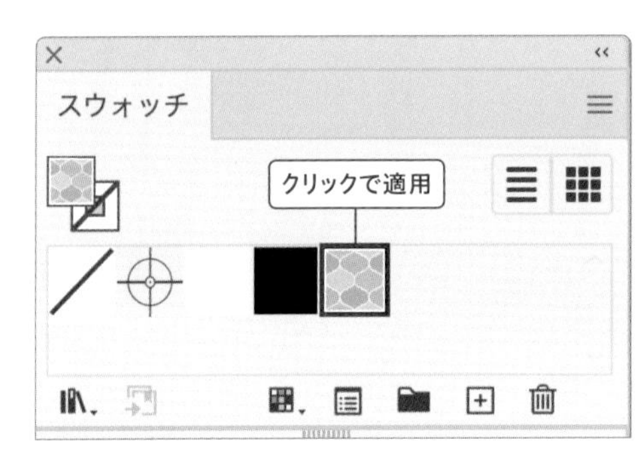

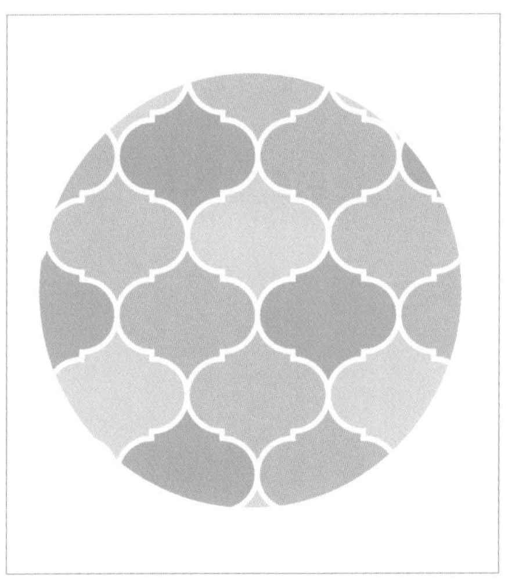

VARIATION

破線でアレンジする

スウォッチパネルでパターンスウォッチを選択し、[新規スウォッチ]をクリックしてスウォッチを複製します。複製されたスウォッチをダブルクリックすると再びパターン編集モードに入れますので、設定を流用しながらパターンをアレンジしてみましょう。
ここでは、すべてのパーツの塗りのカラーを[C50／M0／Y10／K0]、線のカラーを[C100／M50／Y0／K30]に変更しました。さらに上側のパーツ2つは、アピアランスパネルで線の項目を1つ増やしています。[パスのオフセット]効果を[-1mm]で適用して、線パネルで丸い破線も設定すると、図のようなパターンにアレンジできます。

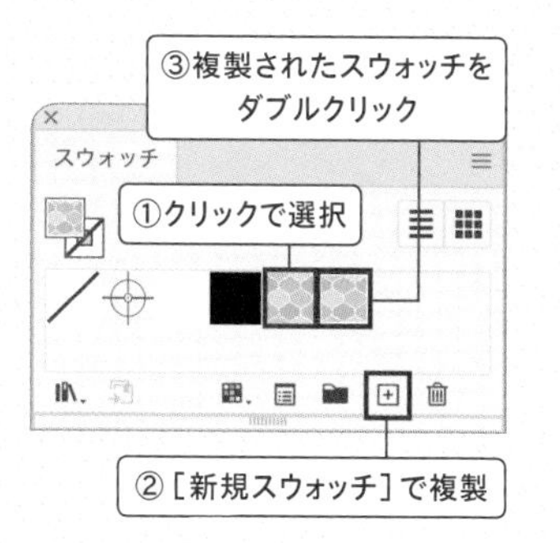

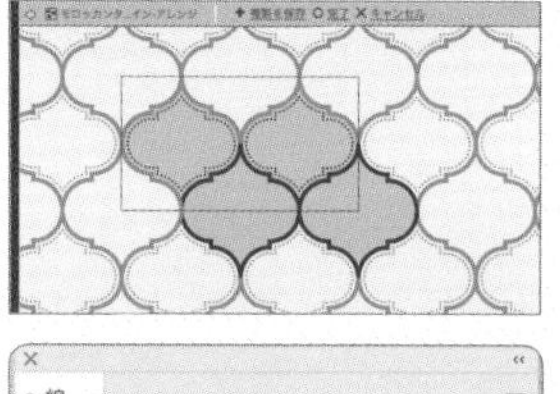

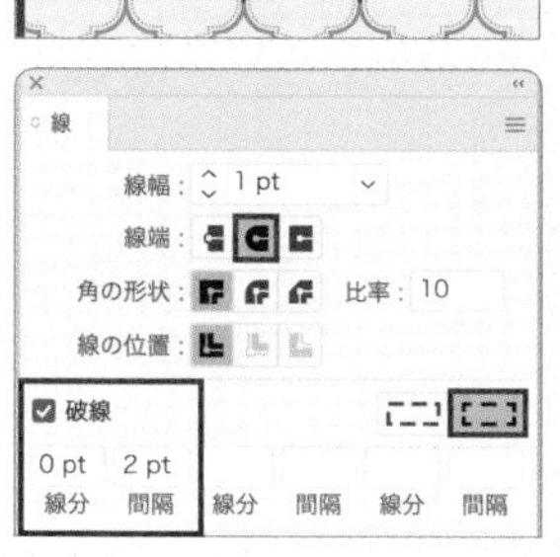

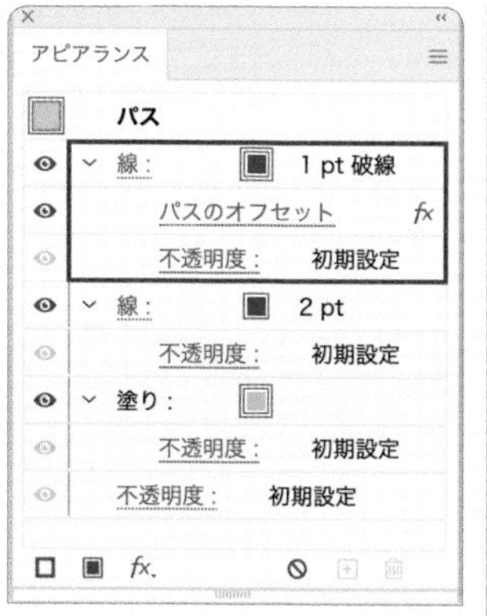

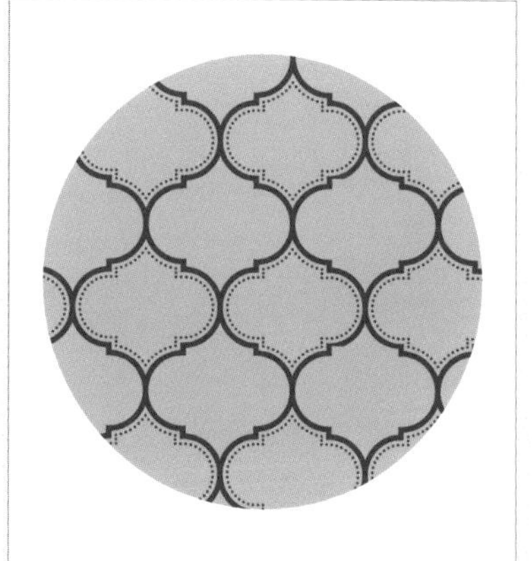

MEMO

パターンの注意点

パターンのパーツに効果などを使うと、パターン確定時に図のようなアラートが表示されることがあります。パターン内部でそのまま保持できないものは、[OK]をクリックすると見た目を保つ代わりに強制的に分割がかかります。分割されると困るパーツがある場合は、あらかじめコピーをとっておくなどして対策しましょう。

Adobe Illustrator

パターンには、アクティブコンテンツ (シンボル、効果、プラグイングループ、ネストされたパターン、内部/外部で整列されたストローク、グラフ) が含まれています。スウォッチを作成するためにこれらを分割・拡張する必要があります。後でパターンを再度編集すると、分割・拡張したコンテンツは編集可能ではなくなります。

続行しますか？(パターン編集モードに戻るにはキャンセルをクリックしてください。)

□ 再表示しない　キャンセル　OK

幾何学パーツのパターン

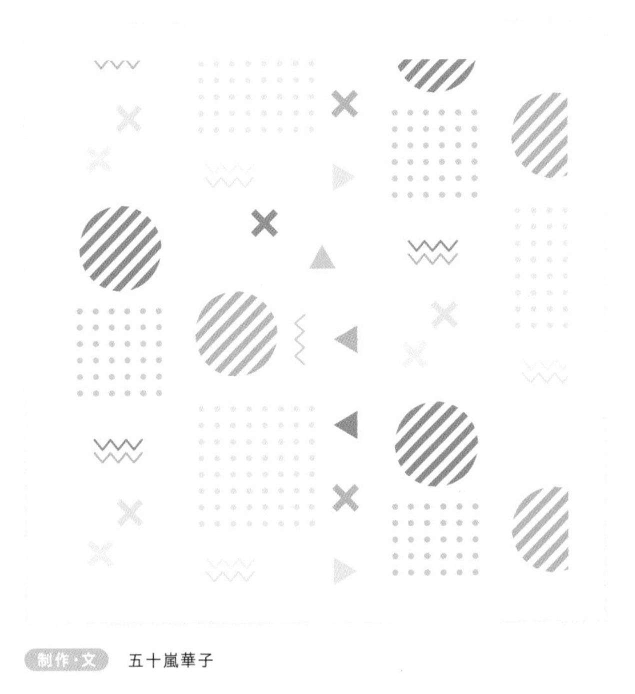

シンプルな図形を組み合わせて、幾何学パーツのパターンを作ります。カラフルな明るい色のパーツを用意して、パターンタイルに対して程よい密度で動きを付けながら配置すると、ポップで楽しい印象になります。レイアウトの背景や文字など、さまざまなデザインパーツに使ってみましょう。

制作ポイント

➡基本図形を組み合わせてパーツを作る

➡［グリッドに分割］で作成したパーツを［楕円形］効果やパスファインダー処理で加工する

➡パターン編集モードでパターンを作成する

使用アプリケーション

Illustrator 2022 ｜ Photoshop

制作・文　五十嵐華子

基本図形でシンプルなパーツを作る

STEP 01 多角形ツールを選び、shiftキーを押しながらアートボード上をドラッグして正三角形を描きましょう。三角形にならなかった場合は、描いたあとに選択ツールでオブジェクトを選び、バウンディングボックスの右側にあるウィジェットを上下にドラッグすると、辺の数を増減して三角形にできます。
正三角形の大きさや色は自由ですが、ここでは変形パネルの［多角形のプロパティ］で［多角形の半径：3mm］に設定しました。カラーパネルで線はなし、塗りのカラーは［C50／M0／Y20／K0］にしています。

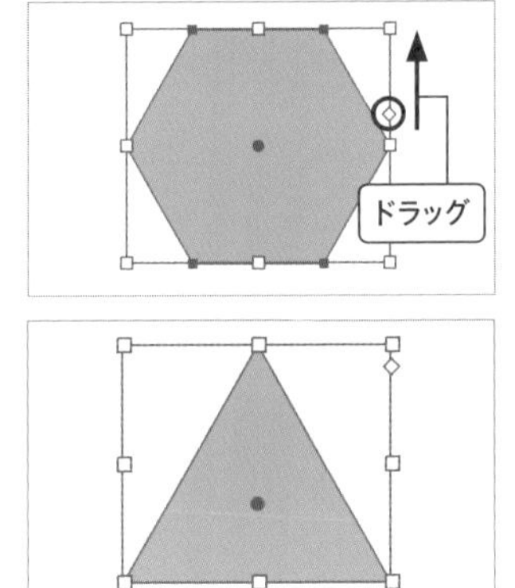

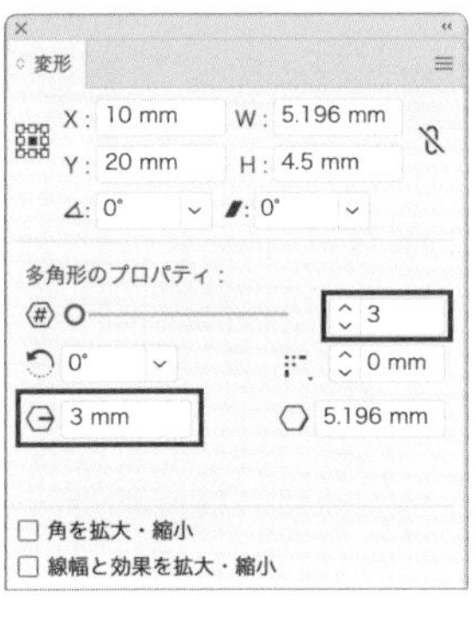

STEP 02 今度は線ツールを選び、shiftキーを押しながら斜めにドラッグして、45°に傾いた短い直線を描きます。線の長さや線幅、線のカラーは自由ですが、ここでは変形パネルの［線のプロパティ］で［線の長さ：5mm］にしました。さらに線パネルで［線幅：3pt］、カラーパネルで線のカラーを［C30／M0／Y0／K0］に設定しています。
描けた線は選択ツールで選択し、command〔Ctrl〕+C、command〔Ctrl〕+Fを押して同じ位置に複製しましょう。選択ツールのまま、線端のハンドルにカーソルを近付けてshift+ドラッグし、複製された線を90°回転して図のようなバツ印を作ります。

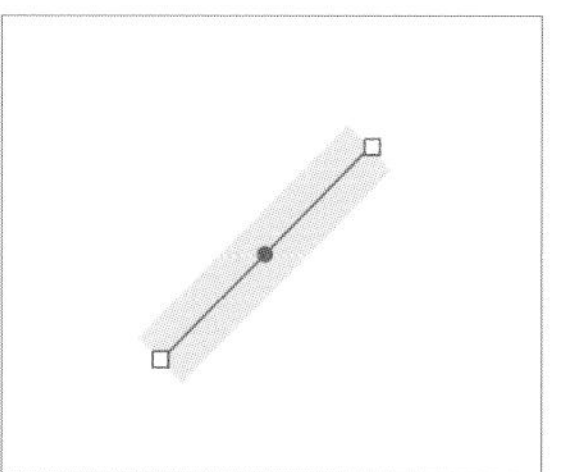

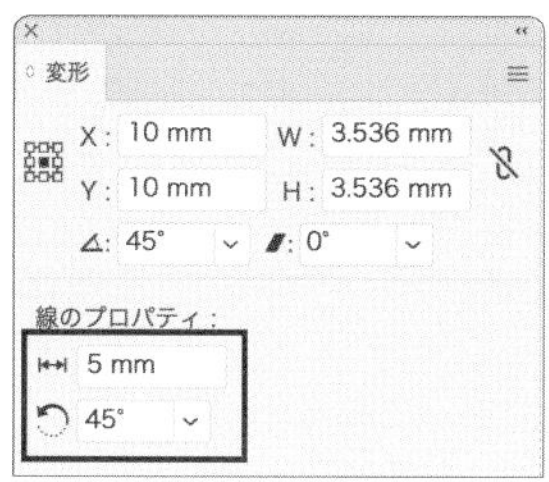

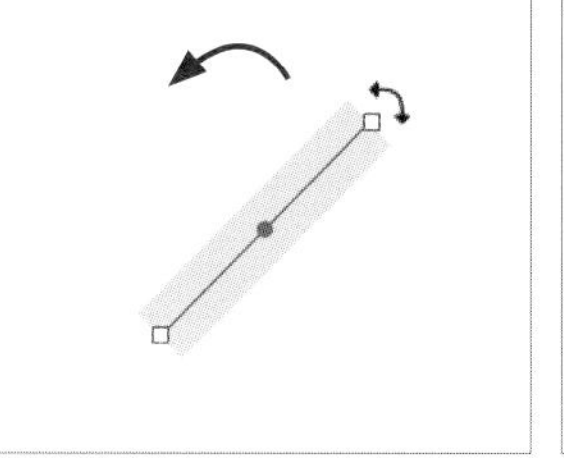

同じ位置に複製してから90°回転

STEP 03 線ツールを選び、shift+ドラッグで水平な直線を描きます。線の長さや線幅、線のカラーは自由ですが、ここでは［線の長さ：7mm］、［線幅：1pt］、［C30／M50／Y0／K0］にしました。さらに線パネルで、［線端：丸形線端］、［角の形状：ラウンド結合］に設定します。
線を選択し、効果メニュー→"パスの変形"→"ジグザグ..."を実行します。「ジグザグ」ダイアログで［パーセント］を選んでから［大きさ：10%］、［折り返し：5］、［ポイント］を［直線的に］に設定して［OK］をクリックしましょう。効果によって線がジグザグになります。

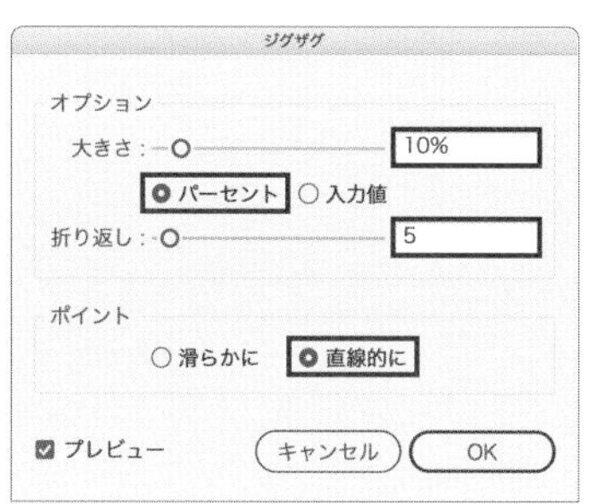

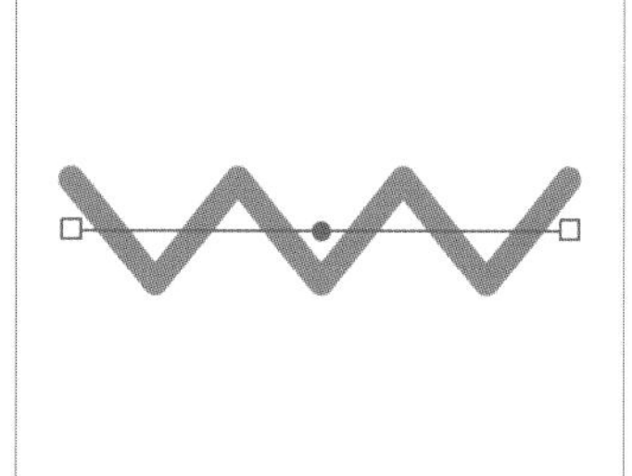

MEMO

線がジグザグにならない場合は、線を選択したときにアピアランスパネルで項目の一番上に［ジグザグ］効果が入っているか確認しましょう。

STEP 04 長方形ツールでshift+ドラッグし、正方形を描いて塗りに好きなカラーを設定します。ここでは［幅：20mm］、［高さ20mm］の大きさで、色は［C0／M10／Y100／K0］にしました。正方形を選択し、オブジェクトメニュー→"パス"→"グリッドに分割…"を実行します。表示されたダイアログで［行］と［列］で［段数］に同じ数値を設定しましょう。ここでは［段数：8］にしました。どちらも［間隔：0］にして［OK］をクリックすると、図のように隙間なく小さな正方形が並んだ状態になります。

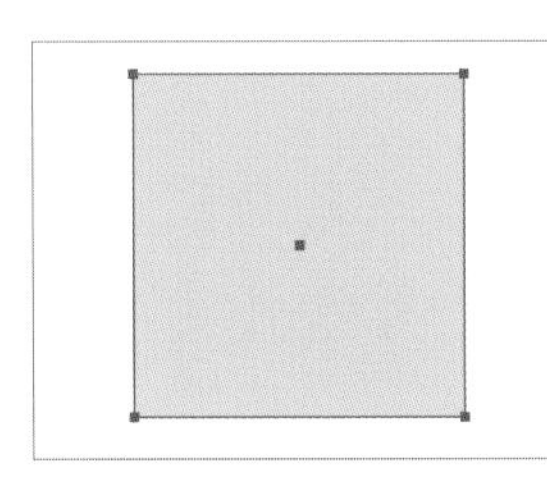

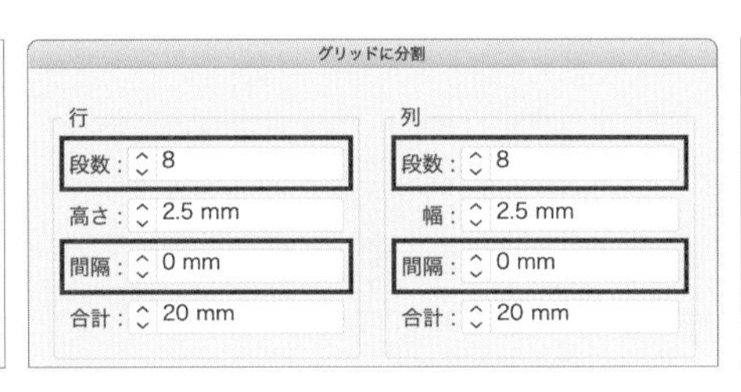

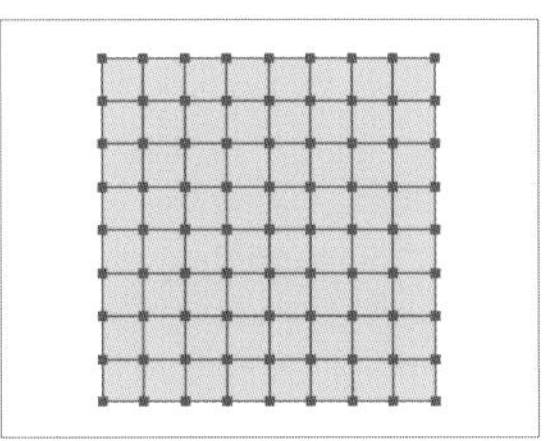

STEP 05 分割された正方形をすべて選択した状態で、効果メニュー→"形状に変換"→"楕円形…"を実行します。表示されたダイアログで［サイズ：値を指定］を選んで、［幅］と［高さ］に同じ数値を入力します。ここの数値は［プレビュー］をオンにして結果を確認しながら調整しましょう。作例では［1mm］に設定し、図のようなバランスで円が並ぶようにしました。

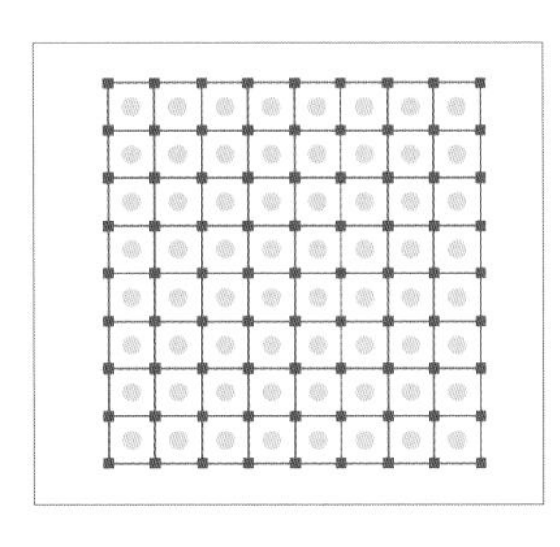

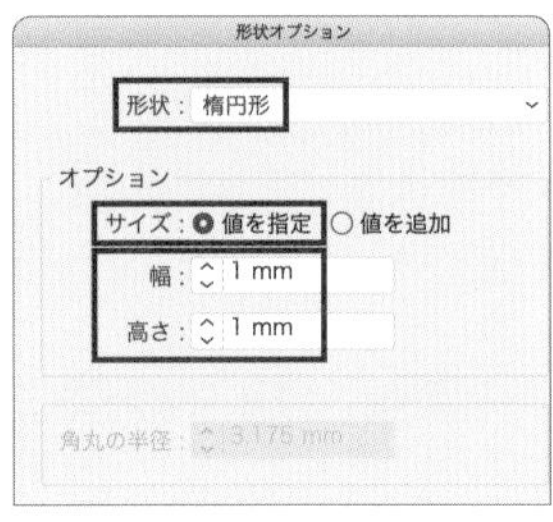

ストライプのパーツを作る

STEP 06 長方形ツールでshift+ドラッグして正方形を描きます。ここでは［幅：13mm］、［高さ13mm］の大きさで、色は［C0／M40／Y10／K0］にしました。
正方形を選んで、オブジェクトメニュー→"パス"→"グリッドに分割…"を実行します。ダイアログが表示されたら［プレビュー］をオンにして、適当な間隔で長方形が分割されるように［段数］、［高さ］、［間隔］を入力します。必要に応じて［合計］を変更してもよいでしょう。ここでは［高さ］と［間隔］が同じになるよう調整しました。［列］は［1］のまま［OK］をクリックすると、図のようなストライプ状になります。

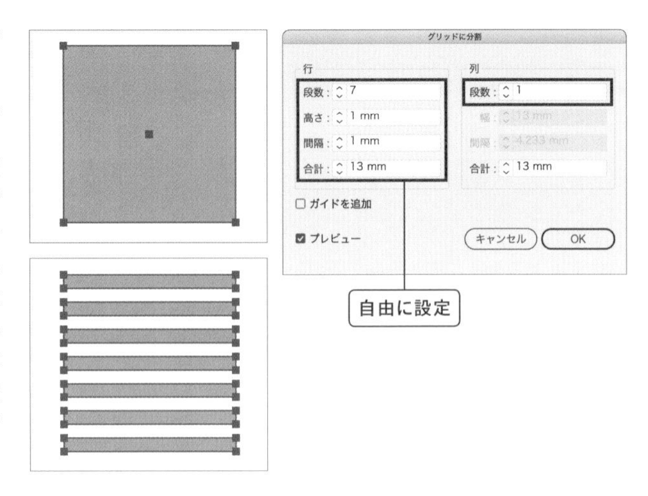

STEP 07 楕円形ツールでshift＋ドラッグして正円を描きます。ストライプのパーツと同じか、それより小さい大きさで描きましょう。塗りのカラーには、作業用に見やすい色を設定しておきます。描けた正円はストライプのパーツより前面になるよう、重ねて配置します。ストライプのパーツと正円をまとめて選択し、パスファインダーパネルで［切り抜き］、［合流］の順でクリックします。パスファインダー処理によって、ストライプが円形に切り取られた状態になります。

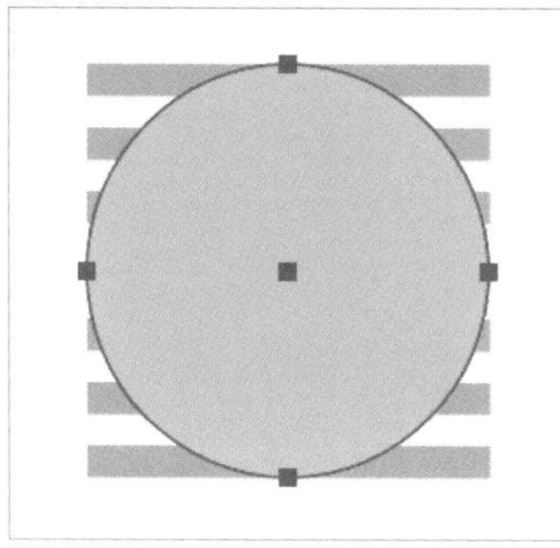

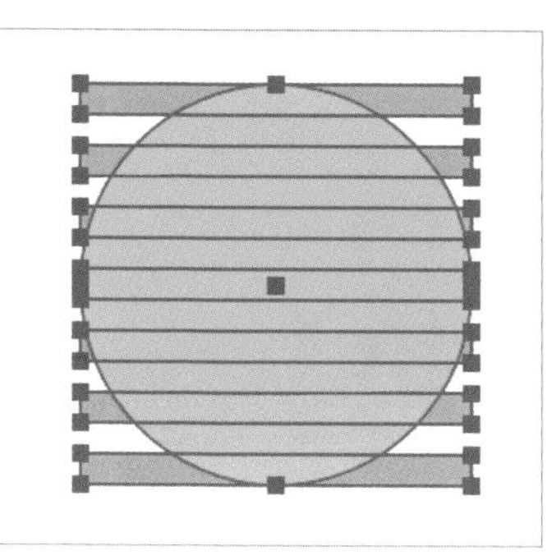

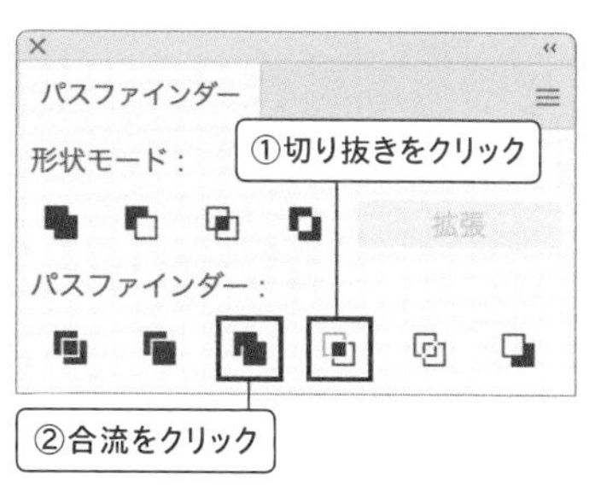

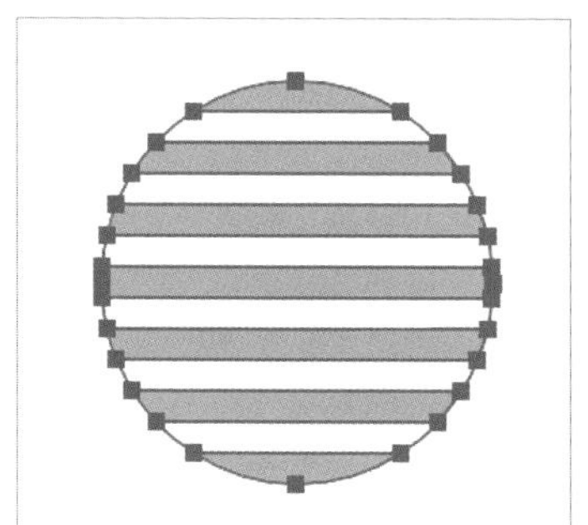

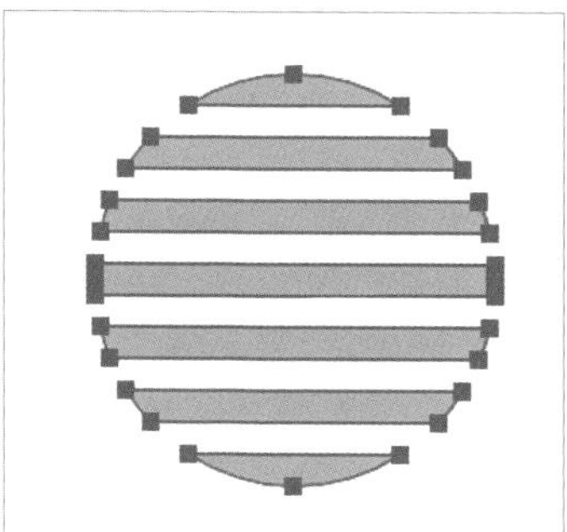

MEMO

［切り抜き］だけでも丸く切り取られたように見えますが、線や塗りにカラーの適用されていない不要なパーツが残っています。ここで［合流］も実行するとすっきりときれいに整理できます。

STEP 08 選択ツールで表示されるバウンディングボックスをshift＋ドラッグして、45˚回転させて図のような斜めのストライプにしましょう。

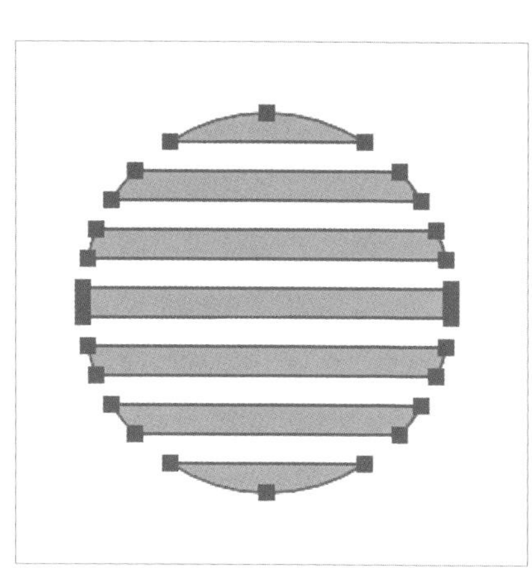

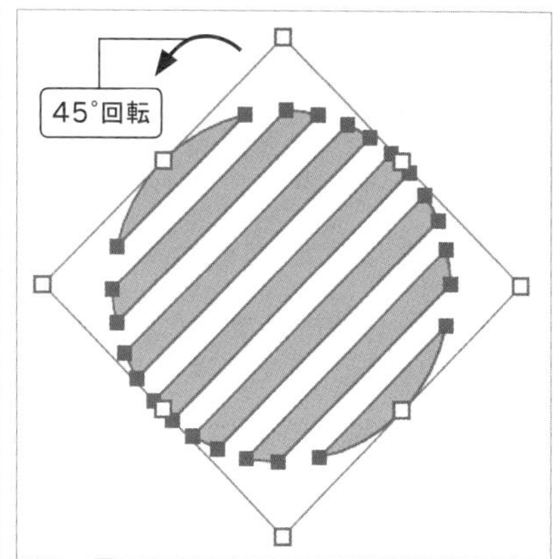

パターンを適用する

STEP 09 ここまでで作成したパーツをすべて選択し、オブジェクトメニュー→“パターン”→“作成”を実行しましょう。選択オブジェクトでパターンが作成され、パターン編集モードに切り替わります。

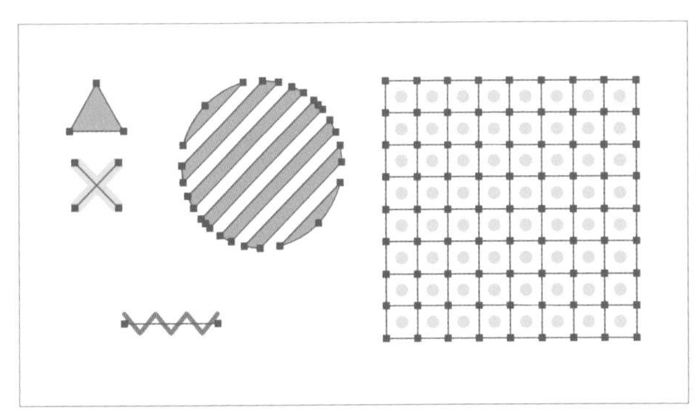

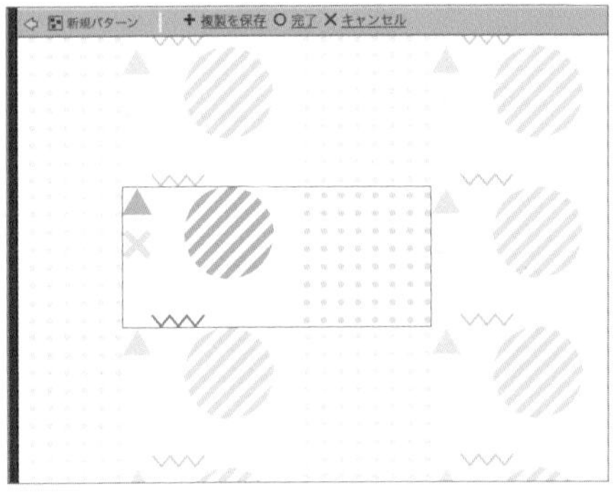

STEP 10 パターン作成直後は選択オブジェクト全体の大きさでタイルが定義されていますので、パターンオプションパネルを使って適当な大きさに変更しましょう。ここでは［幅：50mm］、［高さ：60mm］にしました。さらに［タイルの種類：レンガ（縦）］、［レンガオフセット：1/2］にすると、パターンのリズムが変わって動きを付けられます。

タイルの設定ができたら、薄く表示されるプレビューを参考にパーツを動かしてバランスよく配置しましょう。パーツは移動するだけでなく、複製して色を変えたり、回転したり、自由に編集してかまいません。作業後は、画面左上の［パターン編集モードを解除］をクリックするか、escキーを押すなどしてパターンの編集を終了します。

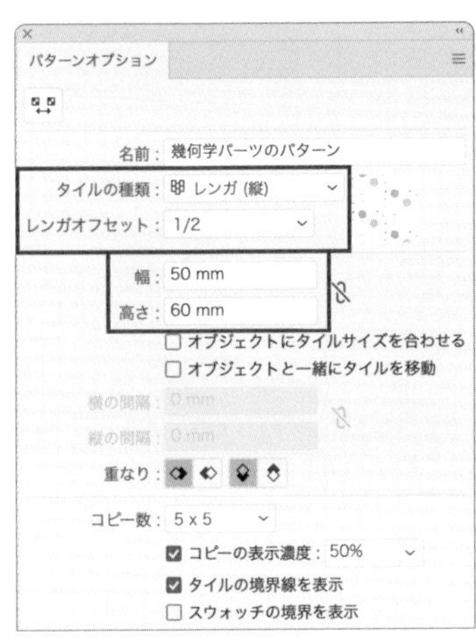

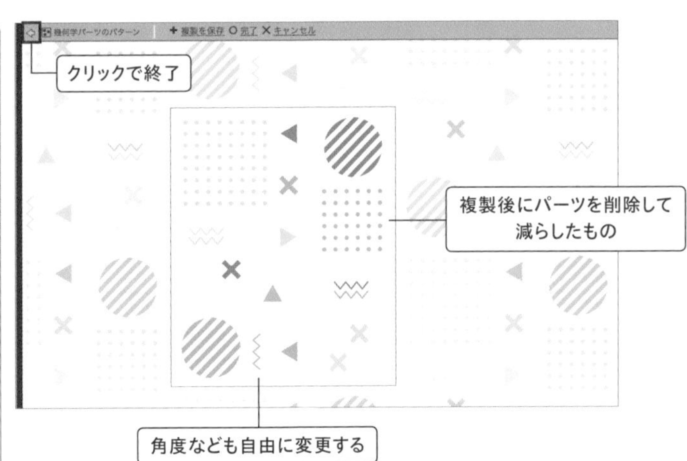

STEP 11 これで幾何学パーツのパターンの完成です。好きな形のオブジェクトを描いたら、スウォッチパネルからパターンスウォッチをクリックして塗りにパターンを適用しましょう。ここでは長方形ツールで描いた正方形に適用しました。パターンの背景に色を付けたい場合は、オブジェクトを選択してからアピアランスパネルで［新規塗りを追加］をクリックします。上側の塗りにパターン、下側の塗りにカラーを適用すると図のようになります。

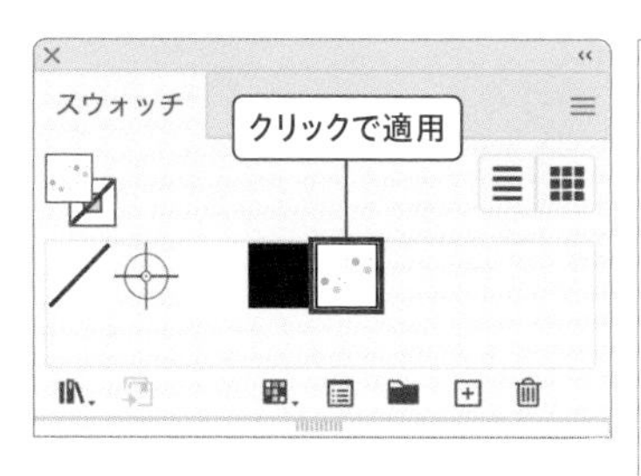

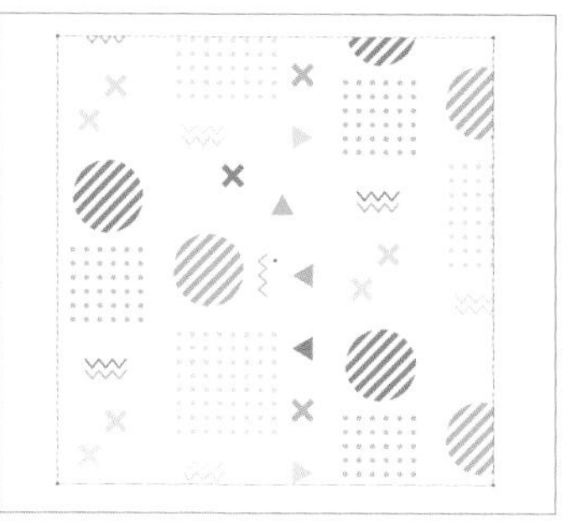

背面の塗りのカラーに［C0／M0／Y20／K0］を適用。

VARIATION

パターンに背景の色を付ける

この作例ではパターンの背景に色を付けていませんが、アピアランス機能で別の塗りを増やしてカラーを適用するとアレンジが作りやすく便利です。背景色だけでも印象を変えられますので、いろいろな組み合わせを試してみましょう。

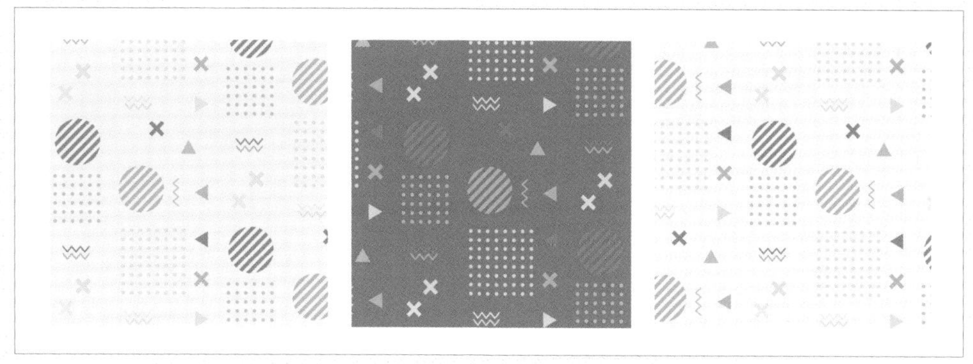

背景に適用したカラーは、左から［C20／M0／Y50／K0］、［C0／M70／Y20／K0］［C0／M0／Y0／K10］。

CHAPTER 4
10
ポリゴン風パターン

POLYGON PATTERN

デザインパーツをスタイリッシュに仕上げるのに便利な、ポリゴン風のパターンを作成します。1つずつポリゴンを描くように作成するのではなく、三角形のパーツをベースにすると簡単です。パーツの大きさにメリハリを付けるほど動きのあるパターンになります。

制作ポイント

➡スマートガイドを利用して正三角形を隙間なく並べる

➡［タイルの種類：正六角形（縦）］を設定したパターンを作成する

➡なげなわツールでアンカーポイントを選択・移動する

使用アプリケーション

Illustrator 2022 | Photoshop

制作・文 五十嵐華子

正三角形を組み合わせる

STEP 01 多角形ツールでshift＋ドラッグして、自由な大きさで正三角形を描画します。三角形にならなかった場合は、描いたあとに選択ツールでオブジェクトを選び、バウンディングボックスの右側にあるウィジェットを上下にドラッグし、辺の数を増減して三角形にしましょう。ここでは変形パネルの［多角形のプロパティ］を使って、［多角形の半径：5mm］に設定し、三角形の大きさを調整しました。線はなしで、塗りのカラーには作業しやすい色を設定しています。

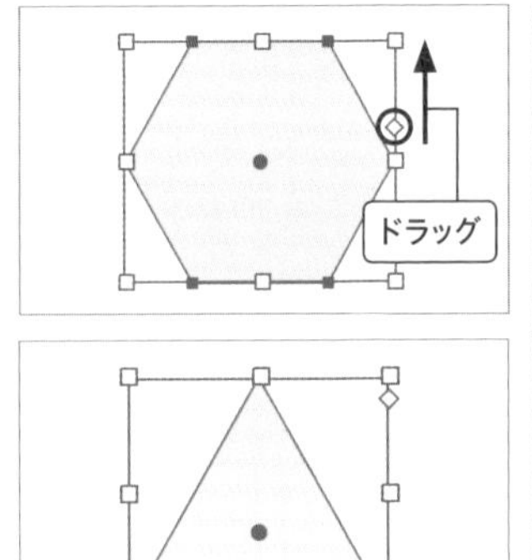

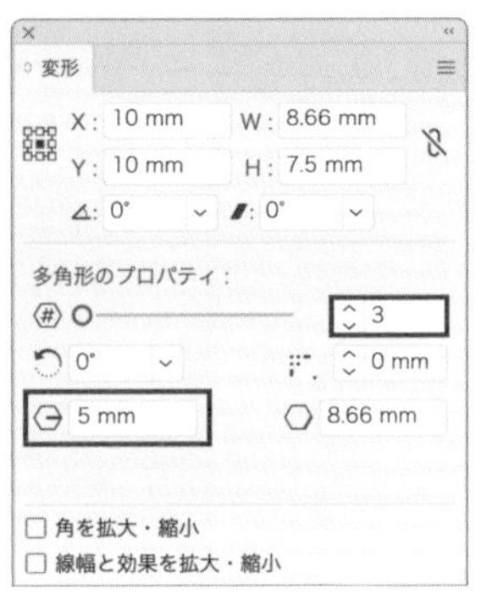

STEP 02 選択ツールなどで正三角形をoption〔Alt〕+ドラッグして移動複製します。区別しやすいよう、複製した三角形は塗りのカラーを変更しましょう。複製した三角形を選択ツールのバウンディングボックスなどでshift+ドラッグし、180°回転して図のような状態にします。ダイレクト選択ツールに切り替え、アンカーポイントがスナップするように隙間なく正三角形を配置しましょう。このとき、表示メニュー→"スマートガイド"をオンにすると作業がしやすくなります。

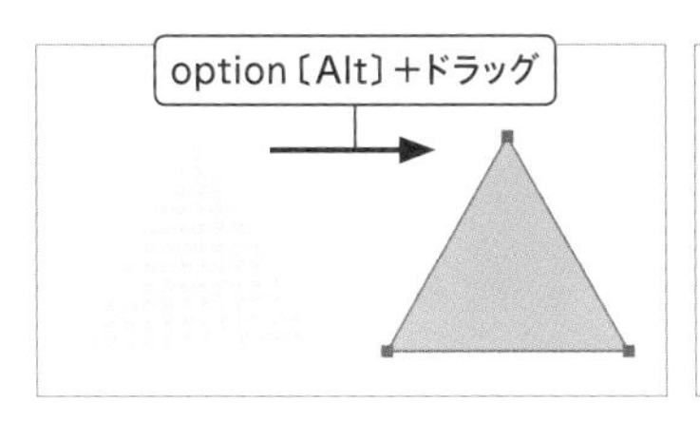

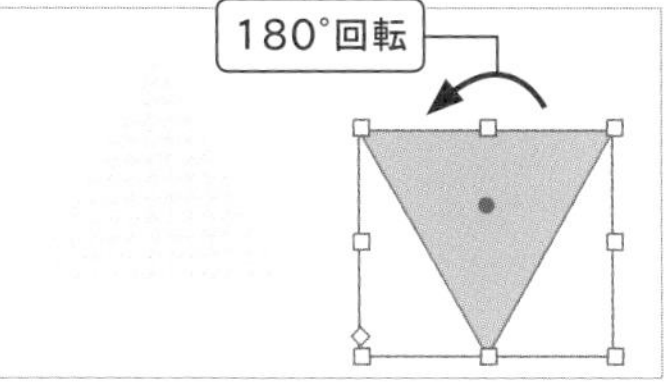

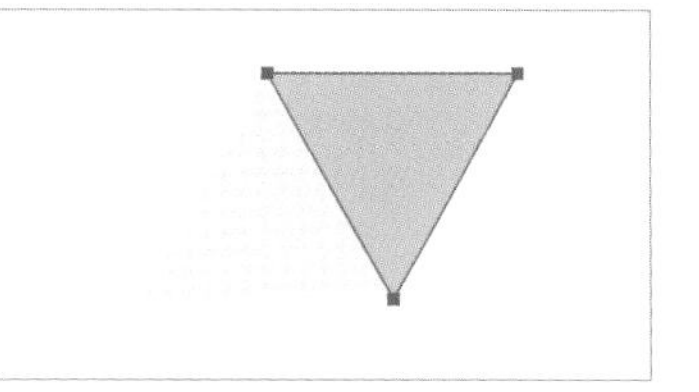

STEP 03 同様の手順を繰り返して正三角形を複数並べ、図のような正六角形の状態にします。全体が正六角形になれば三角形の数は自由ですが、作例では三角形を縦に4つ並べた大きさで配置しました。

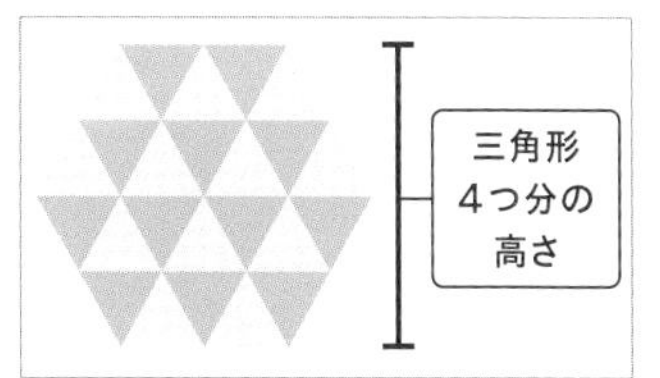

パーツに色を付ける

STEP 04 パーツが配置できたら、塗りのカラーにそれぞれ好きな色を設定しましょう。全体をまとめやすい3色ほどの組み合わせがおすすめです。隣り合う三角形が同じ色にならないよう注意しながら、それぞれのパーツを選択し、カラーパネルやスポイトツールなどを使って塗りにカラーを適用します。
部分的にグラデーションも使うと立体感を演出できます。パーツを選択してから、グラデーションパネルを使って設定しましょう。作例では、単色のカラーと同じ色を使った線形グラデーションを適用しました。

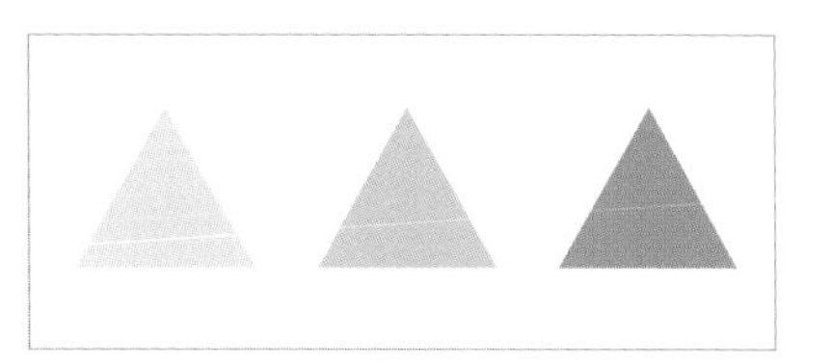
塗りに単色のカラーを設定。左から［C30／M0／Y10／K0］、［C0／M30／Y10／K0］［C35／M40／Y10／K0］。

塗りにグラデーションを設定した例。

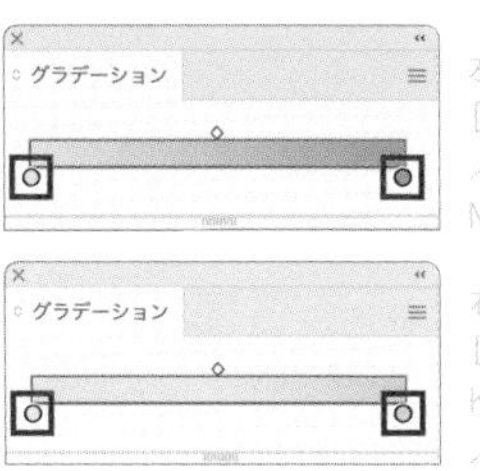

左のグラデーション。［C30／M0／Y10／K0］から［C35／M40／Y10／K0］。

右のグラデーション。［C30／M0／Y10／K0］から［C0／M30／Y10／K0］。

パターン編集モードでパターンを編集する

STEP 05

パーツ全体を選択し、オブジェクトメニュー→“パターン”→“作成”を実行すると、自動的にパターン編集モードに切り替わります。パターンオプションパネルで［名前］にわかりやすい名称を入力して［タイルの種類：正六角形（縦）］に変更すると、パーツ全体と同じ大きさで正六角形のパターンタイルが定義されます。さらにこのあとの編集作業がしやすいように、パターンオプションパネルで［コピー数］を［1×1］にしましょう。

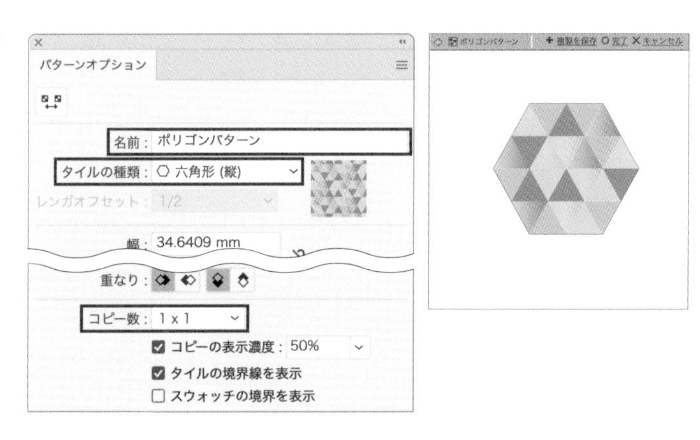

STEP 06

ツールパネルでダイレクト選択ツールを選択してからなげなわツールに切り替えます。タイルの内側のアンカーポイントを一箇所囲むようにしてなげなわツールで選択しましょう。command〔Ctrl〕キーでダイレクト選択ツールに一時切り替えして、ドラッグで好きな位置へ移動します。
この作業を繰り返し、そのほかのアンカーポイントも動かして図のような状態にしましょう。大きく動かしたり、少しだけ動かしたり、移動の具合にメリハリを付けるとポリゴンらしくなります。パターンの繋ぎ目をきれいに仕上げるため、パターンタイルの辺の上にあるアンカーポイントは触らず編集しないようにしましょう。

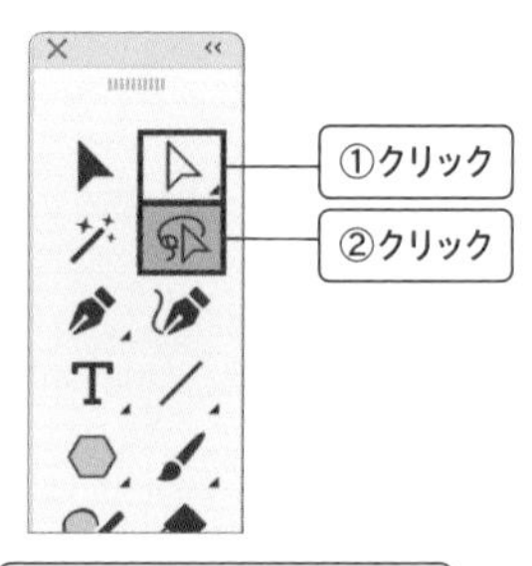

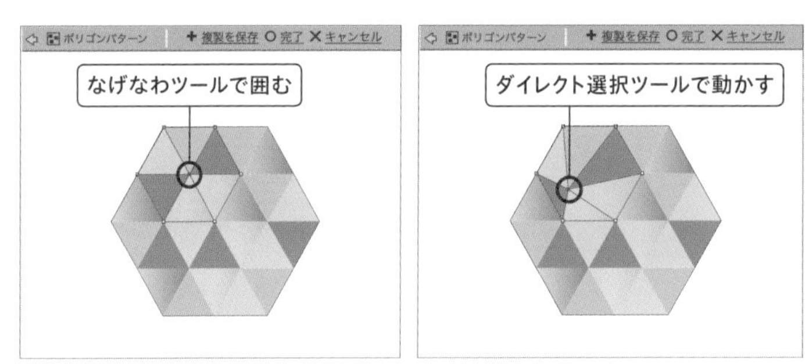

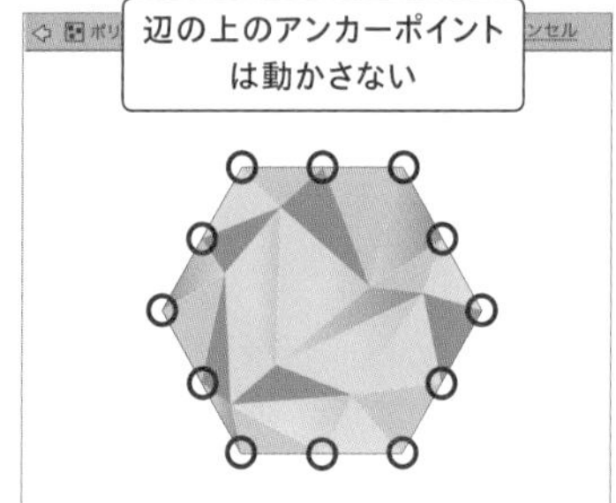

MEMO

なげなわツールでは、command〔Ctrl〕キーを押すとツールを一時切り替えできます。選択ツールまたはダイレクト選択ツールのうち、直前まで使用していたほうに切り替わる仕組みです。ここではアンカーポイントを個別に選択する作業を素早く行うため、ダイレクト選択ツールを選んでからなげなわツールに切り替えています。

STEP 07 パターンオプションパネルで［コピー数：5×5］などに変更し、パターンがシームレスに繋がっているか確認します。ここでアンカーポイントを移動したり、パーツのカラーを変更したりして、さらにバランスを調整してもかまいません。パーツの編集が完了したら、画面左上の［パターン編集モードを解除］をクリックするか、escキーを押すなどでパターンの編集を終了します。

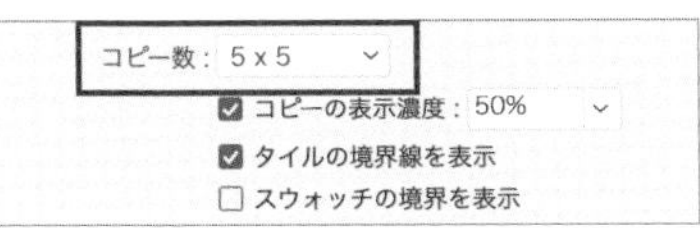

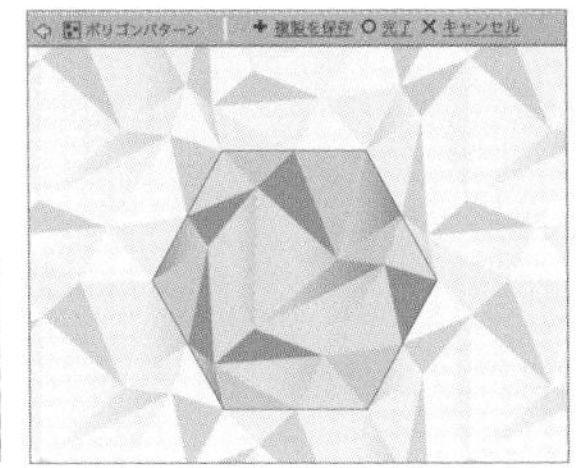

STEP 08 でき上がったパターンはスウォッチパネルに登録されています。好きなオブジェクトの塗りなどに適用して活用しましょう。ここでは、文字ツールでアートボードをクリックし、文字を入力したテキストオブジェクトを用意しました。テキストオブジェクトを選択してから、スウォッチパネルでパターンスウォッチをクリックして塗りに適用しています。ロゴのように見せたいテキストのほか、背景パーツなどに使ってもよいでしょう。

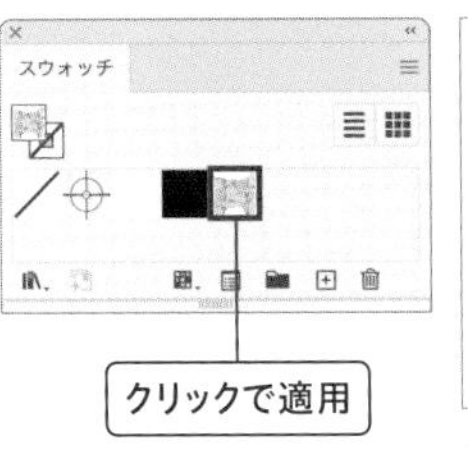

クリックで適用

テキストオブジェクト「POLYGON」の設定は、使用フォント：Rift Bold（Adobe Fonts）、フォントサイズ：100Q。

VARIATION

パターンの色を変える

でき上がったパターンは［オブジェクトを再配色］を使うと簡単にバリエーションを作成できます。複製したテキストオブジェクトを選択し、編集メニュー→“カラーを編集”→“オブジェクトを再配色”を実行しましょう。簡易版ダイアログが表示された場合は、［詳細オプション］をクリックして詳細版に切り替えます。［編集］タブでカラーホイール上の丸いボタンをドラッグすると、パターン中のカラーのバランスを保ったまま色を変えられます。

POLYGON PATTERN

POLYGON PATTERN

テキストオブジェクトを複製して大きさを変更（フォントサイズ65Q）。

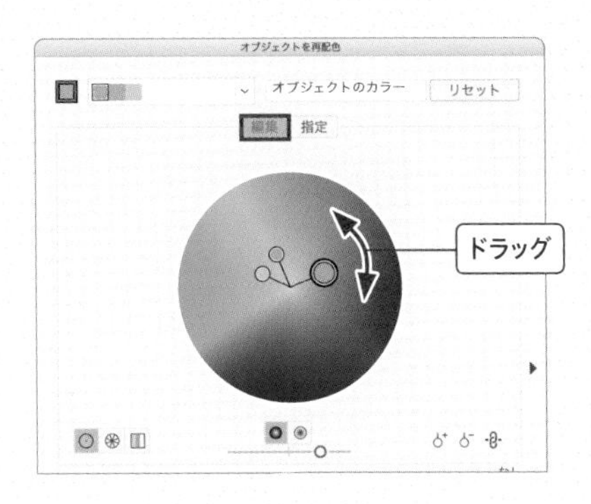

CHAPTER 4

11

幾何学模様で構成するテクスチャ

SEOコンサル会社のWebページにおいて、SEO成功事例集を無料でダウンロードできるという実績紹介のサムネイルを作りましょう。幾何学模様を使うことで、知的さやビジネスの雰囲気を表現することができます。

制作・文 mito

使用アプリケーション
Illustrator 2021
Photoshop

制作ポイント
- ➡回転ツール、水平方向、垂直方向への移動を使い同じ図形を複製する
- ➡ブレンドツールを使い、複製した図形全体にグラデーションをかける
- ➡パターン登録し、背景として使う

新規アートボードを作る

STEP 01 ファイルメニュー→［新規...］から新規ドキュメントを作成します。［Web］を選択し、［幅：200］、［高さ：200］、［ラスタライズ効果：スクリーン（72ppi）］、単位は［ピクセル］を設定して、［作成］をクリックします。

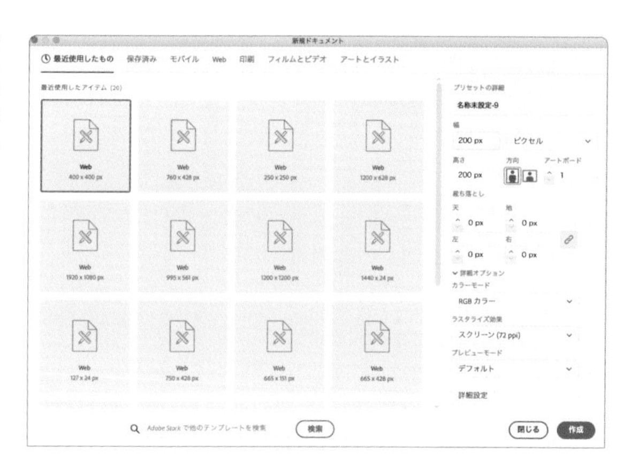

三角形を作成する

STEP 02 多角形ツールで三角形を作成し、変形パネルから辺の長さを［30px］に設定します。

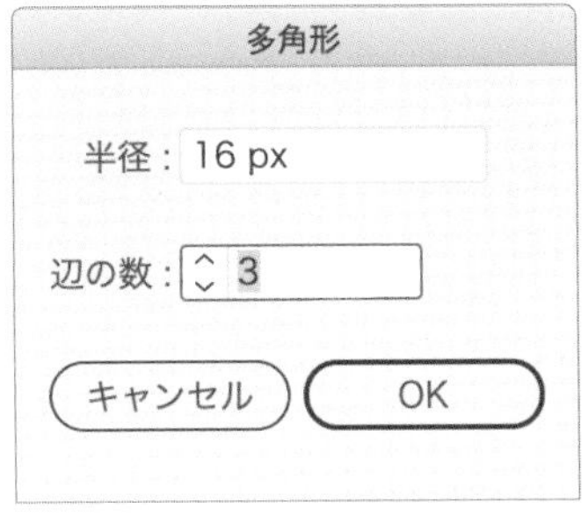

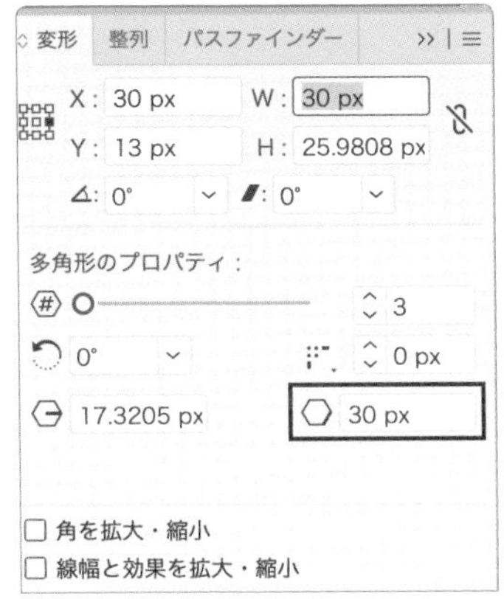

右下の多角形アイコンの右のテキストボックスを編集します。

STEP 03 アートボードの左端にぴったりと重なる形で配置します。

三角形を回転させて複製する

STEP 04 回転ツールをクリックし、option〔Alt〕キーを押しながら基準点を三角形の上の頂点へ移動させます。回転ウィンドウより［角度：-60°］に設定し、コピーします。

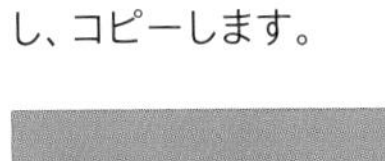

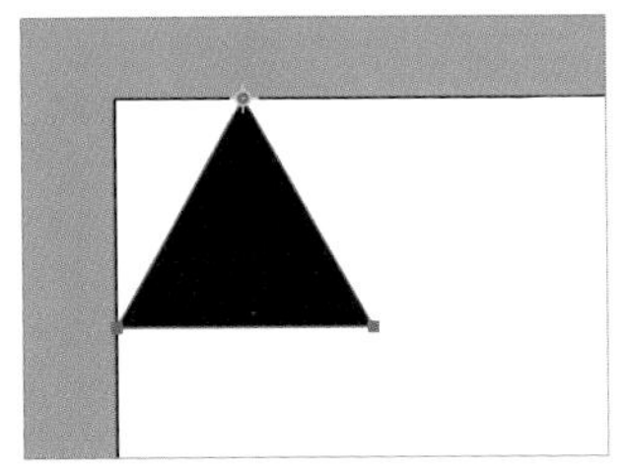

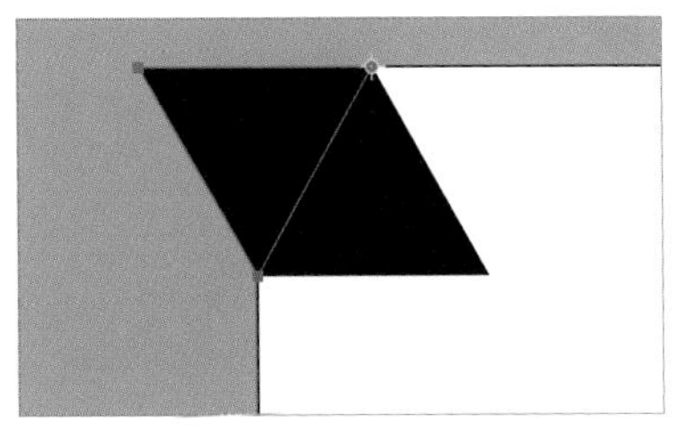

STEP 05

複製前の三角形のみ再度、選択ツールで選択したあと、回転ツールをクリックし、回転ウィンドウより［角度：60°］に設定し、コピーします。

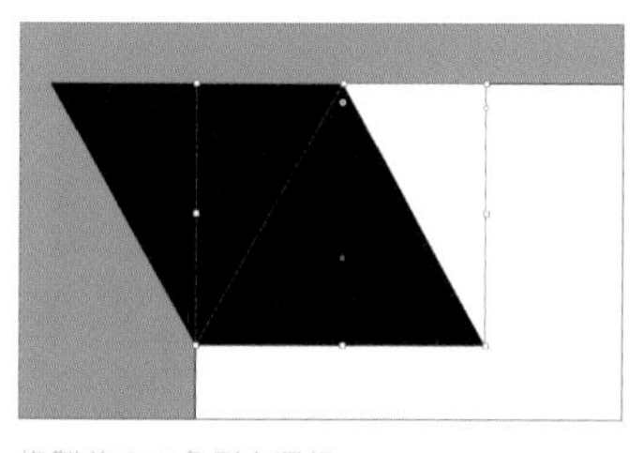

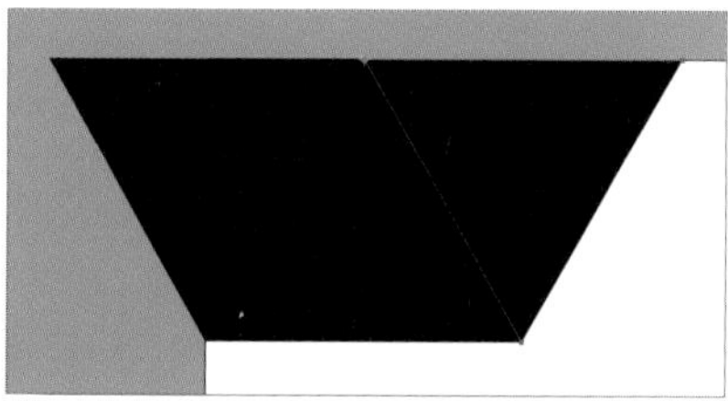

複製前の三角形を選択。

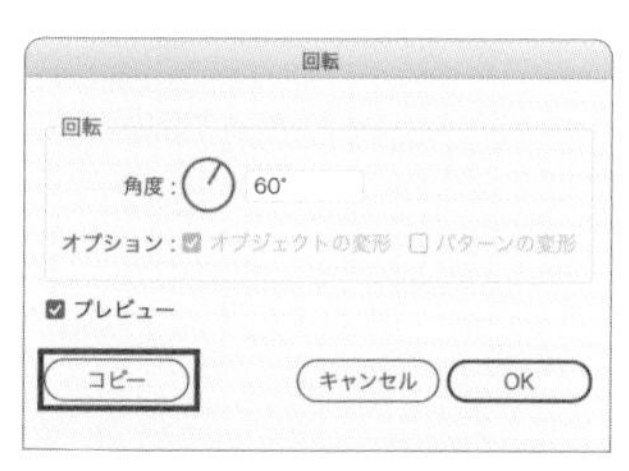

三角形の水平方向への移動を行う

STEP 06

作成した三角形すべてを選択し、効果メニュー→“パスの変形”→“変形...”から変形ウィンドウを表示させます。［移動］の項目で［水平方向：30px］にし、［コピー6］を設定して、アートボードの水平方向に三角形を敷き詰めます。

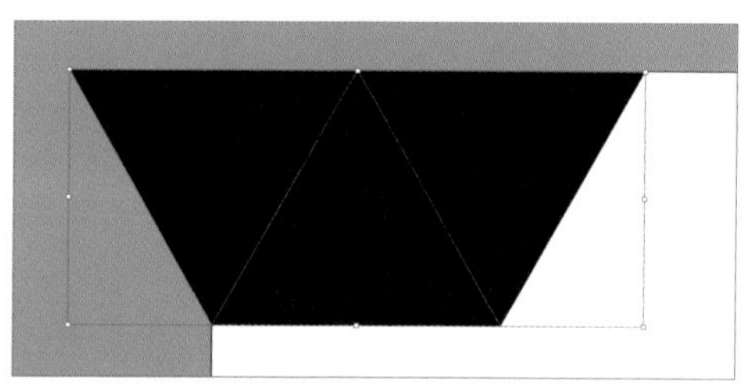

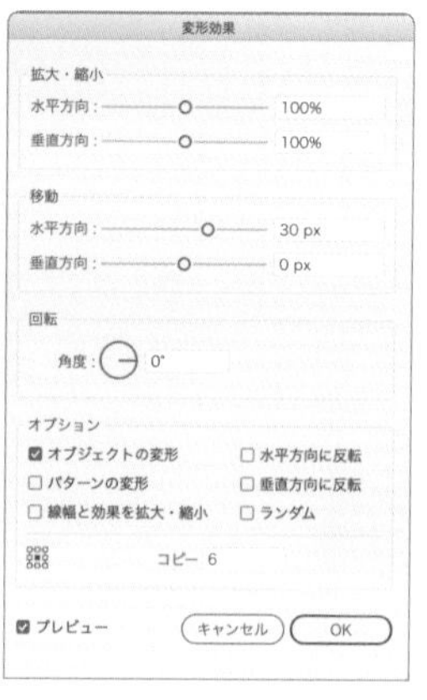

STEP 07 すべての三角形を選択ツールで選択し、オブジェクトメニュー→“アピアランスを分割”でアピアランスを分割します。

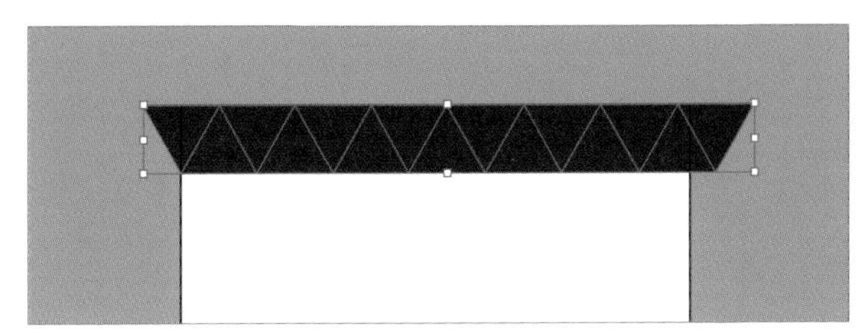

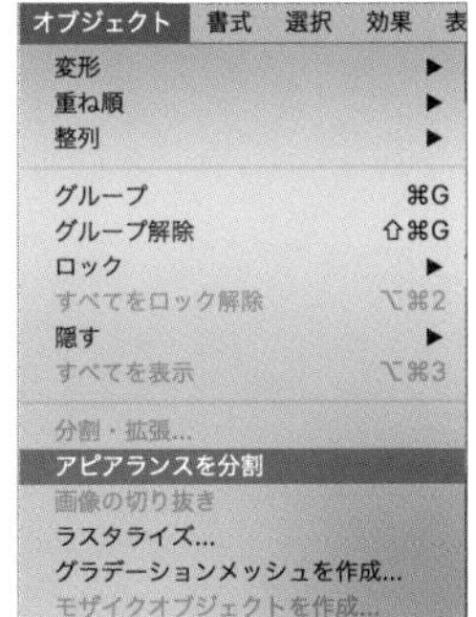

STEP 08 さらに、すべてを選択した状態でオブジェクトメニュー→“グループ解除”でグループを解除します。

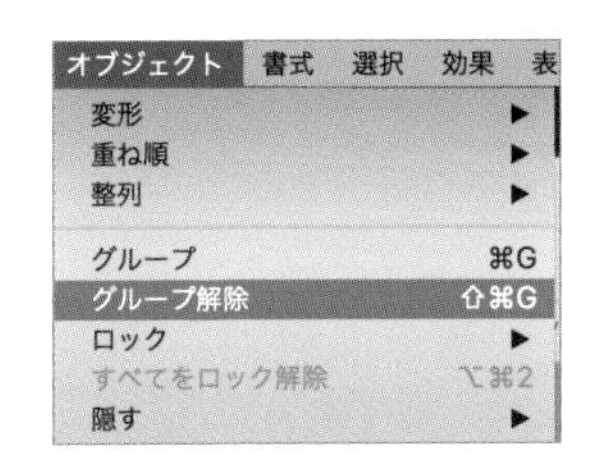

三角形の垂直方向への移動を行う

STEP 09 すべての三角形を選択ツールで選択します。

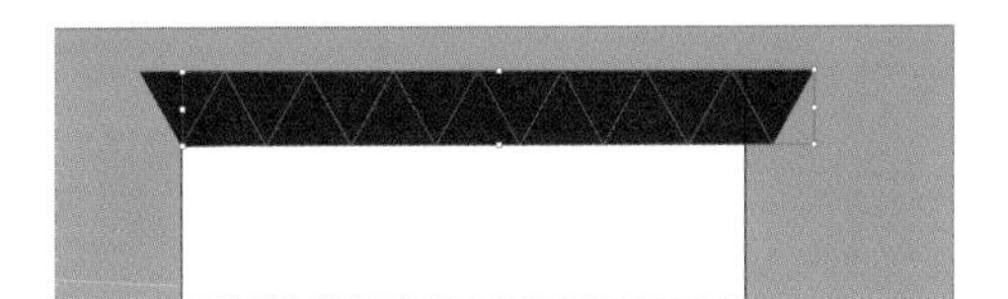

STEP 10 効果メニュー→“パスの変形”→“変形...”から変形ウィンドウを表示させます。[移動]の項目で[垂直方向:25.9808px]にし、[コピー:7]を設定して、アートボードの垂直方向に三角形を敷き詰めます。

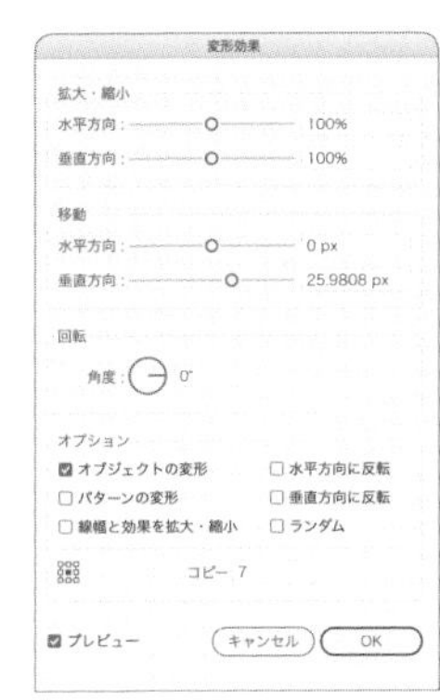

移動距離25.9808pxは三角形の高さ

アートボード上に三角形が敷き詰められました。

STEP 11 先ほどと同じように、すべての三角形を選択ツールで選択し、オブジェクトメニュー→“アピアランスを分割”でアピアランスを分割します。さらに、すべてを選択した状態でオブジェクトメニュー→“グループ解除”でグループを解除します。

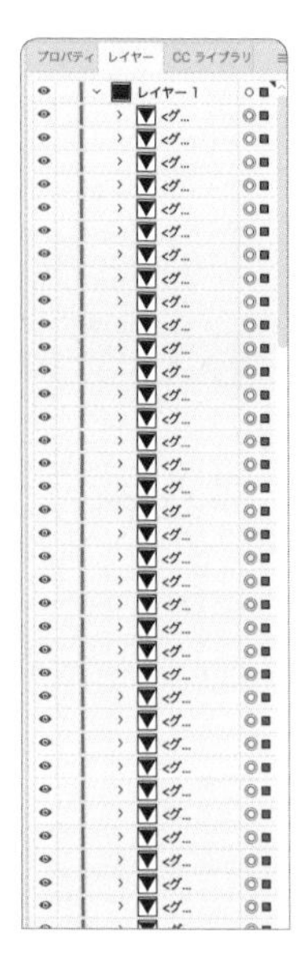

レイヤーパネルを確認すると、三角形すべてが個別になっていることがわかります。

レイヤーの一番上と一番下の三角形に色を付ける

STEP 12 選択ツールでレイヤーの一番上の三角形を選択し、カラーパネルで［R0／G168／B190］（#00a8be）と設定します。次に、レイヤーの一番下の三角形を選択し、［R255／G62／B173］（#ff3ead）と設定します。

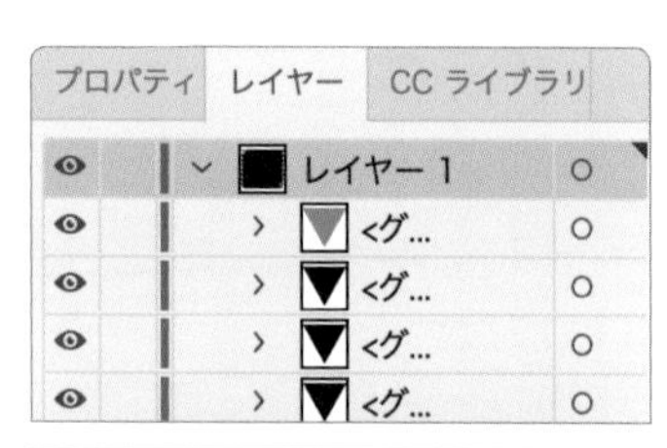

レイヤーの一番上をレイヤーパネルで確認。

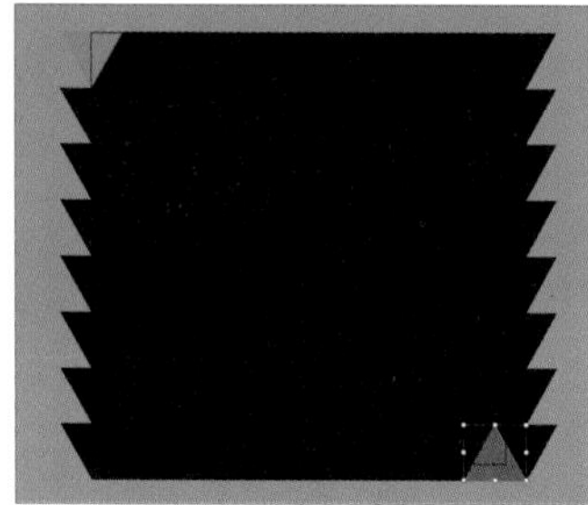

レイヤーの一番上と一番下の三角形の色を変えました。

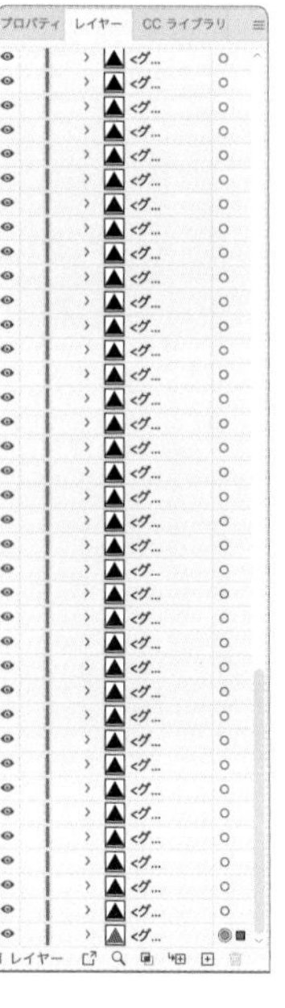

レイヤーの一番下をレイヤーパネルで確認。

ブレンドツールで全体にグラデーションをかける

STEP 13 選択ツールですべての三角形を選択し、編集メニュー→“カラーを編集”→“左右にブレンド”をクリックし、色をブレンドします。

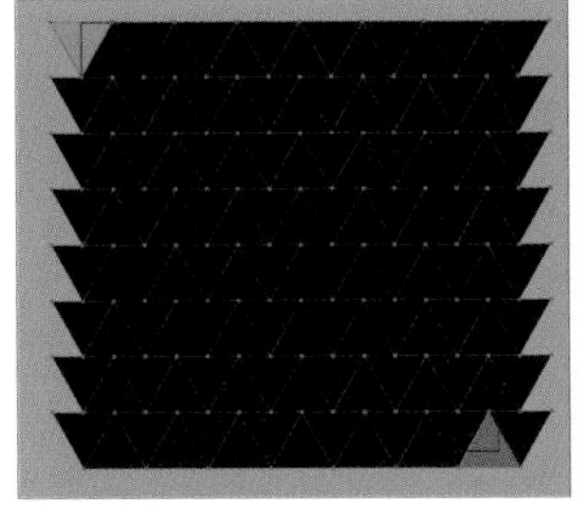

三角形を全選択します。

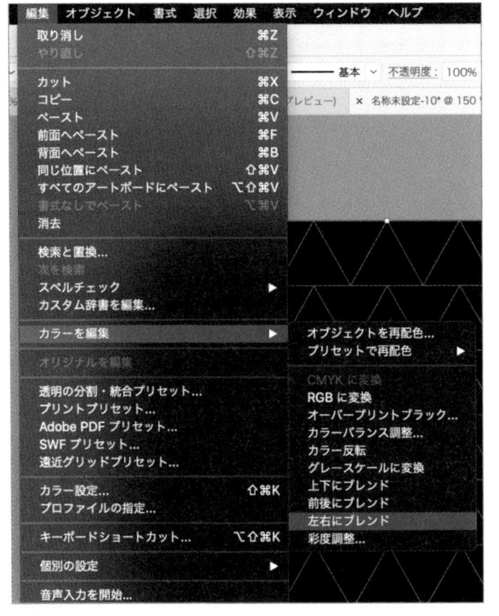

色がブレンドされ、グラデーションがかかりました。

グラデーションカラーをランダムに再配色する

STEP 14 選択ツールですべての三角形を選択した状態で、オプションバーに表示されている「オブジェクトを再配色」のアイコンをクリックし、［詳細オプション］をクリックして、オブジェクトを再配色ウィンドウを表示させます。

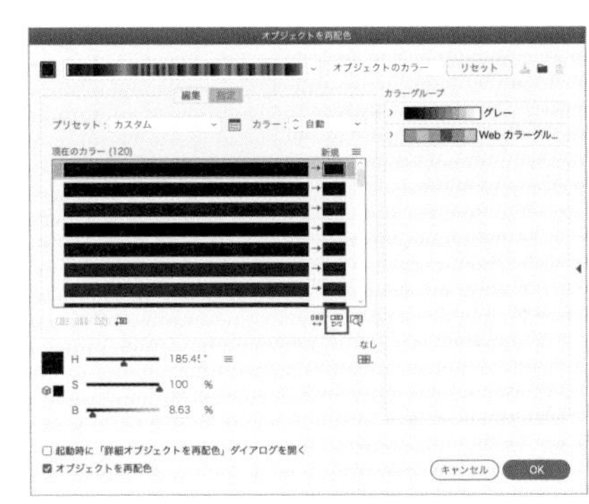

グループ　基本　不透明度：100%　スタイル：　変形

［オブジェクトを再配色］のアイコンをクリック。

STEP 15 彩度と明度をランダムに変更を何度かクリックし、色を混ぜます。

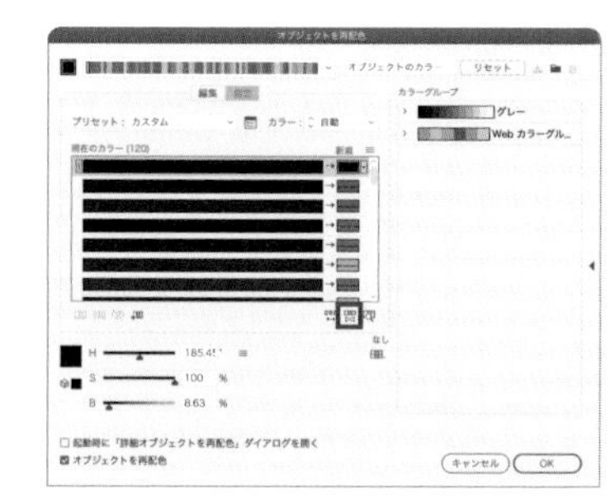

色がランダムに変更されました。

STEP 16 一度［OK］をクリックし、再配色ウィンドウを閉じて、再度再配色ウインドウを開きます。今度は［カラーグループ］を［グレー］にし、白黒の状態に変更します。

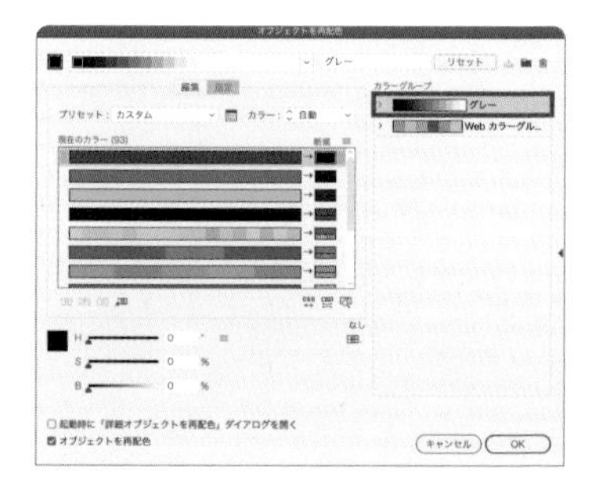

白黒に変更されました。

パターン登録と長方形の作成を行う

STEP 17 パターン登録する前に選択ツールですべての三角形を選択した状態で右クリックし、グループ化します。

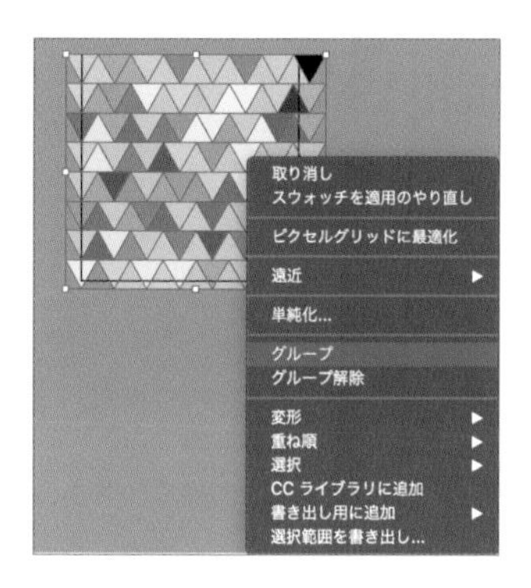

STEP 18 スウォッチパネルにドラッグし、パターン登録します。

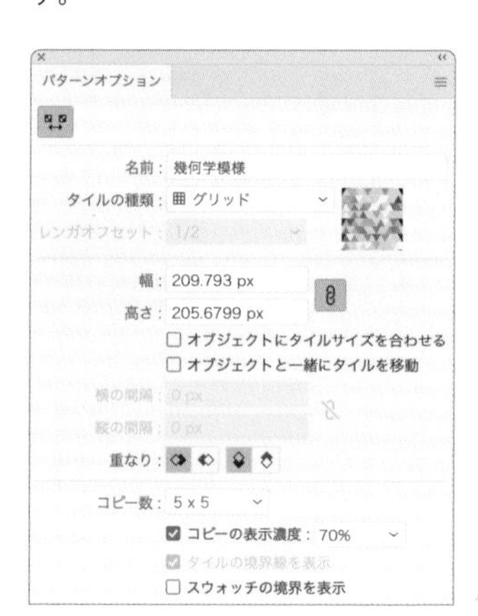

パターンオプションはドラッグしたパターンをダブルクリックすると表示されます。

STEP 19 パターンを適用させた状態で、長方形ツールに持ち替えて長方形を作成します。背景に使いたいのでアートボードと同じ大きさにしましょう。作例では横760px縦428pxのアートボードを新たに作成し、同じ大きさの長方形にパターンを適用しています。

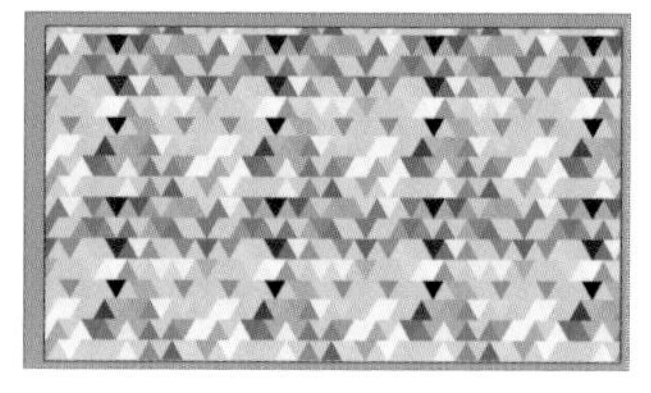

長方形にパターンが適用されます。

STEP 20 もう1つ長方形を作成します。長方形ツールを選択し、先ほどと同じ大きさの長方形を作成します。グラデーションツールをクリックし、[種類]、[線形グラデーション]を選択して、グラデーションスライダーの左から[R160／G210／B221](#a0d2dd)、[R102／G188／B205](#66bccd)、[R0／G168／B190](#00a8be)と設定します。

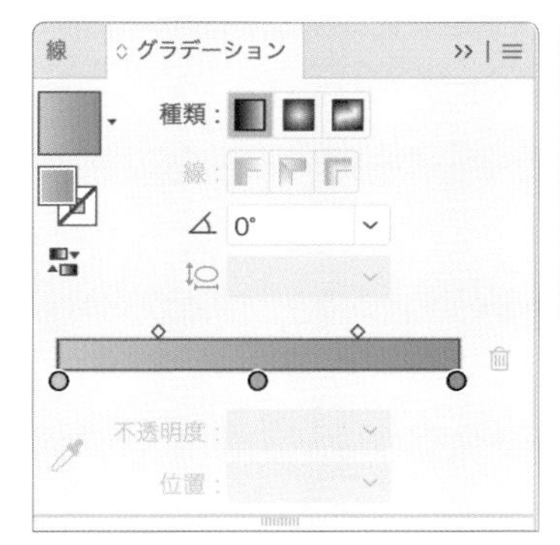

パターンに色を付ける

STEP 21 先ほど作成した、グラデーションが適用された長方形を選択ツールで選択し、透明パネルより、[描画モード]を[スクリーン]にします。

モノクロのパターンにカラーが適用されました。

画像や文字を配置し完成させる

STEP 22 素材ダウンロードフォルダー内の「seo-book.png」をアートボード上にドラッグし、画像を配置します。CHAPTER 2の06を参考に多角形アイコンを作りましょう。作例では、カラーは[R232／G250／B4](#e8fa04)としています。中に文字を配置して完成です。作例では「FOT-筑紫A丸ゴシック Std B」を使用しています。

文字について[塗り]は[R35／G24／B21](#231815)、[線]は[R255／G255／B255](#ffffff)と設定。

CHAPTER 4

12

アーガイルパターン

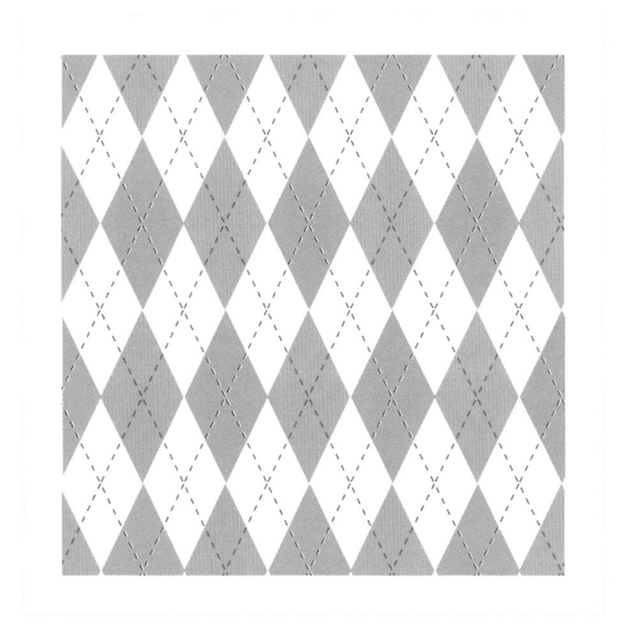

シンプルなパーツを使って、アーガイルパターンを作ります。ひし形が繋がった格子状の模様で、トラディショナルな雰囲気を出したいときに便利な定番のパターンです。背景パーツのほか、アイコンのベースや大きめサイズのロゴの塗りなどに使っても華やかです。

制作ポイント

- 楕円形と［単純化］でひし形を作る
- パターン編集モードでパターンを調整する
- ［コピー数］の変更でパターン編集作業をしやすくする

使用アプリケーション

Illustrator 2022 ｜ Photoshop

制作・文　五十嵐華子

楕円形からひし形を作る

STEP 01 楕円形ツールでドラッグして、縦長の楕円形を描画します。ここでは［幅：10mm］、［高さ：20mm］の大きさにしました。カラーパネルを使って線のカラーはなし、塗りのカラーに好きな色を設定します。ここでは［C0／M40／Y10／K0］を設定しました。

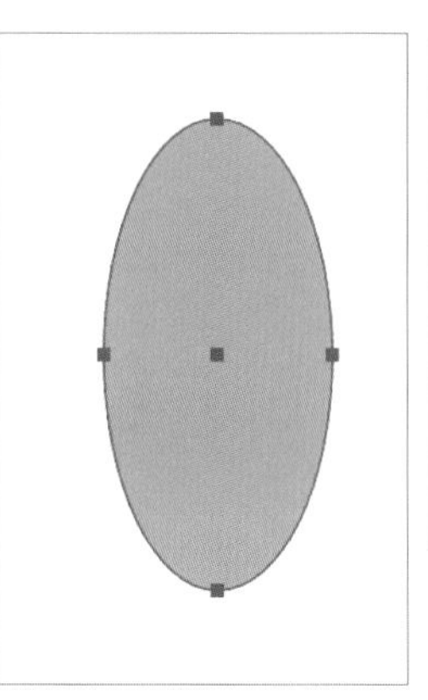

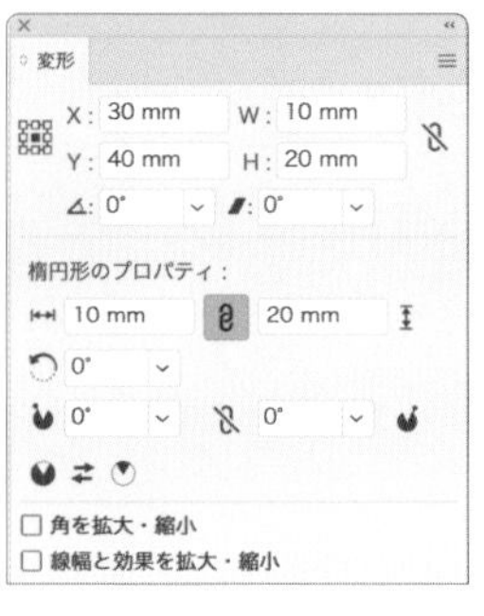

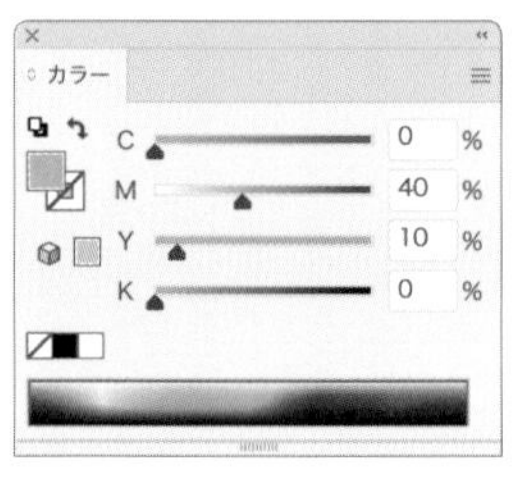

STEP 02 描いた楕円をダイレクト選択ツールで選択し、option〔Alt〕+ドラッグして下方向へ移動複製します。スマートガイドをオンにして、上下の楕円がアンカーポイントでスナップするように隙間なく配置しましょう。複製した楕円はカラーパネルで塗りのカラーを変更します。作例では［C0／M0／Y10／K30］にしました。

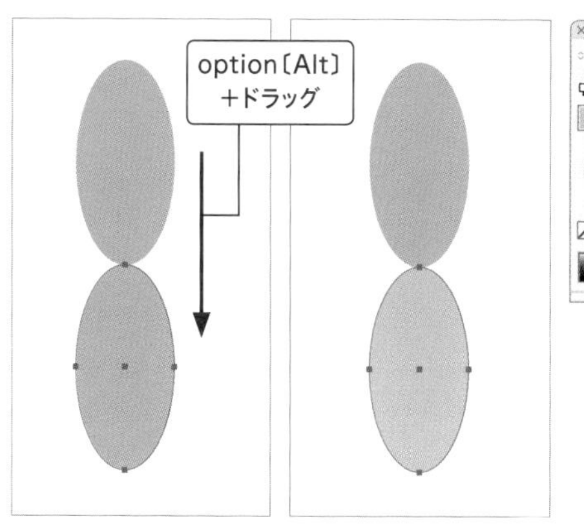

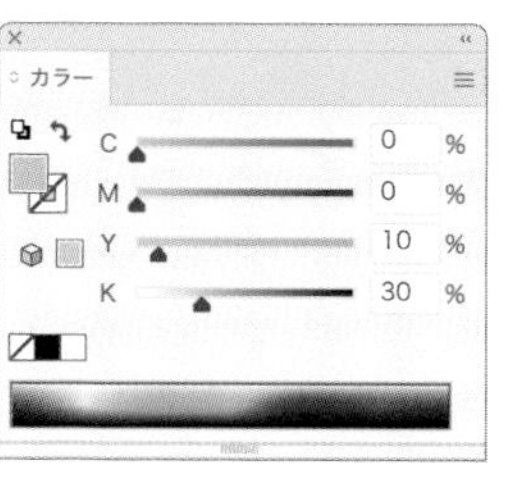

MEMO

スマートガイドは表示メニュー→“スマートガイド”を実行するか、command〔Ctrl〕+Uを押すとオン／オフを切り替えられます。

STEP 03 楕円のパーツを2つとも選択し、オブジェクトメニュー→“パス”→“単純化...”を実行します。画面上に小さなスライダーが表示された場合は、［詳細オプション］をクリックして「単純化」ダイアログに切り替えましょう。［コーナーポイント角度のしきい値：0°］に設定してから［直線に変換］をオンにして［OK］をクリックすると、曲線のセグメントが直線に変換され、楕円がひし形になります。

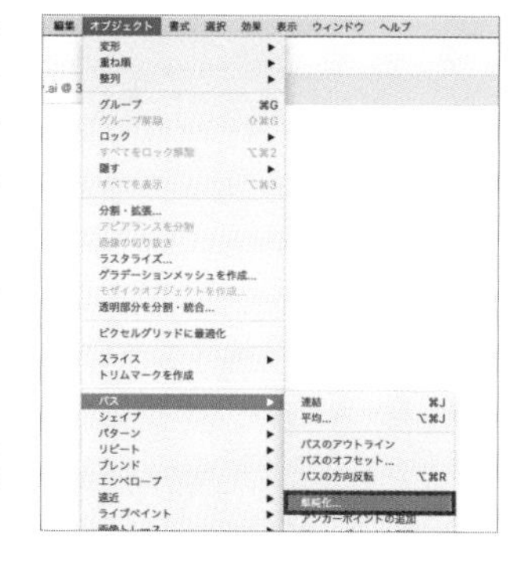

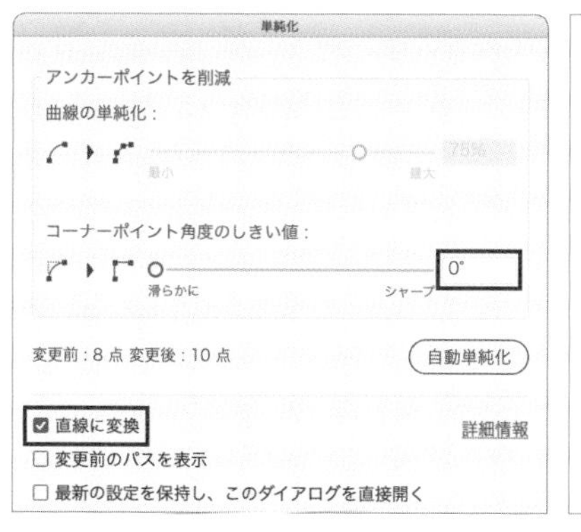

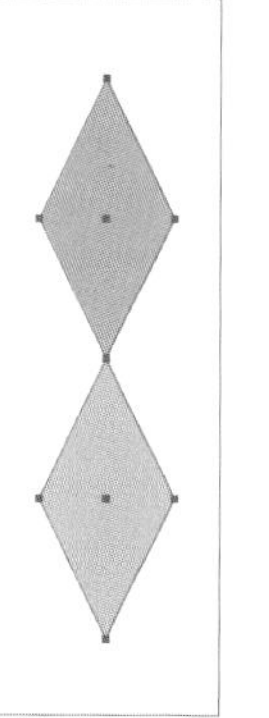

MEMO

［単純化］は右クリックまたはcommand〔Ctrl〕+クリックで表示されるコンテキストメニューからも実行できます。

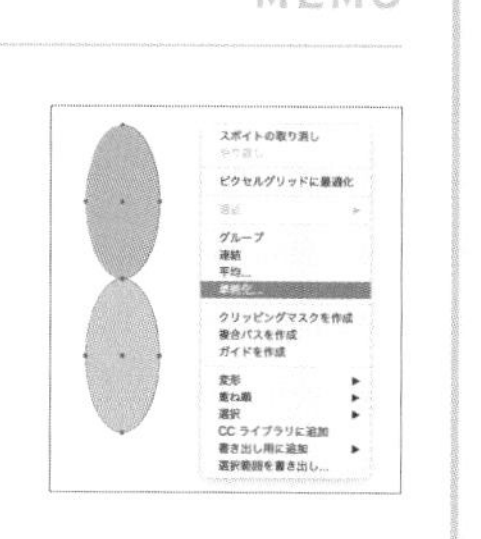

パターン編集モードでパターンを編集する

STEP 04 ひし形に変換されたパーツを2つとも選択し、オブジェクトメニュー→“パターン”→“作成”を実行しましょう。選択中のオブジェクト全体の大きさでパターンタイルが定義され、自動的にパターン編集モードに切り替わります。編集作業がしやすいように、パターンオプションパネルで［コピー数］を［1×1］に変更します。［名前］もわかりやすい名称にしましょう。

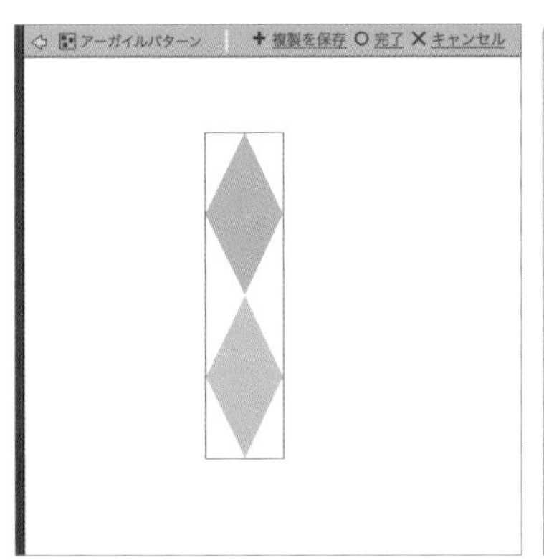

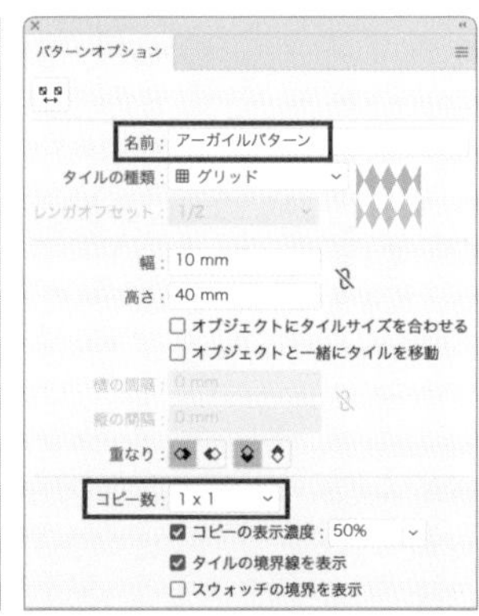

STEP 05 ひし形のパーツを選択し、ダイレクト選択ツールで下方向へoption〔Alt〕+ドラッグして移動複製します。図を参考に、下側のひし形の左右のアンカーポイントがパターンタイルの下の辺にスナップするよう配置しましょう。これも、スマートガイドをオンにすると作業がしやすくなります。
複製したひし形は2つとも塗りをなしにして線のカラーを設定します。さらに、線パネルで適当な線幅と破線を設定します。作例では、線のカラーを［C0／M0／Y10／K60］、［線幅：0.5pt］で［破線］をオンにして、［線分：2pt］、［間隔：2pt］にしています。破線の設定は［線分と間隔の正確な長さを保持］を有効にしましょう。

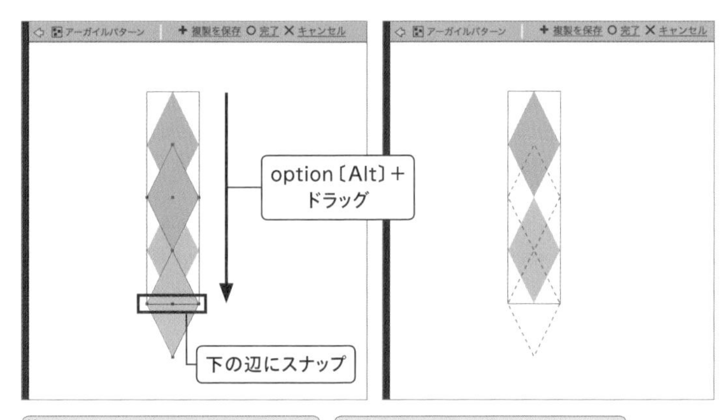

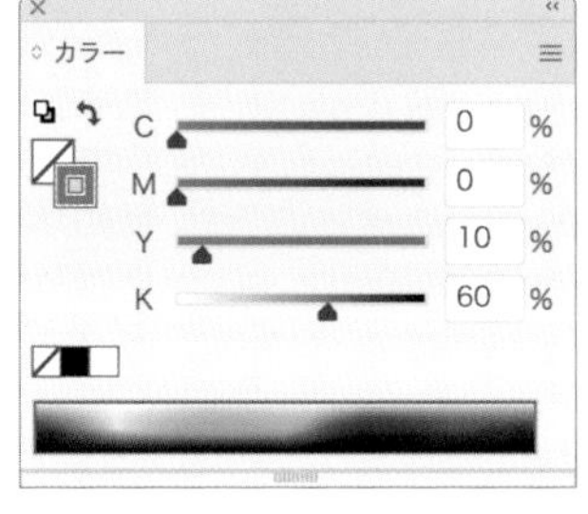

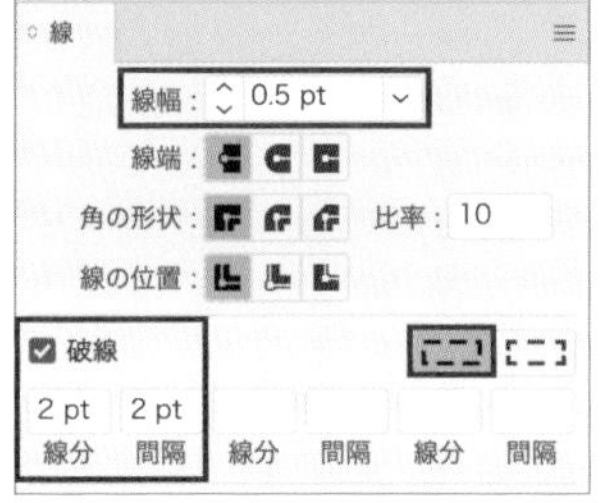

背景、テクスチャ

MEMO

破線の注意点

［コーナーやパス先端に破線の先端を整列］で破線を設定すると、パターンの保存時にアラートが表示されることがあります。パターンスウォッチではコーナーを揃えた破線を保持できないためです。保存をそのまま実行すると、コーナー部分の見た目を保つため、破線のパーツには強制的に分割がかかります。パターンの再編集がしにくい状態になりますので、パターンスウォッチで破線を使う場合は［線分と間隔の正確な長さを保持］に設定するのがおすすめです。なお、アラートが表示されない場合も、同様の結果になりますので注意しましょう。

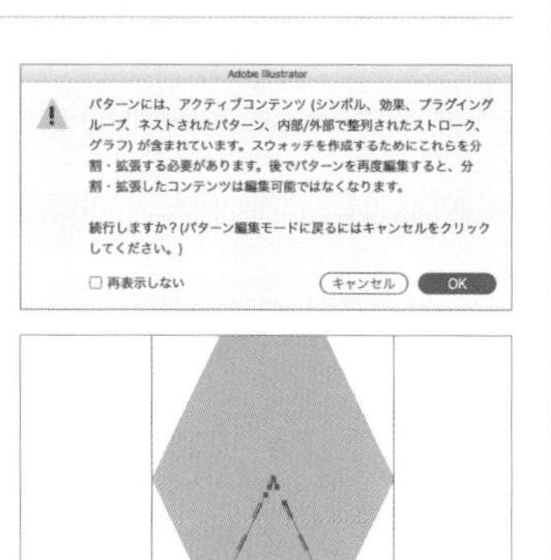

破線が分割された例

STEP 06

パターンオプションパネルで［タイルの種類：レンガ（縦）］に変更し、［レンガオフセット：1/2］に設定します。［コピー数：5×5］などに変更して、ひし形のパーツが上下左右の方向で交互に並んでいるかをパターンのプレビューで確認しましょう。きれいにパターンが繋がっていたら、画面左上の［パターン編集モードを解除］をクリックするか、escキーを押すなどしてパターンの編集を終了します。

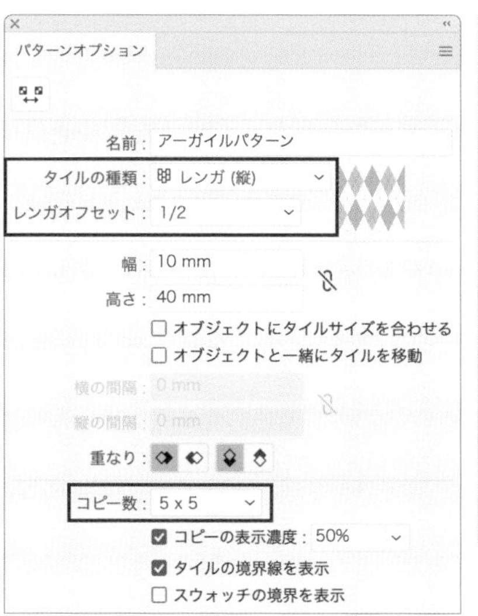

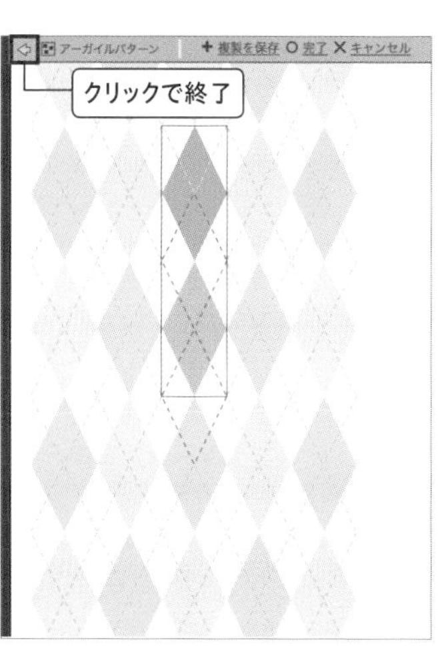

MEMO

ここでパターンがきれいに繋がらない場合は、タイルやパーツの大きさ・位置関係にずれがないかをもう一度確認しましょう。

STEP 07　パターンスウォッチに登録されていれば、これでアーガイルパターンの完成です。なにか好きな形でオブジェクトを描いて選択し、パターンスウォッチのサムネイルをクリックして塗りなどに適用しましょう。

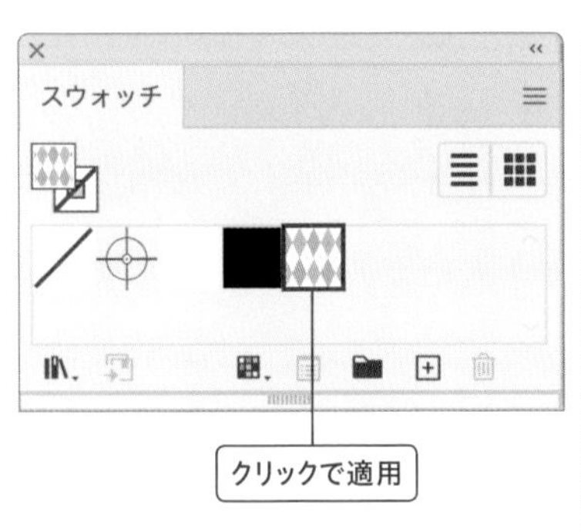

VARIATION

パーツを増やしてカラフルなパターンにする

作例ではひし形2つでアーガイルのパターンを作成しましたが、ひし形のパーツの数を増やして色を変えると、さらにカラフルでにぎやかなパターンになります。画像の例では、はじめに楕円から作るひし形を4つに増やして同様の手順でパターンを作成しました。
すでにできているパターンを流用して作成する場合、スウォッチパネルでパターンを複製してから作業すると、上書き保存の心配がなく安心です。スウォッチパネルで目的のスウォッチをクリックで選択し、［新規スウォッチ］をクリックして複製します。複製されたスウォッチをダブルクリックするとパターン編集モードに入れます。パターンタイルの大きさやパーツの数、色などを調整してパターンを再編集しましょう。

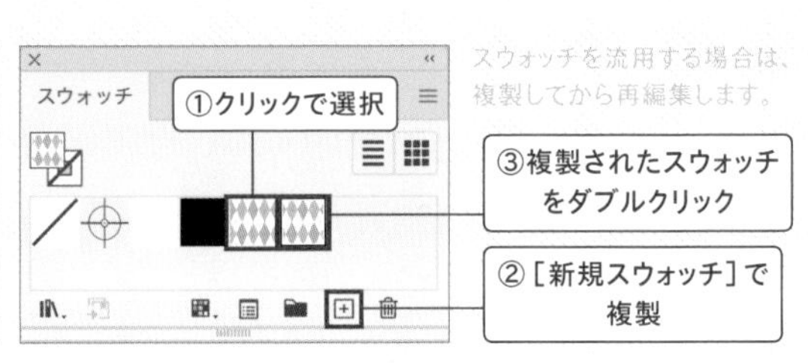

スウォッチを流用する場合は、複製してから再編集します。

ランダムな水滴のテクスチャ

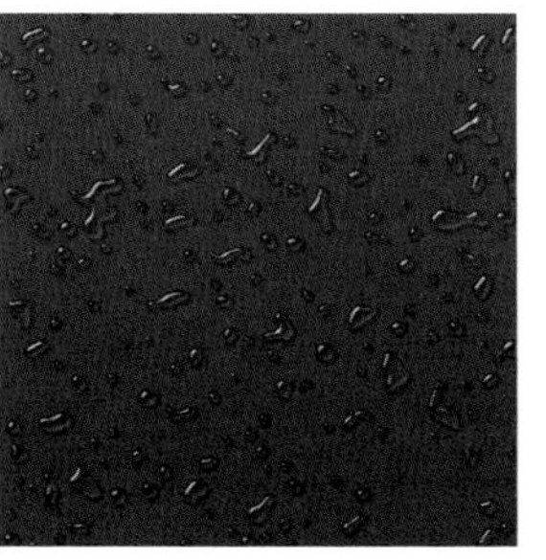

ランダムな水滴のテクスチャを作成しましょう。メゾティントとスタンプフィルターを使って点を描画するので、手描きで水滴を描画する必要はありません。レイヤースタイルでリアルな透明感を出しましょう。

制作・文　高野 徹

制作ポイント

➡低い解像度で新規書類を作成しメゾティントフィルターを適用する

➡高解像度に変換してスタンプフィルターでドットをなめらかにする

➡レイヤースタイルを組み合わせて、リアルな透明感を表現

使用アプリケーション

Illustrator | Photoshop 2021

準備をする

STEP 01 ファイルメニュー→"新規..."で［幅：150mm］、［高さ：150mm］、［解像度：35ピクセル／インチ］、［RGBカラー］で［OK］をクリックし、新規書類を作成します。フィルターメニュー→"ピクセレート"→"メゾティント..."を選択し、［種類：粗いドット（強）］で［OK］をクリックします。

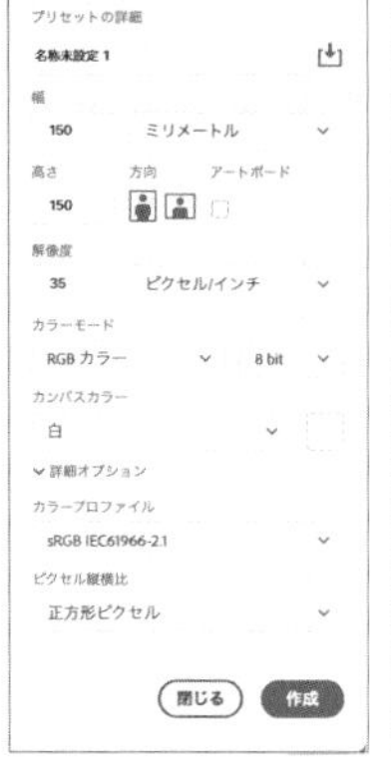

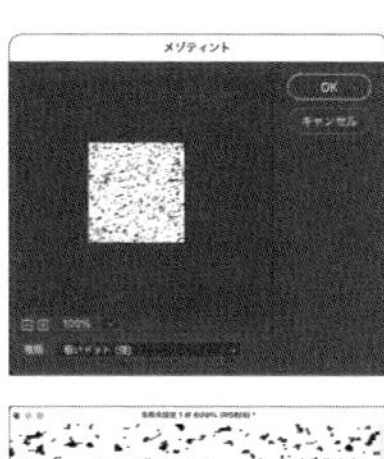

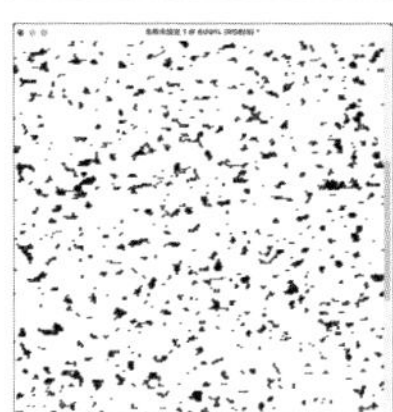

MEMO

実際に使用するサイズで新規書類を作成してください。メゾティントのドットを水玉に加工するために、新規書類の解像度を完成サイズの1/10に設定しています。

水滴の素を作成する

STEP 02 フィルターメニュー→“フィルターギャラリー...”を選択します。ダイアログで“スケッチ”→“スタンプ”フィルターを選択し、[明るさ・暗さのバランス：48]、[滑らかさ：2]で[OK]をクリックします。

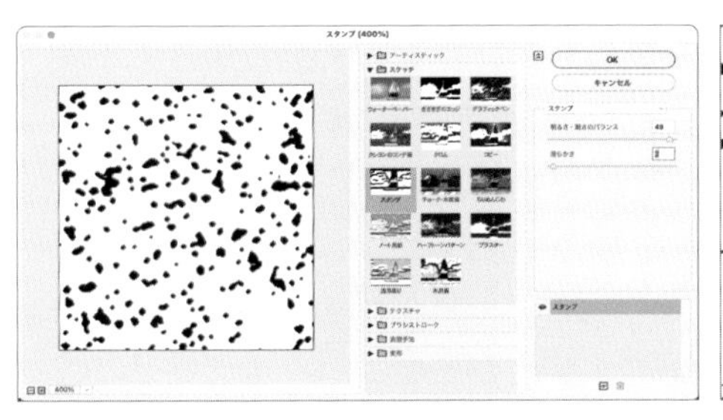

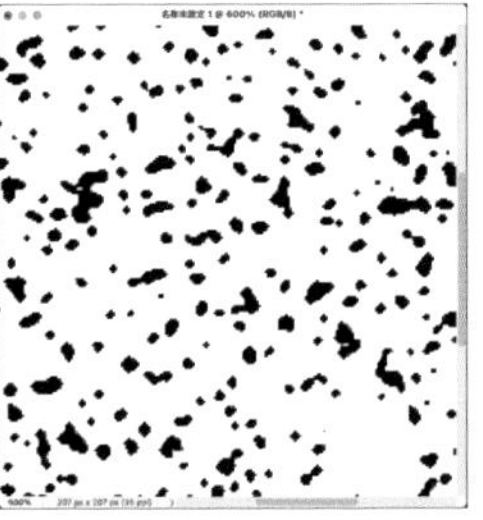

MEMO

描画色は「黒」、背景色「白」の初期設定で、フィルターを適用してください。

STEP 03 イメージメニュー→“画像解像度...”を選択します。ダイアログで[再サンプル]にチェックを入れ、[解像度：350pixel/inch]で[OK]をクリックします。

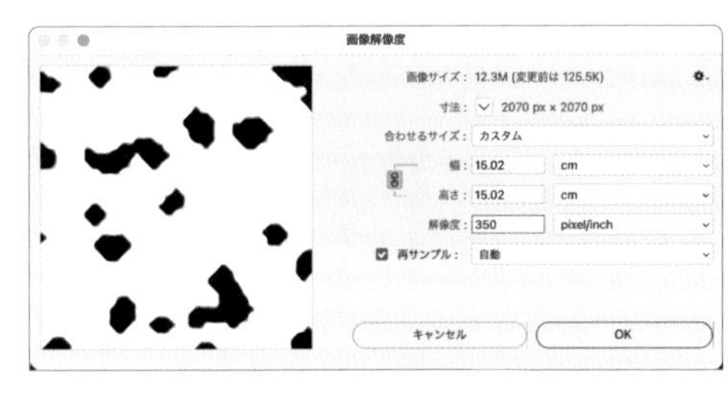

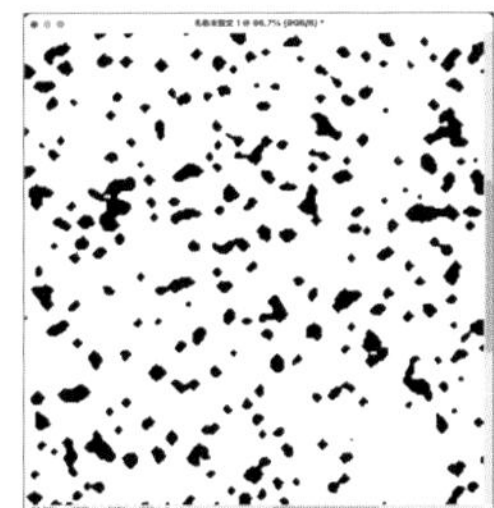

STEP 04 フィルターメニュー→“フィルターギャラリー...”を選択します。ダイアログで“スケッチ”→“スタンプ”フィルターを選択し、[明るさ・暗さのバランス：48]、[滑らかさ：20]で[OK]をクリックします。これで水滴の素になるパターンができました。

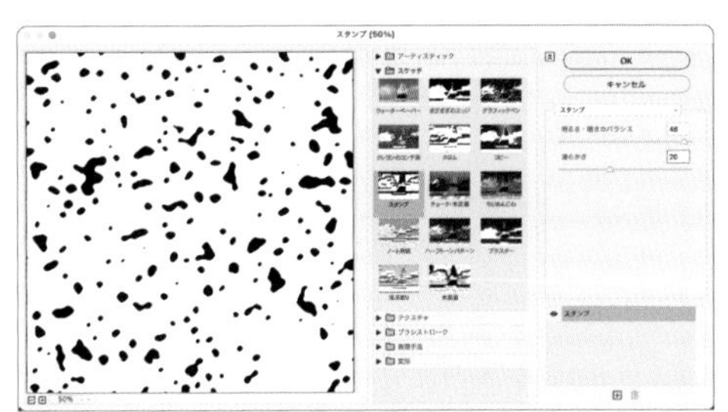

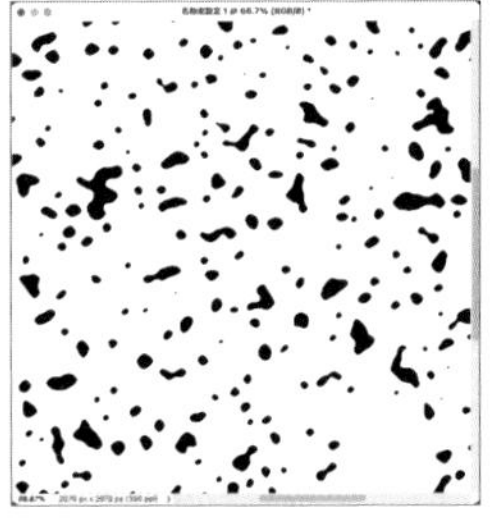

STEP 05 レイヤーパネルで背景レイヤーをダブルクリックし、表示されるダイアログで［OK］をクリックして、通常レイヤーにします。自動選択ツールを選び、オプションバーで［隣接］のチェックを外し、カンバス上の白い部分でクリックして選択します。そしてdeleteキーを押して、選択部分を消去します。

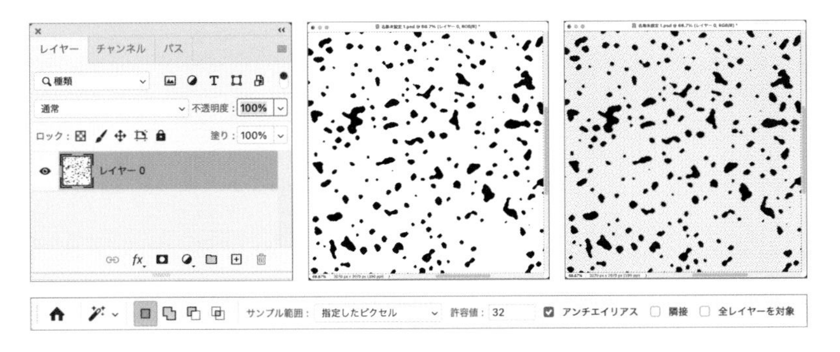

シンボルに登録する

STEP 06 次に背景に設定する色を設定します。ここではグレーのグラデーションにします。レイヤーパネルで［塗りつぶしまたは調整レイヤーを新規作成］をクリックし、［グラデーション...］を選択します。表示されるダイアログで［クリックでグラデーションピッカーを開く］の矢印をクリックし、［グレー_12］グラデーションを選択後［OK］をクリックして、背景色を設定しました。

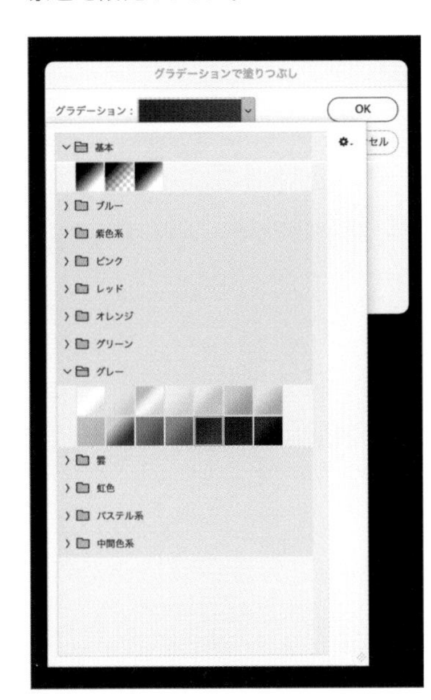

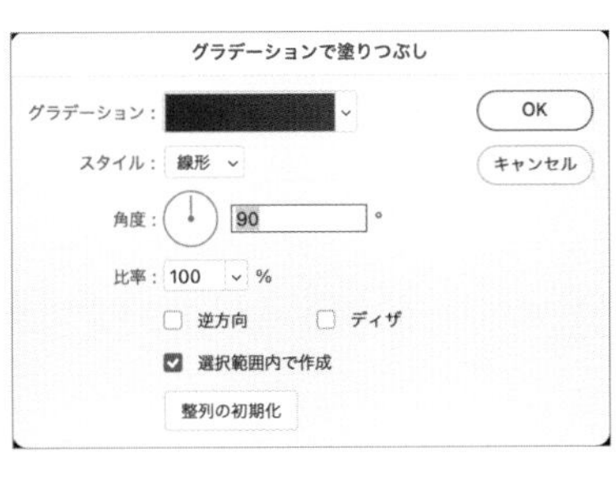

MEMO

色は各自好きな色に設定してください。単色で色を設定するの場合は［塗りつぶしまたは調整レイヤーを新規作成］から［べた塗り…］を追加してください。

STEP 07 レイヤーパネルでグラデーションレイヤーを下の階層にドラッグして移動し、水滴パターンのレイヤーを選択します。［レイヤースタイル］をクリックし、［レイヤー効果…］を選択して、ダイアログで［塗りの不透明：0%］に設定します。同じダイアログの［スタイル：ベベルとエンボス］、［スタイル：シャドウ（内側）］、［スタイル：ドロップシャドウ］をそれぞれ図の値で設定し、［OK］をクリックします。これで水滴テクスチャの完成です。

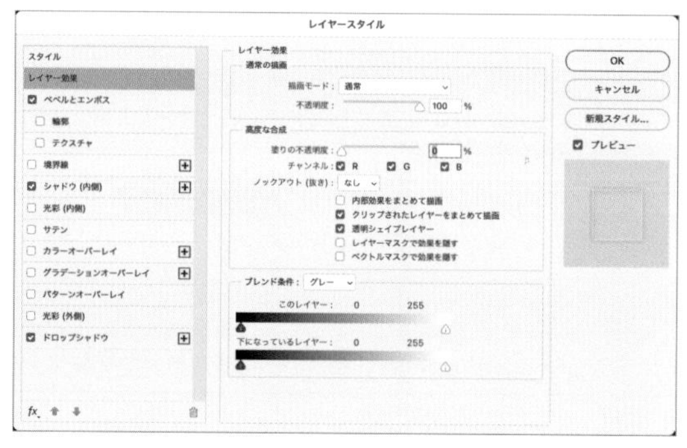

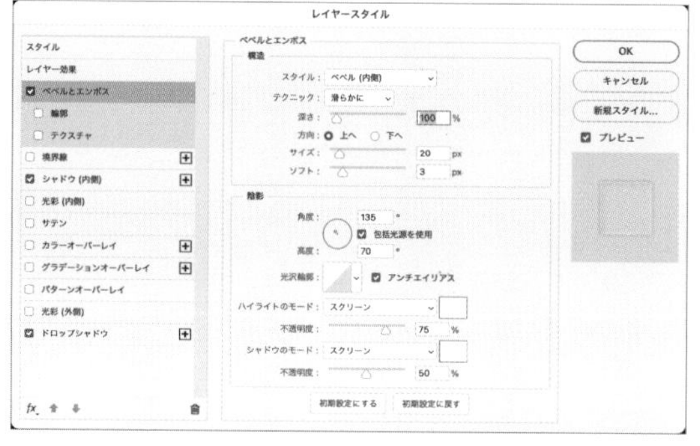

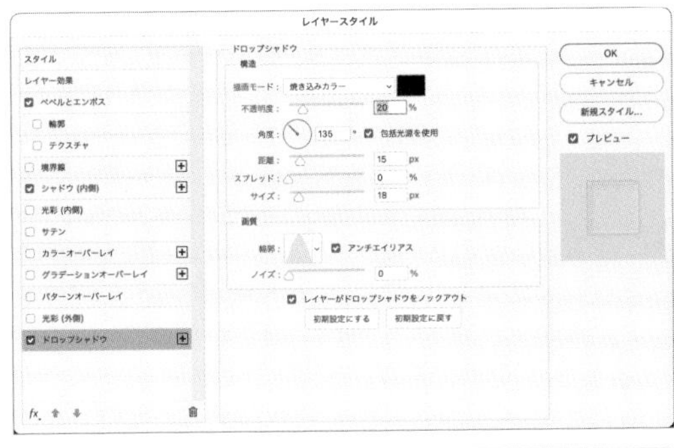

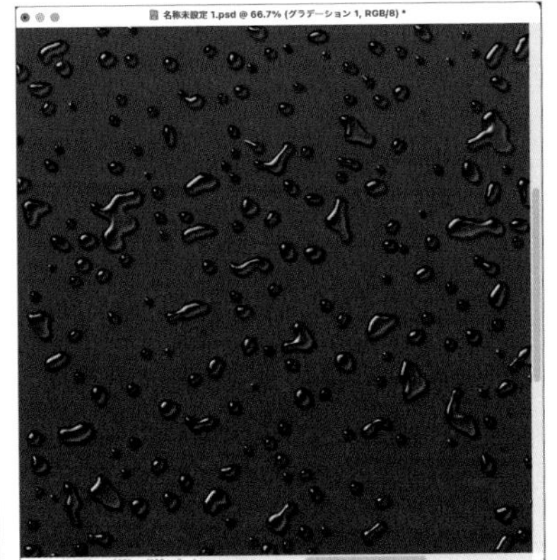

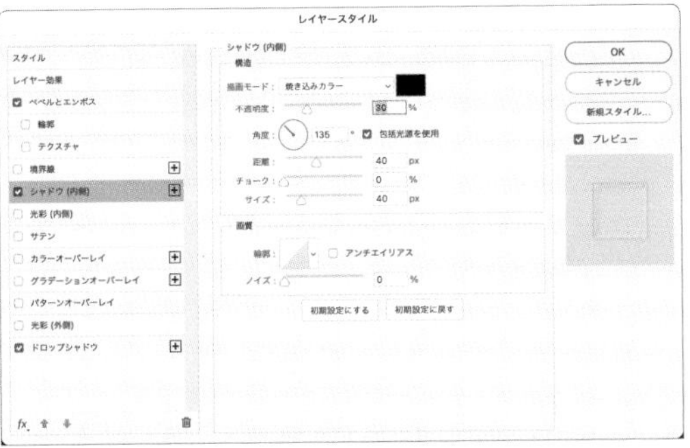

VARIATION

ぷっくりとした透明シール風のオブジェクト

作例で使用したレイヤースタイルをスタイル登録することで、さまざまなオブジェクトをぷっくりした透明樹脂シール風にすることができます。STEP 07でレイヤースタイルのダイアログで［新規スタイル…］をクリックし、スタイル登録します。任意で作成した背色の上に、カスタムシェイプツールで、円やオブジェクトを描画し、作成したスタイルクリックして適用するだけです。

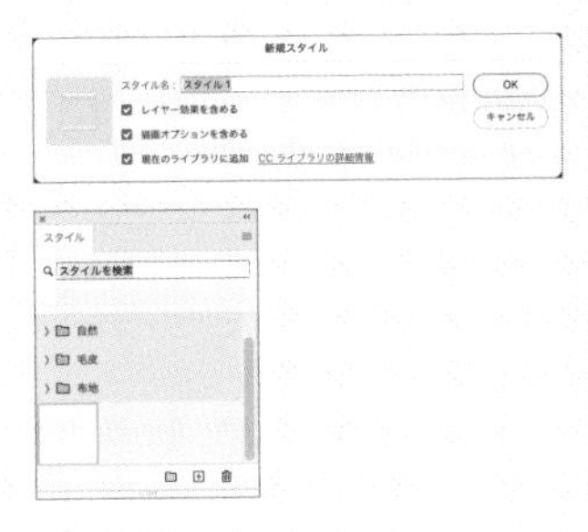

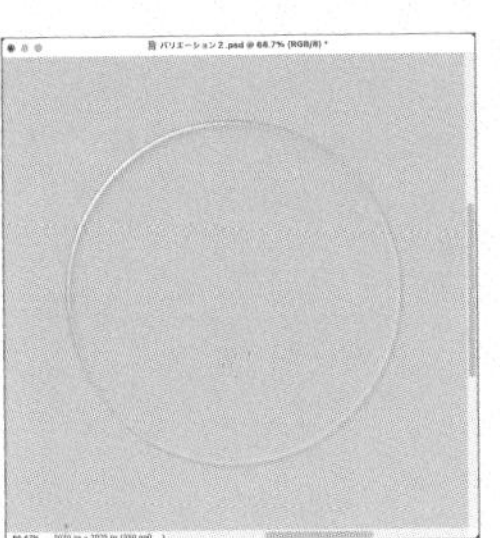

CHAPTER 1
CHAPTER 2
CHAPTER 3
CHAPTER 4

CHAPTER 4

14

グラデーションとオブジェクトを効果的に絡ませた背景

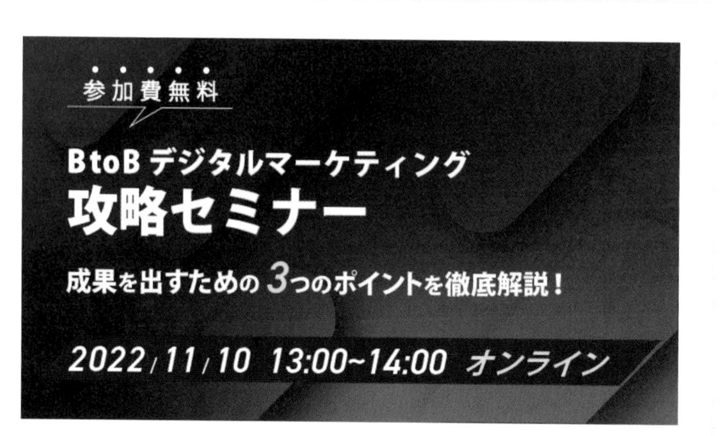

デジタルマーケティングに興味がある人向けのセミナーのサムネイル（Webサイト掲載用）を想定し、近代的で最先端、勢いのあるビジネスを表現するデザインを作っていきます。

制作・文 mito

使用アプリケーション
Illustrator 2021
Photoshop

制作ポイント
- ➡フリーグラデーションで細かい色の切り替えを行う
- ➡クリッピングマスクとドロップシャドウで陰影のある立体的なオブジェクトを
- ➡シアーを使った図形の変形を行う

新規アートボードを作る

STEP 01 ファイルメニュー→［新規...］から新規ドキュメントを作成します。［Web］を選択し、［幅：760］、［高さ：428］、単位は［ピクセル］を設定して、［作成］をクリックします。

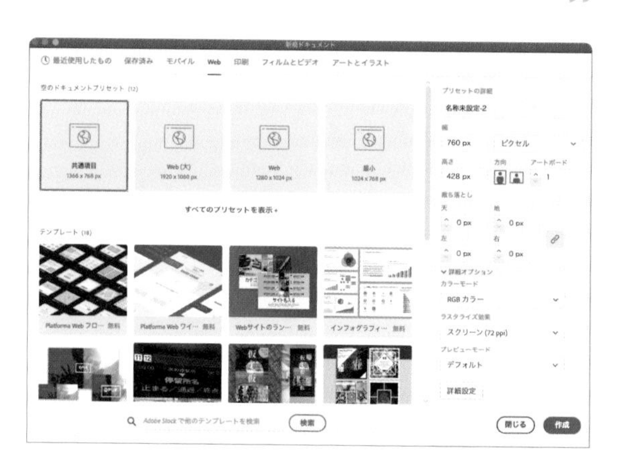

MEMO

Web用のグラフィックは最終的に画面出力することを目的にしており、RGBモードで書き出す必要があります。またサイズについても「ピクセル」を用います。「新規ドキュメント」ダイアログで［Web］のカテゴリーから作成すると、カラーモードは「RGB」、単位は「ピクセル」に設定されます。

グラデーションの背景にフリーグラデーションを設定する

STEP 02 長方形ツールで、アートボードと同サイズの背景用の長方形を作成します。グラデーションパネルで［塗り］を［種類：フリーグラデーション］にします。また、［描画］は［ライン］にしておきます。線はなしです。

長方形の場合、4つの頂点にカラー分岐点が表示されます。

STEP 03 4つの頂点に表示されているカラー分岐点ついてそれぞれダブルクリックし、カラーパネルを表示させ、左から時計回りに［R3／G38／B189］（#0326BD）、［R152／G0／B139］（#98008B）、［R234／G73／B112］（#EA4970）、［R64／G1／B159］（#40019F）の色を設定します。

カラー分岐点の追加と位置調整を行う

STEP 04 より自然なグラデーションになるようにデフォルトの4つのカラー分岐点の間にも分岐点を追加し、詳細なグラデーションを作成します。上側の2つの分岐点の間をダブルクリックし、カラーパネルを表示させ、［R72／G0／B160］（#4800A0）を設定します。同様に下側2つの分岐点の間は［R234／G73／B134］（#EA4986）を設定します。分岐点を追加する際にラインをドラッグし、ラインの形状や分岐点の位置も合わせて調整します。

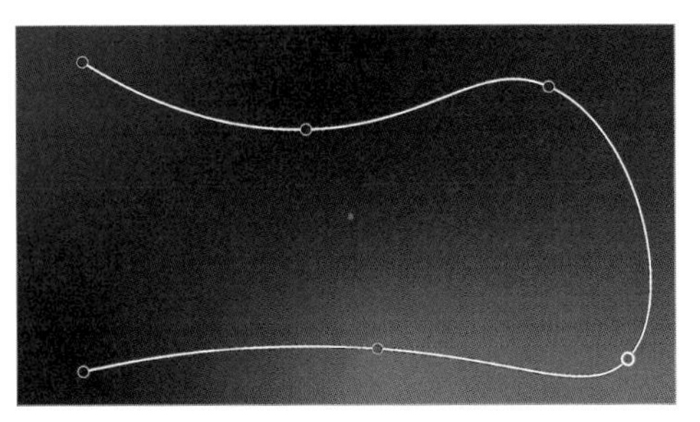

分岐点を左右にドラッグすることで、分岐点の位置を調整できます。

楕円形オブジェクトを追加する

STEP 05　角丸長方形ツールを用いて角丸長方形を作成します。「コーナーウィジェット」を内側へドラッグし、長方形の角が完全に丸い楕円形オブジェクトを作成します。

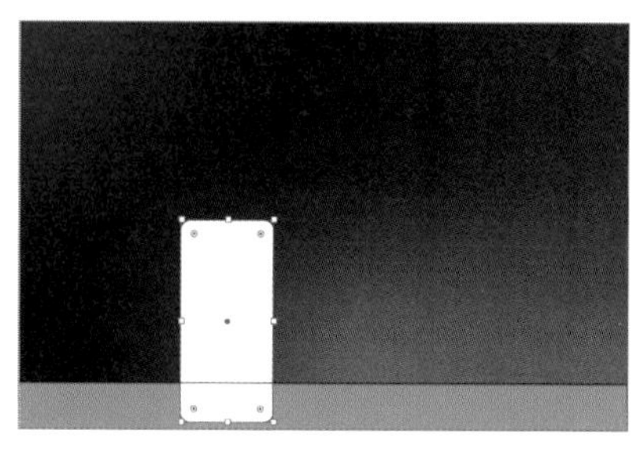

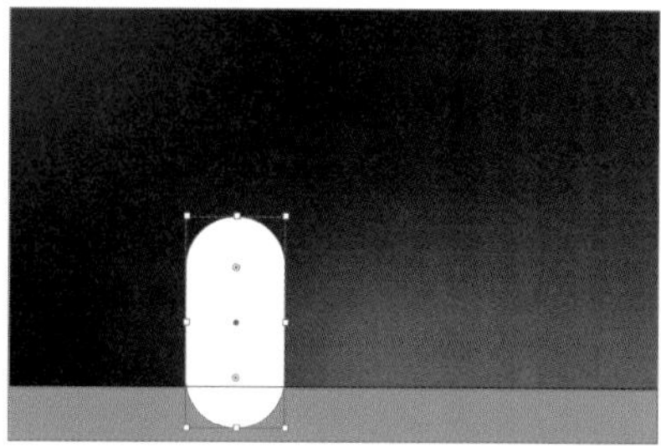

STEP 06　shiftキーを押しながらバウンディングボックスの角に移動し、315度回転させます。

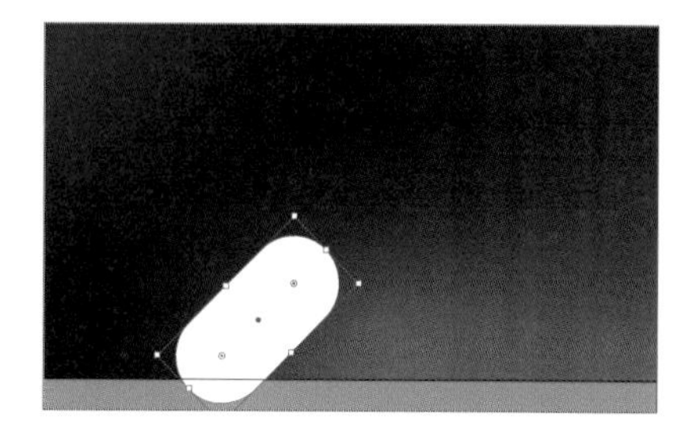

楕円形オブジェクトに色と効果を付ける

STEP 07　先ほど作成した背景グラデーションをコピーし、同じ場所に貼り付けます（command〔Ctrl〕+C操作のあとにcommand〔Ctrl〕+Fを押す）。コピーした背景グラデーションと楕円形オブジェクトを選択し、オブジェクトメニュー→“クリッピングマスク”→“作成”をクリックします。

アートボード　レイヤー

- レイヤー 1
  - <クリップグループ>
    - <長方形>
    - <長方形>
  - <長方形>

レイヤー構造は、楕円形オブジェクトが背景グラデーションより上にある状態でクリッピングマスクを行います。

楕円形オブジェクトが背景グラデーションの色になります。

STEP 08 メニューバーの効果→［スタイライズ］→［ドロップシャドウ］でドロップシャドウウィンドウを開き、値を設定します。作例では、シャドウが馴染むようにカラーを［R61／G61／B61］（#3d3d3d）に設定しています。

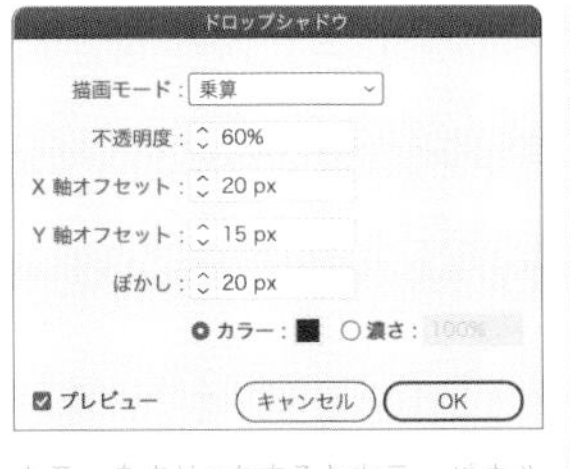

カラーをクリックするとカラーパネルが表示され、色を設定できます。

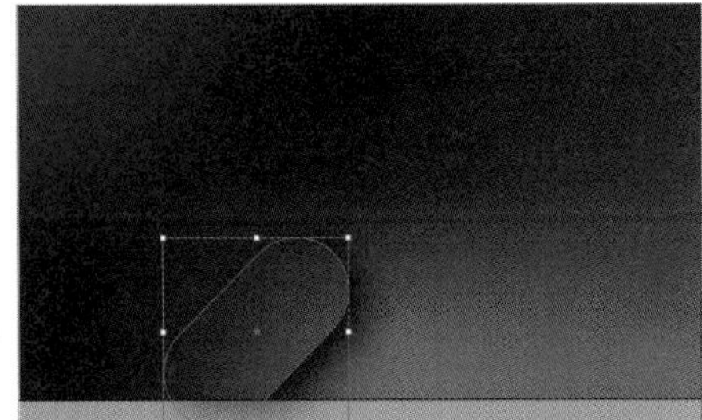

楕円形オブジェクトを複数配置する

STEP 09 STEP 05～08と同じ手順で幅や位置を変えて複数の楕円形オブジェクトを配置します。作例では5つの楕円形オブジェクトを追加しました。

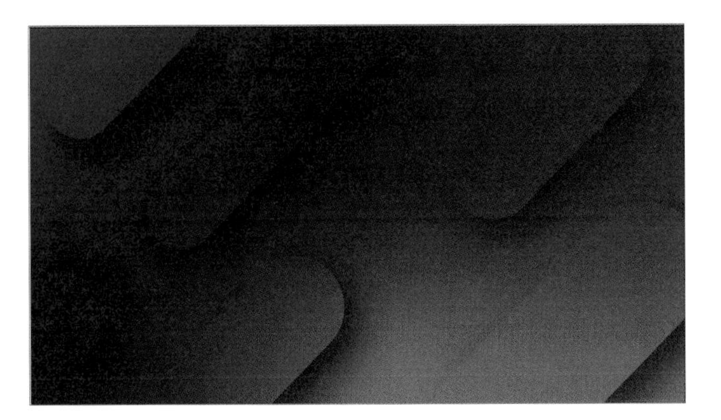

MEMO

それぞれの場所のグラデーションの色を楕円形オブジェクトに反映させたいので、コピー&ペーストではなくSTEP 07、08と同じ手順を繰り返します。

文字を背景に乗せる

STEP 10 文字を背景の上に順番に乗せていきます。作例では、「参加無料」は「小塚ゴシック Pr6N R」、「オンライン」は「小塚ゴシック Pr6N B」。それ以外の数値以外は「小塚ゴシック ProN H」。数値は「DIN 2014 Demi Italic」としています。フォントカラーは［R255／G255／B255］（#ffffff）と［R235／G73／B112］（#EBEC07）の2色です。

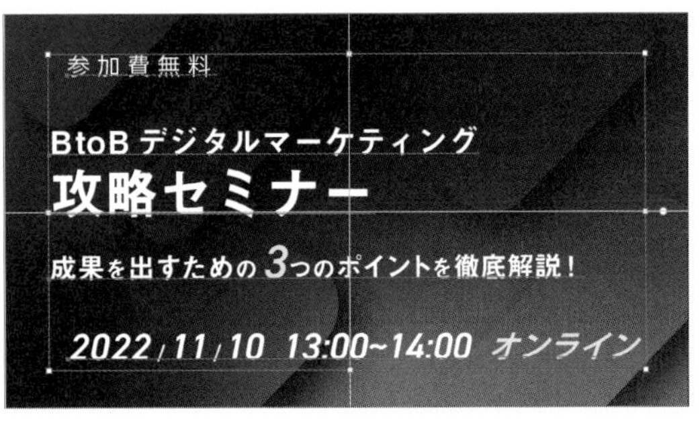

中心線を意識して文字を配置します。

文字に装飾を付ける

STEP 11 目立たせるべき部分について、装飾を付けていきます。楕円形ツールを選択し、線なし、塗りのみの正円を描き、「参加費無料」の上にそれぞれ配置します。作例では、[塗り]は[R255／G255／B255]（#ffffff）としています。ふきだしについてはペンツールを選択し、shiftキーを押しながらアートボード上をクリックして、水平な直線を描きます。shiftを離し、ふきだしの頂点となる部分をクリックし、線を繋いでいきます。

shiftを押しながらアートボード上をクリックし、水平な直線を描きます。

ふきだしの頂点を作ったあと、左側の直線と同じようにshiftキーを押しながらアートボード上をクリックし、水平な直線を描きます。

STEP 12 長方形ツールを使い、日付部分の座布団となる長方形を描き、レイヤーを移動させ、日付の下にくるように配置します。

2022/11/10 13:00~14:00 オンライン

日付の下に長方形を配置します。

STEP 13 シアーツールに持ち替え、オブジェクト上でドラッグし、平行四辺形になるように傾けます。ガイド線に従い、要素を揃えて完成です。

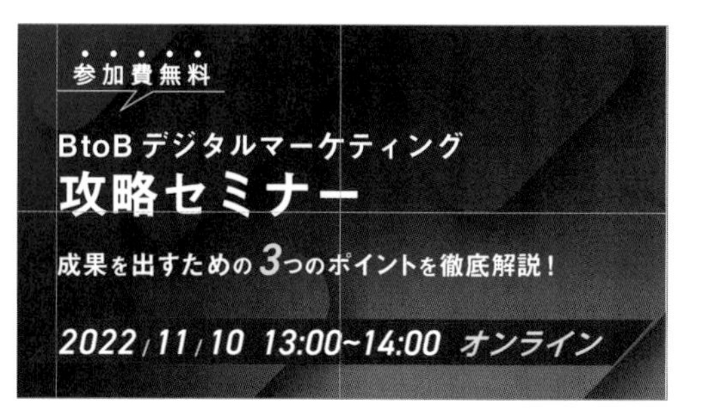

レトロな小花柄の背景パターン

快活で愛らしい印象のレトロな花柄の制作アイデアです。Webサイトの背景や、ポスターやパッケージの背景素材などにおすすめです。『リピートラジアル機能を使った花飾り』に掲載の花素材に、「透明効果」「パターンツール」を加えてデザインを行っていきます。

制作ポイント

- **「リピート・ラジアルツール」で作った花素材を「透明効果」でレトロ感のある版ズレ風に加工**
- **その後「パターンツール」で小花柄へと展開**
- **あらかじめ使用色をスウォッチ登録しておけば、制作後の調整やカラバリ展開も簡単**

使用アプリケーション

Illustrator 2021 | Photoshop

制作・文 anyan

準備する

STEP 01 レイヤー「配色用」(上)、「背景用」(下) 2種類のレイヤーを作成し、スウォッチ「背景用」「白抜き」を新たに設定します。CHAPTER 1の02で制作した素材(図)をコピーし、「素材用」レイヤーにペーストします。「背景用」レイヤー内に「背景用」スウォッチを塗りに適用した作業用長方形を設置し、同レイヤーにはロックをかけておきましょう。

ここでは、左から[C44/M13/Y17/K0]、[C0/M0/Y10/K0]としています。お好みのカラーを設定してもよいでしょう。

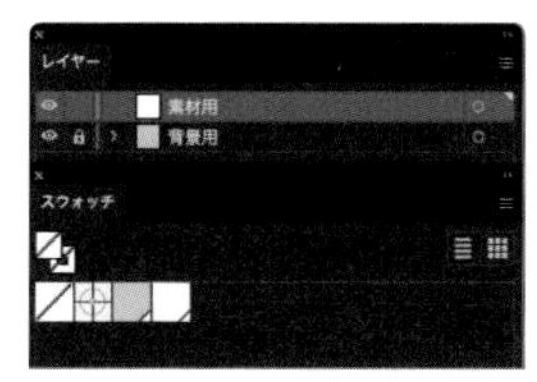

素材を分割拡張する

STEP 02 CHAPTER 1の02で制作した花の素材にはリピート効果がかけられていますが、今後の工程で加工作業がしやすいように下処理をします。花の素材全体を選択し、オブジェクトメニュー→“分割・拡張...”を選択します。すべての項目にチェックを入れて［OK］で実行します（「リピート効果」の状態では仮装表示されていた花弁のパスなども、個別の加工処理が可能になります）。

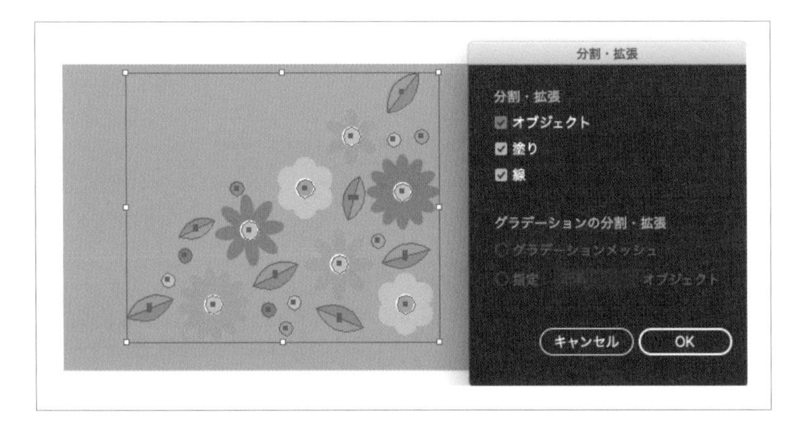

素材を組み替える

STEP 03 花と葉の素材の位置、重ね順などを調整します。パターン化する際のタイル（長方形）にまとまるように意識しながらレイアウトし、大まかに組み終えたら全体をグループ化（command〔Ctrl〕+G）しておきます。

版ズレ風に加工する

STEP 04 グループを選択し、option〔Alt〕を押しながら、少し斜め上にドラッグ&コピーします。そのまま「透明」パネルから[乗算]を選択して適用させます。

STEP 05 さらに、コピー元(斜め下)のグループを選択し、スウォッチ[白抜き]をグループ全体の塗りに適用します。レトロな「版ズレ」印刷のようなアナログな風合いが加わります。

パターン登録する

STEP 06 STEP 04、STEP 05で制作した2つのグループを選択し、スウォッチパネル内にドラッグし(またはオブジェクトメニュー→“パターン”→“作成”)、パターン登録を行います。この際、背景色の長方形はあえて含めないようにしておきます(モチーフ数が多い場合などはパターンプレビュー上で隙間が見えたり、境界線の重なり設定などが複雑になってしまうことがあるため)。デザインを作成する際はまず「背景用」スウォッチを適用させた図形を作り、その上にパターン登録をした花柄([塗り]を適用)を乗せ、2枚重ねで制作をするときれいにプレビューされイメージが作りやすくなります。タイルの間隔や並べ方の調整は、パターンが登録されたスウォッチをダブルクリックすると調整パネルが現れ、設定が行えます。配色の調整変更も、該当色スウォッチで調整変更ができます。

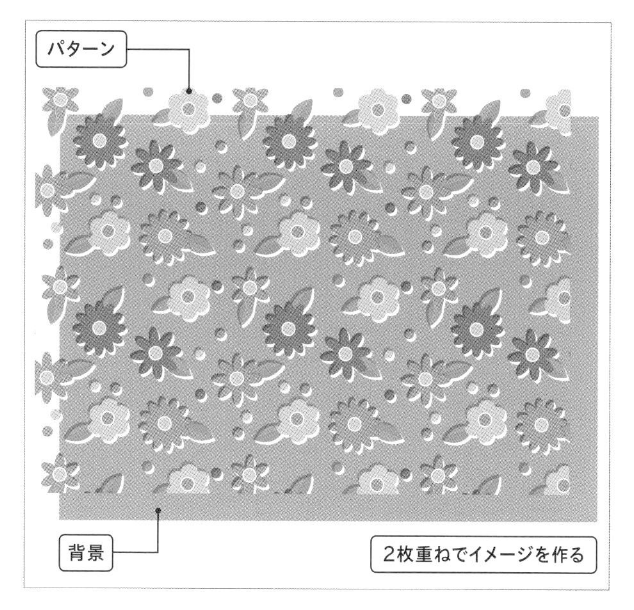

CHAPTER 4
16

ノルディック柄のニットパターン

暖かそうなノルディック柄のニットパターンを作成しましょう。グリッドに合わせシンボル登録した正方形を並べて、シームレスなパターンを作成します。シンボルを置き替えることで、ニットの質感を出します。

制作・文 高野 徹

使用アプリケーション
Illustrator 2021
Photoshop

制作ポイント
➡シンボルをグリッドに並べることでノルディックパターンにする
➡シンボルを置き替えてニットの網目を表現する
➡パターン登録することでシームレスなパターンにする

準備する

STEP 01 グリッドに描画する準備を行います。ファイルメニュー→"新規..."でA4横サイズの新規書類を作成します。Illustrator〔編集〕メニュー→"環境設定"→"ガイド・グリッド..."で［グリッド：4mm］、［分割数：4］と設定し、［OK］をクリックします。表示メニュー→"グリッド"と表示メニュー→"グリッドにスナップ"を選択します。長方形ツールでグリッドの太枠に合わせ正方形を描き、カラーパネルで［塗り：C0／M100／Y100／K20］、［線：なし］に設定、シンボルパネルの［新規シンボル］をクリックし、「シンボルオプション」ダイアログを開き、［書き出しタイプ：グラフィック］で［OK］をクリックすることでシンボル登録します。

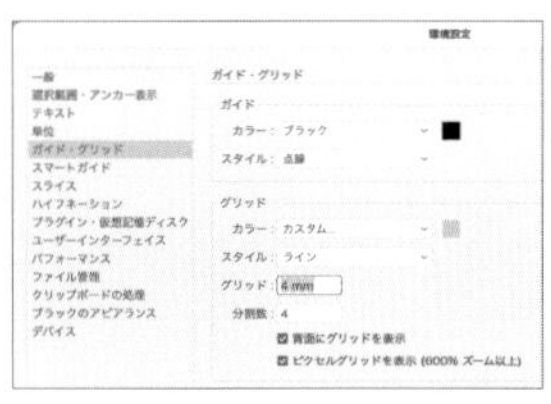

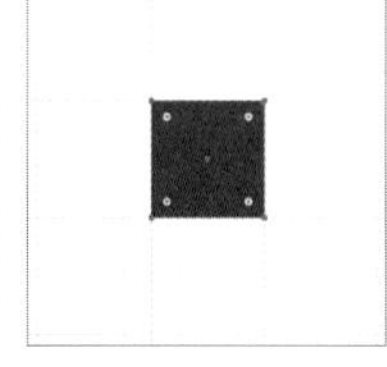

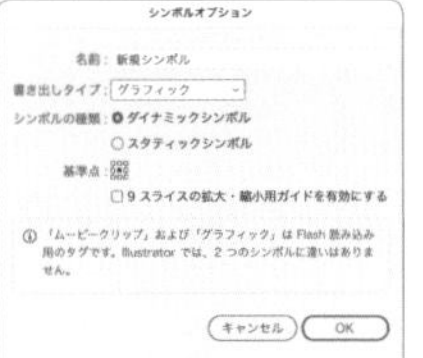

ノルディック柄を作る

STEP 02 選択ツールで、作成した赤のシンボルをoption〔Alt〕キーを押しながらドラッグして複製します。グリッドに合わせ複製を重ねて、24個のシンボルを水平に並べます。この水平に並べたシンボルの下に、シンボルを複製して並べて図形を描画していきます。こうすることでドット絵のようなノルディック柄を作ります。

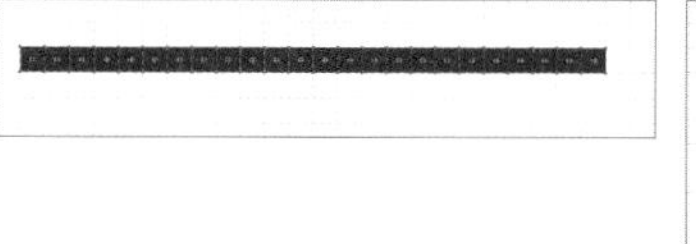
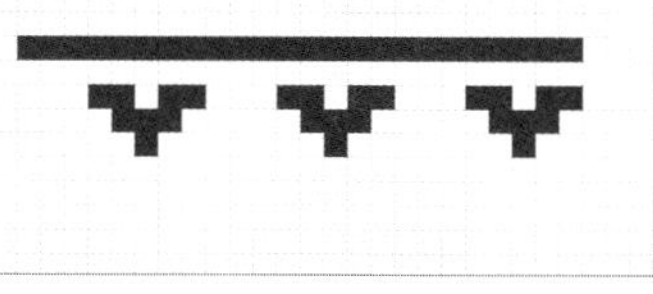
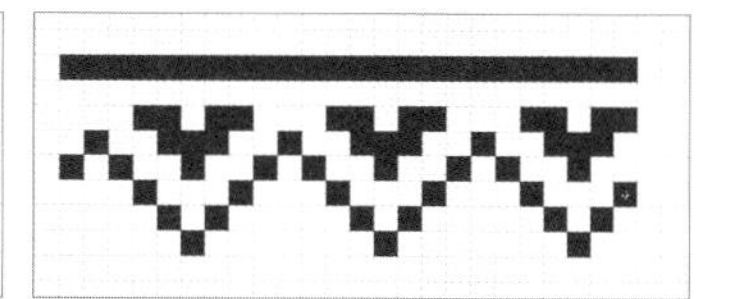

MEMO

シンボル登録した正方形は、位置を変えずに削除しないでおきましょう。のちの工程で、シンボルを置き替える際に使用します。

MEMO

オブジェクトを水平に複製する際は水平に1つ複製をしたらcommand〔Ctrl〕+Dを押すことで複製を連続できます。形がまとまっているものは、選択ツールでshiftキーを押しながらまとめて選択し、複製することで早く作業が行えます。

STEP 03 レイヤーパネルで［新規レイヤーを作成］をクリックし「レイヤー2」を作成します。「レイヤー1」はロックをしておきます。STEP 01と同様にグリッドの太枠に合わせ正方形を描き、カラーパネルで［塗り：C0／M0／Y10／K10］、［線：なし］に設定したものをシンボル登録します。

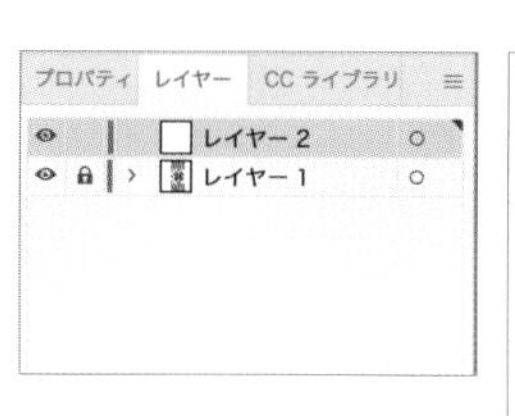

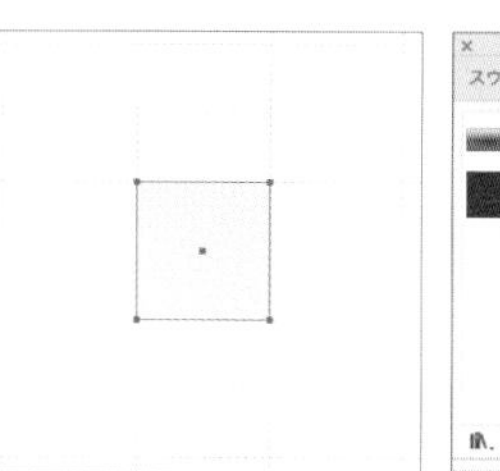

STEP 04

このシンボルを利用して複製を重ね、STEP 02で作成したノルディック柄を覆い隠すように配置します。「レイヤー2」を「レイヤー1」を下の階層に移動し、「レイヤー1」はロックを解除します。

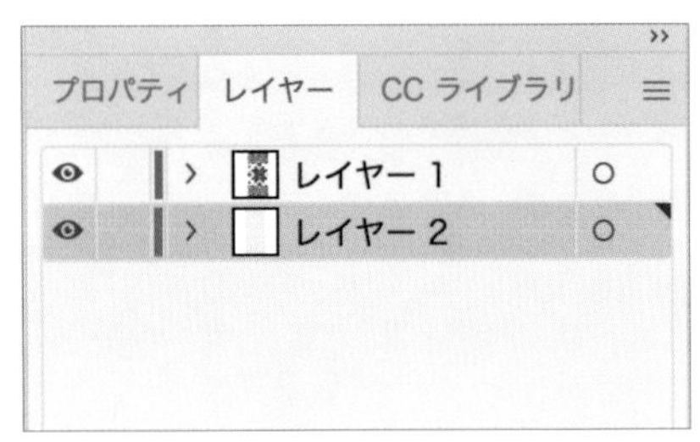

STEP 05

選択ツールでSTEP 01でシンボル登録した正方形をダブルクリックします。アラートが出ますので［OK］をクリックし、シンボル定義の編集画面にします。正方形の右の2つのパスをダイレクト選択ツールで選択し、グリッド2つ分水平左方向に、3つ分垂直下方向に移動します。

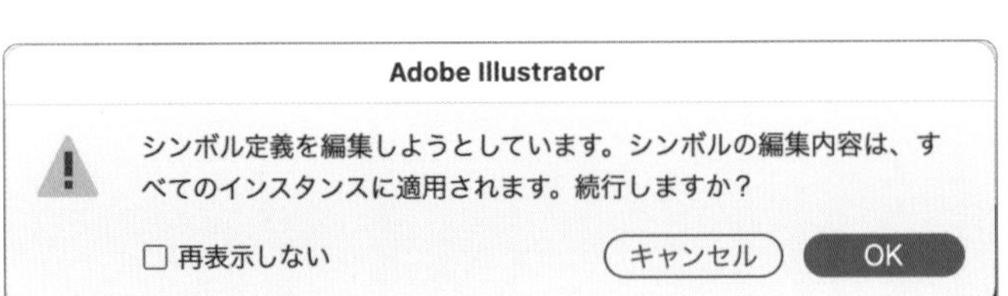

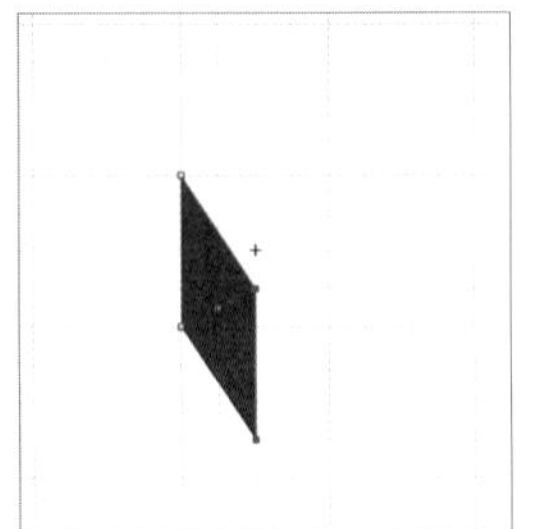

STEP 06 効果メニュー→"スタイライズ"→"角を丸くする..."を選択し、「角を丸くする」ダイアログを開き、[半径：1.5mm]で[OK]をクリックします。カラーパネルで[線の塗り：C0／M100／Y100／K40]、[線：1pt]に設定し、リフレクトツールでオブジェクトの右のパス上でoption〔Alt〕キーを押しながらクリックして、「リフレクト」ダイアログを開き、[リフレクトの軸：水平]で[コピー]をクリックしてオブジェクトを複製します。ウィンドウ上部の矢印◁（シンボル編集モードを解除）をクリックすると、赤のシンボルが変化してニットのような模様になります。

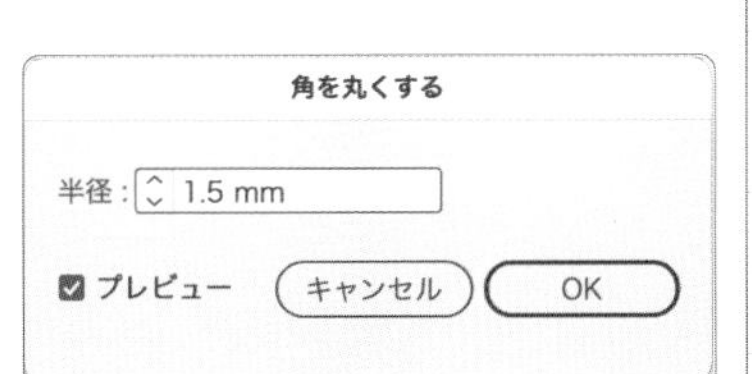

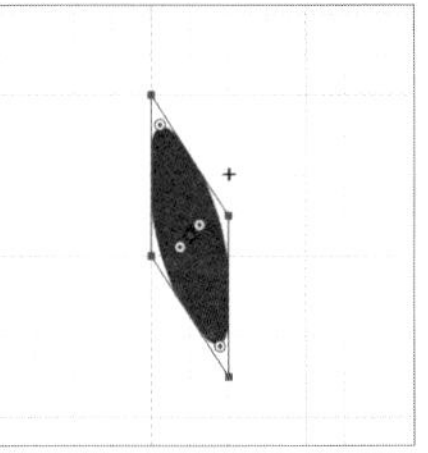

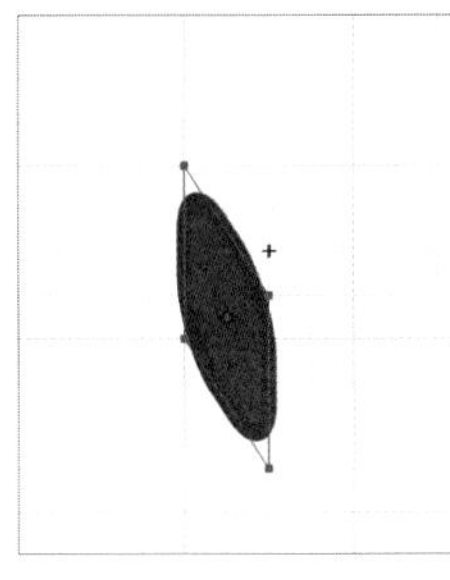

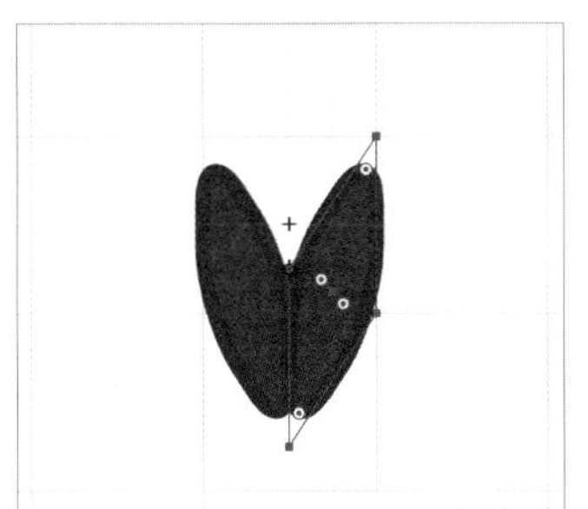

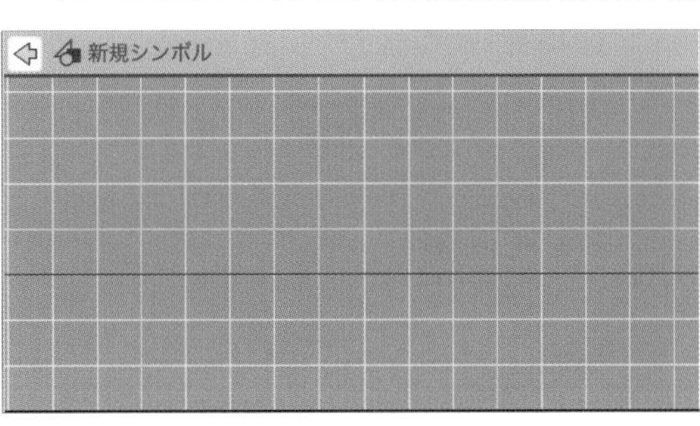

背景をニット模様にする

STEP 07 「レイヤー2」で描画したシンボルも、STEP 06と同様シンボルを編集します（[線の塗り：C0／M0／Y10／K20]、[線：1pt]に設定）。これで背景もニット模様になります。

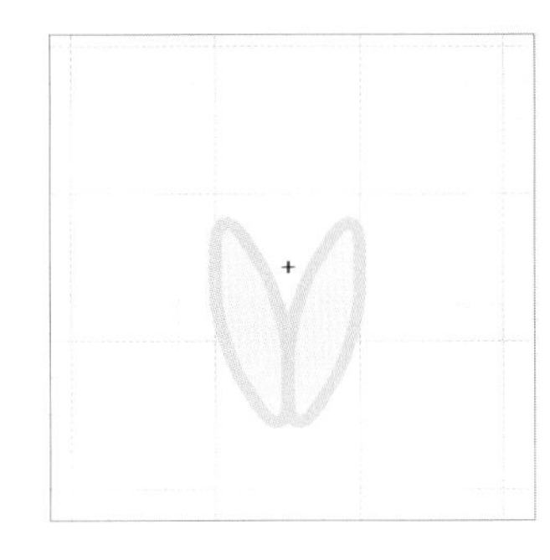

STEP 08 「レイヤー1」を選択します。長方形ツールで図の位置に長方形を描き（長方形の上下のパスの位置に注意）、ノルディック模様のオブジェトをまとめて選択し、オブジェクトメニュー→“クリッピングマスク”→“作成”を選択します。オブジェクトメニュー→“パターン”→“作成”を選択し、表示される「パターンオプション」ダイアログで［オブジェクトにタイルサイズを合わせる］をチェックします。ウィンドウ上部の［○完了］をクリックすることで、パターンをスウォッチパターン登録できました。

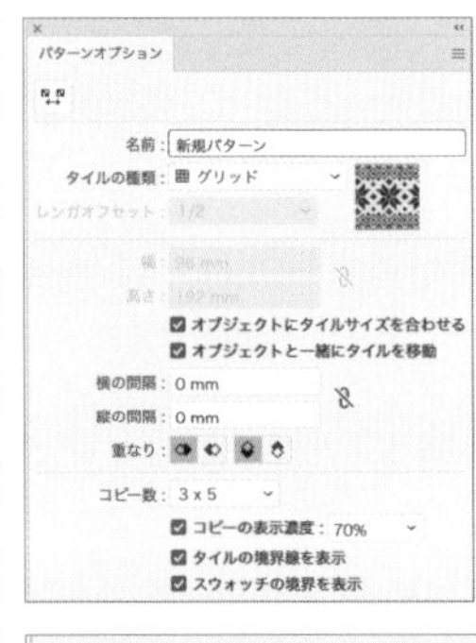

× ノルディックパターン.ai* @ 100 % (CMYK/プレビュー)
新規パターン　＋複製を保存　○完了　×キャンセル

STEP 09 長方形ツールで任意の長方形を描画し、スウォッチパネルで登録したスウォッチをクリックすると、シームレスなノルディック柄のニットパターンになります。

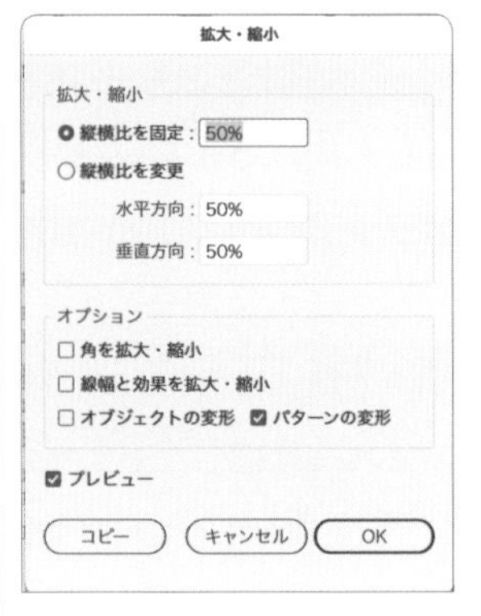

MEMO

パターンの大きさは拡大･縮小ツールをダブルクリックすることで表示されるダイアログで［パターンの変形］のみにチェックすることで、自由に変更できます。

CHAPTER 4
17

シームレスな80'sテイスト幾何学パターン

ポップでキッチュな80'sテイストのこの作例を使えば、楽しい雰囲気を演出することができます。

制作・文　佐々木拓人

使用アプリケーション
Illustrator CC 2019
Photoshop

制作ポイント
➡80'sっぽいカラーの選択
➡幾何学の形状の組み合わせで簡単に80'sの雰囲気を作る
➡パターンの回転で、さらに動きを持たせられる

基本カラーを用意する

STEP 01　まずは基本カラーを決めます。今回は❶～❸の3色とスミを基本カラーとします。

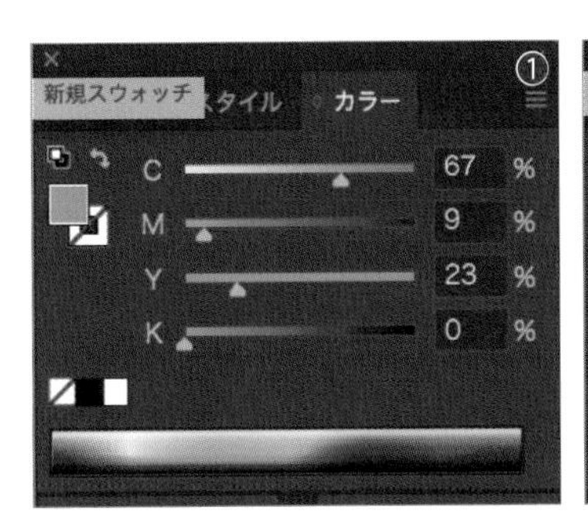

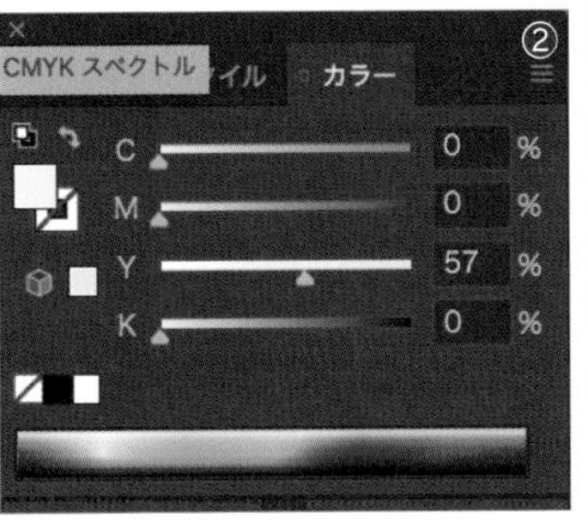

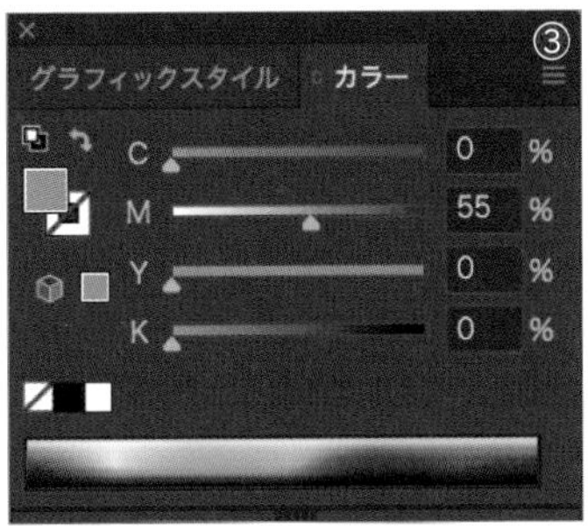

円を作成する

STEP 02 任意のサイズの円を作成します。複製して4つにしましょう。次に任意のサイズで❹のような矩形を作成します（［塗り］は［スミ］）。下方向に複製し、［塗り］を［白］に変更しましょう（❺）。2つとも選択し、スウォッチに登録します。そのパターンを円の1つの塗りに適用します（❻）。

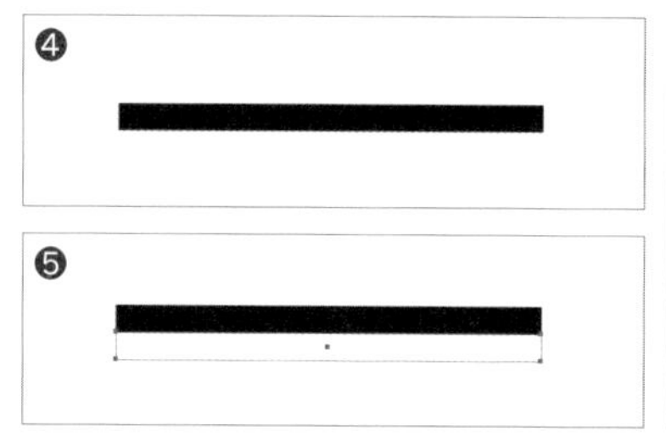

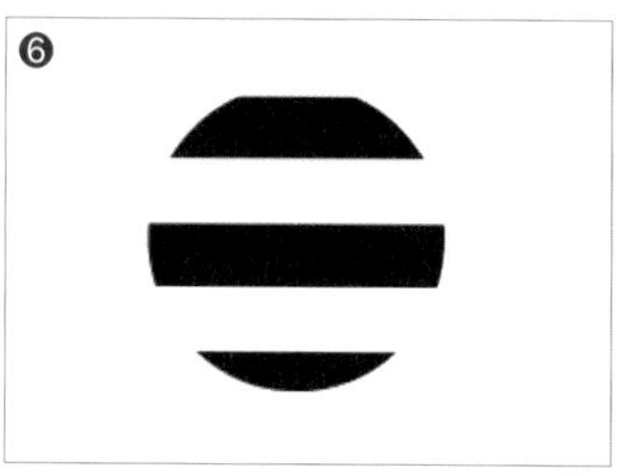

STEP 03 回転ツールで［角度：45°］の値でパターンのみ回転し、拡大・縮小ツールで希望のサイズになるまでパターンを縮小させます。ほかの3つの円には❶～❸の色を適用し、❼にします。

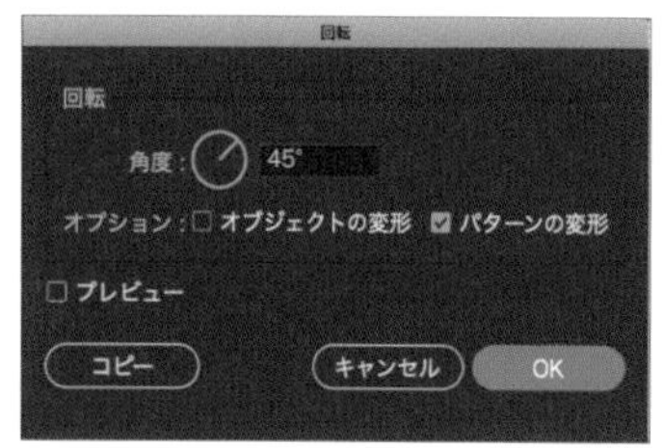

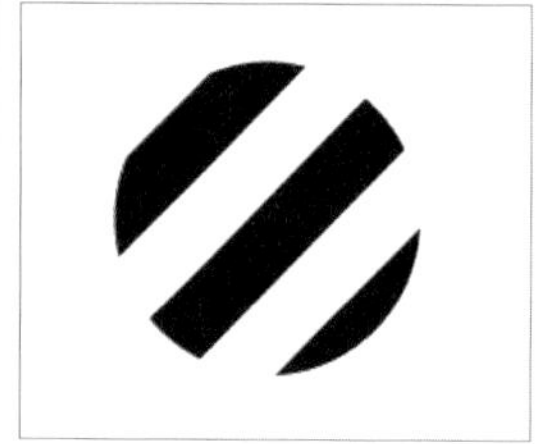

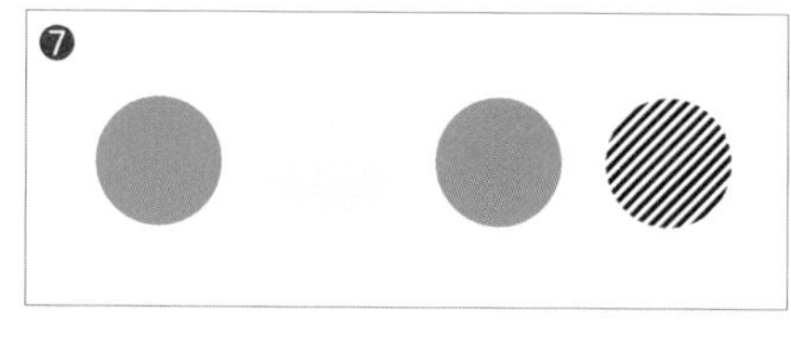

三角形を作成する

STEP 04 任意の円を［塗り：スミ］で作成し、スウォッチに登録します。

STEP 05 登録したパターンスウォッチをアートボードにドラッグし、円のサイズを小さく変形させて、再度スウォッチに登録します（外側に自動的に作成されている［塗り］、［線］とも［なし］のパスも一緒に）。

STEP 06 正三角形を任意のサイズで作成し、それの塗りに登録したパターンを適用させます。

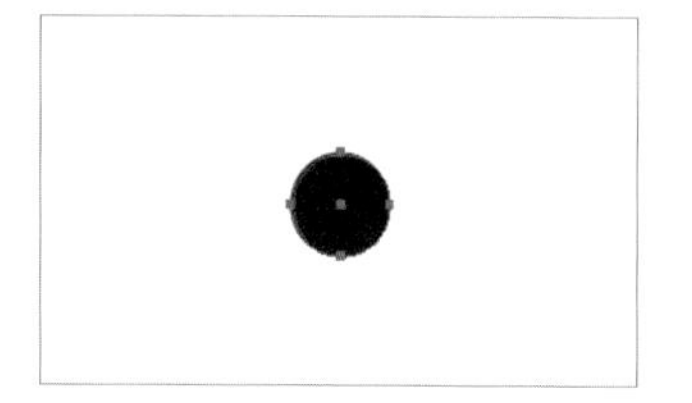

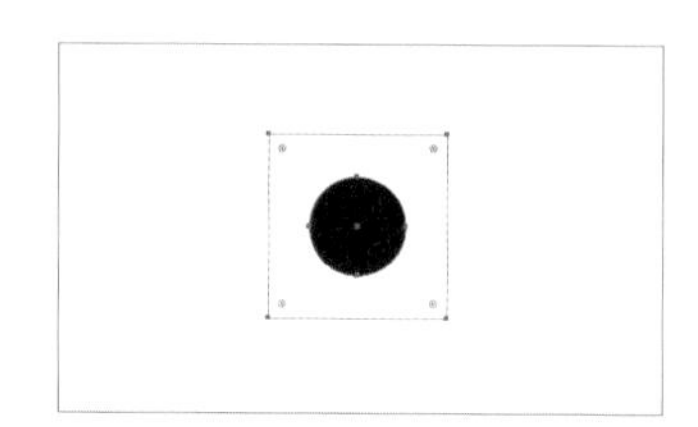

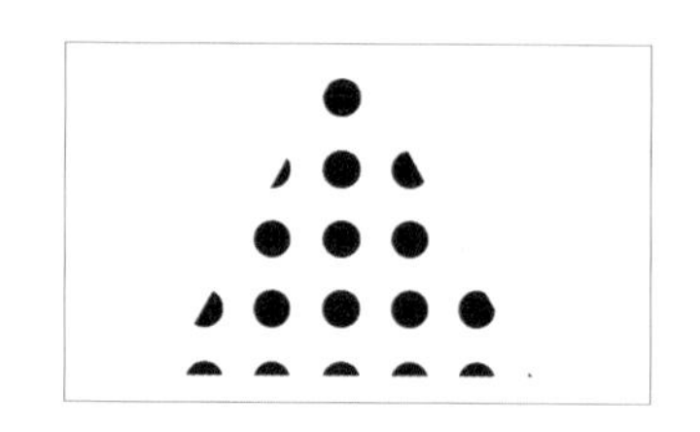

STEP 07 回転ツールで［角度：60°］の値で回転を適用し、パターンのみ回転させて、拡大・縮小ツールで希望のサイズになるまでパターンを縮小させます。ほかの3つ正三角形を作成し、❶〜❸の色を適用して❽にします。

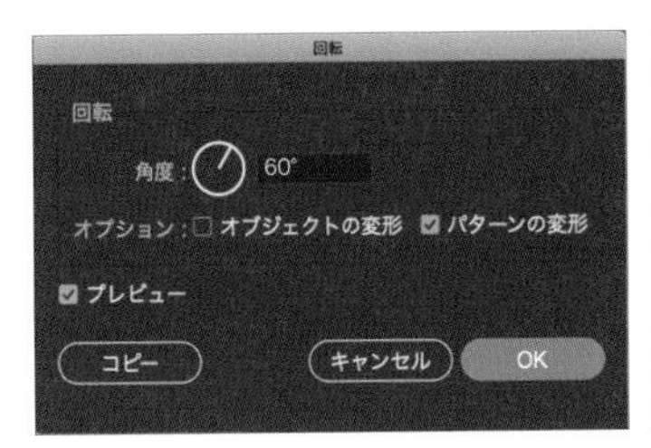

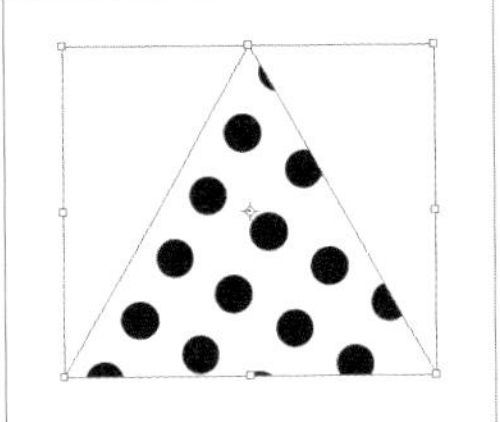

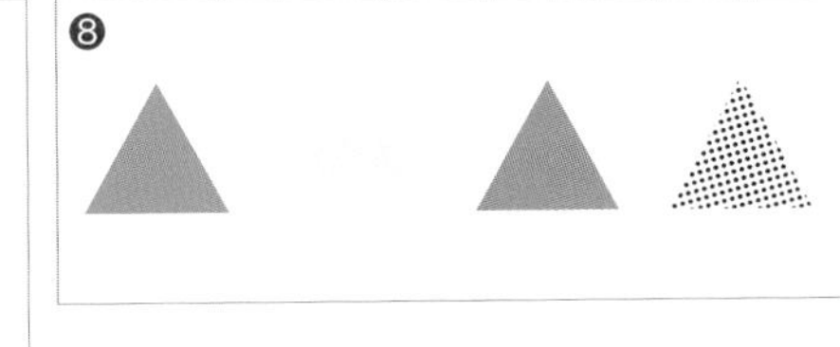

矩形を作成する

STEP 08 ❷の塗りで矩形を作成します。コピー＆背面へペーストし、右下に移動させます。複製し、色を変更して❾にしましょう。

STEP 09 鉛筆ツールを使用し、❶の線色で適当にドラッグして❿を作成します（適当に上下にマウスを移動させて作る、好みになるまで何度かチャレンジする、など）。コピー＆背面へペーストし、［塗り］を［スミ］に変更します。右下に移動させ⓫にします。複製して色を変更⓬にします。ここまで作成したものでパターンを適用しているものをすべて選択し、「分割・拡張」を実行しておきます。

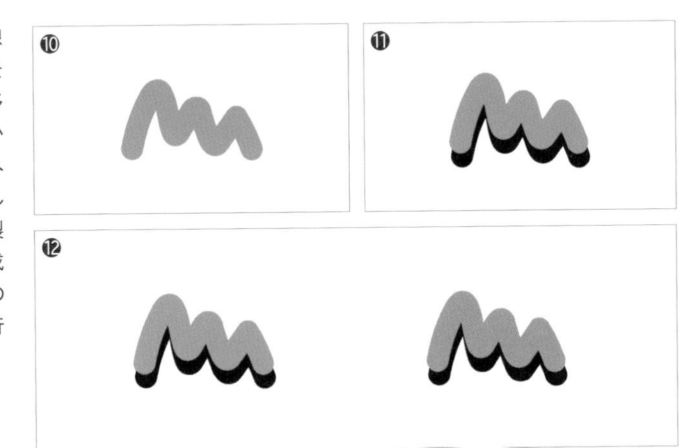

作成した図形を組み合わせる

STEP 10　これまで作成したものをサイズ調整し、回転しながら組み合わせて⑬にします（だいたいこのような感じで）。これらをすべて選択し、スウォッチに登録します（⑭）。登録されたパターンスウォッチをダブルクリックし、出てきた画面で自分の好みなパターンになるように微調整を加えます。最終的に調整して⑮にします。

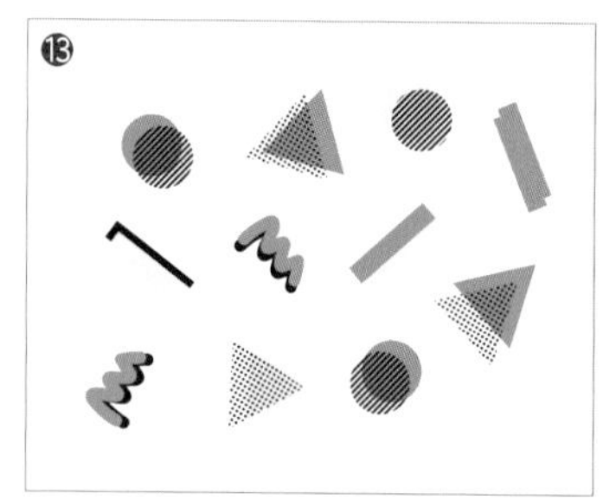

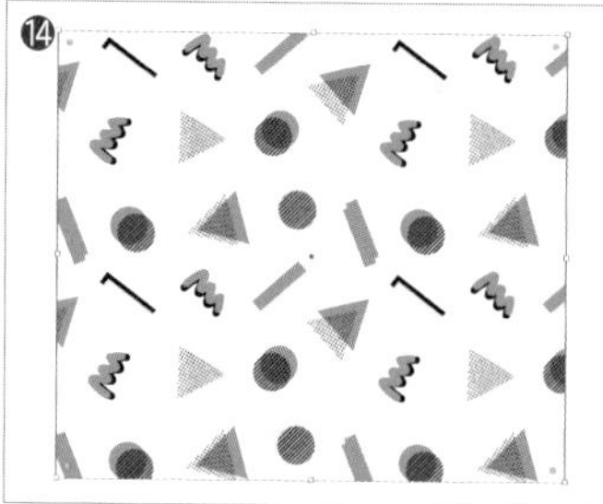

STEP 11　長方形ツールで［幅：4mm］、［高さ：4mm］の正方形を作成して複製し、⑯のように6つの正方形を配置します。

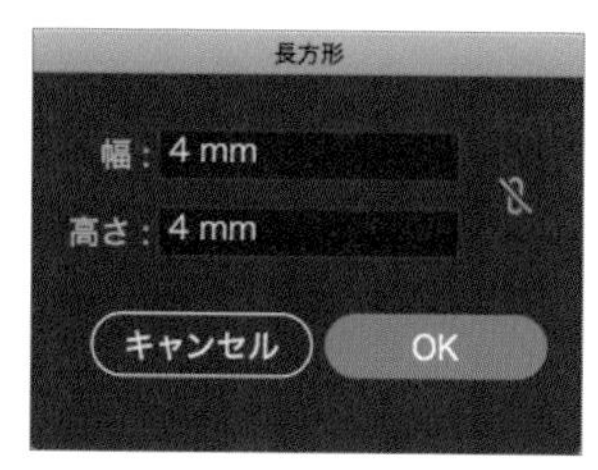

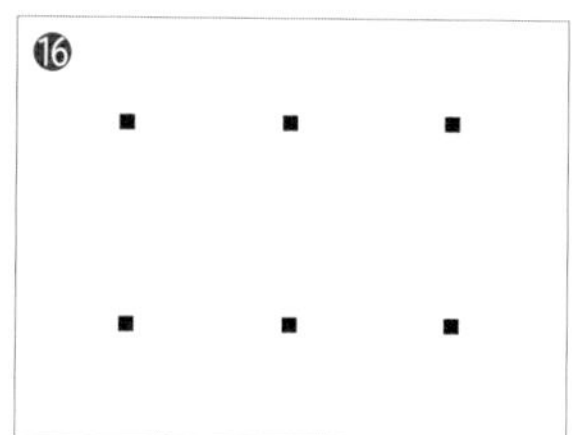

STEP 12　その6つに⑰の値でラフを適用し、⑱にして、「アピアランスの分割」を実行します。その6つを選択してスウォッチに登録します。

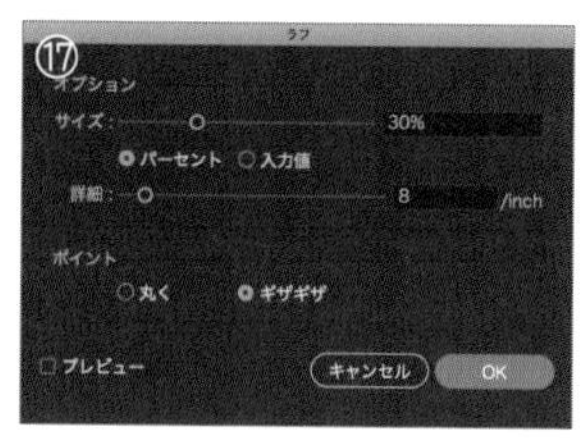

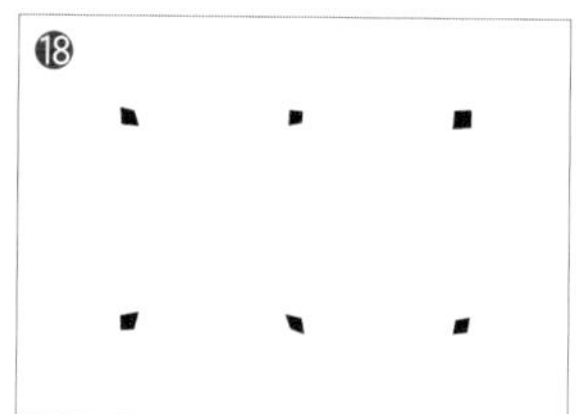

STEP 13　登録されたパターンスウォッチをダブルクリックし、表示される画面（⑲）で位置を調整して⑳にします。

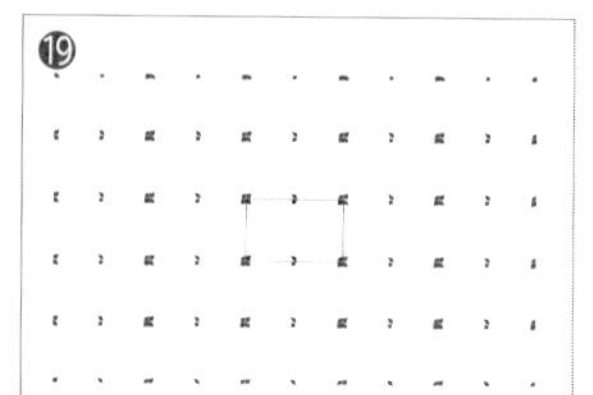

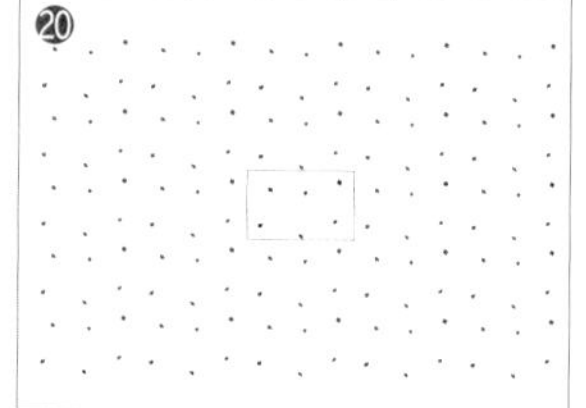

STEP 14

最終的な紙面サイズの矩形にSTEP 10〜12で作成したパターンを適用します（㉑）。拡大・縮小ツールで好みのサイズになるまでパターンを縮小しましょう（㉒）。

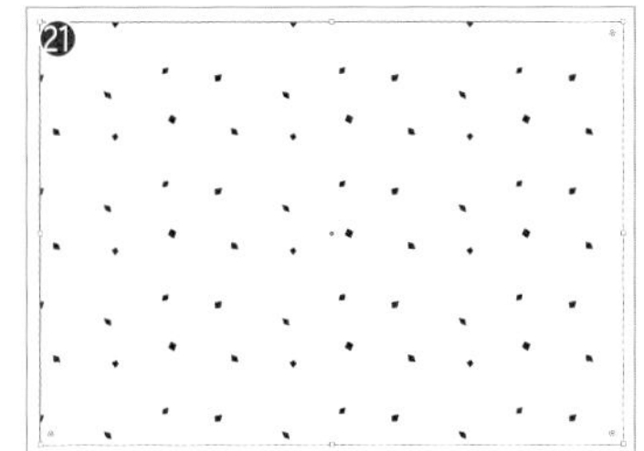

STEP 15

回転ツールで［回転：30°］の値で回転を適用し、㉓にします。［透明度］を［30％］に変更し、最終的に㉔にします。

STEP 16

STEP 13〜14を複製し、前面にペーストします。その［塗り］にSTEP 09で作成したパターンを適用して完成です。

MEMO

最背面のデザイン（STEP 13、14の部分）を格子状やベタ塗りのベージュなどに変えることでも、また違った80'sを作ることができます。

VARIATION

色のトーンで調整したバリエーション

MEMOで書いたように最背面を変えることで、80'sテイストを保ったままで雰囲気を変えることも可能です。ここでは画像をワントーンにしたものを使用してみました。

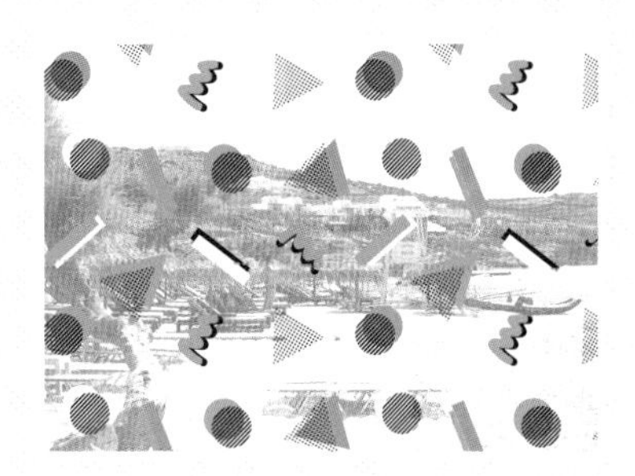

著者紹介

五十嵐華子
（いがらし・はなこ）

印刷会社出身のDTPオペレーター＆イラストレーター。2010年からフリーランスで活動。イラスト制作・DTPオペレーション両方の観点から、見た目も構造も美しく、「後工程に迷惑をかけないデータ」を目指して日々模索中。SNSやブログでもIllustratorに関する情報発信を続けている。「+DESIGNING」（マイナビ）で『○△□でなにつくろ？』を連載中。著書に『今日から役立つアイデアを満載！Illustrator魔法のレシピ』（ナツメ社・共著）、『初心者からちゃんとしたプロになる　Illustrator基礎入門』（エムディエヌコーポレーション・共著）、『プロの手本でセンスよく！Illustrator誰でも入門』（エムディエヌコーポレーション・共著）など。

Twitter　@hamko1114
Web　https://hamfactory.net/

anyan
（アニャン）

テキスタイルデザイナー／イラストレーター。イラストレーションとイラスト素材から展開する図案デザインにより、書籍、雑貨をはじめ、呉服や手芸用生地のオリジナルブランドなど、多種多様なアイテムを彩っている。著書に『デザイン歳時記』（翔泳社）、『不思議の森のWonderland』（日本文芸社）、『心を整えて気持ちをリセットする　アートパズル塗り絵』（エムディエヌコーポレーション）他。富士山麓にアトリエを構え、カントリーライフを楽しみながら制作活動を行なっている。

Web　http://www.anyan-sha.com/

佐々木拓人［Con-Create Design Inc.］
（ささき・たくと／コンクリエイトデザイン）

株式会社コンクリエイトデザイン代表。アートディレクター／グラフィックデザイナー。2012年よりスタートしたオリジナルD.I.Y.ブランド“PINK FLAG”の代表も務める。

Web　https://www.concreatedesign.jp
　　　https://www.pinkflag.me
E-mail　info@concreatedesign.jp

mito

（みと）

ITコンサル会社にて、金融系システムの開発、運用保守に携わった後、「デザイン」で人の心を動かす仕事に興味を持ち、Web業界へ。2020年4月からフリーランスWebデザイナーとして活動。プログラミング経験から「見た目」だけではなく、情報を整理し、きちんとロジックで裏付けられた説得力のあるデザインを大事にしています。忘れっぽいのでブログでは、キャリアの転身記録やデザインやコーディング、プログラミングにまつわる事を発信中。著書に『プロの手本でセンスよく！ Illustrator誰でも入門』（エムディエヌコーポレーション・共著）。

Twitter　@mito_works
Web　https://mito-lab.com/

.DESIGN
ad ben corporation

高野 徹

（こうの・とおる）

福岡県在住。株式会社アド・ベン・コーポレーション所属。グラフィックデザイン、Webデザイン、イラスト制作などを行なっています。

Web　https://www.adben.co.jp/
E-mail　kouno@adben.co.jp

高橋としゆき

（たかはし・としゆき）

1973年生まれ、愛媛県松山市在住。地元を中心に「Graphic Arts Unit」の名義でフリーランスのグラフィックデザイナーとして活動。紙媒体からウェブまで幅広いジャンルを手がけ、デザイン系の書籍も数多く執筆。また、プライベートサイト「ガウプラ」では、オリジナルデザインのフリーフォントを配布しており、TVCM、ロゴタイプ、アニメ、ゲーム、広告など、さまざまな媒体で使用されている。

Twitter　@gautt
Web　https://www.graphicartsunit.com/

デザインのネタ帳
プロ並みに使える
飾り・パーツ・背景 *Illustrator + Photoshop*

2022年2月11日　初版第1刷発行

［著者］　五十嵐華子、anyan、佐々木拓人、mito、高野 徹、高橋としゆき
［発行人］　山口康夫
［発行］　株式会社エムディエヌコーポレーション
〒101-0051　東京都千代田区神田神保町一丁目105番地
https://books.MdN.co.jp/

［発売］　株式会社インプレス
〒101-0051　東京都千代田区神田神保町一丁目105番地
［印刷・製本］　広済堂ネクスト

Printed in Japan
©2022 Hanako Igarashi, anyan, Takuto Sasaki (Con-Create Design Inc.), mito, Toru Kono, Toshiyuki Takahashi. All rights reserved.

本書は、著作権法上の保護を受けています。著作権者および株式会社エムディエヌコーポレーションとの書面による事前の同意なしに、本書の一部あるいは全部を無断で複写・複製、転記・転載することは禁止されています。

定価はカバーに表示してあります。

【カスタマーセンター】
造本には万全を期しておりますが、万一、落丁・乱丁などがございましたら、
送料小社負担にてお取り替えいたします。
お手数ですが、カスタマーセンターまでご返送ください。

落丁・乱丁本などのご返送先
〒101-0051　東京都千代田区神田神保町一丁目105番地
株式会社エムディエヌコーポレーション カスタマーセンター
TEL：03-4334-2915

書店・販売店のご注文受付
株式会社インプレス　受注センター
TEL：048-449-8040／FAX：048-449-8041

内容に関するお問い合わせ先
株式会社エムディエヌコーポレーション カスタマーセンター メール窓口
info@MdN.co.jp
本書の内容に関するご質問は、Eメールのみの受付となります。メールの件名は「デザインのネタ帳　飾り・パーツ・背景　質問係」、本文にはお使いのマシン環境（OS、バージョン、搭載メモリなど）をお書き添えください。電話やFAX、郵便でのご質問にはお答えできません。ご質問の内容によりましては、しばらくお時間をいただく場合がございます。また、本書の範囲を超えるご質問に関しましてはお答えいたしかねますので、あらかじめご了承ください。

ISBN978-4-295-20243-1　C3055

制作スタッフ

装丁・本文デザイン
赤松由香里（MdN Design）

DTP
株式会社リンクアップ

編集長
後藤憲司

編集
塩見治雄
株式会社リンクアップ